W0254834

Molekülverbindungen und Koordinationsverbindungen
in Einzeldarstellungen

Herausgegeben von
G. Briegleb · F. Cramer · H. Hartmann · H. L. Schläfer

Elektronen-Donator-Acceptor-Komplexe

von

Günther Briegleb

o. Professor der Physikalischen Chemie an der Universität Würzburg

Unter Mitwirkung von Dr. W. Liptay

Mit 93 Abbildungen

Springer-Verlag Berlin Heidelberg GmbH 1961

ISBN 978-3-642-86556-5   ISBN 978-3-642-86555-8 (eBook)
DOI 10.1007/978-3-642-86555-8

© by Springer-Verlag Berlin Heidelberg 1961
Ursprünglich erschienen bei Springer-Verlag oHG. Berlin · Gottingen · Heidelberg 1961
Softcover reprint of the hardcover 1st edition 1961

Vorwort und Einleitung

Im Jahre 1949 entwickelte BRACKMANN[1] die Vorstellung einer zwischenmolekularen Wechselwirkung nach Art einer intermolekularen Mesomerie

$$D \ldots A \leftrightarrow D^+ \ldots A^-$$

zwischen éinem Elektronen-Donator „D" und einem Elektronen-Acceptor „A". Eine umfassende, von MULLIKEN[2] entwickelte quantenmechanische Theorie dieser Art intermolekularer Wechselwirkung führte zu umfangreichen, auf diese Theorie abgestimmte Untersuchungen, die wesentlich dazu beitrugen, die Vorstellungen über die Natur der intermolekularen Bindung zu vertiefen. Es scheint, daß die Entwicklung nunmehr zu einem gewissen Abschluß gekommen ist, so daß es berechtigt und lohnend erscheint, nach zusammenfassenden Gesichtspunkten über den heutigen Stand der Ergebnisse zu berichten. Der Vorgang der intermolekularen Wechselwirkung zwischen einem Donator- und einem Acceptor-Molekül umfaßt jedoch ein so großes Gebiet, daß in dieser Monographie nur eine Auswahl getroffen werden kann.

Wir beschränken uns auf Molekülverbindungen vom Typus $A \ldots D$ zwischen *Neutral*-Molekülen (z. B. Chloranil-Naphthalin, Tetracyanäthylen-Diäthyläther), deren intermolekularer Abstand etwa $2{,}8-3{,}4$ Å beträgt, so daß wegen der geringen Überlappung der Elektronen-Orbitals im wesentlichen von Elektronen-Austauschvorgängen erster Ordnung nach Art einer echten chemischen Bindung abgesehen werden kann[3].

Dabei können die Komplexkomponenten entweder beide organischer Natur sein (Chloranil $\ldots$ Naphthalin), oder es kann *eine* Komponente ein anorganisches Molekül sein ($J_2 \ldots$ Trimethylamin).

Es werden Komplexe vom Typus $A^+ \ldots D \leftrightarrow D \ldots D^+$ oder $D^- \ldots A \leftrightarrow D \ldots A^-$, in denen also z. B. durch $h\nu$-Absorption ein Elektron delokalisiert werden kann, in dieser Monographie ausgenommen (z. B. $Ag^+ \ldots$ Benzol $\leftrightarrow Ag \ldots$ Benzol$^+$ oder $X^- (H_2O)_n \leftrightarrow X(H_2O)_n$).

Schließlich werden auch die Verbindungen der Metallhalogenide und der Borhalogenide als Elektronenacceptoren, z. B. vom Typus $BF_3 \ldots$ $\ldots N(R)_3$ oder $AlCl_3 \ldots$ Benzol, oder $SnCl_4 \ldots$ Äther usw. nicht behandelt. Über diese Verbindungen soll in der Monographienreihe

---

[1] W. BRACKMANN: Rec. trav. chim. **68**, 147 (1949).

[2] R. S. MULLIKEN: J. Am. Chem. Soc. **74**, 811 (1952); J. Chem. Phys. **19**, 514 (1951).

[3] Eine Übersicht der Klassifikation aller weiteren Möglichkeiten einer intermolekularen Wechselwirkung zwischen Molekülen und Ionen mit Elektronen-Donator- und Acceptoreigenschaften gibt R. S. MULLIKEN: J. Phys. Chem. **56**, 801 (1952).

„Molekülverbindungen und Koordinationsverbindungen in Einzeldarstellungen" zum gegebenen Zeitpunkt gesondert berichtet werden. Es scheint uns, daß die Ergebnisse der an dieser Art Verbindungen durchgeführten physikalisch-chemischen Experimentaluntersuchungen nur in einer beschränkten Zahl von Fällen die Möglichkeit geben, ausreichend gesicherte Aussagen über den Bindungsvorgang zu machen, um in jedem Falle eine richtige Zuordnung zu treffen unter Einbeziehung der besonders interessanten *Übergänge* vom Grenzfall einer typisch zwischenmolekularen Bindung (z. B. SnCl$_4$ ... Naphthalin) zu einer echten chemischen Bindung wie z. B. in den Borazanen.

Die Methoden und die experimentellen und theoretischen Ergebnisse der zahlreichen, besonders in den letzten zehn Jahren ausgeführten physikalisch-chemischen Untersuchungen an Elektronen-Donator-Acceptor-Komplexen dürften für ein erweitertes Verständnis chemisch-katalytischer Vorgänge[1] und für die zahlreichen Untersuchungen über den Elektronenaustausch zwischen adsorbierten Molekülen und einer festen Oberfläche, in Sonderheit bei Halbleitern, im Zusammenhang mit der Deutung katalytischer Vorgänge und ebenso für biochemische Prozesse, für Betrachtungen über Redoxvorgänge, über Energieübertragungs- und Energieleitungs-Mechanismen von Bedeutung sein[3]. Schon deshalb erschien es uns nützlich, einen Überblick zu geben über den heutigen Stand der Kenntnisse der Vorgänge einer Elektronen-Donator-Acceptor-Wechselwirkung — zunächst aber ausschließlich zwischen Neutralmolekülen.

Wir haben die Behandlung der quantenmechanisch-physikalischen Theorie möglichst eingeschränkt und mehr Wert darauf gelegt, das bisher vorliegende *experimentelle* Erfahrungsmaterial nach einheitlichen Gesichtspunkten zusammenfassend abzuhandeln, um vor allem die *allgemeinen* Grundlagen und Zusammenhänge einem größeren Kreis von Interessenten zugänglich zu machen, nicht nur aus dem Bereich der

---

[1] Wie weit bei den z. B. zusammenfassend von PESTEMER[2] beschriebenen Anlagerungsreaktionen katalytisch wirksamer Elektronen-Donatoren und Acceptoren sich intermediär lockere EDA-Komplexe bilden als Vorstufe einer chemischen Umsetzung, müßte in jedem Einzelfall überprüft werden.

[2] PESTEMER, M., u. D. LAURER: Z. Angew. Chem. **73**, 612 (1960).

[3] Eine Anwendung der in dieser Monographie behandelten Phänomene auf die Theorie biochemischer Probleme scheint uns aber noch im Beginn der Entwicklung und es ist daher der Zeitpunkt noch nicht gegeben, auf die wenigen, in der Literatur vereinzelt erwähnten Ansätze in dieser Richtung näher einzugehen. Auf die Bedeutung einer Übertragung der Ergebnisse von Untersuchungen über die Natur der zwischenmolekularen Kräfte auf Fragen biochemisch-enzymatischer Vorgänge und auf Fragen der Energieübertragung und biochemischer Synthesen wurde schon vor Jahren mit Nachdruck hingewiesen (G. BRIEGLEB: „Zwischenmolekulare Kräfte". S. 240 ff. Kap. IX. Stuttgart: Enke Verlag 1937). Ferner „Zwischenmolekulare Kräfte", herausgegeben von H. FRIEDRICH FRESKA, B. RAYEWSKY u. M. SCHÖN mit Beiträgen von G. BRIEGLEB, TH. FÖRSTER, H. F. FRESKA, P. JORDAN, G. KORTÜM, A. MÜNSTER, G. SCHEIBE u. K. WIRTZ. Karlsruhe: Verlag Braun 1949; R. S. MULLIKEN: J. Phys. Chem. **56**, 801 (1952); BRACKMANN: Rec. Trav. Chim. **68**, 147 (1949); L. E. ORGEL: Quart. Rev. **8**, 422 (1954).

Chemie und Physik, sondern auch der Biochemie, der physiologischen Chemie und der allgemeinen Biologie.

Es wurde besonderer Wert darauf gelegt, die bisherigen Meßresultate und deren Auswertungsergebnisse in zahlreichen Tabellen zusammenzufassen, so daß das Buch auch als Nachschlagewerk verwendet werden kann. Wenn auch auf eine weitgehende Vollständigkeit Wert gelegt wurde, so können naturgemäß Daten übersehen worden sein. Ich möchte daher an alle Autoren, die auf dem Gebiete der Elektronen-Donator-Acceptor-Molekülkomplexverbindugen arbeiten, die Bitte richten, an mich Drucke ihrer Arbeiten schicken zu wollen und mich auf Mängel und Lücken in der Darstellung in der vorliegenden Monographie aufmerksam zu machen, damit in einer zweiten Auflage die erforderlichen Erweiterungen, Ergänzungen und Änderungen durchgeführt werden können.

An den Kap. XI bis XIV hat Dr. W. Liptay maßgeblich Anteil, der das Kap. XI in vorliegender Fassung selbständig abgefaßt hat, wofür ich Dr. W. Liptay meinen besonderen Dank zum Ausdruck bringen möchte. Auch Dr. Herre danke ich freundlichst für die mühevolle Arbeit von Korrekturen und Kontrollen.

Dem Springer-Verlag, der stets bemüht war, allen Wünschen gerecht zu werden und für eine gute Ausstattung gesorgt hat, gebührt ebenfalls Dank.

Die Monographie widme ich Prof. R. S. Mulliken in aufrichtiger Anerkennung seiner wissenschaftlichen Arbeiten auf dem Gebiet der intermolekularen Resonanz, die Anregung und Grundlage waren zu der bemerkenswerten Entwicklung der Forschung auf dem Gebiet der Elektronen-Donator-Acceptor-Komplexverbindungen in den letzten zehn Jahren.

Würzburg, im Juni 1961 G. Briegleb

Inhaltsverzeichnis

I. Allgemeines über intermolekulare Mesomerie

(Elektronen-Donator-Acceptor-Wechselwirkung)

1. Anteiligkeit ionarer Zustände bei einer zwischenmolekularen Wechselwirkung zwischen Elektronen-Donator- und Acceptor-Molekülen

Im Sinne einer allgemeinen Unterscheidung zwischen Elektronen-donator- und Acceptormolekülen wäre im Prinzip zu erwarten, daß nicht nur die typischen *anorganischen* Anion- und Kationenbildner *durch einfachen Elektronenaustausch* Ionen bilden können, sondern ebenso mußten auch zwischen *organischen* oder organisch-anorganischen Elektronen-Donator-Acceptormolekülen (EDA-Molekülen) gemäß der von Lewis[1] entwickelten Konzeption Ionen durch direkten Elektronenaustausch entstehen können. Dies ist jedoch zwischen rein organischen EDA-Molekülen ein äußerst selten realisierbarer Fall (vgl. dazu Kap. XI).

Weitaus häufiger als eine Ionenbildung durch Elektronenübergang ist eine gewisse prozentuale *Anteiligkeit* eines Elektrons eines Donator-Moleküls am Gesamtelektronenzustand eines Molekülkomplexes $D \ldots A$[2]

$$D + A \rightleftharpoons (\underline{D \ldots A} \leftrightarrow D^+ \ldots A^-) \tag{I,1}$$

(I,1) entspricht dem Vorgang einer *intermolekularen Mesomerie*.

Im *Grundzustand* ("normal state") überwiegt die *nicht* ionare Struktur $D \ldots A$, die daher in (I,1) unterstrichen ist. Der durch die Mesomerie bewirkte Bindungsenergieanteil wird als *Mesomerieenergie* oder *Resonanzenergie* R_N bezeichnet. Der Mesomerieenergie sind van der Waalssche Energieanteile (Dipol-Dipol-, Dipol-Polarisations- und Dispersions-Energieanteile) überlagert.

Der beschriebene Bindungsvorgang liegt einer großen Zahl von Molekülverbindungen zugrunde. Die Bindungsenergie beträgt nur einige kcal. Der intermolekulare Abstand ist relativ groß: 2,8—3,5 Å.

Diese Art Molekülverbindungen zwischen neutralen Molekülen sollen im Folgenden als „**EDA-Komplexe**", *bzw.* „**EDA-Molekülverbindungen**" bezeichnet werden.

---

[1] G. N. Lewis: Valence and the Structure of Atoms and Molecules, The Chemical Catalog Company. pp. 142, 133, 113, 107. New York: Reinhold Publ. Corp. N. Y. 1923; J. Franklin Inst. **226**, 293 (1938).

N. V. Sidgwick: The Electronic Theory of Valence. In Sonderheit S. 116. Oxford University Press 1929. Siehe auch B. Sansoni: Angew. Chem. **65**, 489 (1953). Ferner R. P. Bell: Quart. Rev. **1**, 113 (1947) u. R. S. Mulliken: J. Phys. Chem. **56**, 801 (1952).

[2] W. Brackman: Rec. trav. chim. **68**, 147 (1949).

R. S. Mulliken: J. Am. Chem. Soc. **72**, 600 (1950).

Donatoren in EDA-Komplexen mit intermolekularer Resonanz (vgl. auch Kap. I, 3) sind z. B. die aromatischen Kohlenwasserstoffe und ungesättigte Kohlenwasserstoffe, die Alkylbenzole, Anilin und die N-mono- und N-Dialkyl-Aniline, ferner die Alkylamine und auch Pyridin. Stärkeren Acceptoren gegenüber (z. B. J_2, Tetracyanäthylen) sind auch die Äther, Alkohole und Ketone, ja sogar ungesättigte Kohlenwasserstoffe Elektronendonatoren.

Acceptoren in EDA-Komplexen mit intermolekularer Resonanz (vgl. auch Kap. I, 3) sind z. B. die Chinone und die Halogenchinone, Tetracyanäthylen, 7,7,8,8-Tetracyanchinodimethan und andere Cyanverbindungen, organische Nitroverbindungen, (Trinitrobenzol, Pikrinsäure, Pikrylchlorid, Tetranitromethan), Anhydride, (z. B. Maleinsäureanhydrid, Tetrahalogenphthalsäureanhydrid), ferner die Halogene, Jodchlorid, Jodcyan, Schwefeldioxyd, Distickstofftetroxyd, Stickstoffdioxyd, Nitrosylchlorid u. a.[1]

WEITZ[2] war wohl der erste, der den Gedanken eines teilweise polaren Aufbaus bestimmter Molekülverbindungen am Beispiel der Molekülverbindungen Tetramethyl-phenylendiamin mit Chinonen ausgesprochen hat. BRIEGLEB u. Mitarb.[3] haben in einer Reihe von Arbeiten ausführlich die Bedeutung der Polarisierbarkeit und leichten Anregbarkeit der π-Elektronen ungesättigter konjugierter Bindungen (z. B. in aromatischen Kohlenwasserstoffen) für die zwischenmolekulare Bindung nachgewiesen.

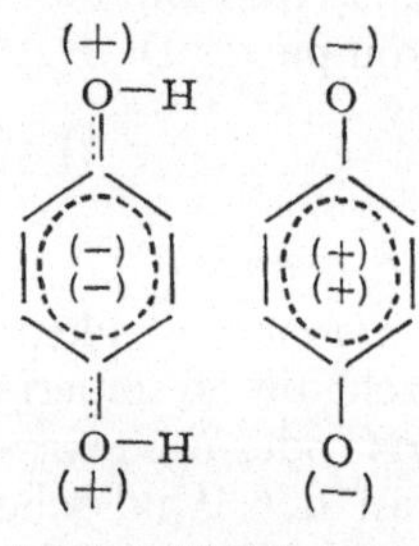

MURAKAMI[4] (vgl. auch PAULING[5]) entwickelt am Beispiel der MV vom Chinhydrontypus den Gedanken einer gegenseitigen elektrostatischen Beeinflussung der MV-Komponenten in ihren mesomeren Grenzstrukturen etwa nach dem nebenstehenden Schema.

GIBSON und LOEFFLER[6] und HAMMICK und YULE[7] nehmen an, daß bei einem „günstigen Zu-

---

[1] Darüber hinaus gibt es bekanntlich noch eine große Anzahl weiterer Acceptoren wie z. B. Metallhalogenide (BCl_3, $AlCl_3$ usw.), die mit Elektronendonatoren (Äther, R_3N usw.) EDA-Komplexe geben, jedoch mit so *kleinen intermolekularen* Abständen, daß diese Art Verbindungen einen Typus darstellen, der in bezug auf die intermolekulare Bindung nicht mit den in diesem Buch behandelten Molekülkomplexen vergleichbar ist. Sehr starken Donatoren gegenüber, mit kleiner Ionisierungsenergie (z. B. Alkalimetallatome), können auch aromatische Kohlenwasserstoffe als Elektronen*acceptoren* wirken (vgl. Kap. XI, 1, S. 185).

[2] E. WEITZ: Z. Elektrochem. **34**, 538 (1928): Bei der Verbindung Tetramethyl-phenylendiamin-Chloranil sind „die Valenzelektronen des kationischen Anteils noch nicht abgetrennt und auf den anionischen Teil übergegangen, sondern es ist vielmehr eine mehr oder weniger starke Verzerrung der Elektronenwolke, das Hinüberziehen je eines Elektrons von der kationischen in der Richtung der anionischen Komponente hin eingetreten."

[3] G. BRIEGLEB u. Mitarb.: Z. Phys. Chem. (b) **19**, 255 (1932); **25**, 251 (1934); **27**, 161 (1934). G. BRIEGLEB: Z. Phys. Chem. **26**,63 (1934); **31**, 58 (1935).

[4] H. MURAKAMI: Sci. Papers Osaka Univ. **18**, 18 (1949).

[5] L. PAULING: Proc. Nat. Acad. Sci. **25**, 577 (1939).

[6] R. E. GIBSON u. O. H. LOEFFLER: J. Am. Chem. Soc. **62**, 1324 (1940).

[7] D. Ll. HAMMICK u. R. B. M. YULE: J. Chem. Soc. (London) **1940**, 1539.

sammenstoß" bestimmter Molekülgruppen eine solche Annäherung erfolgen kann, daß ein Elektronenübertritt von D nach A erfolgt. WEISS[1] vertritt die Auffassung einer vollständigen Ionisation bei der Molekülverbindungsbildung nach dem Schema $D + A \rightleftharpoons D^+A^-$.

BRACKMAN[2] spricht etwa 20 Jahre nach WEITZ erstmalig wieder von einer *teilweisen* Beteiligung ionarer Zustände an der intermolekularen Bindung. MULLIKEN[3] entwickelt zu den Brackmanschen Vorstellungen eine umfassende quantenmechanische Theorie und gibt auch eine Deutung für das Zustandekommen einer für alle EDA-Molekülkomplexe charakteristischen Absorptionsbande: Sie entspricht der Energie, die erforderlich ist, das Elektron von D nach A zu überführen. (Vgl. Kap. V[4]).

2. Allgemeines Energieschema der zwischenmolekularen Wechselwirkung zwischen Elektronen-Donator- und Acceptormolekülen und einer Elektronenüberführung durch hν-Energie

Im Abstand sehr großer Entfernung ist der Betrag der Energie der gegenseitigen Wechselwirkung von D nach A Null gesetzt (siehe Abb. 1).

Bei Annäherung auf einen für EDA-Komplexe zutreffenden intermolekularen Gleichgewichts-Abstand von etwa 3,2—3,5 Å wird die intermolekulare Bindungsenergie ΔH frei.

ΔH setzt sich aus dem Anteil der „van der Waalsschen Energie" W_0 und der durch die intermolekulare Mesomerie bedingten „Resonanz-Energie R_N zusammen. Es gilt:

$$\Delta H = W_0 + R_N . \qquad (I,2)$$

Der Index „N" bedeutet den Grundzustand ("normal state"). Die numerischen Werte von W_0 und R_N haben negatives Vorzeichen. Die Energie im Grundzustand ist in Abb. 1 mit W_N bezeichnet.

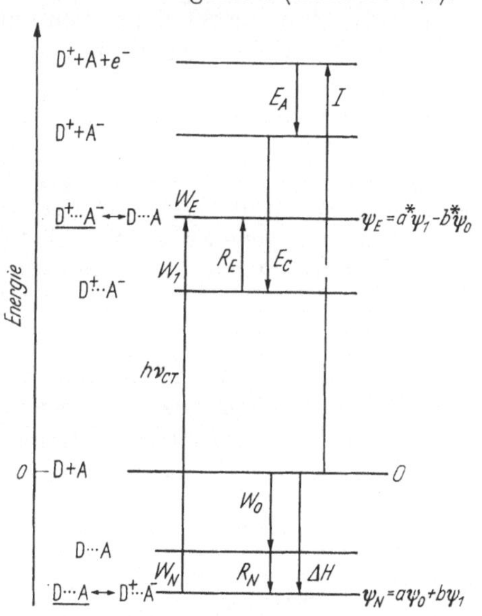

Abb. 1. Energie-Niveau-Schema der intermolekularen Wechselwirkung in einem Elektronen-Donator-Acceptor-Komplex im Grundzustand „N" und im angeregten Zustand „E"

[1] J. WEISS: J. Chem. Soc. (London) **1942**, 245; **1943**, 462; siehe auch P. B. WOODWARD: J. Am. Chem. Soc. **64**, 3058 (1942).

[2] W. BRACKMAN: Rec. trav. chim. **68**, 147 (1949).

[3] R. S. MULLIKEN: J. Am. Chem. Soc. **72**, 600 (1950); J. Chem Phys. **19**, 514 (1951); J. Am. Chem. Soc. **74**, 811 (1952); J. Phys. Chem. **56**, 801 (1952).

[4] Näheres zu der hier nur in Kürze gegebenen historischen Entwicklung der theoretischen Vorstellungen über die Bindung in Molekülverbindungen zwischen Donator- und Acceptormolekülen siehe bei L. J. ANDREWS: Chem. Rev. **54**, 713 (1954); dort auch eine ausführliche Übersicht älterer Arbeiten chemischer und physikalisch-chemischer Untersuchungen an solchen Molekülverbindungen.

W_0 enthält bei einem Acceptor mit stärker polaren Gruppen (Chloranil, Trinitrobenzol, Tetracyanäthylen) Dipol-Dipol- und Dipolpolarisations-Energieanteile der Dipolgruppen des Acceptors mit polarisierbaren Bindungselektronen des Donators — meist π-Elektronen ungesättigter Bindungen[1] — Außerdem sind in W_0 in jedem Fall Anteile der sog. „Dispersionsenergie" nach LONDON[2] enthalten und schließlich der Anteil der Abstoßungsenergie. In manchen EDA-Komplexen werden auch Energieanteile mit zusätzlicher Wasserstoffbrückenbindung überlagert sein (z. B. S. 178 u. f.).

Nur in wenigen Fällen liegen alle erforderlichen Meßdaten vor, um nach einer in Kap. IV, 2 beschriebenen Methode die Anteile W_0 und R_N berechnen zu können (Tab. 6, S. 25). Der klassische Anteil W_0 der Bindungsenergie im Grundzustand beträgt etwa 30—55% der gesamten Bindungsenergie.

Durch Zufuhr der Elektronenüberführungs- oder "charge transfer"-Energie $h\nu_{CT}$ wird ein Elektron vom Donator zum Acceptor überführt[4] nach Art eines Singulett-Singulett-Überganges (siehe Energieschema Abb. 1). Man spricht daher von einer „Ladungsüberführung" ("charge transfer") mit der Abkürzung „CT" und bezeichnet die charakteristische CT-Energie mit $h\nu_{CT}$. Der Energie $h\nu_{CT}$ entspricht die für die Molekülkomplexe charakteristische Absorptionsbande (vgl. Kap. V) mit einer dem Maximum entsprechenden Wellenlänge λ_{max} bzw. der Wellenzahl $\tilde{\nu}_{max}$ cm^{-1}. Die Energie des angeregten Zustandes „E" ("excited state") ist in Abb. 1 mit W_E bezeichnet.

Im *angeregten* Zustand sind am Gesamtladungsverteilungszustand der EDA-Komplexe *ionare* Zustände *überwiegend* beteiligt

$$(\text{I},3) \qquad \underbrace{(\text{D}\ldots\text{A} \leftrightarrow \text{D}^+\ldots\text{A}^-)}_{\text{Grundzustand}} \xrightarrow{h\nu_{CT}} \underbrace{(\text{D}^+\ldots\text{A}^- \leftrightarrow \text{D}\ldots\text{A})}_{\text{angeregter Zustand}}.$$

Das Energieniveau W_E des angeregten Zustandes kann vom Energieniveau W_N des Normalzustandes aus auf folgende Weise erreicht werden: Es wird durch Zufuhr der Ionisationsenergie I D in D$^+$ + e_0 überführt

---

[1] G. BRIEGLEB u. TH. SCHACHOWSKOY: Z. Phys. Chem. **19**, 255 (1932); G. BRIEGLEB u. J. KAMBEITZ: Z. Phys. Chem. **25**, 251 (1934); G. BRIEGLEB: Z. Phys. Chem. **26**, 63 (1934); G. BRIEGLEB: Zwischenmolekulare Kräfte. Karlsruhe: Verlag Braun 1949; Herausgegeben von H. FRIEDRICH-FREKSA, B. RAJEWSKY u. M. SCHÖN.
Die in den zitierten Arbeiten berechneten Polarisationsenergien beziehen sich auf den Gaszustand. Rechnet man diese Energien etwa nach der Beziehung 3

$$W_{\substack{\text{Polarisation}\\\text{Lösung}}} = W_{\substack{\text{Polarisation}\\\text{Gas}}} \cdot \frac{\varepsilon_D + 2}{\varepsilon_D}$$

auf CCl$_4$-Lösungen um, auf die sich die Angaben Tab. 6, S. 25 beziehen, so erhält man z. B. für Trinitrobenzol-Naphthalin $W_{\text{Polarisation}}$ = 2,0 kcal in angenäherter Übereinstimmung mit dem in Tab. 6 berechneten W_0.
[2] F. LONDON: Z. Phys. **63**, 245 (1930). C. A. COULSON u. P. L. DAVIES: Trans. Faraday Soc. **48**, 777 (1952); E. F. HAUGH u. J. O. HIRSCHFELDER: J. Chem. Phys. **23**, 1778 (1955). Zusammenfassendes und neuere Literatur bei K. S. PITZER, Advances Chem. Phys. II, 59 (1959), ed. by I. PRIGOGINE.
[3] E. A. MOELWYN-HUGHES: The kinetics of reactions in solution. S. 206. Oxford London: Univ. Press 1947. ε_D: Dielektrizitätskonstante Konstante des Lösungsmittels.
[4] R. S. MULLIKEN: s. Anm. 3, S. 3.

und durch Übertragung des Elektrons auf das Acceptormolekül wird A^- gebildet, unter Freisetzung der Elektronenaffinität E_A. Die Ionen werden bis auf den interionaren Gleichgewichtsabstand einander genähert, wobei die Coulombsche Energie E_C frei wird[1]. Infolge Mitbeteiligung *nichtionarer Zustände* im angeregten Zustand E gemäß einer intermolekularen Mesomerie $\underline{D^+ \ldots A^-} \leftrightarrow D \ldots A$ wird W_1 um den Betrag der Resonanzenergie $\overline{R_E}$ erhöht. Der Energieinhalt des Ionenpaares $D^+ \ldots A^-$ *ohne* Berücksichtigung des Resonanzenergieanteils R_E wird mit W_1 bezeichnet (Abb. 1) und *mit* Berücksichtigung des Resonanzanteils mit W_E.

Es gilt (siehe Abb. 1)

$$W_E = W_1 + R_E = I - E_A + E_C + R_E \qquad (I,4)$$

(Die numerischen Werte von E_A, I und R_E haben in (I,4) positives und E_C hat ein negatives Vorzeichen. Soweit es sich um Acceptormoleküle mit abgesättigten Elektronenzuständen handelt (Σ-Zustand) ist im allgemeinen $E_A \ll I$ [2] und E_C. Bei einer EDA-Wechselwirkung z. B. von Jod-Atomen mit Elektronendonatoren[3] ist E_A mit I und E_C von vergleichbarer Größe. Daher sind auch die Elektronenüberführungsenergien $h\nu_{CT}$ (Gl. V,5) recht viel kleiner als bei entsprechenden Komplexen des J_2.

3. Verschiedene Typen von Donator- und Acceptor-Molekülen in EDA-Komplexen

Man kann die Acceptoren und Donatoren der in dieser Monographie behandelten EDA-Komplexe[4] zwischen neutralen D- und A-Molekülen unter Zugrundelegung ihres Elektronenaufbaues im *freien* Zustand in verschiedene Typen einteilen:[5]

Acceptoren

1. *π-Acceptoren*: Neutral-Moleküle mit einem abgeschlossenen π-Elektronensystem mit relativ großer Elektronenaffinität ($E_A = 0,5$—2 eV), die ein Elektron in ein unbesetztes Elektronenenergieniveau aufnehmen können. Dazu gehören u. a. aromatische Kohlenwasserstoffe mit elektrophilen Substituenten, Halogenchinone und Nitrobenzole, weiterhin Nitrile, (Tetracyanäthylen), gewisse Anhydride, z. B. Maleinsäureanhydrid und Tetrachlorphthalsäureanhydrid, ferner SO_2 usw.

2. *σ-Acceptoren*: Neutral-Moleküle mit σ-Bindungen, z. B. die Halogene.

---

[1] In E_C geht in Lösungen noch die Differenz der Solvatationsenergien von $(DA)_{solv}$ einerseits und $D^+_{solv} \ldots A^-_{solv}$ andererseits ein (vgl. auch Kap. XI). Im Kristallgitter enthält E_C die Wechselwirkungs-Energie des Ionenpaares $D^+ \ldots A^-$ mit den Nachbarmolekülen DA.

[2] Radikale haben dagegen sowohl eine niedrige Ionisierungsenergie als auch eine relativ hohe Elektronenaffinität.

[3] R. L. STRONG, S. J. RAND u. J. A. BRITT: J. Am. Chem. Soc. **82**, 5053 (1960).

[4] Ausgeschlossen werden Komplexe mit Acceptoren, die Kationen sind (H^+, Ag^+) oder vom Typus der Metallhalogenide (BF_3, $AlCl_3 \ldots$). Auch werden Komplexbildungen mit Anionen (J^-, $Br^- \ldots$) als Donatoren in dieser Monographie nicht behandelt.

[5] R. S. MULLIKEN: J. Phys. Chem. **56**, 801 (1952).

Donatoren

1. *π-Donatoren.* Das in einem EDA-Komplex am Acceptor anteilige Elektron des Donators ist relativ leicht ionisierbar ($I = 5$—9 eV) und kommt aus einer abgeschlossenen π-Elektronenkonfiguration.

Zu den π-Donatoren gehören u. a. Benzol und alle Polycyclen und Polyphenyle und deren Alkyl-Derivate oder auch olefinische Kohlenwasserstoffe usw.

2. *n-Donatoren.* Das am Acceptor in einem EDA-Komplex anteilige Elektron kommt aus einem nicht an einer Bindung beteiligtem — ("non bonding") — Elektronenpaar.

Zu den *n*-Donatoren gehören die Amine, Alkohole, Äther, Ketone usw.

3. *σ-Donatoren.* Das vom Donator abgegebene Elektron entstammt einer oft auch polaren σ-Bindung eines Neutralmoleküls.

σ-Donatoren sind z. B. die Alkylhalogenide, aber auch unter Umständen die Kohlenwasserstoffe (u. a. Cyclohexan).

Entsprechend der Einteilung in verschiedene D und A-Typen sind folgende EDA-Komplex-Typen zu unterscheiden[1]:

1. π, π: (Naphthalin-Trinitrobenzol)
2. n, π: (Äther-Tetracyanäthylen; Methanol-SO_2)
3. σ, π: (Cyclohexan-Tetracyanäthylen)
4. π, σ: (Naphthalin-J_2)
5. n, σ: (Pyridin-J_2, Triäthylamin-J_2)
6. σ, σ: (Cyclohexan-J_2).

Bei den π-Donatoren bzw. π-Acceptoren, in Sonderheit, wenn es sich um aromatische Systeme handelt, ist das nach Abtrennung des Elektrons zurückbleibende Kation und das durch Aufnahme des Elektrons entstehende Anion meist mesomeriestabilisiert[2], d. h. die (+) bzw. (—)-Ladung verteilt sich auf größere Molekülbereiche des Donators bzw. des Acceptors (vgl. S. 184). Dementsprechend ist die Bindung zwischen D und A nicht an bestimmten Atomen oder Atomgruppen lokalisiert, sondern die Moleküle sind mehr oder weniger *insgesamt* miteinander in Wechselwirkung.

Dem entspricht auch eine Konfiguration der EDA-Komplexe in der sich die Molekülebenen von D und A *parallel* zueinander lagern (vgl. Kap. X).

Bei den *n*-Donatoren entstammt das am Acceptor anteilige Elektron einem Elektronenpaar eines bestimmten Atoms oder einer bestimmten Atomgruppe (z. B. —NR_2). Dementsprechend ist die intermolekulare Bindung an das elektronenspendende Atom *lokalisiert*.

EDA-Komplexe mit *lokalisierter* n, σ-Bindung unterscheiden sich in wesentlichen Punkten von den anderen genannten Komplexen mit *nicht* lokalisierter Bindung.

a) Die n, σ-Bindungsenergie ist relativ groß (z. B. Triäthylamin-J_2: $\Delta H = -12{,}2$ cal; Dimethylanilin — J_2: $\Delta H = -8{,}4$ kcal, Tab. 60).

---

[1] Die *erst*genannte Typenbezeichnung bezieht sich auf den Donator.

[2] Die Mesomeriestabilisierung ist auch die Ursache der relativ geringen Ionisierungsenergie typischer Donatoren und der relativ großen Elektronenaffinität typischer Acceptoren (vgl. S. 184).

b) Der intermolekulare Abstand ist relativ klein (2,3—2,8 Å, Kap. X), so daß auch einfachere theoretische Berechnungen auf der Grundlage von Störungsrechnungen zweiter Ordnung mit entsprechenden, bei größeren intermolekularen Abständen zulässigen Vereinfachungen nicht mehr gültig sind (vgl. S. 18 u. S. 76). Das Überlappungsintegral [$S = \int \psi_0\,\psi_1\,d\tau$ (S. 11)] hat relativ hohe Werte, so daß der Mesomerie-Energie noch zusätzlich mehr oder weniger große Anteile einer kovalenten Austauschenergie überlagert sein können.

c) Die n,σ-EDA-Komplexe mit einer lokalisierten Bindung fallen häufig aus gewissen Gesetzmäßigkeiten heraus, die insbesondere für π,π-Komplexe charakteristisch sind (Kap. IX, 2—4).

d) Die n,σ-EDA-Komplexe haben auch ein relativ hohes Mesomerie-moment (Kap. III).

e) Bei den n,σ-EDA-Komplexen mit lokalisierter Bindung können in speziellen Fällen stärkere Veränderungen der Eigenabsorption der Komponenten infolge Komplexbildung beobachtet werden. So wird z. B. im J_2-Pyridin oder J_2-Triäthylamin-Komplex die Eigenabsorption des J_2 besonders stark beeinflußt (S. 57).

II. Die Wellenfunktion von EDA-Komplexen und die quantenmechanische Ableitung der Resonanzenergie im Grundzustand und im angeregten Zustand

1. Die Wellenfunktion von EDA-Komplexen im Grundzustand und im angeregten Zustand

Grundzustand ("Normal State"). Die Wellenfunktion, die den Grund-zustand eines EDA-Komplexes beschreibt, lautet in Näherung[1]:

$$\psi_N(\mathrm{DA}) = a\,\psi_0(\mathrm{DA}) + b\,\psi_1(\mathrm{D}^+\mathrm{A}^-) + \cdots \tag{II,1}$$

und beschreibt die Anteiligkeit eines Elektrons von D an der Bindung D ... A.

ψ_0 ("no-bond wave function") gibt die Ladungsverteilung im Zustand einfacher klassischer van der Waalsscher Wechselwirkung mit Dipol-, Polarisations- und Dispersionskräften[2].

ψ_1 ("dative bond wave function"), gibt die Ladungsverteilung des ionaren Zustandes $\mathrm{D}^+\mathrm{A}^-$, in welchen ein Elektron von D nach A über-gegangen ist. ψ_1 enthält Anteile Coulombscher Wechselwirkung und Polarisationseffekte und auch geringe Anteile einer teilweisen überlager-ten kovalenten Austauschbindung zwischen dem einsamen Elektron

---

[1] R. S. Mulliken: J. Am. Chem. Soc. **72**, 600, 4493 (1950); **74**, 811 (1952); J. Phys. Chem. **56**, 801 (1952); J. chem. phys. **19**, 514 (1951); J. chim. phys. **51**, 341 (1954); R. S. Mulliken: Proceedings of the international Confer. in Coord. Compounds, Amsterdam 1955, S. 336.

[2] ψ_0 hat die Form: $\psi_0 = \psi(\mathrm{DA}) = A\,\psi_D\,\psi_A + \cdots$. A bedeutet, daß das Produkt der Wellenfunktionen von A und D im Grundzustand asymmetrisch ist in bezug auf alle Elektronen, das „$+ \cdots$" soll zusätzliche Terme kennzeichnen entsprechend Polarisationseffekten, Abstoßungskräften und sonstigen van der Waalsschen Wechselwirkungseffekten bei der Annäherung von A und D von $d = \infty$ auf $d = d_{\mathrm{DA}}$.

("odd-electron") von D^+ und A^-. Jedoch ist dieser kovalente Bindungs-anteil nur gering, soweit der intermolekulare Abstand groß genug ist (3,2—3,4 Å). (Vgl. aber S. 18, 76, 79, 132 u. 173.)

Das Verhältnis b/a ist ein Maß für die Anteiligkeit, mit der die Wellen-funktion ψ_1 des ionaren Strukturzustandes am Grundzustand ψ_N beteiligt ist. Die relative Anteiligkeit von ψ_1 ist $b^2/(a^2 + b^2)$. b^2/a^2 kann prinzipiell zwischen 0 und ∞ variieren, je nachdem ein Elektronenübergang $D \to A$ überhaupt nicht oder aber vollständig möglich ist.

In den meisten, bisher bekannten, *näher untersuchten* Fällen ist im *Grundzustand* $a \gg b$ (vgl. Tab. 3, S. 22). Nur in einigen recht seltenen Sonderfällen ist $b > a$ (vgl. Kap. XI).

a und b lassen sich experimentell z. B. aus dem Dipolmoment des Ladungsüberganges, also aus dem sogenannten Mesomeriemoment μ_M bestimmen (S. 21 ff).

Im übrigen ist es unter Umständen möglich, daß mehrere ψ_1-Funktio-nen zum Grundzustand beitragen. Dementsprechend müßte (II,1) erweitert werden[1]:

$$\psi_N = a\,\psi_0(\mathrm{DA}) + \sum b_{ij}\,\psi_1(\mathrm{D}_i^+ \mathrm{A}_j^-) \tag{II,2}$$

(vgl. auch das auf S. 48 u. f. über die Aufspaltung von CT-Banden Gesagte).

Hat der Donator *zusätzlich* schwache *Acceptor*-Eigenschaften und der Acceptor *zusätzlich* schwache *Donator*-Eigenschaften, so muß die Wellen-funktion (II,1) durch den Term: $c\,\psi_2(\mathrm{D}^+\mathrm{A}^-)$ erweitert werden und lautet dann

$$\psi_N(\mathrm{DA}) = a\,\psi_0(\mathrm{DA}) + b\,\psi_1(\mathrm{D}^+\mathrm{A}^-) + c\,\psi_2(\mathrm{D}^-\mathrm{A}^+) + \cdots. \tag{II,3}$$

Auch bei *gleichen* Molekülen mit sowohl Donator — als auch Acceptor-Eigenschaften besteht die Möglichkeit, daß diese unter sich eine EDA-Wechselwirkung zeigen. Dabei ist es möglich, daß die Moleküle entweder als Ganzes einheitlich oder mit bestimmten Gruppen oder Bereichen in Wechselwirkung treten. Im Falle einer solchen Eigenassoziation B ... B lautet die für die intermolekulare Mesomerie

$$
\mathrm{B}\ldots\mathrm{B}
\begin{cases}
\nearrow & \mathrm{B}^+\ldots\mathrm{B}^- \\
\searrow & \mathrm{B}^-\ldots\mathrm{B}^+
\end{cases}
\tag{II,4}
$$

maßgebende Wellenfunktion im Grundzustand:

$$\psi_N = a\,\psi_0(\mathrm{BB}) + \frac{b}{\sqrt{2}}\,[\psi_1(\mathrm{B}^+\mathrm{B}^-) + \psi_2(\mathrm{B}^-\mathrm{B}^+)] \tag{II,5}$$

entsprechend der Gleichartigkeit $\mathrm{B}^+\mathrm{B}^- \equiv \mathrm{B}^-\mathrm{B}^+$, demzufolge in Gl.(II,3) $c = b \ll a$ ist.

---

[1] R. S. MULLIKEN: Proceedings of the international Conf. in Coordination Compounds, Amsterdam 1955, S. 336. J. chim. phys. **51**, 341 (1954).

Es gibt nur wenige Fälle, bei denen eindeutig erwiesen ist, daß ein solcher Donator-Acceptor-Elektronenaustausch bei der Eigenkomplex- -("self-complex")-bildung, die man im allgemeinen als „Assoziation" bezeichnet, eine maßgebende Rolle spielt.[1]

Bei einer EDA-Wechselwirkung (B $\cdots$ B) müßte die für EDA-Komplexe charakteristische Elektronenüberführungs-Bande auftreten (I,3). Eine solche ist bei Assoziation von Neutralmolekülen im Singulett-Grundzustand bisher nur bei der Assoziation von J_2 zu J_4 beobachtet worden.

KORTÜM und FRIEDHEIM[2] finden im Spektrum des Jod-Dampfes eine Absorptionsbande bei 2670 Å und bringen diese mit der Bildung eines J_4-Assoziats in Zusammenhang. DE MAINE[3] beobachtet an J_2 in verschiedenen Lösungsmitteln eine Absorption im Bereich 2500—3700 Å, die er einem CT-Komplex $J_2 \ldots J_2$ zuschreibt. (Siehe auch Tab. 44, S. 114 und S. 115 in Kap. IX, d). Aus einer auf S. 75 näher behandelten Beziehung zwischen Lage der CT-Bande und Ionisierungsenergie kann man unter Zugrundelegung der Ionisierungsenergie des J_2 $(IE = 8{,}80$ eV$)$[4], berechnen, daß die CT-Bande eines Komplexes $J_2 \ldots J_2$ bei etwa $= 2950$ liegen müßte[5].

Eine für eine EDA-Wechselwirkung charakteristische CT-Absorptionsbande ist bei der Bildung von Eigenassoziaten ("self complexes") zwischen Aromaten (Benzol) oder konjugierten Kettenmolekülen (Polyenen) noch in keinem Fall beobachtet worden. Es ist in diesen Fällen experimentell noch keinesfalls sicher erwiesen, ob und in welchem Ausmaß intermolekulare Elektronenaustauschphänomene überhaupt eine Rolle spielen[6].

Besondere Verhältnisse liegen offenbar bei der von HAUSSER und MURRELL[7] beschriebenen Assoziation des N-Äthylphenazyl-Radikals vor,

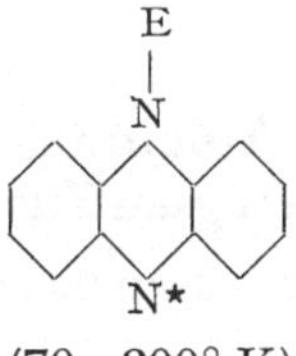

das bei tiefen Temperaturen (70—300° K) nicht nur im kristallisierten Zustand, sondern — in gleicher Weise, wie das Wurstersche Salz in

---

[1] Genauere theoretische Betrachtungen über den Anteil der Elektronenaustausch-Energie an der gesamten Wechselwirkungsenergie zwischen gleichartigen Molekülen (Benzol und Molekülen mit konjugierten Ketten) werden auf der Grundlage der Mullikenschen "charge transfer"-Theorie von S. AONO, Progr. Theoret. Phys. (Kyoto) **20**, 133 (1958) angestellt. Der Anteil der "charge transfer"-Energie ist im Vergleich zu den Dispersionskräften relativ gering.

[2] G. KORTÜM u. G. FRIEDHEIM: Z. Naturforsch. 2a, 20 (1947).

[3] P. A. D. DE MAINE: J. Chem. Phys. **24**, 1091 (1956); Can. J. Chem. **35**, 573 (1957); R. M. KEEFER u. T. L. ALLEN: J. Chem. Phys. **25**, 1059 (1956); M. M. DE MAINE‘ P. A. D. DE MAINE u. G. E. MCALONIE: J. Mol. Spectr. **4**, 271 (1960).

[4] R. E. HONIG: J. Chem. Phys. **16**, 105 (1948).

[5] Siehe dazu auch H. MCCONNELL: J. Chem. Phys. **22**, 760 (1954).

[6] Zur Theorie vgl. bei S. AONO, loc. cit.

[7] K. H. HAUSSER u. J. N. MURRELL: J. Chem. Phys. **27**, 500 (1957). K. H. HAUSSER: Naturwiss. **43**, 14 (1956).

Lösungen — andersartige Abweichungen vom Curieschen Gesetz zeigt als es etwa beim Triphenylmethyl- oder ähnlichen Radikalen der Fall ist.

Zugleich zeigen die Lösungen bei tiefen Temperaturen eine charakteristische Absorptionsbande im nahen Infrarot, die als "charge transfer"-Bande eines Assoziates gedeutet wird, in welchem die Molekülebenen parallel übereinander gelagert sind. Die Eigenabsorption der Radikalkomponenten wird durch die Assoziation nicht wesentlich verändert. Die Intensität der CT-Bande nimmt in dem Maße zu als bei T-Erniedrigung der Paramagnetismus abnimmt.

Die bei tiefen Temperaturen beobachtbare CT-Bande entspricht einem Übergang vom symmetrischen Grundzustand des Assoziates R_1R_2 in welchem alle Elektronen paarweise abgesättigt sind:

$$a\,\psi_0(R_1R_2) + b\,[\psi_1(R_1^+R_2^-) + \psi_1(R_1^-R_2^+)]$$

zu einem Zustand einer antisymmetrischen Kombination

$$\sqrt{\frac{1}{2}}\,[\psi_1(R_1^+R_2^-) - \psi_1(R_1^-R_2^+)]\,.$$

Angeregter Zustand (Excited State). Die für den *angeregten* Zustand „E" maßgebende Wellenfunktion lautet:

$$\psi_E = a^*\psi_1 - b^*\psi_0 + \cdots \tag{II,6}$$

a^* und b^* geben die Anteiligkeit der Wellenfunktionen ψ_1 und ψ_0 im angeregten Zustand. Im angeregten Zustand ist $a^* \gg b^*$. Es ist am Gesamtladungsverteilungszustand des Molekülkomplexes vorwiegend der ionare Zustand beteiligt. Außerdem ist $a \cong a^*$ und $b \cong b^*$ (S. 22 u. f.).

Das Minuszeichen steht, weil der Resonanzanteil $b^*\psi_0$ die Gesamtenergie erhöht (vgl. Abb. 1).

2. Quantenmechanische Ableitung der Resonanzenergie im Grundzustand und im angeregten Zustand eines EDA-Komplexes

Einige quantenmechanische Grundbeziehungen

Normierungsbedingung

$$\int \psi_N^2 d\tau = \int \psi_E^2 d\tau = \int \psi_0^2 d\tau = \int \psi_1^2 d\tau = 1\,. \tag{II,7}$$

Orthogonalitätsbedingungen

$$\int \psi_N \psi_E d\tau = 0 \tag{II,8}$$

Aus II,7 mit II,1 und II,6 folgt

$$a^2 \int \psi_0^2 d\tau + 2\,ab \int \psi_0\,\psi_1 d\tau + b^2 \int \psi_1^2 d\tau =$$
$$a^{*2} \int \psi_1^2 d\tau - 2\,a^*b^* \int \psi_0\,\psi_1 d\tau + b^{*2} \int \psi_0^2 d\tau = 1$$

oder

$$a^2 + 2\,ab\,S + b^2 = a^{*2} - 2\,a^*b^*S + b^{*2} = 1\,. \tag{II,9}$$

Aus II,8 mit II,1 und II,6 folgt

$$aa^* \int \psi_0\,\psi_1 d\tau + a^*b \int \psi_1^2 d\tau - ab^* \int \psi_0^2 d\tau - bb^* \int \psi_0\,\psi_1 d\tau = 0$$

oder mit II,7

$$a^*(b + aS) = b^*(bS + a) \, . \qquad (II,10)$$

$$S = \int \psi_0 \psi_1 d\tau \qquad (II,11)$$

ist das „Überlappungs-Integral". S ist im Falle einer Resonanz zwischen ψ_0 und ψ_1 auf jeden Fall $\neq 0$, ist aber bei genügend großem intermolekularen Abstand nur klein (etwa 0.1 bei einem Abstand von 3,2—3,4 Å)[1].

Energieanteile und Hamiltonfunktion

Es gilt

$$H_{01} = E_{0\,\mathrm{Acc}} + E_{0\,\mathrm{Don}} + \int \psi_0 \Delta E_p \psi_1 d\tau = \int \psi_0 H \psi_1 d\tau \qquad (II,12)$$

ΔE_p umfaßt die Störungsanteile der potentiellen Energie der gegenseitigen Wechselwirkung aller Elektronenkonfigurationen des Acceptors und des Donators. $E_{0\,\mathrm{Acc}}$ und $E_{0\,\mathrm{Don}}$ sind die Gesamtenergieinhalte des freien Acceptor- und Donatormoleküls.

Ferner ist

$$H_{00} = E_{0\,\mathrm{Don}} + E_{0\,\mathrm{Acc}} + \int \psi_0 \Delta E_p \psi_0 d\tau \equiv W_0 = \int \psi_0 H \psi_0 d\tau \qquad (II,13)$$

$$H_{11} = E_{0\,\mathrm{Don}} + E_{0\,\mathrm{Acc}} + \int \psi_1 \Delta E_p \psi_1 d\tau \equiv W_1 = \int \psi_1 H \psi_1 d\tau \qquad (II,14)$$

Berechnung von W_N und W_E

Der Grundzustand „N". Nach einer allgemeinen, dem „Variationsprinzip" entsprechenden Beziehung muß gelten:

$$W_N = \frac{\int \psi_N H \psi_N d\tau}{\int \psi_N^2 d\tau} \qquad (II,15)$$

Es müssen die Koeffizienten a und b von ψ_N (II,1) so gewählt werden, daß W_N ein Minimum wird. Es muß also gelten:

$$\frac{\partial W_N}{\partial a} = \frac{\partial W_N}{\partial b} = 0$$

Unter Berücksichtigung von II, 1 u. 2 wird II,15 zu:

$$W_N = \frac{\int (a^2 \psi_0^2 + 2\,ab\,\psi_0 \psi_1 + b^2 \psi_1^2)\, H d\tau}{\int (a^2 \psi_0^2 + 2\,ab\,\psi_0 \psi_1 + b^2 \psi_1^2)\, d\tau}$$

oder mit II,7, II,12, II,13 und II,14

$$W_N = \frac{a^2 H_{00} + 2\,ab\,H_{01} + b^2 H_{11}}{a^2 + 2\,ab\,S + b^2}$$

$$\frac{\partial W_N}{\partial a} = \frac{N\,(2\,aH_{00} + 2b\,H_{01}) - Z\,(2a + 2bS)}{N^2} = 0$$

$N \equiv$ Nenner und $Z \equiv$ Zähler
oder mit $H_{00} = W_0$

$$aW_0 + bH_{01} = W_N\,(a + bS) \, . \qquad (II,16)$$

---

[1] Damit eine Resonanz überhaupt möglich ist, müssen ψ_0 und ψ_1 im Komplex eine Gruppensymmetrie haben, die der Gesamtsymmetrie des Komplexes gleich ist. Sind also D und A im Singulettzustand (Gesamtspinquantenzahl = 0), so müssen ψ_0 und ψ_1 und auch die Gesamtgruppensymmetrie des Komplexes total symmetrisch sein.

Ebenso folgt aus

$$\frac{\partial W_N}{\partial b} = \frac{N(2a\,H_{01} + 2b\,H_{11}) - Z(2a\,S + 2b)}{N^2} = 0$$

mit $H_{11} = W_1$

$$b\,W_1 + a\,H_{01} = W_N(b + a\,S)\ . \tag{II,17}$$

Aus II,16 und II,17 folgt:

$$a(W_0 - W_N) + b(H_{01} - W_N\,S) = 0 \tag{II,18}$$

$$a(H_{01} - W_N\,S) + b(W_1 - W_N) = 0\ .$$

Das gibt die in der Quantenmechanik der chemischen Bindung als „Säkulardeterminante" bekannte Determinante:

$$\begin{vmatrix} (W_0 - W_N) & (H_{01} - W_N\,S) \\ (H_{01} - W_N\,S) & (W_1 - W_N) \end{vmatrix}$$

oder

$$(W_N - W_0)(W_N - W_1) = (H_{01} - W_N\,S)^2 \tag{II,19}$$

(II,19) läßt sich in folgender Weise durch Näherungen vereinfachen: In (II,19) ist $W_1 \gg W_N$, soweit nicht im ionaren Zustand durch Anteile kovalenter Austauschbindungen einsamer Elektronen ("odd electrons") W_1 weitgehend erniedrigt wird, was bei größeren intermolekularen Abständen (3—3,5 Å) nicht zu erwarten ist. Das heißt, es muß das Überlappungsintegral genügend klein bleiben. Es ist dann auch $H_{01} \gg W_N\,S$. Es bedeutet dann nur einen unerheblichen Fehler, wenn im zweiten Klammerausdruck der linken Seite und auf der rechten Seite von Gl. (II,19) $W_N \cong W_0$ gesetzt wird:

$$(W_N - W_0)(W_0 - W_1) = (H_{01} - W_0\,S)^2 \tag{II,20}$$

oder

$$W_N = W_0 - \frac{(H_{01} - W_0\,S)^2}{W_1 - W_0} = W_0 - \frac{\beta_0^2}{W_1 - W_0} = \Delta H \tag{II,21}$$

$$R_N = -\frac{\beta_0^2}{W_1 - W_0} = -\frac{\beta_0^2}{h\nu_{CT} + R_N - R_E} \tag{II,22}$$

(vgl. Energieschema Abb. 1)

$$\beta_0 = H_{01} - W_0\,S \tag{II,23}$$

oder für kleine Werte W_0 unter Berücksichtigung, daß $S < 1$, ist

$$\beta_0 \cong H_{01}\ . \tag{II,24}$$

Der angeregte Zustand „E". Nach dem Variationsprinzip müssen in

$$W_E = \frac{\int \psi_E H\,\psi_E\,d\tau}{\int \psi_E^2\,d\tau} = \frac{\int (a^{*2}\psi_1^2 - 2\,a^*b^*\psi_1\psi_0 + b^{*2}\psi_0^{*2})\,H\,d\tau}{\int (a^{*2}\psi_1^2 - 2\,a^*b^*\psi_1\psi_0 + b^{*2}\psi_0^{*2})\,d\tau} \tag{II,25}$$

die Koeffizienten a^* und b^* (Gl. II,6) so gewählt werden, daß

$$\frac{\partial W_E}{\partial a^*} = \frac{\partial W_E}{\partial b^*} = 0$$

wird. Daher folgt in analoger Weise wie oben:

$$a^*(W_1 - W_E) - b^*(H_{01} - W_E S) = 0$$
$$a^*(H_{01} - W_E S) - b^*(W_0 - W_E) = 0 \qquad \text{(II,26)}$$

mit der Determinanten:

$$\begin{vmatrix} (W_1 - W_E) & (H_{01} - W_E S) \\ (H_{01} - W_E S) & (W_0 - W_E) \end{vmatrix} \qquad \text{(II,27)}$$

oder

$$(W_1 - W_E)(W_0 - W_E) = (H_{01} - W_E S)^2 . \qquad \text{(II,28)}$$

Es kann in der zweiten Klammer der linken Seite und auf der rechten Seite von (II,28) in guter Näherung $W_E \cong W_1$ gesetzt werden, soweit R_E klein genug und kovalente Bindungsanteile bei genügend großem intermolekularen Abstand im angeregten und im Grundzustand vernachlässigt werden können.

Es folgt dann aus (II,28)

$$W_E = W_1 + \frac{(H_{01} - W_1 S)^2}{W_1 - W_0} = W_1 + \frac{\beta_1^2}{W_1 - W_0} = W_1 + R_E \qquad \text{(II,29)}$$

$$R_E = \frac{\beta_1^2}{W_1 - W_0} \qquad \text{(II,30)}$$

$$\beta_1 = H_{01} - W_1 S . \qquad \text{(II,31)}$$

Empirisch ergab sich in allen Fällen, in denen eine Berechnung von R_E und R_N möglich war[1]

$$R_E \cong -2{,}5\, R_N . \qquad \text{(II,32)}$$

Daher wird aus (II,22)

$$\beta_0^2 \cong -R_N (h\, \nu_{CT} + 3{,}5\, R_N)\ [2]. \qquad \text{(II,33)}$$

III. EDA-Komplex-Dipolmoment im Grundzustand und im angeregten Zustand und das Mesomerie-Dipolmoment

1. Allgemeines
Das Mesomeriemoment und das induzierte Moment in EDA-Komplexen

Bei einer Anteiligkeit ionarer Strukturzustände bei einer zwischenmolekularen Wechselwirkung zwischen Elektronen-Donatoren- und Acceptoren nach Art einer intermolekularen Mesomerie muß ein Dipolmoment auftreten, das Mesomeriemoment μ_M genannt werden soll.

---

[1] Vgl. Tab. 6, S. 25 und G. BRIEGLEB u. J. CZEKALLA: Z. physik. Chem. N. F. **24**, 37 (1960).

[2] R_N hat einen *negativen* numerischen Betrag.

Soweit man in den Molekülkomplexen, z. B. des Chloranils oder des Trinitrobenzols mit aromatischen Kohlenwasserstoffen voraussetzen kann, daß sich die Molekülebenen der Komponenten parallel zueinander lagern (vgl. Kap. X), muß in solchen Fällen das EDA-Komplex-Dipolmoment senkrecht zu den parallel gelagerten Molekülebenen gerichtet sein (Abb. 2).

Haben die Komponenten D und A kein Dipolmoment und auch keine polaren Gruppen, die sich zum Gesamtmoment Null addieren (z. B. Jod und Naphthalin), so entspricht das am Molekülkomplex gemessene EDA-Komplex-Dipolmoment μ_{DA} dem Mesomeriemoment μ_M.

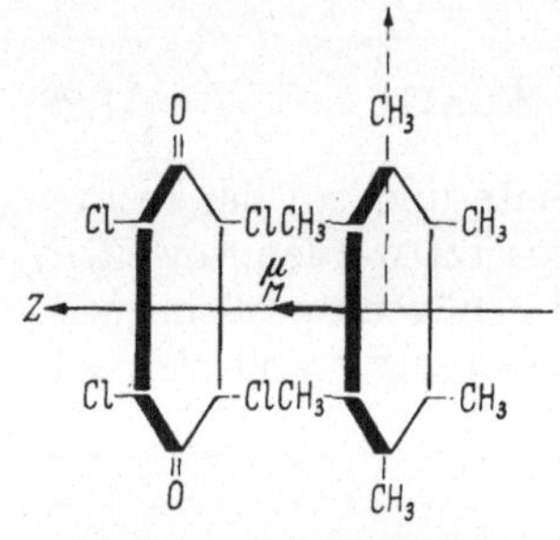

Haben die Komponenten D und A zwar kein Dipolmoment, dagegen aber *polare Gruppen* (oder polare Bindungen) deren Partialmomente (oder Bindungsmomente) sich vektoriell zum *Gesamt*moment Null addieren, so ist das experimentell gemessene EDA-Komplex-Dipolmoment μ_{DA} eine Überlagerung des Mesomeriemomentes μ_M und des durch die polaren Gruppen in Richtung z senkrecht zu den parallel gelagerten Molekülebenen induzierten Momentes μ_{ind}

Abb. 2. Lage des Mesomeriemoments in einem EDA-Molekülkomplex. (Chloranil-Hexamethylbenzol)

$$\mu_{DA} = \mu_M + \mu_{ind}. \tag{III,1}$$

Wird μ_{ind} vernachlässigt, setzt man also $\mu_M = \mu_{DA}$, wie es im allgemeinen getan wird, so wird μ_M zu groß bestimmt (siehe auch S. 26)[1].

2. Dipolmomente von Elektronenacceptormolekülen in Lösungsmitteln mit Elektronen-Donatoreigenschaften

Das Auftreten eines meßbaren Dipolmomentes als Folge einer Molekülverbindungsbildung aus an und für sich dipollosen Molekülen wurde erstmalig von BRIEGLEB und KAMBEITZ[2] vorausgesagt und experimentell nachgewiesen. Allerdings wurde seinerzeit $\mu_{exp} = \mu_{DA} = \mu_{ind}$ angenommen.

Während Trinitrobenzol in CCl_4 als Lösungsmittel ein Dipolmoment $\cong$ Null hat, werden in Benzol und in Naphthalin als Lösungsmittel die Dipolmomente 0,79 und 0,88 D gefunden. Entsprechend bestimmen LE FÈVRE und LE FÈVRE[3] das Dipolmoment von p-Dinitrobenzol in Benzol als Lösungsmittel zu 0,69 D und in CCl_4 zu Null. FAIRBROTHER[4] findet eine Erhöhung der Orientierungspolarisation

---

[1] Siehe auch G. BRIEGLEB u. J. CZEKALLA: Z. physik. Chem. (N.F.) **24**, 37 (1960); S. P. McGLYNN: Chem. Rev. **58**, 1113 (1958).

[2] G. BRIEGLEB u. J. KAMBEITZ: Z. physik. Chem. B **27**, 11 (1934); **25**, 251 (1934).

[3] C. G. LE FÈVRE u. R. J. W. LE FÈVRE: J. Chem. Soc. (London) **1935**, 957; R. J. W. LE FÈVRE: Trans. Faraday Soc. **33**, 210 (1937).

[4] F. FAIRBROTHER: Nature **160**, 87 (1947); J. Chem. Soc. (London) **1948**, 1051.

des Jods in Benzol, p-Xylol, Cyclohexan, Dioxan und Diisobutylen als Lösungsmittel im Vergleich zu der in Cyclohexan gemessenen Orientierungspolarisation. Aus den gemessenen Molar-Polarisationen werden die Dipolmomente 0,6; 0,9; 1,1; 1,3 und 1,5 D berechnet. Entsprechende Messungen wurden von FAIRBROTHER[1] an JCN durchgeführt.

Tab. 1 gibt eine Übersicht der Dipolmomente der Elektronenacceptoren: Trinitrobenzol, p-Dichlorbenzol und J_2 in Lösungsmitteln mit Elektronendonatoreigenschaften, mit denen die genannten Acceptormoleküle EDA-Komplexe bilden. In indifferenten Lösungsmitteln CCl_4 und Cyclohexan werden keine Dipolmomente gemessen, wohl aber in Lösungsmitteln mit Elektronendonatoreigenschaften. Bei JCN ist in Lösungsmitteln mit Elektronendonatoreigenschaften eine Erhöhung des Dipolmoments im Vergleich zu den in CCl_4 gemessenen Dipolmoment zu beobachten.

Tabelle 1. *EDA-Komplex-Dipolmomente μ_{DA} in Debye-Einheiten von s-Trinitrobenzol, p-Dinitrobenzol JCN und J_2 in indifferenten Lösungsmitteln und in Lösungsmitteln mit Elektronendonator-Eigenschaften*

Lösungsmittel	s-Trinitrobenzol	p-Dinitrobenzol	J_2 [4]	JCN[1]
CCl_4	0 [2,3]	0 [2,3]		3,64
Cyclohexan	—	—	0	—
Benzol	0,79[3]	0,69[3]	0,6	3,76
p-Xylol	—	—	0,9	
Cyclohexen	—	—	1,1	
Naphthalin	0,88[2]	—	—	
Dioxan	0,96[3]	0,73[3]	1,3; 0,95[5]	4,40
Diisobutylen.	—		1,5	4,01
Diäthyläther	—		0,7[6]	

⁊ Es ist die Frage, ob und wie weit die in der Donator-Komponente als Lösungsmittel gemessenen scheinbaren Dipolmomente des gelösten Acceptormoleküls nun auch die wahren Momente des Komplexes sind. Wenn auch die als Lösungsmittel dienende Donator-Komponente in großem Überschuß vorhanden ist, so kann dennoch nicht ohne weiteres angenommen werden, daß die Molekülverbindung vollständig undissoziiert ist; außerdem kann nicht vorausgesetzt werden, daß die Molekülverbindung eine einfache stöchiometrische Zusammensetzung hat, etwa wie im Kristallgitter oder in verdünnten Lösungen in einem indifferenten Lösungsmittel. Daß nur in seltenen Ausnahmefällen die in der Donator-Komponente als Lösungsmittel gemessenen Dipolmomente des Acceptormoleküls den wahren Momenten der Molekülverbindung entsprechen,

---

[1] F. FAIRBROTHER: J. Chem. Soc. (London) **1950**, 180.
[2] G. BRIEGLEB u. G. KAMBEITZ: loc. cit. Anm. 2, S. 14.
[3] C. G. LE FÈVRE u. R. J. W. LE FÈVRE: loc. cit. Anm. 3, S. 14.
[4] F. FAIRBROTHER: loc. cit. s. Anm. Anm. 4, S. 14.
[5] YA. K. SYRKIN u. K. M. ANISIMOVA: Doklady Acad. Nauk. S.S.S.R. **59**, 1457 (1948).
[6] K. HIGASI: J. Sci. Research Inst. (Tokyo) **24**, 57 (1934).

zeigt der Vergleich der Dipolmomente der Tab. 1 mit den in verdünnten Lösungen in indifferenten Lösungmitteln gemessenen Dipolmomenten einiger EDA-Komplexe (Tab. 2). (Näheres in Kap. III, 3.)

3. Dipolmomente von EDA-Komplexen in verdünnten indifferenten Lösungsmitteln

Wesentlich definierter und genauer ist die Bestimmung des Dipolmomentes der EDA-Molekülkomplexe aus Messungen in verdünnten Lösungen der Molekülverbindungskomponenten in indifferenten Lösungsmitteln (Hexan, Cyclohexan, CCl_4). Der Anteil der in diesen Lösungsmitteln sich bildenden 1 : 1 Molekülkomplexe ist experimentell, meist auf optischem Wege genau bestimmbar (Kap. XII). Aus den Dielektrizitätskonstanten, den Brechungskoeffizienten und den Dichten der DA-Lösungen bei verschiedenen Konzentrationen und den entsprechenden Werten der reinen Komponenten D bzw. A im selben Lösungsmittel bei entsprechenden Konzentrationen ergibt sich dann die Orientierungspolarisation des EDA-Komplexes. Aus dieser ist das EDA-Komplex-Dipolmoment μ_{DA} berechenbar, sofern die Komponenten D und A im freien Zustand kein Dipolmoment haben[1]. Andernfalls muß die Konfiguration des EDA-Komplexes genau bekannt sein, um aus dem experimentell ermittelten Gesamtmoment μ_{exp} des EDA Komplexes vektoriell mit Hilfe der Dipolmomente der Komponenten, das EDA-Komplex-Dipolmoment μ_{DA} berechnen zu können.

Tab. 2 gibt eine Zusammenstellung der bisher bekannten, genauer gemessenen Dipolmomente der EDA-Komplexe.

Die Dipolmomente der Tab. 1 u. 2 können sich unter Umständen sehr wesentlich voneinander unterscheiden, wie der Vergleich z. B. der Dipolmomente des Jods in Benzol und Dioxan als Lösungsmittel mit den entsprechenden Momenten der Molekülverbindung Jod-Benzol und Jod-Dioxan in Cyclohexan als Lösungsmittel zeigt. Bei den Dipol-Messungen des Jods in Benzol bzw. Dioxan als Lösungsmittel wird angenommen, daß das Jod praktisch vollständig als Molekülkomplex Benzol-Jod bzw. Dioxan-Jod vorliegt, was offenbar nicht der Fall zu sein scheint. Außerdem ist nicht geklärt, ob die Molekülverbindung des Jods in Benzol und Dioxan als Lösungsmittel die Zusammensetzung 1 : 1 haben oder ob sich nicht infolge des Lösungsmittel-Überschusses höhere Komplexe bilden können. Dagegen sind die Dipolmomente des Trinitrobenzols in Benzol,

---

[1] W. M. Kazakowa u. Ya. K. Syrkin, Nachr. Akad. Wiss. UDSSR Abt. Chem. Wiss. **1958**, 673, messen einfach die Abweichung der experimentellen Molarpolarisation von der additiv berechneten Molarpolarisation in Lösungen von Jod und Brom mit verschiedenen organischen Verbindungen als Donator in Benzol als Lösungsmittel. Auf Grund der Abweichungen der experimentellen Molarpolarisation wird eine quantitative Abstufung der Donatoreigenschaften gegeben (vgl. S. 144 u.f.). Jod gibt mit organischen Basen α-Pikolin, Chinolin, Acridin, Piperidin, Triäthylamin, Antipyrin Molekülkomplexe mit hoher Molarpolarisation, d. h. hohen Mesomeriemomenten. Gleichgewichte D + A ⇌ DA werden nicht ermittelt. Auch die Möglichkeit einer partiellen Ionenpaarbildung im Gleichgewicht mit den EDA-Komplexen wird nicht berücksichtigt.

Tabelle 2. *EDA-Komplex-Dipolmomente μ_{DA} von EDA-Molekülkomplexen in Debye-Einheiten, gemessen in verdünnten Lösungen in indifferenten Lösungsmitteln[**]*

Donatoren	Acceptormoleküle				
	Tetracyan-äthylen in CCl_4 als L. M.[1]	Chloranil[2] in CCl_4 als L.M.	Chinon[3] in CCl_4 als L.M.	Trinitroben-zol[3] in CCl_4 als L.M.	Jod[4] in Cyclohexan als L.M.
Benzol	—	—	—	—	1,8
Durol	1,26	—	—	0,55	—
Hexamethylbenzol .	1,35	1,0	—	0,87	—
Diphenyl	—	—	—	—	2,9
Naphthalin	1,28	0,90[1]	—	0,69	2,6
Stilben	—	—	—	0,82	—
Dimethylanilin . .	—	(2,64)[*]	(1,53)[*]	—	—
Pyridin	—	—	—	—	(4,5)[6]
Dioxan	—	—	—	—	(3,0)
Triäthylamin . . .	—	—	—	—	(11,3)[5, *]

[*] Die eingeklammerten Werte enthalten noch das Dipolmoment der Donatorkomponente Pyridin $\mu = 2{,}28$ D; Triäthylamin $\mu = 0{,}75$ D (Hexan); Dimethylanilin $\mu = 1{,}57$ D (CCl_4).

[**] Da die Molekülverbindungen in indifferenten Lösungsmitteln meist sehr schwer löslich sind und außerdem in verdünnten Lösungen weitgehend in die Komponenten zerfallen sind, so sind hohe Anforderungen an die Meßgenauigkeit zu stellen, zumal die zu messenden Mesomeriemomente oft nicht sehr groß sind.

bzw. Naphthalin als Lösungsmittel nahezu in Übereinstimmung mit den entsprechenden Dipolmomenten der Molekülverbindungen Trinitrobenzol-Benzol bzw. Trinitrobenzol-Naphthalin in CCl_4 als Lösungsmittel.

Die in der Tab. 2 angegebenen experimentellen Dipolmomente der EDA-Komplexe setzen sich aus dem Mesomeriemoment und dem induzierten Moment zusammen (Gl. III,1). μ_{ind} läßt sich nur in grober Näherung unter Zugrundelegung einer Reihe nicht sehr sicherer Voraussetzungen abschätzen, so daß μ_M nicht genau angebbar ist. μ_{DA} ist ohne Berücksichtigung von μ_{ind} eine *obere Grenze* für μ_M. Zum Beispiel ist für den Komplex Hexamethylbenzol-Trinitrobenzol $\mu_{DA} = 0{,}87$ D und $\mu_{ind} \cong 0{,}25$ D, also $\mu_M \cong 0{,}62$ D.

Die Dipolmomente der Molekülkomplexe mit Dimethylanilin, Pyridin und Triäthylamin sind eingeklammert, weil die Momentwerte die vektorielle Summe sind aus dem Mesomeriemoment und dem Dipolmoment der Donatorkomponente. Das Mesomeriemoment ist aus dem Gesamtmoment nur berechenbar, wenn die gegenseitige Konstellation der Komponenten in der Molekülverbindung genau bekannt ist. Das ist bei den Molekülkomplexen des Pyridins (vgl. S. 173) und des Dime-

---

[1] G. BRIEGLEB, J. CZEKALLA u. G. REUSS: Z. physik. Chem. N. F. (Frankfurt) (1961), im Druck.

[2] G. BRIEGLEB u. J. CZEKALLA: Z. Elektrochem. **58**, 249 (1954).

[3] G. BRIEGLEB u. J. CZEKALLA: Z. Elektrochem. **59**, 184 (1955).

[4] G. KORTÜM u. H. WALZ: Z. Elektrochem. **57**, 73 (1953). G. KORTÜM: J. Chim. Phys. **49**, 127 (1952). Siehe auch bei Ya. K. SYRKIN u. K. M. ANISIMOVA: Doklady Akad. Nauk, S.S.S.R. **59**, 1457 (1948).

[5] S. NAGAKURA: J. Am. Chem. Soc. **80**, 520 (1958); M. TSUBOMURA u. S. NAGAKURA: J. Chem. Phys. **27**, 819 (1957) in Dioxan als Lösungsmittel.

[6] C. REID u. R. S. MULLIKEN: J. Am. Chem. Soc. **76**, 3869 (1954).

thylanilins nicht der Fall (Kap. X), daher bleibt der Winkel zwischen dem Mesomeriemoment und dem resultierenden Dipolmoment des Acceptors und somit auch μ_M vorerst unbekannt (vgl. auch S. 173, Kap. X).

Immerhin sind offenbar die Mesomeriemomente der lokalisierten n,σ-Bindung (vgl. S. 6) der J_2-Komplexe mit n-Donatoren (Pyridin, Triäthylamin und Dioxan) besonders hoch. Dementsprechend sind auch die Bindungsenergien relativ hoch, dagegen sind die $h\nu_{CT}$-Energien relativ zu den hohen ΔH und μ_M-Werten auffallend groß (vgl. auch S. 132). Es ist in Anbetracht der bei den genannten n,σ-Komplexen beobachteten relativ kleinen intermolekularen Abständen von 2,3—2,7Å (Kap. X) fraglich, ob überhaupt noch die einfache quantenmechanische Theorie (Kap. II) einer Mesomerie DA $\leftrightarrow$ D$^+$A$^-$ angewandt werden darf und ob nicht schon Austauscheffekte erster Ordnung nach Art einer echten chemischen Bindung mit im Spiel sind.

Bei den genannten Komplexen des J_2 werden außerdem Leitfähigkeiten beobachtet (Kap. XI), die auf eine teilweise Ionenpaarbildung schließen lassen (S. 187) z. B.

$$[(CH_3)_3N \ldots J_2] \rightleftharpoons [(CH_3)_3N^+ \ldots J_2^-] \rightleftharpoons$$
$$\rightleftharpoons [(CH_3)_3N \cdot J^+ \ldots J^-] \rightleftharpoons (CH_3)_3N \cdot J^+ + J^-$$

Die Ionenpaare tragen aber erheblich zu einer Erhöhung der Gesamtpolarisation bei. Das überlagerte Dipolmoment der Ionenpaare könnte daher ein zu hohes Mesomeriemoment vortäuschen. Dazu braucht der prozentuale Anteil an Ionenpaaren nicht sehr groß zu sein in Anbetracht des hohen Dipolmomentes der Ionenpaare von etwa 15 D. Es müßten bei solchen EDA-Komplexen aus genauen Messungen der Konzentrationsabhängigkeit der Leitfähigkeit die Ionenpaarbildungs-Gleichgewichte bestimmt werden.

Auch muß die Möglichkeit einer teilweisen chemischen Reaktion in Betracht gezogen werden[1].

4. Theoretische Berechnung des Mesomeriemomentes

Das Mesomeriemoment ist gegeben durch

$$\mu_M = e_0 \int \psi_N \sum_i r_i \psi_N d\tau \tag{III,2}$$

wobei r_i der Abstand des i-ten Elektrons von irgend einem Koordinatenbezugspunkt ist.

Mit (II,1) ergibt sich

$$\mu_M = -e_0\{a^2 \int \psi_0^2 \sum_i r_i d\tau + b^2 \int \psi_1^2 \sum_i r_i d\tau + 2ab \int \psi_0 \psi_1 \sum_i r_i d\tau\} \tag{III,3}$$

$$\mu_M = a^2\mu_0 + b^2\mu_1 + 2ab\mu_{01} \tag{III,4}$$

---

[1] Aus den Lösungen z. B. der Methylamine fallen nach einiger Zeit unlösliche Verbindungen aus. J. E. COLLIN: Bull. soc. roy. sci. Liège 23, 395 (1954); S. NAGAKURA: J. Am. Chem. Soc. 80, 520 (1958). Über Reaktion der Äther-J$_2$-Komplexe berichtet P. A. D. DE MAINE: Spectrochim. Acta 12, 1058 (1959). Reaktionen von Äther mit Br$_2$ und Cl$_2$ werden von G. E. HALL u. F. M. UBERTINI, J. Org. Chem. 15, 715 (1950), und von K. KRATYL u. K. SCHUBERT, Monatsh. Chem. 81, 988 (1950), nachgewiesen.

Daher ist

$$\begin{cases} \mu_1 = - e_0 \int \psi_1 \sum_i r_i \psi_1 d\tau \equiv \mu_E \\ \mu_0 = - e_0 \int \psi_0 \sum_i r_i \psi_0 d\tau \equiv \mu_N \\ \mu_{01} = - e_0 \int \psi_1 \sum_i r_i \psi_0 d\tau = \frac{1}{2}(\mu_1 - \mu_0)\, S + S\mu_0 \end{cases} \qquad \text{(III,5)}$$

μ_0 ist das Dipolmoment der MV-Komponenten in einer dem Molekül-komplex entsprechenden gegenseitigen Konstellation (*Vektoraddition der Dipolmomente von D und A!*).

μ_1 ist das Dipolmoment der Molekülverbindung nach Übergang des Elektrons von D nach A und beträgt maximal[2]

$$\mu_1 = e_0 \cdot d_{\mathrm{DA}} \cong 15{,}3\ \mathrm{D} \qquad \text{(III,6)}$$

wenn $d_{\mathrm{DA}} = 3{,}2$ Å ist (vgl. Kap. X).

(III,5) in (III,4) ergibt:

$$\mu_M = a^2\mu_0 + b^2\mu_1 + ab(\mu_1 - \mu_0)\, S + 2ab S\mu_0 . \qquad \text{(III,7)}$$

Sind die Komponenten A und D dipollos, d. h. $\mu_0 = 0$, so folgt

$$\mu_M = \mu_1 (b^2 + ab S) . \qquad \text{(III,8)}$$

5. Das EDA-Komplex-Dipolmoment im angeregten Zustand

Eine direkte und quantitative Aussage über die Polarität des angeregten Zustandes läßt sich aus der Untersuchung der Verschiebung von CT-Absorption und CT-Fluorescenz durch *polare* Lösungsmittel gewinnen: Wenn das Dipolmoment des angeregten Zustandes (μ_E)[3] größer ist als das Dipolmoment des Grundzustandes (μ_N)[3], so muß die Fluorescenz durch die Wechselwirkung mit einem polaren Lösungsmittel wesentlich stärker langwellig verschoben werden als die Absorption. Für die Wellenzahldifferenz $\Delta \tilde{\nu}_{00}$ der 0,0-Übergänge in Absorption und Emission gilt die Beziehung[4]:

$$\Delta \tilde{\nu}_{0,0} = \frac{2(\mu_E - \mu_N)^2}{h \cdot c\, r^3}\, \Delta f \qquad \text{(III,9)}$$

$$\Delta f = \frac{\varepsilon_D - 1}{2\,\varepsilon_D + 1} - \frac{n^2 - 1}{2\,n^2 + 1} . \qquad \text{(III,10)}$$

h: Planck-Konstante, c: Lichtgeschwindigkeit, r: Wechselwirkungsradius, ε_D: Dielektrizitätskonstante, n: Brechungskoeffizient des Lösungsmittels.

Falls die Spektren keine Schwingungsstruktur aufweisen, kann für $\Delta \tilde{\nu}_{00}$ näherungsweise auch die Differenz $\Delta \tilde{\nu}$ der Absorptions- und Fluorescenzmaxima eingesetzt werden. Mißt man $\Delta \tilde{\nu}$ in mehreren Lösungmitteln

---

[1] R. S. Mulliken: J. Am. Chem. Soc. **74**, 811 (1952).

[2] Polarisationseffekte werden μ_1 etwas verkleinern (vgl. Kap. III, 5).

[3] μ_N und μ_E entsprechen μ_0 und μ_1 Gl. (III,5).

[4] E. Lippert: Z. Naturforsch. **10**a, 541 (1955); Z. Elektrochem. **61**, 962 (1957); N. Mataga, Y. Kaifu u. M. Koizumi: Bull. Chem. Soc. Japan **28**, 690 (1955); **29**, 465 (1956).

mit unterschiedlichen Δf, so läßt sich — nach Abschätzung eines plausiblen Wechselwirkungsradius r — aus dem Anstieg der Geraden (Abb. 3) die Differenz $(\mu_E - \mu_N)$ berechnen und bei Kenntnis von μ_N das Dipolmoment μ_E des angeregten Zustandes.

Für die Molekülverbindung Tetrachlorphthalsäureanhydrid-Hexamethylbenzol (das ist der einzige bisher aufgefundene Komplex, der in Lösung bei Raumtemperatur fluorescenzfähig ist) ergaben die Messungen die in Abb. 3 dargestellten Daten[1]. Aus dem Anstieg der gezeichneten Geraden ergibt sich $\mu_E - \mu_N = 11,5 \pm 3$ D. Dieser Wert ist jedoch zu hoch, weil in den polaren Lösungsmitteln z. T. eine durch die Theorie nicht erfaßte Blauverschiebung der Absorption beobachtet wird[1]. Unter Berücksichtigung dieses Effekts und mit $\mu_N = 3,6$ D[1] folgt für μ_E als wahrscheinlichster Wert $\mu_E = 14 \pm 3$ D.

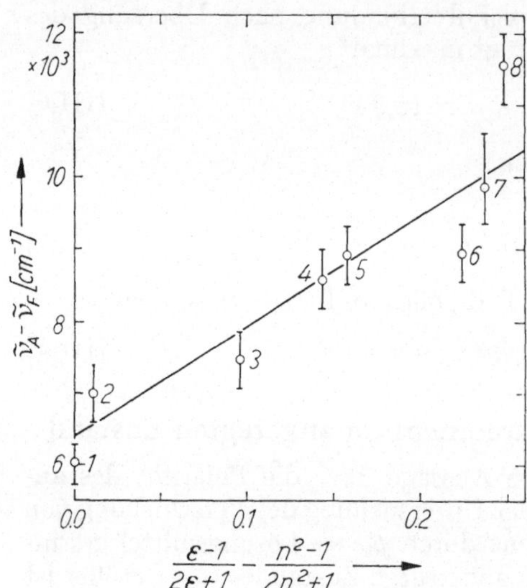

Abb. 3. Wellenzahldifferenz zwischen Absorptions- und Fluorescenzmaximum von Tetrachlorphthalsäureanhydrid Hexamethylbenzol in verschiedenen Lösungsmitteln nach Gl. III 9 u. 10: 1 = n-Hexan; 2 = Tetrachlorkohlenstoff; 3 = Dibutyläther; 4 = Chlorbenzol; 5 = Fluorbenzol; 6 = Trifluormethylbenzol; 7 = Benzonitril; 8 = Cyclohexan

Für den gleichen Komplex wurde das Dipolmoment des angeregten Zustandes auch aus der elektrischen Fluorescenzpolarisation bestimmt[2]. Diese von CZEKALLA entwickelte elektro-optische Methode[2] benutzt die orientierende Wirkung eines starken, homogenen äußeren Feldes und die damit verbundene Änderung des Fluorescenzpolarisationsgrades einer verdünnten Lösung in einem unpolaren Lösungsmittel zur Messung von μ_E. Für diesen Orientierungseffekt, der sich theoretisch berechnen läßt, ist die Größe des angeregten Dipolmoments maßgebend, wenn den angeregten Molekülen vor der Emission genügend Zeit zur Umorientierung im Feld (entsprechend dem veränderten Dipolmoment bei der Anregung) bleibt, d. h. wenn ihre dielektrische Relaxationszeit wesentlich kürzer als ihre mittlere Lebensdauer ist. Diese Voraussetzung, die sich experimentell prüfen läßt[3], war bei Tetrachlorphthalsäureanhydrid-Hexamethylbenzol erfüllt: In Hexan als Lösungsmittel wurde für diesen Komplex mit Hilfe der elektrischen Fluorescenzpolarisation $\mu_E = 10 \pm 1,5$ D gefunden.

Der Mittelwert aus beiden Methoden, 11 D, ist mit der Struktur eines Ionenpaares vereinbar; denn der theoretisch zu erwartende Maximalwert $\mu_{E\,max} = e \cdot d_{DA} \approx 15$ D wird durch Induktionseffekte sicher verkleinert.

[1] J. CZEKALLA u. K. O. MEYER: Z. phys:k. Chem. N. F., **27**, 185 (1961).
[2] J. CZEKALLA: Z. Elektrochem. **64**, 1221 (1960). Chimia **15**, 26 (1961).
[3] J. CZEKALLA u. K. O. MEYER: loc. cit. Anm. 1.

IV. Anteiligkeit ionarer Zustände bei der intermolekularen Bindung in EDA-Komplexen

(Berechnung der Koeffizienten der Wellenfunktion ψ_N und ψ_E und der Energieanteile der Bindung in EDA-Komplexen im Grund- und im angeregten Zustand).

1. Berechnung der Koeffizienten a, b, a^* und b^* der Wellenfunktion ψ_N und ψ_E

a) *Berechnung der Koeffizienten a, b, a^* und b^* der Wellen-Funktion ψ_N (II,2) und ψ_E (II,6) aus dem Mesomeriemoment.*

Aus (II,9), (II,10), (III,7) bzw. (III,8) können a, b, a^* und b^* mit Hilfe von μ_M berechnet werden, wenn $\mu_0 = 0$ ist und unter der Voraussetzung, daß S_0 klein ist (etwa 0,1—0,2, bei $d_{DA} = 3$—3,4 Å, vgl. Kap. X).

b) *Berechnung* der Koeffizienten a, b, a^* und b^* *aus Energieanteilen ΔH und $h\nu_{CT}$.*

Aus (II,18) folgt mit (II,21) und mit $H_{01} - W_N S \cong H_{01} - W_0 S$ (S. 12)

$$\frac{b}{a} = -\frac{W_0 - W_N}{H_{01} - W_0 S} = -\frac{(H_{01} - W_0 S)^2}{(W_1 - W_0)} \cdot \frac{1}{(H_{01} - W_0 S)} \tag{IV,1}$$

oder mit (II,23) u. (II,22)

$$\frac{b}{a} = -\frac{\beta_0}{W_1 - W_0} = \frac{R_N}{\beta_0} \tag{IV,2}$$

In analoger Weise folgt aus (II,26) und (II,29)

$$\frac{b^*}{a^*} = \frac{W_1 - W_E}{H_{01} - W_1 S} = -\frac{(H_{01} - W_1 S)^2}{(W_1 - W_0)} \frac{1}{(H_{01} - W_1 S)} \tag{IV,3}$$

also

$$\frac{b^*}{a^*} = -\frac{\beta_1}{W_1 - W_0} = -\frac{R_E}{\beta_1} \tag{IV,4}$$

Aus (IV,2) und (IV,4) folgt:

$$\beta_1 = \frac{a b^*}{a^* b} \cdot \beta_0 . \tag{IV,5}$$

Aus (IV,2), (IV,4) und (IV,5) folgt mit (V,5, S. 45)

$$h\nu_{CT} = (W_1 - W_0)\left(1 + \frac{b^2}{a^2} + \frac{b^{*2}}{a^{*2}}\right) \tag{IV,6}$$

oder auch

$$h\nu_{CT} = -\beta_0 \cdot \left\{\frac{a}{b} + \left[1 + \left(\frac{a b^*}{a^* b}\right)^2\right]\frac{b}{a}\right\} \tag{IV,7}$$

In solchen Fällen, wo $b \ll a$ und $b^* \ll a^*$ was meist der Fall ist — kann statt (IV,6) geschrieben werden

$$h\nu_{CT} \cong W_1 - W_0 . \tag{IV,8}$$

Ferner gilt gemäß (IV,2) und (II,21)

$$W_N = \Delta H = W_0 - (W_1 - W_0)\frac{b^2}{a^2} \tag{IV,9}$$

In solchen Fällen, in denen W_0 klein ist gegen W_1 (vgl. auch das Energieschema Abb. 1 und Tab. 6, S. 25), folgt aus (IV,8) und (IV,9)

$$\Delta H = - h\, \nu_{CT}\, \frac{b^2}{a^2} \qquad (IV,10)$$

woraus b^2/a^2 berechenbar ist oder damit auch mit (II,9) b und a.

c) *Berechnung der Koeffizienten a, b, a*, b* mit Hilfe des molaren Absorptionskoeffizienten der Elektronenüberführungsbanden.*

Es besteht eine einfache Beziehung zwischen dem optischen Übergangs-Moment μ_{EN} und dem molaren Absorptionskoeffizienten ε_{max} der Elektronenüberführungsbanden: (V,21) S. 63. Mit (V,21), (V,20), (II,9), (III,6) und (II,10) können a, b, a^* und b^* berechnet werden.

d) *Ergebnisse von Berechnungen der Koeffizienten a, b, a* und b* nach den Verfahren a), b) und c).*

Nur in wenigen Fällen liegen die für die Berechnung der Koeffizienten a, b, a^* und b^* nach den unter a), b) und c) angegebenen Verfahren notwendigen Daten vor. Dies gilt insbesondere auch für die Berechnung aus dem Mesomeriemoment, das von sehr wenigen EDA-Molekülverbindungen gemessen wurde.

Die nach dem unter a) angegebenen Verfahren berechneten Koeffizienten a, b und a^*, b^* der Wellenfunktion ψ_N und ψ_E (II,1) und (II,6) sind in Tab. 3 zusammengestellt.

Tabelle 3. *EDA-Komplex-Momente, Koeffizienten der Eigenfunktionen (II,1) u. (II,6) und prozentuale Anteile ionarer Zustände am Grundzustand der EDA-Komplexe, berechnet nach Verfahren a)*

Molekül-Verbindung	μ_{DA}^*	a	b	a^*	b^*	$\dfrac{100\,b^2}{a^2 + b^2}$
Trinitrobenzol-Hexamethyl-benzol[1]	0,87	0,962	0,193	0,986	0,290	3,8%
Trinitrobenzol-Stilben[1]	0,82	0,964	0,186	0,988	0,284	3,5%
Trinitrobenzol-Naphthalin[1]	0,69	0,969	0,168	0,991	0,266	2,8%
Trinitrobenzol-Durol[1]	0,55	0,975	0,145	0,994	0,244	2,1%
Chloranil-Hexamethylbenzol[1]	1,00	0,957	0,209	0,983	0,306	4,4%
Chloranil-Naphthalin[2]	0,90	0,960	0,199	0,985	0,296	4,1%
Chloranil-Durol[2]	0,90	0,960	0,199	0,985	0,296	4,1%
Tetracyanäthylen-Hexamethylbenzol[2]	1,35	0,943	0,253	0,973	0,349	6,7%
Tetracyanäthylen-Naphthalin[2]	1,28	0,945	0,245	0,973	0,341	6,3%
Tetracyanäthylen-Durol[2]	1,26	0,946	0,243	0,975	0,339	6,2%
Jod-Benzol[3]	0,72	0,97	0,17	0,99	0,27	2,8%
Jod-Benzol[4]	1,80	0,93	0,286	0,964	0,38	8,2%
Jod-Pyridin[5]	4,5	0,865	0,5	—	—	25 %

* (Vgl. S. 17).

[1] G. BRIEGLEB u. J. CZEKALLA: Z. Elektrochem. **59**, 184 (1955).

[2] G. BRIEGLEB, J. CZEKALLA u. G. REUSS: Z. Phys. Chem. N. F. (1961), im Druck.

[3] R. S. MULLIKEN: J. Am. Chem. Soc. **74**, 811 (1952).

[4] G. KORTÜM u. H. WALZ: Z. Elektrochem. **57**, 73 (1953).

[5] C. REID u. R. S. MULLIKEN: J. Am. Chem. Soc. **76**, 3869 (1954).

Die a-Werte sind mit Ausnahme von J_2-Pyridin wesentlich größer als die b-Werte. $\dfrac{100\,b^2}{a^2+b^2}$ ist ein Maß für die Anteiligkeit der ionaren Grenzstruktur am Grundzustand. Trotz der kleinen Anteiligkeit solcher ionaren Grenzstrukturen bei den in Tab. 3 aufgeführten Molekülverbindungen ist der durch die Mitbeteiligung des ionaren Grenzzustandes bedingte Resonanzenergieanteil R_N relativ groß (vgl. Tab. 6, S. 25).

In Tab. 4 sind die von KETELAAR[1] und von TAMRES und BRANDON[2] nach dem unter b) beschriebenen Verfahren nach (IV,10) berechneten $\dfrac{b^2}{a^2}$ zusammengestellt.

Tabelle 4. $\dfrac{b^2}{a^2}$ *nach* (IV,10) *nach* KETELAAR[1] *und* TAMRES *und* BRANDON[2] *von Molekülkomplexen des* J_2 *mit einigen Donatoren*

Donatoren	λ_{max} mμ	$-\Delta H$ eV	$h\nu_{CT}$ eV	b^2/a^2
Trimethylenoxyd	248	0,278	5,00	0,056
2-Methyltetrahydrofuran	252	0,269	4,92	0,055
Tetrahydrofuran	249	0,230	4,98	0,046
Tetrahydropyran	253	0,213	4,90	0,043
Propylenoxyd	232	0,165	5,35	0,031
Äthyläther	252	0,182	4,92	0,037
Benzol	296	0,056	4,19	0,013
Toluol	302	0,078	4,11	0,019
p-Xylol	318	0,087	3,90	0,022
Naphthalin	360	0,078	3,45	0,023
1,4-Dioxan	264	0,152	4,69	0,032

Für die Jod-Komplexe wird oft vorausgesetzt, daß W_0 klein ist gegen R_N.[3] W_0 wird immer, selbst bei Wechselwirkung mit unpolaren Donatoren, einen endlichen Wert haben; bei unpolaren Molekülen infolge der Wirkung der Dispersionskräfte. Es besteht darüber hinaus aber sogar die Möglichkeit, daß W_0 positiv wird, was ein Überwiegen der Abstoßungsenergie bedeuten würde, in Sonderheit, wenn infolge intermolekularer Mesomerie der intermolekulare Abstand kleiner wird, als es bei einer ausschließlich van der Waalsschen Wechselwirkung der Fall wäre. Mit der auf S. 21 unter a) beschriebenen Methode der Berechnung der Koeffizienten der Eigenfunktionen erhält man mit dem Dipolmoment des Molekülkomplexes J_2-Benzol: $\mu_{DA} = 1{,}8\ D$[4] bei einem Abstand von 3,4 Å und $S = 0{,}1$ die Koeffizienten $a = 0{,}93$, $b = 0{,}286$, $a^* = 0{,}964$, $b^* = 0{,}381$. Die Energieanteilberechnung (S. 25) ergibt mit $h\nu_{CT} = 97$ kcal und $\Delta H = -1{,}3$ kcal: $W_0 = +6{,}0$ kcal.

Das *positive* Vorzeichen von W_0 bedeutet eine Abstoßung, offenbar als Folge einer *Abstandsverkleinerung* im Vergleich zu den aus den normalen van der Waalsschen Radien sich ergebenden intermolekularen

[1] J. A. A. KETELAAR: J. Phys. Radium **15**, 197 (1954).
[2] M. TAMRES u. M. BRANDON: J. Am. Chem. Soc. **82**, 2134 (1960).
[3] R. S. MULLIKEN: loc. cit. J. A. A. KETELAAR: J. phys. radium. **15**, 197 (1954).
[4] G. KORTÜM u. H. WALZ: Z. Elektrochem. **57**, 73 (1953).

Abständen. W_0 wird dann im Energieschema (Abb. 1) im Gleichgewichts-abstand bereits über dem Nullniveau liegen[1].

Tabelle 5. *Nach Verfahren c) (S. 22) berechnete Koeffizienten a, b, a* und b* der Eigenfunktionen II,1 und II,6[2]*

I. Acceptor: s-Trinitrobenzol

	Donator	ε_{max} 10^{-3}	μ^2_{EN}	a	b	a^*	b^*	$\dfrac{100\,b^2}{a^2+b^2}$
1	Hexamethylbenzol . .	2,150	10,30	0,970	0,161	0,991	0,259	2,68
2	Phenanthren	1,375	6,59	0,981	0,118	0,995	0,217	2,43
3	Naphthalin	1,440	6,90	0,980	0,122	0,997	0,221	1,53
4	Durol	1,750	8,38	0,976	0,140	0,995	0,239	2,01
5	Stilben	1,640	7,86	0,978	0,133	0,996	0,232	1,82
6	Diphenylbutadien . .	0,700	3,35	0,990	0,070	1,002	0,170	0,51
7	Diphenylhexatrien . .	2,770	13,27	0,962	0,190	0,976	0,287	3,75
8	Diphenylhexadien . .	0,570	2,73	0,992	0,058	1,003	0,158	0,35
9	Styrol	0,760	3,64	0,989	0,075	1,002	0,175	0,57

II. Acceptor: Chloranil

	Donator	ε_{max} 10^{-3}	μ^2_{EN}	a	b	a^*	b^*	$\dfrac{100\,b^2}{a^2+b^2}$
10	Hexamethylbenzol . .	2,750	13,17	0,963	0,189	0,987	0,286	3,74
11	Dimethylanilin	1,820	8,72	0,975	0,144	0,994	0,242	2,14
12	Durol	3,980	19,06	0,964	0,240	0,975	0,337	5,83
13	Naphthalin	0,415	1,99	0,995	0,044	1,004	0,144	0,19
14	Triphenylen	1,445	6,92	0,980	0,122	0,997	0,221	1,53
15	Phenanthren	0,890	4,26	0,987	0,085	1,001	0,185	0,73
16	1,2-Benzanthracen . .	0,730	3,50	0,990	0,072	1,002	0,172	0,53
17	Anthracen	0,455	2,18	0,994	0,045	1,003	0,145	0,20
18	Pyren	0,875	4,19	0,988	0,079	1,001	0,179	0,64
19	Diphenyl	0,285	1,365	0,996	0,028	1,004	0,128	0,08
20	Stilben	1,180	5,652	0,984	0,105	0,999	0,204	1,12

Das unter c) angegebene Verfahren, die Koeffizienten a, b, a^* und b^* der Wellenfunktion aus den Absorptions-Koeffizienten ε_{max} zu berechnen, kann nur dann angewandt werden, wenn die beobachteten CT-Absorptionsbanden *stabilen* CT-Komplexen entsprechen und nicht von der Absorption von *Stoßkomplexen* überlagert sind (vgl. dazu Kap. V, 3, S. 40 und Kap. V, 8, S. 68). Bei einer überlagerten *Stoßkomplex*-CT-Absorption können die gemessenen ε-Werte erheblich zu hoch sein, so daß mit dem unter c) genannten Verfahren zu große b-Werte berechnet werden. Eine Verfälschung der CT-Absorption der stabilen EDA-Komplexe durch die CT-Absorption von Stoßkomplexen ist vor allem bei EDA-Komplexen *kleiner* Bildungsenergie zu erwarten (Kap. V, 8; S. 68).

In Tab. 5 sind einige aus den Absorptionskoeffizienten berechnete a, b, a^* und b^*-Koeffizienten der Wellenfunktion für einige EDA-Komplexe des Trinitrobenzols und des Chloranils zusammengestellt. Die Übereinstimmung mit den Angaben Tab. 3 ist innerhalb der Genauigkeit solcher Berechnungen befriedigend. Dagegen werden — wie zu erwarten —

---

[1] G. BRIEGLEB u. J. CZEKALLA: Z. Elektrochem. **59**, 184 (1955).

[2] Die μ_{NE} wurden nach Gl. V, 21, S. 63 berechnet und stimmen daher nicht mit den μ_{NE} in Tab. 27, S. 62 überein, die nach Gl. V, 20 mit den Koeffizienten Tab. 3 berechnet wurden (siehe auch S. 62).

bei den „schwachen" Komplexen des Trinitrobenzols, z. B. mit Benzol, Tetramethyläthylen und Cyclohexen die aus den Absorptionskoeffizienten berechneten ionaren Anteiligkeiten $100 \dfrac{b^2}{a^2 + b^2}$ viel zu hoch (bei Cyclohexen etwa 40%) wegen des überwiegenden Einflusses der CT-Absorption der Stoßkomplexe. Dieser macht sich bei den Jodkomplexen besonders stark bemerkbar (vgl. dazu Kap. V, 8).

2. Berechnung der Energieanteile der Bindung in EDA-Komplexen im Grund- und im angeregten Zustand[1]

Aus (IV,7) ist mit den Koeffizienten der Tab. 3 oder 5 und mit $h\nu_{CT}\,\beta_0$ berechenbar, daraus mit (IV,5): β_1 und aus (IV,2): $(W_1 - W_0)$. Mit $W_1 - W_0$ ergibt sich aus (II,21) und II,22: W_0, W_1 und R_N. Aus II,30 folgt dann R_E und somit aus II,29: W_E.

In Tab. 6 sind die auf die angegebene Weise berechneten Energieanteile zusammengestellt, soweit die zur Berechnung erforderlichen Daten[2] vorlagen.

Tabelle 6. *Energieanteile der intermolekularen Wechselwirkung in EDA-Komplexen in kcal*

Acceptor	s-Trinitrobenzol				Chloranil			Tetracyanäthylen		
Donator	Hexa-methyl-benzol	Stilben	Naph-thalin	Durol	Hexa-methyl-benzol	Naph-thalin	Durol	Hexa-methyl-benzol	Naph-thalin	Durol
$W_N = \Delta H$	$-4,7$	$-3,8$	$-4,3$	$-4,0$	$-5,35$	$-3,9$	$-4,4$	$-7,75$	$-4,0$	$-5,5$
W_0	$-2,5$	$-1,8$	$-2,5$	$-2,65$	$-3,4$	$-1,55$	$-2,5$	$-5,1$	$-1,5$	$-2,8$
R_N	$-2,2$	$-2,0$	$-1,8$	$-1,35$	$-1,95$	$-2,35$	$-1,9$	$-2,7$	$-2,5$	$-2,7$
W_1	51,5	52,1	56,5	57,9	36,9	42,6	42,9	32,3	36,0	38,1
W_E	56,0	56,4	60,6	61,4	40,8	47,2	47,0	37,1	40 6	43,1
R_E	4,5	4,3	4,1	3,5	3,9	4,6	4,1	4,8	4,6	5,0
$W_E - W_N = h\nu_{CT}$	60,7	60,2	64,9	65,4	46,1	51,1	51,4	44,9	44,6	48,6
$W_1 - W_0$	54,0	53,9	59,0	60,6	40,3	44,2	45,4	37,4	37,5	40,9
β_0	$-10,85$	$-10,4$	$-10,2$	$-9,05$	$-8,85$	$-10,2$	$-9,4$	$-10,0$	$-9,7$	$-10,5$
β_1	$-15,9$	$-15,4$	$-15,8$	$-14,9$	$-12,6$	$-14,3$	$-13,7$	$-13,4$	$-13,1$	$-14,2$
$\gamma = R_N/\Delta H$	0,47	0,53	0,42	0,34	0,36	0,60	0,44	0,35	0,62	0,49
I	183	183	190	194	183	190	194	183	190	194
$\mu_{DA} \cdot 10^{18}$	0,87	0,82	0,69	0,55	1,00	1,08	0,90	1,35	1,28	1,26

Für die Bildungswärmen wurden die aus den K_x-Werten berechneten ΔH genommen[3]. Ferner sind zur genauen Festlegung der $h\nu_{CT}$-Energien

[1] G. Briegleb u. J. Czekalla: Z. Elektrochem. **59**, 184 (1955); G. Briegleb u. J. Czekalla: Z. physik. Chem. N. F. **24**, 37 (1960).
[2] Vgl. dazu auch Kap. IV, 1a.
[3] Daher sind die Energiewerte Tab. 6 von den in der unter 1 zitierten Arbeit angegebenen Werten etwas verschieden. [Vgl. auch G. Briegleb u. J. Czekalla: Z. physik. Chem. N. F. **24**, 37 (1960).]

die durch Fluorescenzmessungen[1] zugänglichen 00-Frequenzen der Elektronen-Überführungsbanden zugrunde gelegt[2] (vgl. Kap. VII, S. 86). Da wegen der Unsicherheit einer genauen Angabe von μ_{ind} (III,1) zur Berechnung der Koeffizienten a, b, a^* und b^* (Tab. 3) statt $\mu_M \mu_{DA}$ verwendet werden muß (vgl. S. 17), sind die R_N systematisch zu groß.

Tab. 6 zeigt, daß die Resonanzenergie bei den EDA-Komplexen von stark polaren Acceptoren mit polarisierbaren Donatoren etwa 35% bis maximal 60% der gesamten Bindungsenergie ΔH ausmacht. R_N ist (mit Ausnahme von s-Trinitrobenzol-Durol) näherungsweise konstant und hat nur bei den Tetracyanäthylen-Komplexen einen etwas höheren Betrag. Bei gleichem Acceptor nimmt μ_{DA} mit abnehmender Ionisierungsenergie zu, entsprechend nimmt die CT-Energie (ν_{CT}) ab. Bei W_0 ist zu beachten, daß bei einem Acceptor mit stark polaren Gruppen diese den Donator nach Maßgabe einer mit $1/d_{DA}^6$ abfallenden Potentialfunktion polarisieren. Diese Polarisationsenergie kann dann unter Umständen den Hauptanteil von W_0 ausmachen[3]. Bei größeren Molekülen, in Sonderheit z. B. bei den Diphenylpolyenen, tragen weitere Molekülbereiche nicht mehr zur Polarisationsenergie bei, weshalb W_0 bei zunehmender Größe aromatischer, ungesättigter Moleküle nahezu konstant bleibt (S. 108).

Die β_0 sind unabhängig vom Donator und Acceptor nahezu konstant.

V. Allgemeines und Spezielles über Elektronenüberführungsbanden*

1. Historisches zur Deutung der für die EDA-Molekülkomplexe charakteristischen Absorptionsbanden

Wie bereits wiederholt schon erwähnt (S. 4, S. 10), sind die EDA-Komplexe durch eine charakteristische Absorptionsbande gekennzeichnet, die eine andere spektrale Lage hat als die Absorption der Komponenten. Liegt diese für die EDA-Komplexe typische Elektronenüberführungsbande im sichtbaren Teil des Spektrums und haben die Komponenten dort keine Absorption, so tritt bei der Komplexbildung eine charakteristische Farbe auf, die oft als Nachweis der Molekülverbindungsbildung auch in Lösungen dient, in Sonderheit, wenn die Molekülverbindung im festen Zustand nicht isolierbar ist.

Wenngleich auch rein phänomenologisch gewisse Gesetzmäßigkeiten zwischen Farbe der Molekülkomplexe und chemischer Konstitution der Komponenten bekannt waren, besonders durch die klassischen Arbeiten von PFEIFFER[4] und seiner Schule, so konnten daraus zunächst noch keine präzisen Vorstellungen über die physikalische Ursache des Zustandekommens der Absorptionsbande entwickelt werden.

---

[1] J. CZEKALLA, G. BRIEGLEB u. W. HERRE: Z. Elektrochem. **63**, 715 (1959); J. CZEKALLA, G. BRIEGLEB, W. HERRE u. R. GLIER: Z. Elektrochem. **61**, 537 (1957).
[2] G. BRIEGLEB u. J. CZEKALLA: Zs. Phys. Chem. N. F. **24**, 37 (1960).
[3] G. BRIEGLEB: Zwischenmolekulare Kräfte. Stuttgart: Verl. Enke 1937.
[4] P. PFEIFFER: Organische Molekülverbindungen. Stuttgart 1927.
* Vgl. auch Kap. I.

BRIEGLEB[1] und auch MURAKAMI[2] erklärten die Entstehung einer neuen Absorptionsbande bei der Molekülverbindungsbildung durch eine Verschiebung der langwelligen Absorptionsbande einer der Komponenten unter der Wirkung eines intermolekularen Stark-Effektes oder durch Aufhebung eines bestehenden Übergangverbotes eines S-T-Überganges im Kohlenwasserstoff unter dem Einfluß eines stark polaren Acceptors z. B. Trinitrobenzol oder Chloranil. Dies wäre in gewisser Analogie zu der von KASHA[3] beobachteten Erscheinung, wonach die Intensität der Absorption des energetisch niedrigsten $S \rightarrow T$-Überganges des α-Chlornaphthalins durch Äthyljodid so stark erhöht wird, daß beim Mischen der zwei farblosen flüssigen Komponenten eine Gelbfärbung auftritt. Diese Absorption kann aber keine CT-Absorptionsbande sein, da die CT-Banden keine Feinstruktur zeigen, und außerdem ist deren Intensität um Zehnerpotenzen größer als die von KASHA beobachteten $(S \rightarrow T)$-Banden. Die Erhöhung der Intensität von $S \rightarrow T$-Übergängen im Felde der Außen-Elektronen eines schweren Atoms ist die Folge einer teilweisen gegenseitigen Durchdringung der Elektronenwolken im Kontakt. Es tritt z. B. bei der Wechselwirkung von α-Chlornaphthalin mit CCl_4, mit $C_2H_4Br_2$ oder mit C_2H_5J[4] lediglich eine Intensitätserhöhung des $S \rightarrow T$-Überganges ein, mit zunehmender Atomgröße ($Cl < Br < J$), ohne daß eine S—T-Bandenverschiebung zu beobachten ist.

GIBSON und LOEFFLER[5] ebenso HAMMICK und YULE[6] führen das Auftreten der Absorptionsbanden auf eine Durchdringung der Elektronenwolken im Stoß energiereicher Stöße zurück. Diese Annahme wurde gemacht auf Grund der Feststellung, daß in Lösungen von aromatischen Aminen mit aromatischen Nitroverbindungen bei Druckerhöhung eine Farbvertiefung beobachtbar ist (vgl. Kap. V, 10). HAM[7] zeigte aber, daß eine solche Farbvertiefung allein schon durch die Veränderung des Brechungskoeffizienten der Lösung infolge der Druckerhöhung bewirkt werden kann, ohne daß eine stärkere Durchdringung der Elektronenwolken bei hohen Drucken angenommen werden muß.

BAYLISS[8] ordnete die starke Absorptionsbande der Molekülkomplexe: Benzol-Jod ($\lambda_{max} = 2970$ Å, $\varepsilon_{max} = 15400$) und Benzol-Brom ($\lambda_{max} = 1920$ Å, $\varepsilon_{max} = 13400$) einer stark verschobenen Elektronenanregungsbande des Halogens zu, die im freien Halogen bei 2000 Å liegt. Andererseits hatte auch MULLIKEN[9] — bevor er die jetzt vielfach bewiesene, eindeutig richtige Deutung einer Elektronenüberführung gab — ursprünglich die J_2- und Br_2-Benzol-Komplexbanden der bei reinem Benzol verbotenen 2600 Å-Bande zugeordnet. Jedoch ist diese Art

[1] G. BRIEGLEB: Zwischenmolekulare Kräfte. Stuttgart: Enke 1937.
[2] H. MURAKAMI: Sci. Papers Osaka Univ. **18**, 18 (1949).
[3] M. KASHA: J. Chem. Phys. **20**, 71 (1952).
[4] S. P. McGLYNN: Chem. Revs. **58**, 1113 (1958).
[5] R. E. GIBSON u. O. H. LOEFFLER: J. Am. Chem. Soc. **62**, 1324 (1940).
[6] D. Ll. HAMMICK u. R. B. M. YULE: J. Chem. Soc. (London) **1940**, 1539.
[7] J. HAM: J. Am. Chem. Soc. **76**, 3881 (1954).
[8] N. S. BAYLISS: Nature (Lond.) **163**, 764 (1949).
[9] R. S. MULLIKEN: J. Am. Chem. Soc. **72**, 600 (1950); vgl. auch eine ähnliche Deutung für die 2575 Å-Absorption des J_2-Naphthalin-Komplexes[6].

Deutungen experimentell durch die Beobachtungen von HAM, PLATT und MCCONNELL[1] widerlegt, die die gleiche Absorptionsbande des Benzols praktisch unverändert im Spektrum des J_2-Benzol-Komplexes nachweisen konnten.

Es besteht heute kein Zweifel, daß die intermolekularen Dipolfelder nicht ausreichen, eine solch starke Veränderung in der Lichtabsorption hervorzurufen, wie es den Komplexverbindungs-Banden entspricht[2].

Weitere zahlreiche Experimentalarbeiten[3]: Bestimmung von Gleichgewichtskonstanten von Molekülkomplexen mit Hilfe von optischen Messungen und durch Messungen von Verteilungsgleichgewichten (vgl. S. 234), Untersuchungen von Schmelzdiagrammen, dielektrische Messungen (vgl. Kap. III) usw.[3] brachten keine grundsätzliche Deutung der bei der intermolekularen Wechselwirkung auftretenden, für die Molekülkomplexe charakteristischen Absorptionsbanden.

Die von MULLIKEN[4] gegebene Deutung der Molekülkomplex-Banden als "Charge Transfer"-Banden[4] ergab sich aus der Vorstellung einer intermolekularen Bindung durch Elektronen-Donator-Acceptor-Wechselwirkung nach Art einer intermolekularen Mesomerie[4,5] (vgl. Kap. I,1 u. II).

2. Wiedergabe einiger CT-Absorptionsbanden und Zusammenstellung von λ_{max}- und ε_{max}-Werten einiger EDA-Komplexe

Einige "Charge Transfer"-Banden. In Abb. 4, 5 und 6 sind einige in Lösungen in indifferenten Lösungsmitteln[6] gemessene „CT"-Banden von EDA-Komplexen des Jods, des Chloranils, Chinons, Trinitrobenzols und Tetrachlorphthalsäureanhydrids mit einigen Donatoren wiedergegeben. KORTÜM und BRAUN[7] weisen erstmalig mit Hilfe von Reflexions-Absorptionsspektren CT-Banden von an Oberflächen adsorbierten Donator-Acceptor-Molekülen nach. Es bilden sich thermo-dynamisch definierte Gleichgewichte auf der Oberfläche aus (Näheres vgl. Kap. X, 1b).

a) λ_{max}-Werte und molare Absorptionskoeffizienten ε_{max} einiger EDA-Komplexverbindungen[6]. In den Tab. 7—16 sind die molaren Absorptionskoeffizienten ε_{max} und die λ_{max}-Werte von Elektronenüberführungsbanden

---

[1] J. S. HAM, J. R. PLATT u. H. MCCONNELL: J. Chem. Phys. **19**, 1301 (1951).

[2] Das ist schon daraus ersichtlich, daß bei einer Dipol-Dipol-Wechselwirkung in Assoziaten zwischen zwei Nitroverbindungen[3] z. B. Pikrinsäure oder m-Dinitro- bzw Trinitrobenzol keine Farbvertiefung zu beobachten ist.

[3] Eine zusammenfassende Übersicht aller älteren physikalisch-chemischen Untersuchungen an EDA-Molekülverbindungen gibt L. J. ANDREWS: Chem. Rev. **54**, 713 (1954).

[4] R. S. MULLIKEN: J. Am. Chem. Soc. **72**, 600 (1950); J. Chem. Phys. **19**, 514 (1951); J. Am. Chem. Soc. **74**, 811 (1952); J. Phys. Chem. **56**, 801 (1952).

[5] Über die Möglichkeit des Auftretens *intra*molekularer CT-Banden vgl. S. NAGAKURA u. J. TANAKA: J. Chem. Phys. **22**, 236 (1954); S. NAGAKURA: J. Chem. Phys. **23**, 1441 (1955); J. TANAKA u. S. NAGAKURA: J. Chem Physik. **24**, 1274 (1956); S. NAGAKURA: Mol. Physik. **3**, 105 (1960).

[6] Über Absorptions- und Emissionsspektren *fester* EDA-Komplexe siehe Kap. VII.

[7] G. KORTÜM u. W. BRAUN: Z. physik. Chem. N. F. **18**, 242 (1958); **28**, 362 (1961); vgl. auch G. BRIEGLEB u. H. DELLE: Z. physik. Chem. N. F. **24**, 359 (1960).

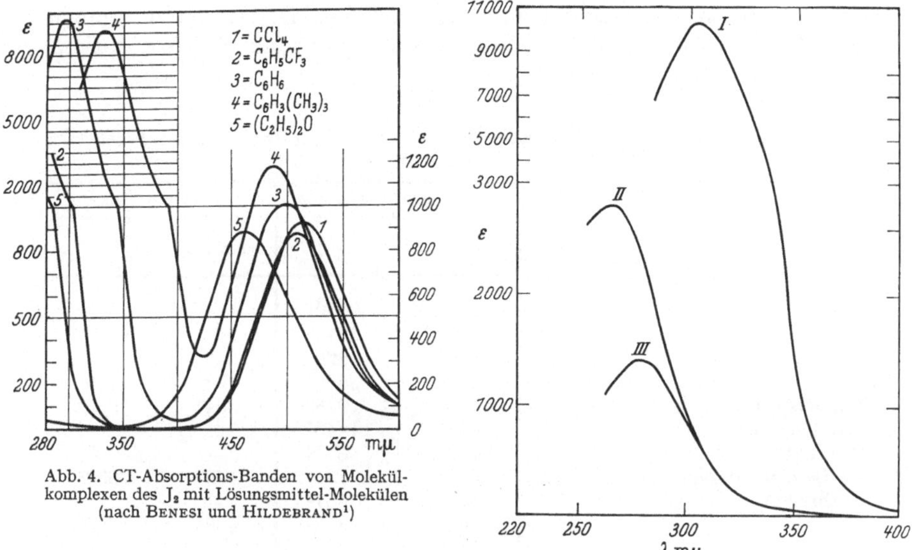

Abb. 4. CT-Absorptions-Banden von Molekülkomplexen des J_2 mit Lösungsmittel-Molekülen
(nach BENESI und HILDEBRAND[1])

Abb. 5. CT-Absorptions-Banden von J_2 in verschiedenen Lösungsmitteln (Donatoren) bei Zusatz kleiner
Mengen Hexan (ANDREWS und KEEFER[2]). *I* Cyclohexan $x = 0,864$, $c = 0,520 \cdot 10^{-4}$ Mol/l; *II* cis Dichlor-
äthylen $x = 0,944$. $c = 1,70 \cdot 10^{-4}$ Mol/l; *III* 1-Brom 1-Propylen $x = 0,152$, $c = 9,35 \cdot 10^{-4}$. c Konz. an J_2
und x Molenbruch des jeweiligen Donator-Lösungsmittels in der Mischung mit Hexan

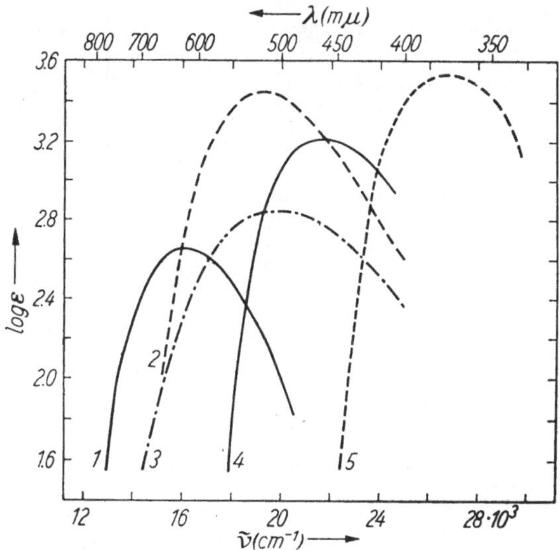

Abb. 6. CT-Absorptions-Banden verschiedener EDA-Komplexe. 1, 2 u. 3 in CCl_4 als Lösungsmittel, 4 u. 5
in Propyläther-Methylcyclohexan. 1 = Chloranil-Anthracen[3]; 2 = Chloranil-Hexamethylbenzol[4];
3 = Chinon-Dimethylanilin[4]; 4 = Trinitrobenzol-Anthracen (bei $t = -180°$)[5];
5 = Tetrachlorphthalsäureanhydrid-Anthracen (bei $t = -180°$)[5]

[1] H. A. BENESI u. J. H. HILDEBRAND: J. Am. Chem. Soc. **71**, 2703 (1949).
[2] L. J. ANDREWS u. R. M. KEEFER: J. Am. Chem. Soc. **74**, 458 (1952).
[3] G. BRIEGLEB, J. CZEKALLA u. G. REUSS: Z. physik. Chem. N. F. (Frankfurt)
[4] G. BRIEGLEB u. J. CZEKALLA: Z. Elektrochem. **58**, 249 (1954).   [(1961).
[5] J. CZEKALLA: Z. Elektrochem. **63**, 1157 (1959).

einiger typischer Acceptoren mit verschiedenen Donatoren zusammengestellt. Über die experimentelle Bestimmung der molaren Absorptionskoeffizienten vgl. Kap. XII.

Tabelle 7. λ_{max} *und* ε_{max} *von Molekülkomplexen des Chloranils mit einigen Elektronen-*
donatoren *

Donator	1. langw. Bande		2. kürzerw. Bande	
	λ_{max} (mμ)	ε_{max} (l/mol · cm)	λ_{max} (mμ)	ε_{max} (l/mol · cm)
Hexamethylbenzol	517[1]	2750[1]	—	—
	518[2]	2548[2]	—	—
Dimethylanilin	649[1]	1820[1]	—	—
Durol	496[3]	3600[3]	424[3]	2400[3]
Naphthalin	478[3]	945[3]	384[3]	950[3]
Triphenylen	483[3]	1445[3]	—	—
Phenanthren	463[3]	887[3]	—	—
1,2-Benzanthracen	592[3]	731[3]	473[3]	632[3]
Anthracen	625[3]	457[3]	—	—
Pyren	601[3]	873[3]	438[3]	690[3]
Stilben	515[3]	1180[3]	—	—
Diphenyl	441[3]	1010[3]	352[3]	1040[3]
Benzol	347[3]	2350[3]	—	—
Tetracen	765[3]	—	—	—
Perylen	722[3]	—	—	—
Coronen	593[3]	—	—	—
1,2; 5,6-Dibenzanthracen	582[3]	—	505[3]	—
Chrysen	541[3]	—	466[3]	—
p-Xylol	431[3]	—	—	—
m-Xylol	391[4]	—	—	—
Toluol	365[4]	—	—	—
Mesitylen	408[4]	—	—	—
Durol	452[4]	—	—	—
Pentamethylbenzol	476[4]	—	—	—
Hexamethylbenzol	505[4]	—	—	—

* 1, 2 und 3 in CCl_4, 4 in Cyclohexan als Lösungsmittel.

Tabelle 8. λ_{max} *einiger Molekülverbindungen des p-Chinons mit einigen Kohlen-*
wasserstoffen

Donator	Benzol	Toluol	o-Xylol	m-Xylol	p-Xylol	Mesitylen	Anisol	p-Dimethoxybenzol	Naphthalin	Phenanthren	Anthracen	Pyren
λ_{max} (mμ)	305[5]	315[5]	322[5]	325[6]	320[5]	344[6]	~355[6]	418[6]	360[5]	380[5]	457[6]	448[6]
	~284[6]	311[6]	325[6]	—	325[6]	—	—	—	367[6]	—	—	—

[1] G. Briegleb u. J. Czekalla: Z. Elektrochem. **58**, 249 (1954).

[2] R. Foster, D. LL. Hammick u. P. J. Placito: J. Chem. Soc. (London) **1956**, 3881.

[3] G. Briegleb, J. Czekalla u. G. Reuss: Z. Phys. Chem. N. F. 1961, im Druck.

[4] R. Foster, D. LL. Hammick u. B. N. Parsons: J. Chem. Soc. (London) **1956**, 555.

[5] A. Kuboyama u. S. Nagakura: J. Am. Chem. Soc. **77**, 2644 (1955). Lösungs-mittel: n-Heptan.

[6] A. Kuboyama: Nippon Kagaku Zasshi **81**, 558 (1960); Lösungsmittel: CCl_4.

Tabelle 9. *λ_{max} und ε_{max} von Molekülverbindungen des Hexamethylbenzols mit einigen substituierten Chinonen als Acceptor[1] in CCl_4 als Lösungsmittel*

Acceptor	Methyl-p-benzochinon	2,6-Dimethyl-p-benzochinon	Durochinon	p-Benzochinon
λ_{max} (mμ) . . .	409	390	393	418
ε_{max}	1776	2129	1176	2016

Acceptor	Chlor-p-benzochinon	2,6-Dichlor-p-benzochinon	Jodanil	Chloranil	Bromanil
λ_{max} (mμ) . . .	442	480	511	518	527
ε_{max}	1968	2370	1454	2548	1979

Tabelle 10

λ_{max} und ε_{max} einiger Molekülverbindungen des Trinitrobenzols in $CHCl_3$ als Lösungsmittel[5]			λ_{max} und ε_{max} einiger Molekülverbindungen des Trinitrobenzols in CCl_4 als Lösungsmittel		
Donator	λ_{max} (mμ)	ε_{max}	Donator	λ_{max} (mμ)	ε_{max}
Benzol	284	9755	Hexamethylbenzol[2]	395	2150
Toluol.	306	4350	Stilben[2]	389	1640
Xylol	312	4080	Naphthalin[2]	370	1440
Mesitylen	335	3270	Tetramethyl-		
Naphthalin	365	1365	äthylen[2]	353	4920
1-Methylnaphthalin	390	1468	Durol[2]	343	1755
2-Methylnaphthalin	385	1430	m-Xylol[2]	317,5	2285
Acenaphthen . . .	422	1432	Cyclohexen[2]	306	14370
Anthracen	460	1333	Toluol[2]	303,5	3540
Phenanthren . . .	370	1873	Benzol[2]	283	5855
Anilin	400	1450	Diphenylbutadien[3] .	414	700
N,N-Dimethylanilin	488	1489	Diphenyl-		
o-Toluidin	416	1437	hexatrien[3]	430	2770
m-Toluidin	412	1337	Diphenylhexadien[3] .	360	570
p-Toluidin	424	1430	Styrol[3]	332	760
o-Chlor-anilin . . .	394	1457	Phenanthren[4] . . .	362	1375
Diphenylamin . . .	460	1375			
1-Naphthylamin . .	464	1110			
2-Naphthylamin . .	444	1130			
	456	1320			
o-Diaminobenzol . .	416	1180			
	352	1900			

[1] R. Foster, D. Ll. Hammick u. P. J. Placito: J. Chem. Soc. (London) 1956, 3881.

[2] G. Briegleb u. J. Czekalla: Z. Elektrochem. 59, 184 (1955).

[3] G. Briegleb, J. Czekalla u. A. Hauser: Z. physik. Chem. N. F. 21, 114 (1959).

[4] G. Briegleb, J. Czekalla u. G. Reuss: Zs. Phys. Chem. N. F. (1961), im Druck.

[5] A. Bier: Rec. trav. chim. 75, 866 (1956).

Tabelle 11*. λ_{max} *und* ε_{max} *von Molekülverbindungen des Jods mit einigen Elektronendonatoren (soweit keine Lösungsmittel angegeben, beziehen sich die Daten auf* CCl_4*)*

	$\lambda_{max}\ m\mu$	ε_{max}	Lösungsmittel
Benzol	295[5]	14700[5]	—
	292[9, 10]	16400[9]	—
	287[22]	—	Benzol
	297[6, 14]	—	Benzol
	288[23]	—	Heptan
	297[24]		
	296[2]	16700[2]	Hexan
	290[21]	—	Heptan u. CCl_4
Toluol	298[22]	—	Toluol
	302[9]	16700[9]	—
	302[2]	11800[2]	Hexan
	306[6]	—	Toluol
	299[23]	—	Heptan
o-Xylol	319[6]	8400[6]	o-Xylol
	316[9]	12500[9]	—
	318[2]	10600[2]	Hexan
p-Xylol.	304[9]	10100[9]	
	315[6]	—	p-Xylol
	303[23]	—	Heptan
m-Xylol	318[9]	12500[9]	
Mesitylen	332[5, 9]	10200[5]	
		8850[9]	
	333[2]	9900[2]	Hexan
	327	—	Heptan
	333[6]	8300[6]	Mesitylen
Durol	332[9]	9000[9]	
Isodurol	339[5]	8700[5]	
Pentamethylbenzol	355[5]	7770[5]	
	357[9]	9260[9]	
Hexamethylbenzol	371[5]	6690[5]	
	375[9]	8200[9]	
	366[23]	—	Heptan
Hexaäthylbenzol	375[5]	4570[5]	
	378[9]	16700[9]	
	372[23]	—	Heptan
s-Triäthylbenzol	335[1]	8520[1]	
Chlorbenzol	290[2]	12600[2]	Hexan
o-Dichlorbenzol	294[2]	8400[2]	Hexan
Brombenzol	290[9]	10400[9]	
Anisol	295[18]	4800[18]	
	345[18]	4560[18]	
Styrol	330[9]	7350[9]	
Dibenzyl	304[9]	11200[9]	
Stilben	373[9, 24, 28]	7140[9]	
Triphenylen	394[24]	—	
Diphenyl	302[18]	7700[18]	
	340[24]	—	
o-Methoxy-diphenyl	324[18]	5200[18]	
p-Methoxy-diphenyl	370[18]	4300[18]	
Naphthalin	360[9, 20, 24]	7640[9]	
		7250[20]	
	360	7150[2]	Hexan
1-Methylnaphthalin	370[2]	7150[2]	Hexan
2-Methylnaphthalin	370[2]	5500[2]	Hexan
Phenanthren	378[24]	—	
Anthracen	396[9]	13000	
	430[24]	—	

Tabelle 11 (Forsetzung)

	$\lambda_{max}\,m\mu$	ε_{max}	Lösungsmittel
Chrysen	394[24]	—	
Thiophen	298[10]	—	
Pyren	420[24]	—	
Dihydropyrol	258[10]	—	
Pyridin	235[15]	—	Heptan
Hexen-1	274[23]	—	Heptan
Cyclohexen	302[12]	14000[12]	Hexan
	295[22]	—	Cyclohexen
	286[23]	—	Heptan
Cyclopropan	240[11]	—	Propan
Propen	270[11]	—	Propen
Okten-1	275[22]	—	Okten
cis-Buten-2	295[11]	—	cis-Buten-2
trans-Buten-2	297[11]	—	trans-Buten-2
Diisobutylen	300[4, 2]	18400[2]	Hexan
		16600[4]	Hexan
2-Methylbuten-1	292[22]	—	2-Methylbuten
1-Brom-1-propylen	278[12]	18500[12]	Hexan
cis-Dichloräthylen	262[12, 4]	12000[12]	Hexan
	262[4]	14000[4]	Hexan
trans-Dichloräthylen	262[12]	14000[12]	Hexan
Trichloräthylen	270[2]	12500[2]	Hexan
Tetrachloräthylen	277[2]	16600[2]	Hexan
Tetramethyläthylen	338[23]	—	Heptan
Diäthyläther	249[19]	4700[19]	
	248[8]	—	Äthyläther
	250[23]	—	Heptan
	252[26]	5650[26]	Heptan
Thioäther	308	—	Thioäther
i-Propyläther	255[2]	—	Hexan
Trimethylenoxyd	248[26]	6800[26]	Heptan
2-Methyltetrahydrofuran	252[26]	3400[26]	Heptan
Tetrahydrofuran	249[26]	5350[26]	Heptan
Tetrahydropyran	253[26]	6200[26]	Heptan
Propylenoxyd	232[26]	10950[26]	Heptan
Dioxan	264[2]	4450[2]	Hexan
Methanol	242,8[19]	8360[19]	
Äthanol	243,3[19]	10820[19]	
Propanol-2	233[22]	—	Propanol
Tert.-Butylalkohol	233[23]	—	n-Heptan
Ammoniak	229[27]	23400[27]	n-Heptan
MeNH$_2$	245[27]	21200[27]	n-Heptan
Äthyl-NH$_2$	246[27]	22600[27]	n-Heptan
n-Butyl-NH$_2$	247[27]	24800[27]	n-Heptan
Me$_2$-NH	256[27]	26800[27]	n-Heptan
(Äthyl)$_2$-NH	260[27]	25000[27]	n-Heptan
Piperidin	260[27]	29700[27]	n-Heptan
	266[10]	—	
Me$_3$-N	266[27]	31300[27]	n-Heptan
(Äthyl)$_3$-N	278[17, 16]	25600[17]	n-Heptan
	278[27]	25600[27]	n-Heptan
(n-Propyl)$_3$-N	285[10]	—	
(n-Butyl)$_3$-N	281[27]	23800[27]	n-Heptan
	281[27]	25000[27]	n-Heptan

Tabelle 11 (Fortsetzung)

	λ_{max} mμ	ε_{max}	Lösungsmittel
1-Chlorpropan	224[22]		
2-Chlorpropan	224[22]		
2-Methyl-2-chlorpropan . . .	224[22]		
1-Brompropan	244[22]		
2-Brompropan.	244[22]		
1-Brombutan	244[22]		
1-Brompentan	244[22]	in den angegebenen
2-Jodpropan	280[22]	Substanzen als Lösungsmittel
1,1-Dimethyl-1-brompropan .	244[22]		
Jodäthan	280[22]		
Cyclohexan	242[22]		
n-Oktan	234[22]		
2,3-Dimethylbutan	236[22]		
Dimethylbuten	340[22]		
Cyclopenten.	298[25]	14200[25]	2,2,4-Trimethyl-pentan
Cyclohexen	302[25]	14000[25]	
Cyclohepten.	300[25]	16600[25]	
cis-Cyclookten	295[25]	8340[25]	
Methylen-cyclobutan	283[25]	15300[25]	
Methylen-cyclopentan	312[25]	16500[25]	
Methylen-cyclohexan	305[25]	13900[25]	
Methylen-cycloheptan	317[25]	20500[25]	
Norbornan	298[25]	5150[25]	

* Die CT-Absorptionsspektren von CT-Komplexen von *atomaren* Jod mit Benzol, Toluol, o-Xylol, p-Xylol und Mesitylen haben Bandenmaxima bei: 495, 515, 570, 520 und 590 mμ. R. L. STRONG, S. J. RAND u. J. A. BRITT: J. Am. Chem. Phys. 82, 5053 (1960). Eine Absorption von I_2 in Aceton bei 353 mμ erwies sich als I_3^--Ion[7].

[1] R. M. KEEFER u. L. J. ANDREWS: J. Am. Chem. Soc. 77, 2164 (1955). in Tetrachlorkohlenstoff als Lösungsmittel.

[2] J. A. A. KETELAAR: J. phys. radium 15, 197 (1954); C. VAN DE STOLPE: Amsterdam: Thesis 1953. Siehe auch unter[3].

[3] J. A. A. KETELAAR, C. VAN DE STOLPE, A. GOUDSMIT u. W. DZCUBAS: Rec. trav. chim. 71, 1104 (1952).

[4] J. A. A. KETELAAR u. C. VAN DE STOLPE: Rec. trav. chim. 71, 805 (1952).

[5] M. TAMRES, D. R. VIRZI u. S. SEARLES: J. Am. Chem. Soc. 75, 4358 (1953), in CCl_4 als Lösungsmittel.

[6] H. A. BENESI u. J. H. HILDEBRAND: J. Am. Chem. Soc. 71, 2703 (1949).

[7] H. A. BENESI u. J. H. HILDEBRAND: J. Am. Chem. Soc. 72, 2273 (1950).

[8] G. KORTÜM u. G. FRIEDHEIM: Z. Naturforsch. 2a, 20 (1947).

[9] L. J. ANDREWS u. R. M. KEEFER: J. Am. Chem. Soc. 74, 4500 (1952).

[10] J. E. COLLIN: Bull. soc. roy. sci. Liège 23, 395 (1954).

[11] S. FREED u. K. M. SANCIER: J. Am. Chem. Soc. 74, 1273 (1952).

[12] L. J. ANDREWS u. R. M. KEEFER: J. Am. Chem. Soc. 74, 458 (1952).

[13] R. M. KEEFER u. L. J. ANDREWS: J. Am. Chem. Soc. 74, 1891 (1952).

[14] T. M. CROMWELL u. R. L. SCOTT: J. Am. Chem. Soc. 72, 3825 (1950).

[15] C. REID u. R. S. MULLIKEN: J. Am. Chem. Soc. 76, 3869 (1954).

[16] M. TSUBOMURA u. S. NAGAKURA: J. Chem. Phys. 27, 819 (1957).

[17] S. NAGAKURA: J. Am. Chem. Soc. 80, 520 (1958).

[18] P. A. D. DE MAINE: J. Chem. Phys. 26, 1189 (1957).

[19] P. A. D. DE MAINE: J. Chem. Phys. 26, 1192 (1957).

[20] N. W. BLAKE, H. WINSTON u. J. A. PATTERSON: J. Am. Chem. Soc. 73, 4437 (1951).

[21] J. S. HAM, J. R. PLATT u. H. MCCONNELL: J. Chem. Phys. 19, 1301 (1951).

[22] S. H. HASTINGS, J. L. FRANKLIN, J. C. SCHILLER u. F. A. MATSEN: J. Am. Chem. Soc. 75, 2900 (1953).

[23] J. HAM,: J. Am. Chem. Soc. 76, 3875 (1954). Siehe auch unter[13].

Tabelle 12. λ_{max} *und molare Extinktions-Koeffizienten* ε_{max} *von* Br_2 *und* JCl *in Benzol und substituierten Benzolen in* CCl_4 *als Lösungsmittel*

	Br$_2$			JCl[4]	
	λ_{max} (mμ)	ε_{max}		λ_{max} (mμ)	ε_{max}
Benzol[1]	292	13400	Benzol	282	8130
Toluol[1]	301	10500	Toluol	288	8000
o-Xylol[1]	313	8200	Äthylbenzol	290	8260
m-Xylol[2]	312	10100	Isopropylbenzol . .	290	8060
p-Xylol[1]	306	7300	t-Butylbenzol . . .	290	7940
Chlorbenzol [1]. . . .	286	7300	o-Xylol	298	7870
Brombenzol[1]	288	7600	m-Xylol	298	9180
Jodbenzol[1]	310	17000	p-Xylol	292	6540
2,3-Benzochinolin[5] .	400	—	Mesitylen	307	7870
3,4-Benzochinolin[5] .	355	—	Durol	306	7250
5,6-Benzochinolin[5] .	370	—	Pentamethylbenzol	322	7810
7,8-Benzochinolin[5] .	375	—	Hexamethylbenzol .	334	4000
Naphthalin[3]	346	5660	Hexaäthylbenzol .	340	6600
			Brombenzol	286	5910
			Naphthalin	341	3880
			Diphenyl	292	8200

Tabelle 13. λ_{max} *und* ε_{max} *von Molekülkomplexen des* JCN *und* Cl_2 *mit einigen Donatoren als Lösungsmittel*

Acceptor	JCN[6,7]			Cl$_2$[8,9]	
Donator	Trifluor-äthanol	n-Butylchlorid	tert.-Butyl-chlorid	Benzol	m-Xylol
λ_{max} (mμ) . . .	224	232	229	278	290
ε_{max}	—	—	—	9090	6340

[1] R. M. KEEFER u. L. J. ANDREWS: J. Am. Chem. Soc. **72**, 4677 (1950); vgl. auch BAYLISS[2].

[2] N. S. BAYLISS: Nature (Lond.) **163**, 764 (1949).

[3] N. W. BLAKE, H. WINSTON u. J. A. PATTERSON: J. Am. Chem. Soc. **73**, 4437 (1951); J. S. HAM, J. R. PLATT u. H. McCONNELL: J. Chem. Phys. **19**, 1301 (1951).

[4] R. M. KEEFER u. L. J. ANDREWS: J. Am. Chem. Soc. **74**, 4500 (1952).

[5] W. SLOUGH u. A. R. UBBELOHDE: J. Chem. Soc. **1947**, 911, 982.

[6] R. N. HASZELDINE: J. Chem. Soc. (London) **1954**, 4145.

[7] In den angegebenen Substanzen als Lösungsmittel.

[8] L. J. ANDREWS u. R. M. KEEFER: J. Am. Chem. Soc. **73**, 462 (1951).

[9] In CCl$_4$ als Lösungsmittel.

---

[24] R. BHATTACHARYA u. S. BASU: Trans. Faraday Soc. **54**, 1286 (1958). ε-Werte wurden nicht in Tab. 11 mit aufgeführt, da diese aus nicht ganz sicheren K-Werten berechnet wurden. (Vgl. Bemerkung dazu auf S. 208.)

[25] J. G. TRAYNHAM u. J. R. OLECHOWSKI: J. Am. Chem. Soc. **81**, 571 (1959).

[26] M. TAMRES u. M. BRANDON: J. Am. Chem. Soc. **82**, 2134 (1960).

[27] H. YADA, J. TANAKA u. S. NAGAKURA: Tech. Repts Inst. Solid State Phys., Tokyo, Univ. Ser. A. Nr. 7, 1960.

[28] S. YAMASHITA: Bull. Chem. Soc. Japan **32**, 1212 (1959) gibt für [J_2 . . . trans Stilben] in CCl$_4$ als Lösungsmittel $\lambda_{max} = 374$ mμ und $\varepsilon_{max} = 1480$ an. Der wesentlich kleinere ε-Wert im Gegensatz zu den Befunden von ANDREWS und KEEFER[9] und von BHATTACHARYA und BASU[24] läßt YAMASHITA vermuten, daß es sich bei der 374 mμ-Bande um die in das Ultraviolett verschobene 520 mμ-Bande des J_2 handelt. Diese außergewöhnlich starke Verschiebung steht aber in Widerspruch zu der rel. kleinen Bildungsenergie des [J_2 . . . trans-Stilbens) Komplexes von $\Delta H = 2,40$ kcal in CCl$_4$ (vgl. dazu S. 151). Eine Nachprüfung der K-Werte aus denen ε berechnet wurde, erscheint angebracht.

Tabelle 14. λ_{max} *und* ε_{max} *von EDA-Komplexen des Tetrachlorphthalsäureanhydrids in* CCl_4[2] *

Donator	λ_{max} (mμ)	ε_{max}		λ_{max} (mμ)	ε_{max}
Anthracen	435	1000	Diphenyl	343	500
Pyren	425	800	Acridin	398	
Stilben	350	476	7,8-Benzochinolin .	362	—
Phenanthren . . .	368	714	Phenanthridin . . .	358	—
Naphthalin	354	1000	Chinolin	348	—

* Vgl. auch Tab. 17.

Tabelle 15. λ_{max} *und* ε_{max} *von EDA-Komplexen des* SO_2

	λ_{max} (mμ)	ε_{max}		λ_{max} (mμ)	ε_{max}
Benzol	280[3]	3850[3]	Okten-1	242[4]	3960[4]
	275[4]	5000[4]	iso-Buten	255[4]	1690[4]
	280[1]	3850[1]	cis-Buten-2	262[1]	2570[4]
Toluol.	284[3]	3450[3]	trans-Buten-2 . . .	262[4]	2290[4]
m-Xylol	296[3]	2940[3]	Cyclopenten . . .	271[4]	4170[4]
p-Xylol	296[3]	2640[3]	2-Methyl-buten-2	308[4]	3800[1]
o-Xylol	296[3]	2700[3]	2,3-Dimethylbuten-2	325[4]	7140[4]
	297[4]	2960[4]	Methanol	274,5[1]	995[1]
Mesitylen	305[3]	3230[3]	Äthanol.	277,5[1]	894[1]
	306[4]	3290[4]	n-Propanol	278,5[1]	775[1]
Chlorbenzol	288[3]	2500—	n-Butanol	279[1]	920[1]
		3300[3]	Di-n-Butyläther . .	284[2]	—
Cyclohexen	(292)[3] 272[4]	3430[4]	Cyclohexan	292[2]	—

De Maine[1] diskutiert eingehender die Möglichkeit, daß die Verschiebung der Absorption des SO_2 nach längeren Wellen bei Wechselwirkung mit Elektronen-Donatoren und die Zunahme der molaren Absorptionsstärke in polaren ungesättigten, aromatischen Lösungsmitteln im Vergleich zu CCl_4 als Lösungmittel eventuell nicht mit einem CT-Absorptionsvorgang im Zusammenhang stehen, sondern die Folge anderer Effekte sein könnten: z. B. Hydratation durch Spuren von H_2O oder die *Feld*wirkung polarer Lösungsmittel-Moleküle[5] oder „Käfigeffekte"[6].

Die genannten Effekte können weitgehend zu Gunsten der Deutung der Absorptionsbanden als CT-Banden ausgeschlossen werden[1].

---

[1] P. A. D. de Maine: J. Chem. Phys. **26**, 1036 1042, 1049 (1957). $t = 23°$ (mit Ausnahme von Benzol: $t = 25°$). Lösungsmittel: CCl_4.

[2] M. Chowdhury u. S. Basu: Trans. Faraday Soc. **56**, 335 (1960).
Über eine Reihe von Molekülverbindungen des Tetrachlorphthalsäure anhydrids siehe bei N. P. Buu-Hoï und P. Jacquignon. Compt. Rend. **234**, 1058 (1952).

[3] L. J. Andrews u. R. M. Keefer: J. Am. Chem. Soc. **73**, 4169 (1951). $t = 25°$, Lösungsmittel: CCl_4.

[4] D. Booth, F. S. Dainton u. K. J. Ivin: Trans. Faraday Soc. **55**, 1293 (1959). $t = 25°$, Lösungsmittel: n-Heptan.

[5] H. McConnell: J. Chem. Phys. **20**, 700 (1952).

[6] N. S. Bayliss: J. Chem. Phys. **18**, 292 (1950).

Tabelle 16. λ_{max} *und* ε_{max} *einiger Molekülverbindungen des Tetracyanäthylens in* CH_2Cl_2 *als Lösungsmittel*[1] $(t = 22°\ C)$

	$\lambda_{max}\ m\mu$	ε_{max}		$\lambda_{max}\ m\mu$	ε_{max}
Cyclohexen	422	4760	m-Terphenyl . . .	500	1470
Benzol	384	3570	p-Terphenyl	564	830
Toluol.	406	3330	Tetraphenyl-		
o-Xylol	430	3860	äthylen.	610	67
m-Xylol	440	3300	Naphthalin	550	1240
p-Xylol	460	2650	Fluoren	570	1430
Mesitylen	461	3120	Pyren	724	1137
Durol	480	2075	Chlorbenzol	379	3840
Pentamethylbenzol .	520	3270	Brombenzol	394	5000
Hexamethylbenzol .	545	4390	Jodbenzol	450	2500
Hexaäthylbenzol . .	550	56	Anisol	507	2080
Diphenyl	500	1450	Pyridin	421,5	10500
			Tetramethylphenylen-	965	
			diamin[2]	420	

b) Lösungsmittelabhängigkeit von λ_{max} und ε_{max}[3]. Über die Lösungsmittelabhängigkeit von ε_{max} und λ_{max} bzw. $h\nu_{CT}$ in indifferenten, *unpolaren* Lösungsmitteln, wie n-Heptan, n-Hexan, Cyclohexan oder Tetrachlorkohlenstoff läßt sich zunächst nichts Abschließendes sagen mangels ausreichender diesbezüglicher experimenteller Ergebnisse. Bei der Beurteilung geringerer Unterschiede von ε_{max} in verschiedenen Lösungsmitteln muß berücksichtigt werden, daß Schwankungen in den K-Werten sich sehr empfindlich auf die Berechnung der ε-Werte auswirken (Kap. XII,3). Es dürften daher, was ε_{max} anbetrifft, am besten nur Werte vom selben Autor verglichen werden, die mit der gleichen Methode gemessen wurden.

Es müßte in *polaren* Lösungsmitteln die Absorption bei kleineren Wellenzahlen liegen als in unpolaren Lösungsmitteln, da sich bei der optimalen Anregung das Dipolmoment von μ_N auf μ_E vergrößert und μ_E mit den polaren Lösungsmittelmolekülen in Wechselwirkung tritt (vgl. Kap. III, 5)[4].

Tab. 17[5] zeigt am Beispiel des Tetrachlorphthalsäureanhydrid-Hexamethylbenzol-Komplexes die Veränderung von $\tilde{\nu}_{max}$ in Absorption und Emission in verschiedenen Lösungsmitteln.

Es zeigt sich keineswegs eine einheitliche Rotverschiebung in polaren Lösungsmitteln im Vergleich zu Hexan als unpolares Lösungsmittel. Die Absorption in Butyläther und in Cyclohexanon ist gegenüber Hexan als Lösungsmittel *blau*verschoben.

---

[1] R. E. MERRIFIELD u. W. D. PHILLIPS: J. Am. Chem. Soc. **80**, 2778 (1958), vgl. auch Tab. 24 u. 25, G. BRIEGLEB, J. CZEKALLA u. G. REUSS: Z. physik. Chem. N. F. (Frankfurt) (1961), im Druck.

[2] J. LIPTAY, G. BRIEGLEB u. K. SCHINDLER: Z. physik. Chem. N. F. (Frankfurt) (1961), im Druck.

[3] Vgl. auch im Kap. V, 6, Tab. 26, den Lösungsmitteleinfluß auf die Lage der CT-Doppelbanden.

[4] E. LIPPERT: Z. Naturforschg. **10a**, 541 (1955); Z. Elektrochem. **61**, 962 (1957). N. MATAGA, Y. KAIFU u. M. KOIZUMI: Bull. Chem. Soc. Japan **28**, 690 (1955); **29**, 465 (1956).

[5] J. CZEKALLA u. K. O. MEYER: Z. physik. Chem. N. F. **27**, 185 (1961).

Tabelle 17. *Optische Daten für Tetrachlorphthalsäureanhydrid-Hexamethylbenzol in verschiedenen Lösungsmitteln*

Lösungsmittel	ε_D	Δf Gl. III/10	ε_{max} l/mol · cm	(Absorpt.) $\tilde{\nu}_{max}$ 10^3 cm^{-1}	(Fluor.) $\tilde{\nu}_{max}$ 10^3 cm^{-1}	$\Delta \tilde{\nu}$ 10^3 cm^{-1}
1. n-Hexan	1,890	0,000	—	26,15	20,1	6,05
2. Benzol.	2,283	0,003	1950	26,05	17,35	8,7
3. Tetrachlorkohlenstoff .	2,236	0,011	1700	25,60	18,6	7,0
4. Dibutyläther	3,083	0,096	1800	26,23	18,75	7,5
5. Chlorbenzol	5,690	0,144	—	25,65	17,1	8,55
6. Fluorbenzol	5,481	0,158	1750	25,92	17,00	8,9
7. Benzotrifluorid . . .	9,46	0,224	1500	26,17	17,2	8,95
8. Benzonitril	26,00	0,237	—	25,87	15,5	9,85
9. Cyclohexanon . . .	18,30	0,248	1800	26,80	15,25	11,55

Tab. 17—22 zeigen an weiteren wenigen bisher bekannten Beispielen, daß der Lösungsmittel-Einfluß auf λ_{max} beim Übergang zu *polaren* Lösungsmitteln bei J_2- und bei Trinitrobenzol-Komplexen sowie im Falle Tetrachlorphthalsäureanhydrid-Hexamethylbenzol nur gering und sehr unterschiedlich zu sein scheint.

Offenbar überlagern sich mehrere Einflüsse und kompensieren sich teilweise.

Es gilt näherungsweise (Gl. V,6 S. 45)

$$h\nu_{CT} = I - E_A - e^2/d_{DA} \, . \tag{V,6'}$$

In $I - E_A$ geht die Differenz der Solvatationsenergien von D und A einerseits und von D$^-$ und A$^+$ andererseits ein und in E_C (Gl. V,5) die Differenz der Solvatationsenergien von D$^+$ und A$^-$ einerseits und des Ionenpaares D$^-$... A$^+$ andererseits.

Die geringen Rotverschiebungen beim Übergang zu CCl$_4$ im Vergleich zu gesättigten Kohlenwasserstoffen, die auch bei einigen Komplexen des J$_2$ mit einigen Donatoren und des Trinitrobenzols mit N,N-Dimethylanilin zu beobachten sind (Tab. 16 und 20), dürften im wesentlichen auf den Einfluß von Δf in Gl. III,9 zurückzuführen sein.

Untersuchungen von Ross und Labes[1] über die Abhängigkeit des molaren Absorptionskoeffizienten von EDA-Komplexen in Abhängigkeit von der Zusammensetzung von Chloroform-Alkohol-Mischungen zeigen, daß im Falle s-Trinitrobenzol-Naphthalin der molare Extinktionskoeffizient bei konstanter Wellenlänge von der Dielektrizitätskonstanten des Lösungsmittels praktisch unabhängig ist. Dies erscheint mit Ausnahme von Benzotrifluorid in Anbetracht der relativ großen Ungenauigkeit in der Angabe von ε_{max} auch bei den in Tab. 17 angegebenen ε_{max}-Werten der Tetrachlorphthalsäureanhydrid-Hexamethylbenzol-Komplexe in verschiedenen Lösungsmitteln der Fall zu sein. Dagegen können bei s-Trinitrobenzol-Anilin die Extinktionskoeffizienten bis zu 30% je nach der Zusammensetzung des Lösungsmittels verändert sein[1]. Daraus ergibt sich wieder die starke Spezifität des Lösungsmitteleinflusses.

---

[1] S. D. Ross u. M. M. Labes: J. Am. Chem. Soc. **77**, 4916 (1955).

Tabelle 18. λ_{max}- *und* ε_{max}-*Werte von EDA-Komplexen des Trinitrobenzols mit* N,N-*Dimethylanilin* [1]

	ε_D	ε_{max}	λ_{max}		ε_D	ε_{max}	λ_{max}
n-Hexan.	1,89	1120	465	Chloroform	4,806	1140	486
n-Heptan	1,97	1180	466	s-Tetrachloräthan .	8,20	—	492
Dekalin .	2,26	1300	472	1,4-Dioxan	2,209	—	469
CCl_4 . .	2,24	1340	484	Cyclohexan	2,023	1300	475

Tabelle 19. λ_{max} *und* ε_{max} *von EDA-Komplexen einiger Polynitrobenzole mit Hexamethylbenzol* [2]

Polynitrobenzole	CCl_4		Cyclohexan		Chloroform	
	λ_{max}	ε_{max}	λ_{max}	ε_{max}	λ_{max}	ε_{max}
1,2,3	350	1500			—	—
1,2,4	395	1200			—	—
1,3,5	395	2500	387	2500	390	2600
1,2,3,5	425	2300	420	2200	—	—

Tabelle 20. λ_{max} *und* ε_{max} *von EDA-Komplexen des Jods in verschiedenen Lösungsmitteln*

Donator	n-Hexan		n-Heptan	CCl_4		Chloroform
	λ_{max}	ε_{max}	λ_{max}	λ_{max}	ε_{max}	λ_{max}
Benzol	296[3]	16700[3]	288[6]	295[4]	14700[4]	—
				292[5]	16400[5]	—
Naphthalin . .	360[3]	7150[3]	355[8]	360[8]	7640[5]	357[8]
					7250[7]	
Toluol	302[3]	11800[3]	299[6]	302[5]	16700[5]	
Anthracen[8] . .	—	—	418	430	—	422
Pyren[8]	—	—	410	420	—	412
Chrysen[8] . . .	—	—	375	394	—	387
Phenanthren[8] .	—	—	373	378	—	378
Diphenyl[8] . . .	—	—	333	340	—	334
Stilben[8]	—	—	360	373	—	364

Tabelle 21. λ_{max} *und* ε_{max} *von EDA-Komplexen des Trinitrobenzols in* CCl_4 *und* $CHCl_3$ *als Lösungsmittel*

Donator	CCl_4 [9]		$CHCl_3$ [10]	
	λ_{max}	ε_{max}	λ_{max}	ε_{max}
Benzol	283	5855	284	9755
Toluol	303,5	3540	306	4350
Naphthalin . .	370	1440	365	1365
Phenanthren .	362,5	1375	370	1873

[1] R. FOSTER u. D. LL. HAMMICK: J. Chem. Soc. (London) **1954**, 2685.

[2] R. FOSTER: J. Chem. Soc. (London) **1960**, 1075.

[3] J. A. A. KETELAAR: J. phys. radium **15**, 197 (1954). C. VAN DE STOLPE: Amsterdam: Thesis 1953.

[4] M. TAMRES, D. R. VRIZI u. S. SEARLES: J. Am. Chem. Soc. **75**, 4358 (1953), in CCl_4 als Lösungsmittel.

[5] L. J. ANDREWS u. R. M. KEEFER: J. Am. Chem. Soc. **74**, 4500 (1952), CCl_4 als Lösungsmittel.

[6] J. HAM: J. Am. Chem. Soc. **76**, 3875 (1954).

[7] N. W. BLAKE, H. WINSTON u. J. A. PATTERSON: J. Am. Chem. Soc. **73**, 4437 (1951).

[8] R. BHATTACHARYA: J. Chem. Phys. **30**, 1367 (1959). Trans. Faraday Soc. **54**, 1286 (1958).

[9] G. BRIEGLEB u. J. CZEKALLA: Z. Elektrochem. **59**, 184 (1955).

[10] A. BIER: Amsterdam: Thesis 1954. Rec. trav. chim. **75**, 866 (1956).

3. Elektronenüberführungsbanden in nicht-stöchiometrischen EDA-Komplexen ("contact charge transfer")[1]

Es ist prinzipiell möglich, daß eine Elektronenüberführung von D nach A durch $h\nu_{CT}$-Absorption auch in nicht stöchiometrischen lockeren Kontaktaggregaten stattfinden kann[2].

Im Falle *stabiler* 1 : 1-Komplexe DA besteht, auch wenn D oder A das Lösungsmittel ist, ein stabiles Gleichgewicht, so daß neben definierten 1 : 1-Komplexen nach Maßgabe des Massenwirkungsgesetzes noch „freie" Moleküle A und D existieren, die nicht in „aktiver" Wechselwirkung mit D bzw. A stehen. Dagegen ist bei einer Solvatwechselwirkung ("contact-charge transfer interaction") in einem aktiven Lösungsmittel *jedes* gelöste Molekül D oder A in einem Solvatations-Zustand („Solvat-Käfig") und unterliegt im Zeitmittel einer bestimmten Zahl Stöße mit den nächstbenachbarten Solvatmolekülen.

Für eine CT-Anregung im Stoßkomplex ("contact charge transfer") ist wesentlich, daß die Wirkungssphäre des Elektronenzustandes A$^-$ größer ist als der Wirkungsradius von A im Neutralzustand, so daß eine Überlappung mit Elektronenzuständen von D$^+$ möglich ist. Es können dann CT-Effekte in größeren Abständen möglich sein als es den Van der Waalsschen Abständen im Grundzustand entspricht. Bei den Halogenen wird die Vergrößerung des Wirkungsradius durch Elektronenaufnahme größer sein (vgl. S. 57) als bei den aromatischen Nitro-Verbindungen, bei denen sich die Ladung über größere Molekülbereiche verteilt.

Im Augenblick eines „aktiven Stoßes" besteht eine Wechselwirkung der zufolge bei $h\nu$-Einstrahlung ein Ladungsübergang erfolgen kann (Kontakt-Elektronenüberführung, "contact charge transfer"). Die $h\nu$-Energie-Breite, vor allem aber auch die Übergangs*wahrscheinlichkeit* (Absorptionsintensität, Übergangsmoment) hängt unter anderem davon ab, ob und in welchem Grade sich eine für den CT-Übergang günstige Konstellation im Stoß eingestellt hat (vgl. S. 67).

Die Wahrscheinlichkeit einer Stoßkomplexbildung zwischen D und A ist

$$W_{S.K} = \bar{\gamma} \cdot c_D \cdot c_A = \bar{\gamma}\,(c_{0D} - c_{DA})\,(c_{0A} - c_{DA}) \qquad {}^3 \qquad (V,1)$$

Für den häufig vorkommenden Fall einer Überlagerung von CT-Vorgängen sowohl an stabilen Molekülverbindungen als auch an Stoßkomplexen kurzer Lebensdauer gilt für die *stabilen* DA-Komplexe:

$$K = \frac{c_{DA}}{(c_{0D} - c_{DA})\,(c_{0A} - c_{DA})}\,.$$

---

[1] Vgl. auch Kap. V, 8d und Kap. XII, S. 230.

[2] D. F. EVANS: J. Chem. Phys. **23**, 1424 (1955); R. S. MULLIKEN: Rec. trav. chim. **75**, 845 (1956); L. E. ORGEL u. R. S. MULLIKEN: Proceedings of the Internat. Conference on Coordination Compounds, Amsterdam 1955, S. 336, J. Am. Chem. Soc. **79**, 4839 (1957). Vgl. auch N. S. BAYLISS u. C. J. BRACKENRIDGE: J. Am. Chem. Soc. **77**, 3959 (1955); N. S. BAYLISS u. E. G. McRAE: J. Phys. Chem. **58**, 1002 (1954) und neuerdings J. N. MURRELL: J. Am. Chem. Soc. **81**, 5037 (1959).

[3] c_0: Anfangskonzentration; c: Gleichgewichtskonzentration.

Mit (V,1) folgt daraus für die optische Dichte einer Lösung

$$D = \varepsilon_{DA} \cdot c_{DA} + \overline{\varepsilon_K \cdot \gamma} \cdot c_A \cdot c_D$$

oder

$$\varepsilon^* = \varepsilon_{DA} + \frac{\overline{\gamma \varepsilon_K}}{K} . \tag{V,2}$$

Dabei ist $\bar{\varepsilon}_K$ der mittlere molare Absorptionskoeffizient des Stoßkomplexes, der über die verschiedenen Abstände und gegenseitigen Orientierungen der Stoßkomponenten aller im Zeitmittel stattfindenden Stöße mittelt; ε^* ist der experimentell gemessene Absorptionskoeffizient. ε_{DA} ist der molare Absorptionskoeffizient des stabilen Molekülkomplexes mit der Bildungskonstanten K, der auch oft, z. B. in den Tab. 7 bis 21 mit ε_{max} bezeichnet wird: $\varepsilon_{DA} \equiv \varepsilon_{max}$.

Setzt man

$$\varrho = \frac{\overline{\gamma \varepsilon_K}}{\varepsilon_{max}} , \tag{V,3}$$

so ergibt sich:

$$\varepsilon^* = \varepsilon_{max} \left(1 + \frac{\varrho}{K} \right) . \tag{V,4}$$

Es ist nach (V,2) der experimentell gemessene Absorptionskoeffizient ε^* nur dann gleich ε_{DA} (ε_{max}), wenn $\bar{\varepsilon}_K = 0$ ist, wenn also keine für einen CT-Übergang günstigen Stöße stattfinden, sondern sich überwiegend stabile Komplexe bilden.

Treten spektroskopische Effekte auf, ausschließlich als Folge lediglich einer Wechselwirkung des gelösten Moleküls mit Lösungsmittel-Molekülen oder einer Wechselwirkung zwischen dem gelösten Molekül und einer dem indifferenten Lösungsmittel zugesetzten aktiven Molekülart *ohne, daß es* zusätzlich oder ausschließlich *zur Bildung stabiler Molekülverbindungen kommt*, so sind die dabei unter Umständen zu beobachteten spektroskopischen Effekte nur gering.

Es ist nicht immer möglich mit ausreichender Sicherheit zu entscheiden, ob eine im Vergleich zum freien Molekül zusätzliche Absorption ein "contact charge transfer"- Vorgang ist, oder eventuell auch eine Störung des Elektronen-Energieniveaus (molecular orbitals) des gelösten Moleküls, bedingt durch die Wechselwirkung mit den im Solvat nächst benachbarten Molekülen.

Experimentelle Befunde über das Auftreten von Elektronenüberführungs-Absorptionsbanden in Kontakt-Stoßkomplexen. FREED und SANCIER[1] konnten nachweisen, daß J_2 in etwa 10^{-3} molaren Lösungen in Cyclopropan im Bereich 2400 Å bei $T = 230°$ K und $150°$ K eine Absorption zeigt, also in einem Spektralbereich, in welchem J_2 im Gas in Pentan oder in Perfluorheptan[2,3] nicht absorbiert. In Tab. 22 ist die J_2-Absorption in Cyclopropan im Ultraviolett und im Sichtbaren bei $230°$ K und $150°$ K zusammengestellt. Auch die im freien J_2 bei 5200 Å liegende Absorption ist in Cyclopropan nach kürzeren Wellen verschoben (vgl.

---

[1] S. FREED u. K. M. SANCIER: J. Am. Chem. Soc. **74**, 1273 (1952).

[2] D. F. EVANS: J. Chem. Phys. **23**, 1424, 1426, 1429 (1955).

[3] J. HAM stellte als erster fest, daß J_2 mit Perfluorheptan keinerlei Wechselwirkung nach Art irgendwelcher Anlagerungskomplexe zeigt.

Kap. V,7), und zwar zunehmend bei tieferen Temperaturen. Desgleichen wird die Absorption bei 4200 Å bei T-Erniedrigung erhöht.

Tabelle 22. *Absorptionsbanden des J_2 in Cyclopropan als Lösungsmittel*

	Sichtbar		Ultraviolett	
	230° K	150° K	230° K	150° K
λ_{max} in Å . . .	5150	5000	2400	2400
ε_{max}	600	750	2900	3100

EVANS[1] findet sogar in Lösungen des J_2 in n-Heptan bei 230° C eine charakteristische Absorption zwischen 2200 und 2600 Å[2]. Das Maximum ist aber nicht mehr meßbar und liegt unterhalb 2200 Å bei etwa 1800 Å[3].

HASTINGS u. Mitarb.[4] beobachten bei gewöhnlichen Temperaturen in Lösungen von J_2 in Cyclohexan und 2,3-Dimethylbutan zwischen 2200 und 2600 Å eine wesentlich stärkere Absorption als in Heptan.

Die Möglichkeit, daß die bei 2200—2600 Å beobachtete Absorption eine Bandenverschiebung der starken 1750-Bande des Jodmoleküls unter dem Einfluß des Lösungsmittels ist, kann ausgeschlossen werden.

Mit der Beobachtung, daß in Chloroform keine CT-Absorption gefunden wird, wohl aber in Hexan und Heptan, ist bemerkenswerterweise in Übereinstimmung, daß das Ionisierungspotential des Chloroforms[5] mit 11,4 eV beträchtlich größer ist als das des n-Hexans mit 10,4 eV[6].

EVANS[7] mißt weiterhin die Absorption von J_2 in Methylcyclohexan und Methylpentan bei Raumtemperatur und —127°. In Methylcyclohexan bildet sich bei —127° eine neue Bande bei etwa 2400 Å aus, während bei 2-Methylpentan bei tiefen Temperaturen nur eine geringe Erhöhung der Absorption zu bemerken ist (Abb. 7).

Es ist nicht erforderlich anzunehmen, daß Methylcyclohexan und Cyclopropan infolge ihrer Ringstruktur eine Sonderstellung einnehmen, da ja J_2 auch in n-Hexan, Methylpentan und cis- und trans-Dekalin eine charakteristische Absorption ab etwa 2600 Å zeigt, die zu kürzeren Wellen mit fallender Temperatur zunimmt[8].

---

[1] Siehe Fußnote [2] auf Seite 41.

[2] Es steht nicht eindeutig fest, ob die auffallend starke Absorption nicht wenigstens teilweise die Folge evtl. Verunreinigungen ist (vgl. auch die von G. KORTÜM u. VOGEL: Z. Elektrochem. **59**, 16 (1955) geäußerten Bedenken.

[3] J. S. HAM, J. R. PLATT u. H. McCONNELL: J. Chem. Phys. **19**, 1301 (1951).

[4] S. H. HASTINGS, J. L. FRANKLIN, J. C. SCHILLER u. F. A. MATSEN: J. Am. Chem. Soc. **75**, 2900 (1953).

[5] K. WATANABE: J. Chem. Phys. **26**, 542 (1957).

[6] R. E. HONIG: J. Chem. Phys. **16**, 105 (1948).

[7] D. F. EVANS: J. Chem. Soc. **1957**, 4229. Stabile Komplexe sind nicht nachzuweisen.

[8] Immerhin hat Cyclohexan ein kleineres Ionisierungspotential (9,88 eV)[6] als n-Hexan (10, 43 eV); siehe Fußnote [5] auf Seite 43.

Eine ähnliche Absorption wird in Lösungen von Br_2 in Hexan und Cyclohexan gefunden (vgl. Abb. 8).

Auch Tetranitromethan, das im Dampf im Wellenlängenbereich zwischen 2500 und 2700 Å nur wenig absorbiert, zeigt eine deutliche Erhöhung der Absorption in diesem Spektralbereich in Trimethylpentan und Cyclohexan als Lösungsmittel[1], während in Wasser als Lösungsmittel das Spektrum des Tetranitromethans kaum von dem im Gaszustand abweicht[2], entsprechend dem hohen Ionisierungspotential von 12,59 eV des Wassers.

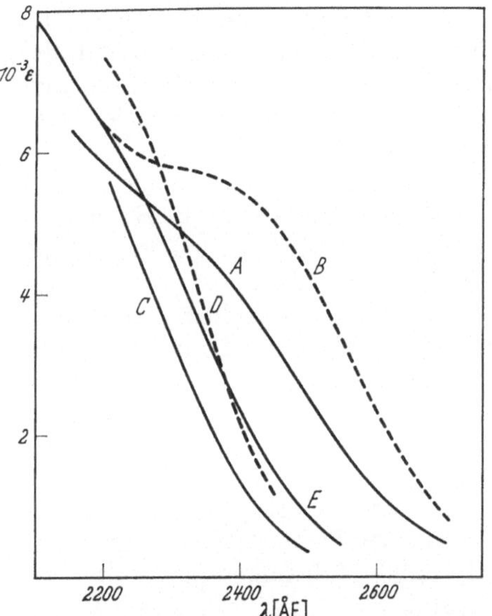

Abb. 7[3]. Absorptionsspektren von Jod in Kohlenwasserstoffen. A: Methylcyclohexan 22°; B: —127°; C: Methylpentan 22°; D: —127°; E: Methylcyclopentan 22°

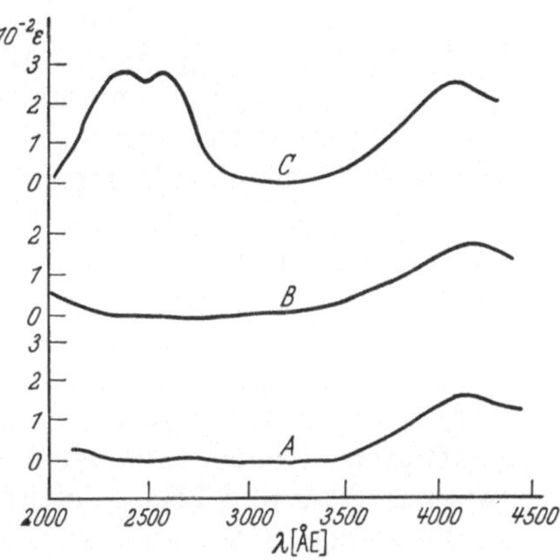

Abb. 8[1]. A: Absorption von Br_2 im Dampf; B: in Perfluor-Methylcyclohexan; C: in Cyclohexan

Sauerstoff gibt, wie EVANS[4] erstmalig zeigen konnte, mit einer Reihe von aromatischen Verbindungen eine charakteristische Erhöhung der Absorption in langwelligeren Wellenbereichen des Ultravioletts. Diese Absorption verschwindet beim Verdünnen mit einem indifferenten Lösungsmittel.

Ebenso fanden MUNCK und SCOTT[5] eine UV-Absorption in Lösungen von O_2 in gesättigten Kohlenwasserstoffen, aliphatischen Alkoholen und Äthern, und zwar ist die Absorptionsintensität z. B. in Cyclohexan als Lösungsmittel proportional dem Partialdruck des O_2. HEIDT[6] u. Mitarb. beobachteten auch in wäßrigen O_2-Lösungen eine Absorption im kurzwelligen UV bei 220 mμ. Erst durch Untersuchungen von TSUBOMURA

[1] W. SLOUGH u. A. R. UBBELOHDE: J. Chem. Soc. **1957**, 911.

[2] G. KORTÜM: Z. physik. Chem. B. **43**, 271 (1939).

[3] Siehe Fußnote [7] auf S. 42.

[4] D. F. EVANS: J. Chem. Soc. (London) **1953**, 345; **1957**, 1351, 3885; **1959**, 2753.

[5] A. U. MUNCK u. J. R. SCOTT: Nature (Lond.) **177**, 587 (1956).

[6] L. J. HEIDT u. L. EKSTROM: J. Am. Chem. Soc. **79**, 1260 (1957). L. J. HEIDT u. A. M. HOHNSON: J. Am. Chem. Soc. **79**, 5587 (1957).

und MULLIKEN[1] ergab sich mit Sicherheit, daß die beobachtete schwache, *zusätzliche* Absorption in Lösungen von O_2 in verschiedenen Lösungsmitteln als Elektronendonatoren (Alkohol, Dioxan, n-Butylamin, Benzol, Mesitylen, Pyrrol, Triäthylamin, Anilin, N,N-Dimethylanilin usw.) offenbar eine *CT-Absorptionsbande* ist. Dabei ist aber die Wechselwirkung zwischen O_2 und den Donatormolekülen sehr schwach, so daß es zu keiner stabilen Komplexbildung kommt, sondern nur zu Kontakt-CT-Vorgängen[2]. Die Absorption liegt um so langwelliger, je kleiner die Ionisierungsenergie des Donator-Lösungsmittels ist. Auch spricht die *Stärke* der Absorption der neuen Banden gegen die mögliche Deutung, daß es sich um eine durch den Einfluß der Donatormoleküle bewirkte Verstärkung des S—T-Überganges im O_2-Molekül handeln könnte[1].

Die genannten spektralen Beobachtungen an J_2 in Cyclopropan, Methylcyclohexan, in Heptan und Methylpentan, an Br_2 in Hexan, an Tetranitromethan in Trimethylpentan und Cyclohexan und an O_2 mit einer Reihe von Donatoren geben in keinem Fall den Nachweis definierter stabiler Molekülkomplexe. Dies wurde in Sonderheit von EVANS[3] am System J_2-n-Heptan in Perfluorheptan als Lösungsmittel anhand der Konzentrationsabhängigkeit der Absorption dargetan und von TSUBOMURA und MULLIKEN[1] , wie schon erwähnt, an den EDA-Komplexen des Sauerstoffs mit einer Reihe Donatoren.

Es sprechen auch die Ergebnisse von *nicht*-spektroskopischen Untersuchungen für die Annahme, daß die Absorption von J_2 in Lösungen in gesättigten Kohlenwasserstoffen in kurzwelligen Spektralbereichen zwischen 2200 und 2500 Å nicht auf stabile Molekülkomplexe, sondern auf kurzlebige Stoßkomplexe zurückzuführen ist. Die von KORTÜM und VOGEL[4] durchgeführten Löslichkeitsbestimmungen von J_2 in Lösungen von Cyclohexan und Heptan zeigen trotz der beobachteten Absorptionsbande keine merklichen Abweichungen zwischen den gemessenen und den unter der Voraussetzung einer normalen Lösung berechneten Löslichkeiten des Jods.

4. Quantenmechanische Beziehung zwischen Elektronenüberführungs-Energie und der Resonanzenergie im Grundzustand und im angeregten Zustand

Der Übergang $N \to E$ kann durch Absorption der Lichtenergie $h\nu_{CT}$ erfolgen (S. 4).

Es gilt unter Berücksichtigung des Energieschemas (Abb. 1):

$$h\nu_{CT} = I - E_A + E_C + R_E - W_N = W_E - W_N = W_E - \Delta H \quad ^5 \qquad (V,5)$$

<hr>

[1] H. TSUBOMURA u. R. S. MULLIKEN: J. Am. Chem. Soc. **82**, 5966 (1960).

[2] Die Elektronenaffinität des O_2 ist nur sehr klein (etwa 0,15 eV), R. S. MULLIKEN: Phys. Rev. **115**, 2012 (1958).

[3] D. F. EVANS: J. Chem. Soc. (London) **1957**, 4229.

[4] G. KORTÜM u. W. M. VOGEL: Z. physik. Chem. **59**, 16 (1955); vgl. auch die thermodynamischen Untersuchungen von W. B. JEPSON u. J. S. ROWLINSON: J. Chem. Soc. (London) **1956**, 1278.

[5] Dabei ist zu beachten, daß die nummerischen Werte von E_C, W_N, W_0 und R_N mit *negativem* Vorzeichen zu versehen sind.

oder mit (II,21) und (II,29)

$$h\nu_{CT} = W_1 - W_0 + \frac{\beta_1^2 + \beta_0^2}{W_1 - W_0} = W_1 - W_0 + R_E - R_N. \qquad (V,5')$$

5. Bandenbreite

Die CT-Absorptionsbanden sind durchweg bemerkenswert breit und meist auch unsymmetrisch. Es ist im allgemeinen keine Feinstruktur bemerkbar, selbst bei —190° nicht[1]. Der diffuse Charakter der Absorption kann dadurch erklärt werden, daß die Breite der Banden nicht nur durch die Schwingungsstruktur und das Franck-Condon-Prinzip, sondern auch durch statistische Schwankungen der geometrischen Konfiguration der Molekülverbindungen, vor allem des Gleichgewichtsabstandes d_{DA} bedingt ist.

Von der Größe dieses Abstandes hängt die Anregungsenergie empfindlich ab, da die Elektronenüberführungsenergie in erster Näherung durch den Ausdruck

$$h\nu_{CT} = I - E_A + E_C \qquad (V,6)$$

gegeben ist[2].

Die CT-Energie wird bei einem mittleren Abstand von 3,2 Å etwa um über 100 cm^{-1} verändert, wenn d_{AD} um 0,01 Å variiert.

In Emission kann bei der CT-Fluorescenz und -Phosphorescenz Feinstruktur auftreten (Näheres vgl. in Kap.VII, S.88u.f.). In Fluorescenz ist eine Feinstruktur nur beobachtbar, wenn im Donator starke Schwingungsbanden vorliegen. Es wird daher z. B. im Fluorescenzspektrum des CT-Komplexes Trinitrobenzol-Anthracen die aromatische Ringfrequenz des Anthracens bei 1500 cm^{-1} beobachtet[3]. Das zugehörige Absorptionsspektrum ist auch bei —190° C diffus, weil für die Feinstruktur der Absorption die Schwingungsquantenzustände des *Acceptors*, in diesem Fall des Trinitrobenzols, maßgebend sind[1, 4].

Eine weitere Ursache der auffallenden Breite der CT-Banden ist in besonderen Fällen, z. B. in CT-Komplexen mit substituierten Benzolen, die Aufspaltung der Ionisierungsenergie als Folge der Aufhebung der Entartung des Grundzustandes des Benzols durch Substitution (Näheres vgl. Kap. V, 6 und S. 88u.f.).

---

[1] J. Czekalla, G. Briegleb, W. Herre u. R. Glier: Z. Elektrochem. **61**, 537 (1957); J. Czekalla, A. Schmillen u. K. J. Mager: Z. Elektrochem. **61**, 1053 (1957); **63**, 623 (1959); J. Czekalla, G. Briegleb u. W. Herre: Z. Elektrochem. **63**, 712 (1959); J. Czekalla, G. Briegleb, W. Herre u. H. J. Vahlensieck: Z. Elektrochem. **63**, 715 (1959); G. Briegleb u. J. Czekalla: Z. physik. Chem. N. F. (Frankfurt). **24**, 37 (1960); Z. angew. Chemie **72**, 401 (1960).

[2] Dabei wird in V, 5 $|R_E - W_N| \ll |I - E_A + E_C|$ angenommen.

[3] C. Reid: J. Chem. Phys. **20**, 1212 (1952); M. M. Moodie u. C. Reid: J. Chem. Phys. **22**, 252 (1954).

[4] Eine von Foster u. Mitarb.[5] gefundene Feinstruktur der CT-Absorptionsbanden des Hexamethylbenzols mit halogenierten Chinonen konnte im Falle Hexamethylbenzol-Chloranil auch bei —190° nicht bestätigt werden.

[5] R. Foster, D. Ll. Hammick u. P. J. Placito: J. Chem. Soc. (London) **1956**, 3881.

Wegen der Breite und Unsymmetrie der CT-Banden ist die Lage des Absorptionsmaximums unter Umständen kein so zuverlässiges Maß für die Energie des CT-Überganges. Bei Diskussionen von beobachteten Gesetzmäßigkeiten zwischen der Bandenlage der CT-Absorptionsbande in Molekülverbindungen und irgendwelchen energetischen Größen (Ionisierungsenergie des Donators, Bildungsenergie der Molekülverbindungen usw.) und bei quantitativen Berechnungen energetischer Anteile der Bildungsenergie unter Verwendung der Energie $h\nu_{CT}$ wird man daher besser den Spiegelpunkt der CT-Absorptions- und Fluorescenz-Bande benutzen (vgl. S. 86 u. 26 u. Tab. 6).

Die Elektronenüberführungsbanden sind nach bisherigen Befunden ausnahmslos *unsymmetrisch*. Sie fallen auf der kurzwelligen Seite flacher ab als auf der langwelligen, d. h. es ist $(\tilde{\nu}_{max}-\tilde{\nu}_L) < (\tilde{\nu}_R-\tilde{\nu}_{max})$, wenn $\tilde{\nu}_R$

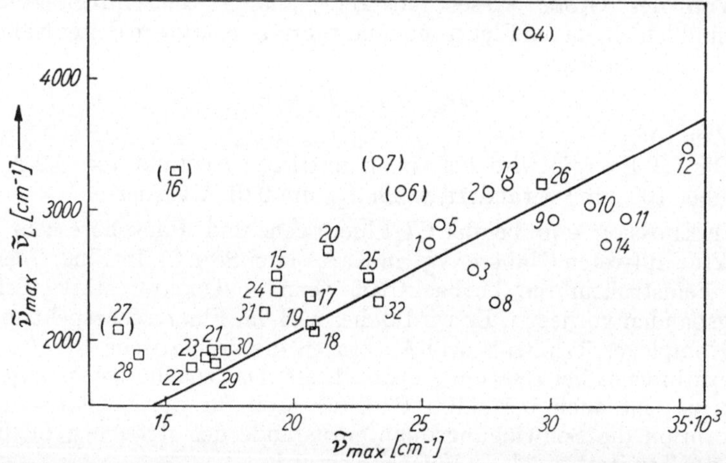

Abb. 9[1]. Die Abhängigkeit der Halbwertsbreite $(\tilde{\nu}_{max}-\tilde{\nu}_L)$ von der Wellenzahl $\tilde{\nu}_{max}$ des Maximums für DA-Banden des Trinitrobenzols (Kreise) und des Chloranils (Quadrate). 1—14 (Kreise): Molekül-Verbindungen des Trinitrobenzols mit folgenden Donatoren: 1 = Hexamethylbenzol; 2 = Phenanthren; 3 = Naphthalin; 4 = Durol; 5 = Stilben; 6 = Diphenylbutadien; 7 = Diphenylhexatrien; 8 = Diphenylhexadien; 9 = Styrol; 10 = m-Xylol; 11 = Toluol; 12 = Benzol; 13 = Tetramethyläthylen; 14 = Cyclohexen. 15—32 (Quadrate): Molekül-Verbindungen des Chloranils mit folgenden Donatoren: 15 = Hexamethylbenzol; 16 = Dimethylanilin; 17 = Durol; 18 = Naphthalin; 19 = Triphenylen; 20 = Phenanthren; 21 = 1,2-Benzanthracen; 22 = Anthracen; 23 = Pyren; 24 = Stilben; 25 = Diphenyl; 26 = Benzol; 27 = Tetracen; 28 = Perylen; 29 = Coronen; 30 = 1,2,5,6-Dibenzanthracen; 31 = Chrysen

und ν_L die Halbwerts-Wellenzahlen links und rechts vom Absorptionsmaximum bedeuten, bei denen $\varepsilon = \frac{1}{2}\varepsilon_{max}$ ist. Häufig kann $\tilde{\nu}_R$ experimentell nicht bestimmt werden, wenn auf der kurzwelligen Seite der CT-Bande schon die Eigenabsorption der Komponenten überlagert ist.

Für solche Komplexe aber, bei denen dies nicht der Fall ist, bei denen also $\tilde{\nu}_L$ und $\tilde{\nu}_R$ ermittelt werden konnten, wurde näherungsweise[1]

$$(\tilde{\nu}_R-\tilde{\nu}_L)/2\,(\tilde{\nu}_{max}-\tilde{\nu}_L) \approx 1{,}2 \qquad (V,7)$$

gefunden.

---

[1] G. BRIEGLEB u. J. CZEKALLA: Z. physik. Chem. N. F. (Frankfurt) **24**, 37 (1960); Z. angew. Chem. **72**, 401 (1960).

Die Größe $(\tilde{\nu}_{max} - \tilde{\nu}_L)$, die ein Maß für die Halbwertsbreite $(\tilde{\nu}_R - \tilde{\nu}_L)$ ist, hängt von der Art der EDA-Komplexe ab. Nach den bisher vorliegenden Erfahrungen ergibt sich, daß $(\tilde{\nu}_{max} - \tilde{\nu}_L)$ um so kleiner ist, je langwelliger die EDA-Bande liegt. Abb. 9 zeigt die Abhängigkeit $(\tilde{\nu}_{max} - \tilde{\nu}_L)$ von $\tilde{\nu}_{max}$ für Molekülverbindungen des Trinitrobenzols und des Chloranils, an denen $(\tilde{\nu}_{max} - \tilde{\nu}_L)$ gemessen werden konnte[1].

Dieser Zusammenhang zwischen $(\tilde{\nu}_{max} - \tilde{\nu}_L)$ und ν_{max} läßt sich mit der bereits erwähnten statistischen Schwankung der Konfiguration und des intermolekularen Abstandes begründen. Diese Schwankungen werden

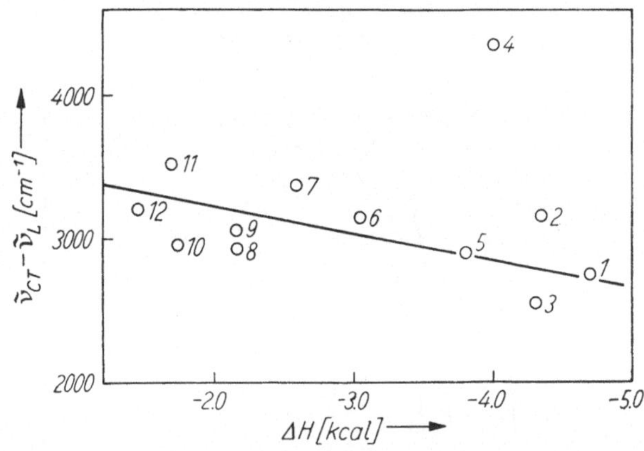

Abb. 10[2]. Abhängigkeit der Halbwertsbreite der CT-Banden von der Bildungsenergie für Komplexe des Trinitrobenzols. 1 = Hexamethylbenzol; 2 = Phenanthren; 3 = Naphthalin; 4 = Durol; 5 = Stilben; 6 = Diphenylbutadien; 7 = Diphenylhexatrien; 8 = Styrol; 9 = m-Xylol; 10 = Toluol; 11 = Benzol; 12 = Tetramethyläthylen

um so größer sein, je geringer die Bindungsenergie zwischen den Komplexkomponenten ist. Daher muß die Halbwertsbreite $\tilde{\nu}_{CT} - \tilde{\nu}_L$ mit zunehmendem ΔH abnehmen. Wie weit dies erfüllt ist, zeigt Abb. 10 für einige Molekülkomplexe des Trinitrobenzols[1].

Da $\tilde{\nu}_{max}$ in Näherung um so größer ist, je kleiner die Bindungsenergie des EDA-Komplexes ist (vgl. S. 130 u. f.), so erscheint es auch verständlich, daß die Bandenbreite $(\tilde{\nu}_{max} - \tilde{\nu}_L)$ etwa proportional mit $\tilde{\nu}_{max}$ zunimmt[3].

Es gibt von dieser Gesetzmäßigkeit gewisse Ausnahmen besonderer Komplexverbindungen, die aus der empirisch gefundenen Abhängigkeit der Komplexbildungsenergie ΔH von der CT-Energie $h\nu_{CT}$ (Kap. IX, 2) herausfallen. (Näheres S. 131 u. f.).

Sieht man von solchen Sonderfällen ab — (die entsprechenden Meßpunkte sind in Abb. 9 eingeklammert) — so ergibt sich die in Abb. 9 als ausgezogene Gerade eingetragene empirische Beziehung[3].

$$\tilde{\nu}_{max} - \tilde{\nu}_L = 0{,}104\,\tilde{\nu}_{max} \qquad\qquad (V,8)$$

---

[1] Stärkere Abweichungen von V,7 und V,8 treten auf, wenn die CT-Bande eine Überlagerung zweier CT-Banden ist, z. B. bei Durol und Dimethylanilin.

[2] Siehe Fußnote [1] auf S. 46.

[3] G. BRIEGLEB u. J. CZEKALLA: Z. physik. Chem. N. F. (Frankfurt) **24**, 37 (1960).

6. Aufspaltung der CT-Banden

In einigen EDA-Komplexen vor allem mit substituierten Benzolen und gewissen kondensierten aromatischen Kohlenwasserstoffen als Donatoren hat die Elektronenüberführungsbande (CT-Bande) zwei Maxima (Abb. 11—13). Bei den Komplexen des Tetracyanäthylens mit Chrysen, 1,2-Benzanthracen, Fluoren und Pyren wurden sogar *drei* Maxima gefunden[1,2] (Abb. 13). Diese Aufspaltung der Elektronenüberführungsbande kann unter Zugrundelegung von Gl. (V, 6) drei Ursachen haben:

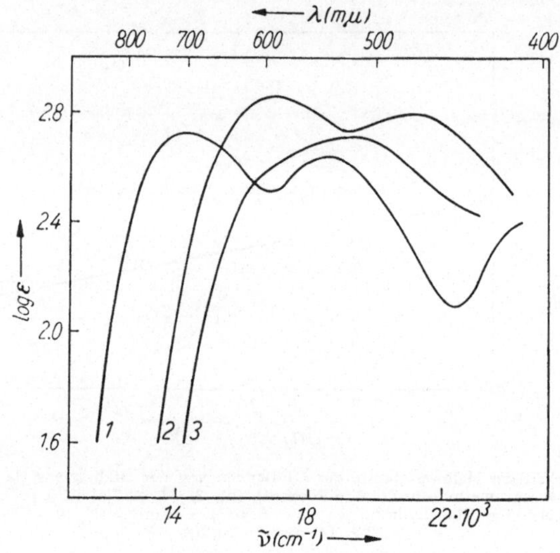

Abb. 11. Charge-transfer-Banden mit zwei Maxima in Komplexen mit kondensierten aromatischen Kohlenwasserstoffen als Donatoren[1,2]. 1 = Tetracyan-äthylen-1,2-Benzanthracen; 2 = Chloranil-1,2-Benzanthracen; 3 = Chloranil-1,2; 5,6-Dibenzanthracen. (Die Höhe der Kurven 1 und 3 ist willkürlich, da keine Gleichgewichtskonstanten bestimmt wurden)

1. Zwei stabile Konfigurationen der Molekül-Verbindung in Lösung. Die beiden $h\nu_{CT}$-Werte wären dann durch die unterschiedliche Orientierung der beiden Komponenten zueinander und dadurch verursachte verschiedene Energien E_C bedingt.

2. Zwei nahe beieinanderliegende Ionisierungsenergien der Donator-Komponente infolge Aufspaltung des Grundzustandes des Donator-Kations[3].

3. Elektronenüberführung bei gleichzeitiger Anregung des Donator-Kations[2].

4. Zwei nahe benachbarte Elektronenaffinitäten der Acceptor-komponente, d. h.: Elektronenüberführung bei gleichzeitiger Anregung des Acceptors.

---

[1] G. Briegleb, J. Czekalla u. G. Reuss: Z. physik. Chem. N. F. (Frankfurt) (1961), im Druck.

[2] G. Briegleb u. J. Czekalla: Z. angew. Chem. 72, 401 (1960). G. Briegleb, J. Czekalla u. G. Reuss: Anm. 1.

[3] L. E. Orgel: J. Chem. Phys. 23, 1352 (1955).

Bei den substituierten Benzolen und Diphenylen als Donatoren trifft sehr wahrscheinlich die unter 2. genannte Erklärung zu.

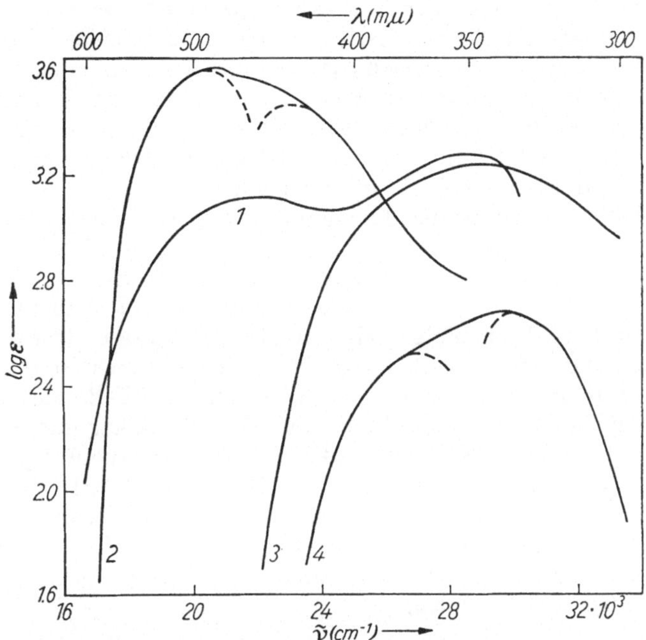

Abb. 12. Charge-transfer-Banden mit zwei Maxima in Komplexen mit Benzol-Derivaten als Donatoren. 1 = Trinitrobenzol-o-Phenylen-diamin (20° C)[1]; 2 = Chloranil-Durol (20° C)[2]; 3 = Trinitrobenzol-Durol (20° C)[3]; 4 = Trinotrobenzol-Durol (—180° C)[4]

Aus theoretischen Betrachtungen ergibt sich, daß das höchst besetzte π-Elektronen-Niveau E_{1g} zweifach entartet ist[5], entsprechend einem Zustand mit einer longitudinalen und einer transversalen Knotenebene (Abb. 14) bezogen auf die y-Achse (Zustand L und T).

In substituierten Benzolen bewirkt der Sub-

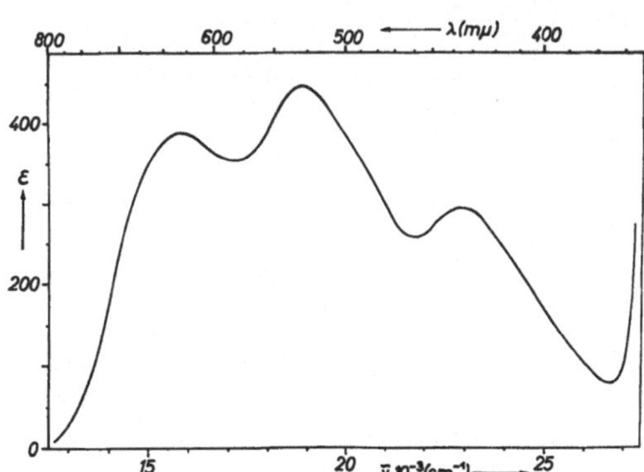

Abb. 13. CT-Banden mit drei Maxima im Komplex Chrysen-Tetracyanäthylen[2]

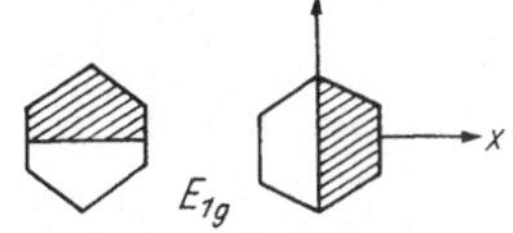

Abb. 14. Die Wellenfunktion hat im gestrichelten und nicht gestrichelten Teil entgegengesetztes Vorzeichen

---

[1] A. BIER: Rec. trav. chim. **75**, 866 (1956); Diss. Amsterdam 1954.
[2] Siehe Fußnote 2 auf S. 48.
[3] G. BRIEGLEB u. J. CZEKALLA: Z. Elektrochem. **59**, 184 (1955).
[4] J. CZEKALLA, G. BRIEGLEB u. W. HERRE: Z. Elektrochem. **63**, 712 (1959).
[5] R. S. MULLIKEN: J. Phys. Chem. **56**, 801 (1952); J. Am. Chem. Soc. **74**, 811 (1952).

stituent einen Energieunterschied zwischen den beiden „Orbitals" L und T, wobei der L-Zustand nur wenig im Vergleich zum Benzol verändert wird, wohl aber der T-Elektronenzustand, der eine rel. starke Wechselwirkung mit dem Substituenten zeigt. Die beiden Elektronenzustände führen zu zwei verschiedenen Ionisierungsenergien I_I und I_{II}. Der Energieunterschied zwischen I_I und I_{II} ist theoretisch berechenbar[1] aus der Energiedifferenz des aufgespaltenen E_{1g}-Niveaus substituierter Benzole. Nach Gl. (V,6) entspricht jeder Ionisierungsenergie I_I und I_{II} des Donators eine CT-Absorptionsbande.

Die Differenz der beiden Ionisierungsenergien in den substituierten Benzolen ist abhängig von   a) der Art der Substituenten,

b) der Zahl der Substituenten,

c) der Stellung der Substituenten.

Sie nimmt in der Reihenfolge CH_3, OR, NH_2, NMe_2 zu und ist in p-disubstituierten und symmetrisch tetrasubstituierten Derivaten am größten. Nur in extremen Fällen sind *Aufspaltungen* der CT-Banden mit zwei getrennten Maxima zu beobachten, nämlich im Einklang mit der Theorie bei den Substituenten NH_2, OH und OR[2,3,4,5]. Oft ist die Aufspaltung der CT-Bande nur bei tiefen Temperaturen beobachtbar, z. B. bei Trinitrobenzol-Durol[4]. Tab. 23 gibt eine Zusammenstellung der von KUBOYAMA[5], MERRIFIELD[6], BIER[2] und DE MAINE[3] gemessenen Doppelbanden im Komplexen von Chloranil[5], Tetracyanäthylen[6], Trinitrobenzol[2] und Jod[3] mit substituierten Benzolen.

Tabelle 23. *CT-Doppelbanden von Komplexen substituierter Benzole*

	$\lambda_{max\,1}$	$\lambda_{max\,2}$	$\lambda_{max\,3}$
Acceptor: Chloranil[5]			
Anisol	448	342	—
m-Dimethoxybenzol	515	420	—
p-Dimethoxybenzol	545	345	—
Acceptor: Tetracyanäthylen			
p-Xylol[6]	460	415	—
Anisol[6]	507	384	—
Tetramethyl-p-phenylendiamin[7]	960	425	—
Acceptor: Trinitrobenzol[2]			
o-Phenylendiamin	456	416	352
Acceptor: Jod[3]			
Anisol	490	345	295
Diphenyl	508	302	—
o-Methoxydiphenyl	498	324	—
p-Methoxydiphenyl	505	270	—
p-Dimethoxybenzol	510	404	295

[1] L. E. ORGEL: J. Chem. Phys. **23**, 1352 (1955).

[2] A. BIER: Dissertation, Amsterdam 1954.

[3] P. A. D. DE MAINE: J. Chem. Phys. **26**, 1189 (1957).

[4] J. CZEKALLA, G. BRIEGLEB u. W. HERRE: Z. Elektrochem. **61**, 537 (1957).

[5] A. KUBOYAMA: J. Chem. Soc. Japan **81**, 558 (1960).

[6] R. E. MERRIFIELD u. W. D. PHILLIPS: J. Am. Chem. Soc. **80**, 2778 (1958). MERRIFIELD findet bei p-Xylol mit Tetrachloräthylen eine Bandenaufspaltung, während in Komplexen des p-Xylols mit anderen Acceptoren lediglich eine Bandenverbreiterung gefunden wurde.

[7] W. LIPTAY, K. SCHINDLER u. G. BRIEGLEB: Z. Phys. Chem. N. F. (Frankfurt), [(1961), im Druck.

Bei geringen Unterschieden in den Ionisierungs-Energien I_I und I_{II}, wie z. B. bei den Alkyl-substituierten Benzolen, werden entsprechend auch die $h\nu_{CT}$-Energien der Elektronenüberführung nur so wenig voneinander verschieden sein, daß sich die Bandenmaxima $h\nu_I$ und $h\nu_{II}$ überlagern[1,2,3,4,5], zumal die CT-Banden von Natur aus breit sind (Abb. 12).

In Kap. VI wird Näheres gesagt über Beziehungen zwischen I_I und I_{II} homologer substituierter Benzole und den entsprechenden $h\nu_{CT}$-Energien von CT-Komplexen mit geeigneten Acceptoren.

Zur Deutung der Ursache der Doppelbanden und Mehrfachbanden bei einigen Komplexen des Chloranils und des Tetracyanäthylens mit *nicht substituierten* kondensierten Aromaten muß von folgenden Betrachtungen ausgegangen werden[6].

Die Form des gesamten CT-Spektrums mit mehreren Banden ist nur wenig vom Acceptor abhängig. Die Spektren der Tetracyanäthylen-Komplexe sind aber gegenüber denen des Chloranils um einen Energiebetrag von etwa 2660 cm^{-1} (7,6 kcal) verschoben, der nach Gl. (V, 6) näherungsweise der Differenz der Elektronenaffinitäten von Chloranil und Tetracyanäthylen entspräche (vgl. Tab. 25).

Der Abstand $\Delta\nu$ der ersten und zweiten und der dritten und zweiten CT-Bande ist unabhängig vom Acceptor. Ebenso ist auch das Verhältnis q_ε der molaren Extinktionskoeffizienten der CT-Mehrfachbanden nur geringfügig vom Acceptor abhängig (Tab. 25). Damit entfällt die unter 4. für die Bandenaufspaltung angegebene Deutungsmöglichkeit (S. 48).

Aus der in allen experimentell zugänglichen Fällen beobachteten Konstanz der CT-Mehrfachbanden-Differenz $\Delta\tilde{\nu}$ bei unterschiedlichen Acceptoren muß geschlossen werden, daß, wenn Donatoren mit Chloranil oder Tetracyanäthylen zwei oder drei CT-Banden geben, diese beim gleichen Donator auch mit anderen Acceptoren existieren. Sie können oft nur wegen Überlagerung mit der Eigenabsorption der Komponenten nicht beobachtet werden (z. B. Trinitrobenzol-Naphthalin oder Trinitrobenzol-Stilben, Chloranil-Anthracen, vgl. auch S. 62, 64, 65).

Tabelle 24. *Energiedifferenzen $h\Delta\tilde{\nu}_{CT}$ und Extinktionskoeffizientenverhältnis q_ε bei Systemen mit CT-Doppelbanden in Abhängigkeit von der Temperatur. Tetracyanäthylen als Acceptor.* [LM = n-Propyläther/Isopentan (5 : 1)]

Donator	$t = -180°$ C			$t = 20°$ C		
	$\Delta\tilde{\nu}_{CT}$ (cm^{-1})	q_ε	$h\Delta\tilde{\nu}_{CT}$ (kcal)	$\Delta\tilde{\nu}_{CT}$ (cm^{-1})	q_ε	$h\Delta\tilde{\nu}_{CT}$ (kcal)
1,2-Benzanthracen . . .	4380	2,75	12,52	4310	1,12	12,31
Pyren	6620	1,82	18,92	6410	1,21	18,32
Naphthalin	5310	0,91	15,16	5210	0,98	14,89

[1] Siehe Fußnote 4 auf S. 50.

[2] N. SMITH: Thesis, University of Chicago, 1954.

[3] Siehe Fußnote 1 auf S. 50.

[4] R. S. MULLIKEN: Proceedings of the internat. Conference on Coordination Compounds 1955 Amsterdam, S. 336.

[5] Siehe Fußnote 6 auf S. 50.

[6] G. BRIEGLEB, J. CZEKALLA u. G. REUSS: Z. physik. Chem. N. F. (Frankfurt) (1961), im Druck.

Tabelle 25. *Bandenmaxima, Bandenabstände* und *Extinktionskoeffizientenverhältnisse von Elektronendonator-Acceptor-Komplexen mit mehreren charge-transfer-Banden* (in CCl_4 bei 20° C)*

	Acceptor	Tetracyanäthylen					Chloranil			
	Donator	1. Bande $\tilde{\nu}$max	2. Bande $\tilde{\nu}$max	3. Bande $\tilde{\nu}$max	$\Delta \tilde{\nu}_{2-1}$	$q_{\varepsilon 1/2}$	1. Bande $\tilde{\nu}$max	2. Bande $\tilde{\nu}$max	$\Delta \nu_{2-1}$	$q_{\varepsilon 1/2}$
1	Benzol . . .	26,1	—	—	—	—	28,2	—	—	—
2	Diphenyl . .	20,0	25,7	—	5,70	0,99	23,0	28,7	5,7	0,97
3	Phenanthren	19,0 ◖	**	28,2	9,2	2,9	21,6	—	—	
4	Naphthalin .	18,2	23,4	—	5.2	0,99	20,9	26,0	5,1	0,97
5	Triphenylen.	19,0	22,1	—	4,70	2,00	20,7	—	—	—
6	Fluoren . .	17,7	23,8	24,7	6.1	1,67	20,0	—	—	—
7	Stilben . .	16,8	26,0	—	9,20	1,33	19,4	—	—	—
8	Chrysen . .	15,9	18,8	22,9	2,90	0,87	18,5	21,5	3,0	—
9	1,2;5,6-Dibenzanthracen	14,5	17,1	21,9	2,6	0,85	17,2	19,8	2,6	0,85
10	1,2-Benzanthracen . .	14,3	18,5	25,1	4,20	1,12	16,9	21,15	4,25	1,09
11	Coronen . .	14,2	—	—	—	—	16,9	—	—	—
12	Pyren . . .	14,0	20,5	25,8	6,5	1,21	16,6	23,1	6,50	1,24
13	Anthracen .	13,5	21,5	—	8,0	—	16,0	—	—	—
14	Perylen . .	11,2	—	—	—	—	13,9	—	—	—

* Alle Daten in 10^3 cm⁻¹.

◖ Mittelwert zweier sich überlagernder, dicht beieinander liegender Bandenmaxima.

** Die zweite Bande liegt etwa um $1 \cdot 10^3$ cm⁻¹ von der ersten Bande kurzwelliger.

Tabelle 26. *Lösungsmittelabhängigkeit des Extinktionskoeffizientenquotienten q_ε und der Energiedifferenz $h \Delta \nu_{CT}$ der langwelligen und kurzwelligen CT-Banden von Tetracyanäthylenkomplexen mit 1,2-Benzanthracen, Pyren und Naphthalin* ($t = 20°$ C)

	Donator		1,2-Benzanthracen			Pyren			Naphthalin		
Nr.	Lösungsmittel	ε_D*	$\Delta \tilde{\nu} \cdot 10^{-3}$ (cm⁻¹)	$h \Delta \tilde{\nu}$ (kcal)	q	$\Delta \tilde{\nu} \cdot 10^{-3}$ (cm⁻¹)	$h \Delta \tilde{\nu}$ (kcal)	q_ε	$\Delta \tilde{\nu} \cdot 10^{-3}$ (cm⁻¹)	$h \Delta \tilde{\nu}$ (kcal)	q_ε
1	n-Heptan . . .	1,924	4,30	12,29	1,17	6,24	17,83	1,15	5,18	14,80	0,91
2	Cyclohexan . .	2,023	4,27	12,20	1,18	6,26	17,89	1,17	5,16	14,74	0,96
3	CCl_4	2,236	4,20	12,14	1,20	6,25	17,75	1,18	5,20	14,89	0,99
4	n-Propyläther .	3,39*	4,22	12,06	1,22	6,28	17,95	1,19	5,33	14,23	1,00
5	Diäthyläther .	4,335	—	—	—	6,31	18,03	1,19	5,20	14,86	1,00
6	$CHCl_3$	4,806	4,33	12,37	1,32	6,29	17,97	1,25	5,18	14,80	1,03
7	$CHCl_2-CHCl_2$.	8,20	4,29	12,26	1,35	6,29	17,97	1,28	5,18	14,80	1,07
8	CH_2Cl_2	9,08	4,20	12,00	1,36	6,25	17,86	1,30	5,19	14,83	1,09
9	CH_2Cl-CH_2Cl .	10,65	4,26	12,17	1,38	6,29	17,97	1,30	5,19	14,83	1,09

* $t = 25°$ C.

Der Grad der T-Abhängigkeit der q_ε bei den verschiedenen Komplexen (Abb. 15 u. Tab. 24) würde bei Vorhandensein von Komplexisomeren mit der Differenz $\Delta \Delta H$ der Komplexbildungsenergien der Isomeren unmittelbar zusammenhängen. Diese Differenz ist aber offenbar nur sehr klein. Bei Diphenyl-Tetracyanäthylen würde sich bei Annahme von Komplexisomeren zwischen 20° und 40° ein $\Delta\Delta H$ von 0,5 kcal ergeben[1]. Bei allen anderen Komplexen liegt $\Delta\Delta H$ bei einigen Zehntel kcal[1,2].

Die kleinen $\Delta\Delta H$-Werte würden darauf schließen lassen, daß die Konfiguration eventuell möglicher Komplexisomere nur wenig voneinander verschieden sein kann. Dem entgegen steht aber die relativ große Aufspaltungsenergie $\Delta\tilde{\nu} = 8\text{—}18$ kcal. Würden schon sehr geringe Konfigurationsunterschiede so merkliche Unterschiede in den $h\nu_{\mathrm{CT}}$-Energien zur Folge haben, so wäre außerdem eine *Konstanz* der $\Delta\tilde{\nu}$ (Tab. 25) bei so unterschiedlichen Acceptoren wie Tetracyanäthylen und Chloranil und in den verschiedenartigsten Lösungsmitteln (Tab. 26)[1,3] nicht zu erwarten. Isomere sind daher auszuschließen. Allenfalls sind statistische Konfigurationsschwankungen denkbar.

Offenbar sind Eigenschaften des Donators dafür ausschlaggebend, ob

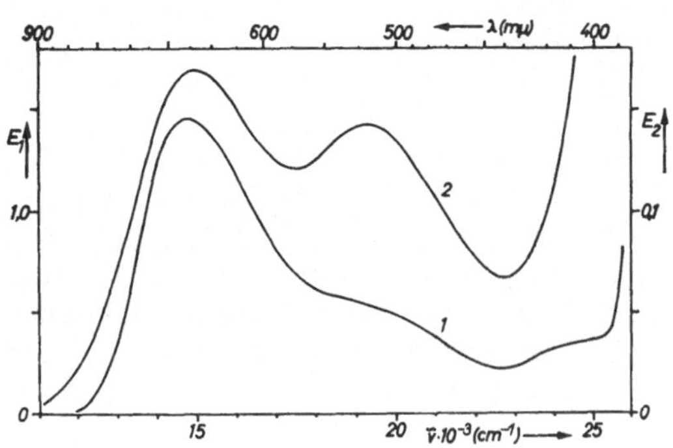

Abb. 15. CT-Doppelbanden des Komplexes Tetracyanäthylen-Benzanthracen in n-Propyläther-Isopentan bei —180° (Kurve 1) und bei 20° C (Kurve 2)

Mehrfachbanden auftreten oder nicht. Es hat den Anschein, als ob ein gewisser Zusammenhang zwischen der Zahl der CT-Banden und der Symmetrie des Donators besteht. Die Komplexe der hochsymmetrischen Kohlenwasserstoffe (Benzol, Coronen) haben nur eine CT-Bande. Kohlenwasserstoffe der Symmetrie D_{2h} haben meist zwei Banden (Naphthalin, Diphenyl, Stilben). Bei noch niedriger Symmetrie des Donators werden meist drei Banden beobachtet — soweit die dritte Bande nicht in den Bereich der Eigenabsorption einer der Komplexkomponenten fällt. Zur Deutung der Mehrfachbanden wird von Briegleb, Czekalla und Reuss[1,4] angenommen, daß bei Einstrahlung in den Bereich der kurzwelligen CT-Banden mit der Elektronenüberführung zugleich eine Anregung des Kations erfolgt. Es ließ sich dementsprechend zeigen, daß die Energiedifferenzen zwischen der zweiten bzw. dritten und der ersten CT-Bande näherungsweise den ersten und zweiten Anregungsenergien der Donatorkationen entsprechen[1], die experimentell von Hoijtink[5]

---

[1] G. Briegleb, J. Czekalla u. G. Reuss: Z. physik. Chem. N. F. (Frankfurt) (1961), im Druck.

[2] Dabei kann bei größeren Temperaturdifferenzen sowohl ΔH als auch der molare Absorptionskoeffizient ε temperaturabhängig sein (vgl. Kap. V, 9).

[3] $q_{\varepsilon_{1/2}}$ nimmt aber mit steigender Dielektrizitätskonstante des Lösungsmittels etwa um 15—20% zu.

[4] G. Briegleb u. J. Czekalla: Z. angew. Chem. **72**, 401 (1960).

[5] G. J. Hoijtink: Mol. Phys. **2**, 85 (1959). — G. J. Hoijtink u. P. J. Zandstra: Mol. Phys. **3**, 371 (1960). — P. Balk, S. De Bruijn u. G. J. Hoijtink: Rec. chim. Pays. Bas **76**, 907 (1957); — P. Balk, G. J. Hoijtink u. J. W. H. Schreurs: Rec. chim. Pays. Bas **76**, 813 (1957). — G. J. Hoijtink u. W. P. Weijland: Rec. chim. Pays. Bas **76**, 836 (1957). — G. J. Hoijtink u. P. H. van der Meij: Z. physik. Chem. N. F. **20**, 1 (1959).

u. Mitarb. ermittelt wurden. Die $h\,\varDelta\,\tilde{v}_{CT}$ der CT-Mehrfachbanden entsprechen den Anregungsenergien der Donatorkationen und nach der molecular orbital-Näherung[1] der Energiedifferenz der beiden höchsten, doppelt besetzten orbitals der aromatischen Kohlenwasserstoffe im Grundzustand[2].

7. Veränderung der Absorptionsbanden der CT-Komplex-Komponenten im Molekülkomplex

Die Frage, ob und in welcher Weise sich die Absorptionsbanden der CT-Komplex*komponenten* im CT-Komplex ändern, ist bisher nur in vereinzelten Fällen untersucht worden und ist, wie ohne weiteres einzusehen ist, nur dann *eindeutig* zu entscheiden, wenn die Absorption der CT-Bande und die Eigenabsorption der Komponenten nicht überlagert ist.

Systematische Untersuchungen über die Veränderung der Absorption des Acceptors sind an den Molekülverbindungen des Jods durchgeführt worden, in denen meist die im Sichtbaren liegende Jodbande die langwelligste Absorptionsbande ist und daher durchweg von den eigentlichen Elektronenüberführungsbanden weit entfernt ist.

Durch die Blauverschiebung der langwelligen Jod-Absorptionsbande bei 5200 Å nach kürzeren Wellen infolge Komplexbildung bis in das Gebiet 4800—4200 Å wird die braune Farbe derjenigen Lösungen verursacht, in denen J_2 mit den Lösungsmittelmolekülen Molekülkomplexe bildet[3,4].

Bei den *violetten* Lösungen des Jods, z. B. in CCl_4 und CS_2, bilden sich bei gewöhnlichen Temperaturen keine Molekülkomplexe mit dem Lösungsmittel. Die langwellige Absorption entspricht der unveränderten Absorption des Jods bei 5200 Å.

Abb. 16[6] zeigt die Absorptionsbanden des J_2 im Sichtbaren für die Molekülkomplexe des J_2 in Methanol, Äthanol, Äthyläther und Tetrachlorkohlenstoff als Lösungsmittel.

---

[1] N. S. Ham u. K. Ruedenberg: Technical Report 1953/54, Part I, Lab. of Molec. Structure and Spectra, Univ. of Chicago, S. 97. — N. S. Ham u. K. Ruedenberg: J.Chem. Phys. **25**, 13 (1956). — C. W. Scherr: J. Chem. Phys. **21**, 1582 (1953).

[2] Siehe Fußnote 1 auf S. 53.

[3] Wohl zum ersten Male ist von E. Beckmann u. P. Waenting, Z. anorg. u. allgem. Chem. **67**, 17 (1910), die Entstehung der braunen Farbe auf eine MV-Bildung zurückgeführt worden.

[4] Die ursprüngliche Ansicht, daß sich *nur* in braunen Lösungen Molekülkomplexe mit den Lösungsmittelmolekülen bilden, ist nicht zutreffend, da auch in violetten Lösungen z. B. in den halogenierten Olefinen Molekülkomplexbildung vorliegen kann[5].
Es muß auch in bestimmten Fällen die Möglichkeit eventueller chemischer Reaktionen mit dem Lösungsmittel in Betracht gezogen werden. Vgl. dazu E. Colton: J. Am. Chem Soc. **77**, 3211 (1955), ferner J. Kleinberg, E. Colton, J. Sattizahn u. C. A. van der Werf: J. Am. Chem. Soc. **75**, 442 (1953).

[5] J. A. A. Ketelaar u. C. van de Stolpe: Rec. trav. chim. **71**, 805 (1952). Über weitere Molekülverbindungen des J_2 mit Alkylhalogeniden vgl. L. J. Andrews u. R. M. Keefer: J. Am. Chem. Soc. **74**, 1891 (1952), ferner L. I. Katzin u. R. L. McBeth: J. Phys. Chem. **62**, 253 (1958); ferner J. Walkley, D. N. Glew u. J. H. Hildebrand: J. Chem. Phys. **33**, 621 (1960).

[6] P. A. D. de Maine: J. Chem. Phys. **26**, 1192 (1957), vgl. auch J. Walkley, D. N. Glew u. J. H. Hildebrand: J. Chem. Phys. **33**, 621 (1960).

Bei den EDA-Komplexen mit n-Donatoren (S. 6), z. B. bei Pyridin-J_2[1] bzw. Triäthyl-amin-J_2[2] ist die Blauverschiebung besonders auffällig (bis zu 3890 Å). Dies steht in unmittelbarem Zusammenhang damit, daß

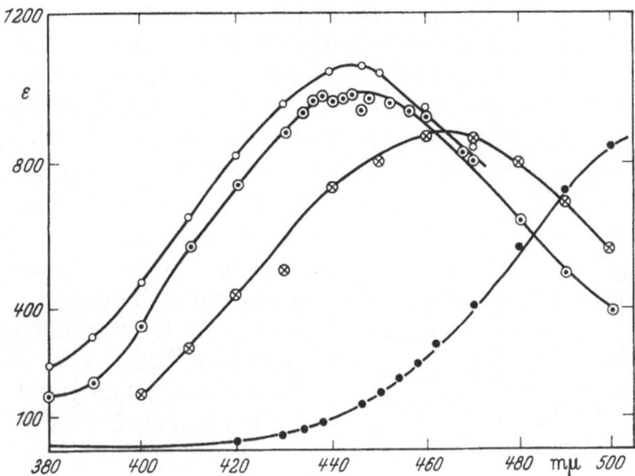

Abb. 16[3]. Die charakteristische Absorptionsbande des J_2 im „Sichtbaren" in den Lösungsmitteln: Methanol, Äthanol, Diäthyläther und Tetrachlorkohlenstoff. ○ Diäthyläther, ◉ Methanol, ⊗ Diäthyläthan, ● CCl_4

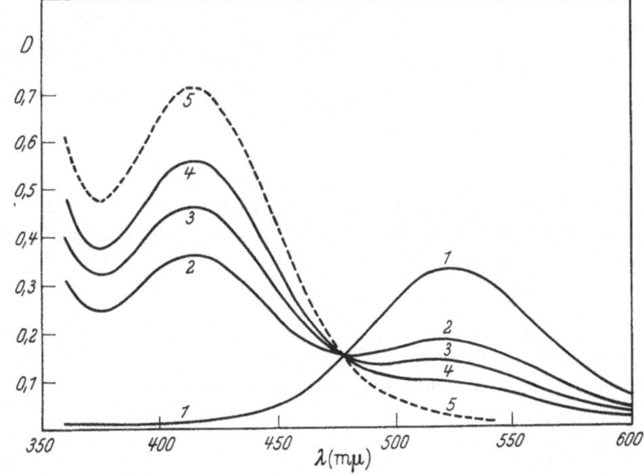

Abb. 17[3]. Die Absorption des J_2 in n-Heptan bei verschiedenen Konzentrationen Triäthylamin: (Jod-Konz. $3,55 \cdot 10^{-5}$) Triäthylamin-Konz. der Absorptionskurven 2,3 und 4: 0,1,95 · 10^{-4}, 3,90 · 10^{-4} und 7,8 · 10^{-4}. Kurve 5 entspricht der Absorption des J_2 im Komplex mit Triäthylamin. Kurve 1 ist die des reinen Jods

in diesen Molekülkomplexen eine „lokalisierte" Bindung (S. 6 u. 7) zwischen N und J_2 vorliegt mit einem im Vergleich zu den Molekülkomplexen mit „*nicht* lokalisierter" Bindung relativ geringeren Abstand N . . . J

[1] C. Reid u. R. S. Mulliken: J. Am. Chem. Soc. **76**, 3869 (1954).
[2] S. Nagakura: J. Am. Chem. Soc. **80**, 520 (1958).
[3] Siehe Fußnote 6 auf S. 54.

(vgl. Kap. X und S. 174). Demzufolge ist die Überlappung der Elektronenwolken von J_2 und N rel. groß, also auch das Abstoßungspotential (vgl. S. 23). Hingegen ist im Falle einer „nicht lokalisierten" σ-π-Bindung zwischen J_2 und einem π-Donator die „Blauverschiebung" geringer; dies ganz besonders, wenn aus sterischen Gründen der intermolekulare Abstand vergrößert ist, wie z. B. bei Hexaäthylbenzol-J_2 (vgl. aber S. 170, Anm. 7).

Abb. 17 gibt die Absorptionsbanden des Jods in n-Heptan als Lösungsmittel im Sichtbaren für verschiedene Konzentrationen an Triäthylamin[1]. Die Kurven zeigen, daß die 5200-Bande des freien Jod-Moleküls im Triäthylamin-Jod-Komplex bei 4140 Å liegt. Aus der Konzentrationsabhängigkeit der 4140-Absorption kann die Gleichgewichtskonstante der Komplexbildung in Lösungen ermittelt werden[2] (vgl. auch Kap. XII). Die Absorptionskurven gehen durch einen isobestischen Punkt[3, 4, 5].

Die Stärke der „Blauverschiebung" scheint offenbar mit der Bindungsenergie ΔH zwischen D und A im Zusammenhang zu stehen[6] (siehe Abb. 18).

In Analogie zu einer allgemeinen Beziehung zwischen der $h\nu_{CT}$-Energie von EDA-Komplexen eines Acceptors mit verschiedenen Donatoren und der Ionisierungsenergie der Donatoren (Kap. VI) wird auch eine Abnahme der Wellenlänge der Absorptionsbande des J_2 im Sichtbaren mit zunehmender Ionisierungsenergie des Donators gefunden[7].

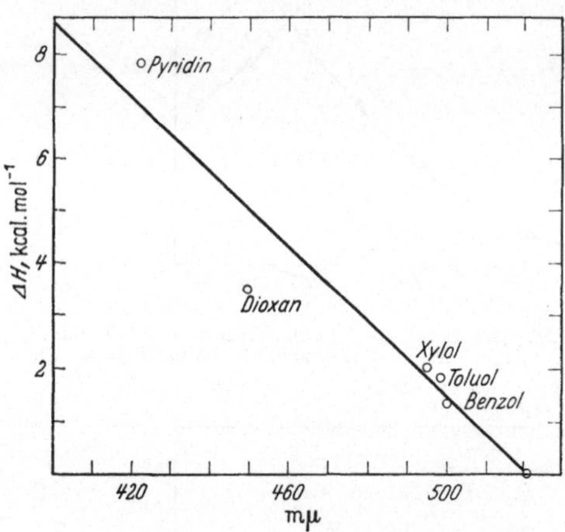

Abb. 18. Bildungsenthalpie ΔH der MV des J_2 mit einigen Donatoren in Abhängigkeit von der Lage des langwelligen Absorptionsmaximums[6]

<hr>

[1] Siehe Fußnote 2 auf S. 55.

[2] Vgl. auch N. CHAUDHURI u. S. BASU: Trans. Faraday Soc. **55**, 898 (1959), ferner u. a. S. M. BRANDON, M. TAMRES u. S. SEARLES; J. Am. Chem. Soc. **82**, 2129 (1960).

[3] Siehe auch bei H. TSUBOMURA u. J. M. KLIEGMAN: J. Am. Chem. Soc. **82**, 40, 1314 (1960).

[4] Der Vergleich der aus der Konzentrationsabhängigkeit der J_2-Bande im Sichtbaren ermittelten K-Werte mit den aus der — meist im UV liegenden — CT-Bande bestimmten K-Werten ergibt in einigen Fällen kleinere Unterschiede z. B. im Fall Äthyläther-J_2 und Tetrahydrofuran-J_2. S. M. BRANDON, M. TAMRES u. S. SEARLES jr.: J. Am. Chem. Soc. **82**, 2129 (1960).

[5] S. NAGAKURA: loc. cit. Anm. 2, S. 55.

[6] J. HAM: J. Am. Chem. Soc. **76**, 3875, (1954); vgl. auch A. PRIKHORKO: Acta Physicochim. U.D.S.S.R. **16**, 126 (1942).

S. YAMASHITA: Bull. Chem. Soc. Japan **32**, 1212 (1959) deutet eine am trans Stilben-J_2 in CCl_4 bei 374 mμ beobachtete Bande als eine verschobene 520 mμ-Bande des J_2. Gegen diese Deutung spricht die kleine Bindungsenergie $\Delta H = 2{,}40$ kcal. Es wird die 374 mμ-Bande eine CT-Bande sein[8].

[7] J. WALKLEY, D. N. GLEW u. J. H. HILDEBRAND: J. Chem. Phys. **33**, 621 (1960).

[8] L. J. ANDREWS u. R. M. KEEFER: J. Am. Chem. Soc. **74**, 4500 (1952); R. BHATTACHARYA u. S. BASU: Trans. Faraday Soc. **54**, 1286 (1958).

Zwischen der Blauverschiebung $\Delta \nu$ und der Bildungskonstanten K braucht kein unmittelbarer, eindeutiger Zusammenhang zu bestehen wegen des Einflusses der Entropie; vgl. dazu Kap. IX, 3 u. 4.

Der Effekt der Blauverschiebung wird verstärkt beim Übergang zu tieferen Temperaturen[1].

Eine Erhöhung der Pyridinkonzentration in Lösungen von J_2-Pyridin in Heptan hat eine weitere Verschiebung zur Folge bis auf 3890 Å[2]. Der Verschiebungseffekt ist reversibel rückläufig bei Verdünnung.

Die starke Verschiebung der J_2-Bande auf 3890 Å wird als Folge einer zunehmenden Solvatation (bzw. "cluster"-Bildung) der MV Py ... J_2 mit überschüssigen polaren Pyridin-Molekülen gedeutet[2].

MULLIKEN[3] gibt eine Deutung der Blauverschiebung der 5200-Jodbande.

Die Elektronenzustände (MO-Configurations) des J_2-Moleküls im Grundzustand und im angeregten Zustand und des J_2^--Ions sind

$$\ldots \sigma_g^2 \pi_u^4 \pi_g^4 \, ; \; \ldots \sigma_g^2 \pi_u^4 \pi_g^3 \sigma_u \, ; \; \ldots \sigma_g^2 \pi_u^4 \pi_g^4 \sigma_u \, .$$

σ_u ist ein Abstoßungsterm ("antibonding") und bedeutet eine wesentliche Vergrößerung des Elektronen-Wirkungsradius und somit eine stärkere Überlappung der Elektronenwolken im EDA-Komplex bei $(\pi_g \to \sigma_u)$-Anregung des J_2-Moleküls im Bereich der 5200-Bande, was eine Vermehrung der Abstoßungsenergie zur Folge hat. Das bedeutet, bezogen auf die Anregungsenergie des *freien* J_2-Moleküls, einen *zusätzlichen* Energiebetrag bei Anregung des im Molekülkomplex gebundenen J_2, d. h. eine „Blauverschiebung" der ersten Anregungsbande des J_2-Moleküls[4].

NAGAKURA[7] gibt eine etwas andere Deutung auf Grund theoretischer Betrachtungen nach der LCMO-Näherungsmethode. Durch die CT-Wechselwirkung zwischen dem σ_u-Elektronenzustand des J_2 und einem der nicht bindenden p-Elektronen, z. B. des Stickstoffs im Triäthylamin, wird der σ_u-Term des J_2 im CT-Komplex erhöht, so daß die $(\pi_g \to \sigma_u)$-Absorption des J_2 im Sichtbaren nach kürzeren Wellen verschoben wird.

---

[1] J. HAM: loc. cit. Anm. 6, S. 56.

[2] C. REID u. R. S. MULLIKEN: J. Am. Chem. Soc. **76**, 3869 (1954).

[3] R. S. MULLIKEN: Proceedings of the internat. Conference on Coordinations Compounds 1955, Amsterdam, S. 336.

[4] BAYLISS u. REES[5] nehmen an, daß die Blauverschiebung die Folge davon ist, daß sich das Jod in einer Art Käfig der umliegenden LM-Moleküle befindet und dadurch eine Verkürzung des intermolekularen Abstandes im Grundzustand der Molekülverbindung erfolgt. Daher kann nach dem Franck-Condon-Prinzip eine Blauverschiebung des Elektronenüberganges eintreten. Gegen diese Deutung spricht u. a., daß selbst bei einer Erhöhung des Druckes um 2000 Atmosphären die langwellige Absorption des J_2 in Heptanlösungen keine Blauverschiebung erfährt. (Näheres bei HAM[6]).

[5] N. S. BAYLISS u. A. L. G. REES: J. Chem. Phys. **8**, 377 (1940).

[6] J. HAM: J. Am. chem. Soc. **76**, 3886 (1954).

[7] S. NAGAKURA: J. Am. Chem. Soc. **80**, 520 (1958).

Eine ganz andersartige Veränderung der Absorption der Acceptor-komponente durch Komplexbildung wurde bei Pikrinsäure als Acceptor beobachtet.

In den Molekülkomplexen der Pikrinsäure mit aromatischen Kohlen-wasserstoffen zeigt die CT-Bande kein ausgesprochenes Maximum (Abb. 19)[1,2], sondern eine flache starke Ausweitung nach kürzeren Wellen.

Es kann vermutet werden, daß die Absorption der Pikrinsäure im Komplex gegenüber der Absorption der

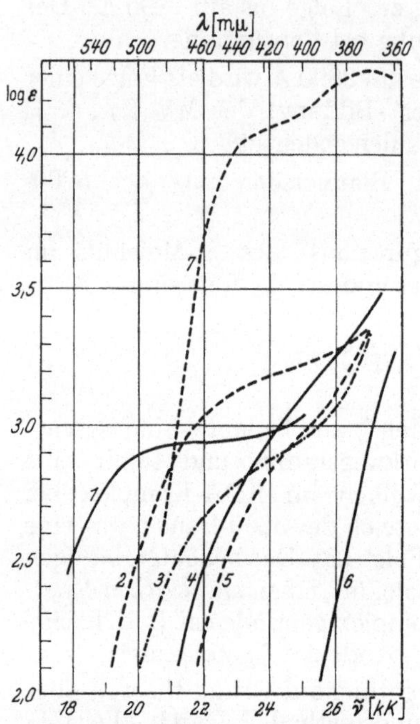

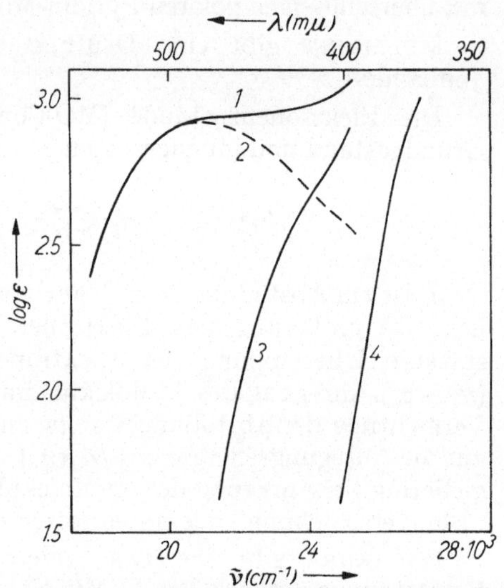

Abb. 19[1]. CT-Banden von Molekülkomplexen der Pikrinsäure in CCl_4 als Lösungsmittel. 1 = PiS-Anthracen; 2 = PiS-Hexamethyl-benzol, 3 = PiS-Stilben; 4 = PiS-Durol; 5 = PiS-Naphthalin; 6 = PiS; 7 = Pikration

Abb. 20[1]. Analyse der Absorptionsbande des EDA-Komplexes Pikrinsäure-Anthracen. 1 = Gesamtab-sorption des EDA-Komplexes in CCl_4; 2 = CT-Bande des Komplexes; 3 = Absorption der Pikrinsäure in CT-Komplex. 4 = Absorption der *freien* Pikrinsäure

freien Pikrinsäure merklich verändert ist, im Sinne einer Zunahme der Absorption der Pikrinsäure im Langwelligen[3].

Im Falle Pikrinsäure-Anthracen ist theoretisch — [aus der (I, $h\nu_{CT}$)-Beziehung, S. 80] — die CT-Bande so langwellig zu erwarten, daß der langwellige Anstieg der CT-Bande auf keinen Fall von der durch Lösungs-mitteleinfluß möglicherweise etwas verschobenen Absorptionsbande der

[1] G. Briegleb, J. Czekalla u. A. Hauser: Z. physik. Chem. N. F. 21, 99 (1959).

[2] B. Ya. Teitel'baum u. M. P. Dianov messen die Bandenverschiebung am Rande der Pikrinsäurebande bei Zugabe von aromatischen Kohlenwasserstoffen. Doklady Akad. Nauk S.S.S.R. 128, 106 (1959).

[3] Daß die starke Erhöhung der Absorption im gesamten Bereich zwischen 500 und 400 mμ tatsächlich dem Komplex und nicht der *freien* Pikrinsäure zu-kommt, geht daraus hervor, daß die aus der Absorptionsbande berechneten Bil-dungskonstanten der Molekülverbindung im Bereich der *gesamten* Bande zu den gleichen Werten führen.

freien *ungebundenen* Pikrinsäure überlagert sein kann. Es kann dann aus dem langwelligen Anstieg der CT-Bande der gesamte Verlauf der CT-Bande nach einem von SIEBERT und LINHARD[1] angegebenen Verfahren berechnet werden. Es ist dadurch möglich, die reine CT-Bande von der überlagerten, im Komplex veränderten Pikrinsäure-Absorption abzutrennen (Abb. 20[2]).

Man kann die in das Langwellige verschobene Absorption der Pikrinsäure im CT-Komplex mit der 4200-Bande des Pikrations in Zusammen-

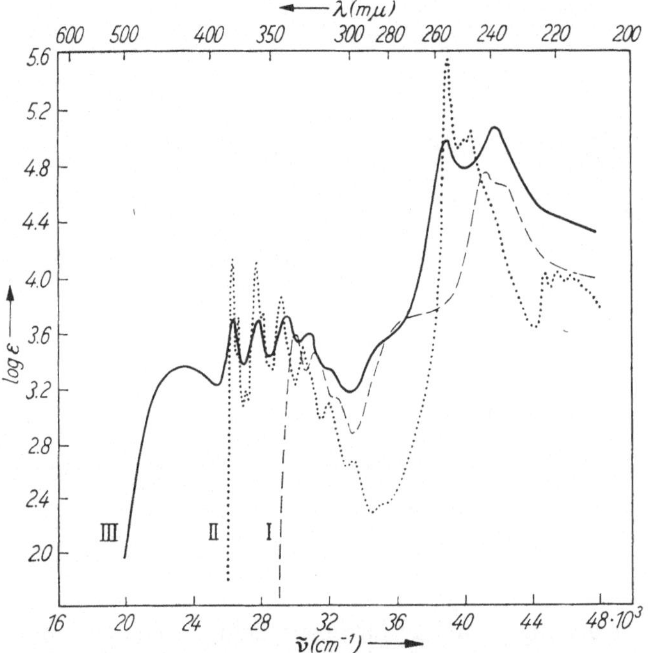

Abb. 21[3]. Absorption von Tetrachlorphthalsäureanhydrid-Anthracen und der freien Komponenten in Dipropyläther/Methylcyclohexan bei —180° C. *I* = Tetrachlorphthalsäureanhydrid-; *II* = Anthracen; *III* = Molekülverbindung Tetrachlorphthalsäureanhydrid-Anthracen

hang bringen[4]. Es wäre möglich, daß der nach vollständiger Abtrennung des Protons für das Pikration charakteristische Elektronenzustand im Molekülkomplex approximiert wird durch eine eventuell dem CT-Vorgang überlagerte Wechselwirkung der OH-Gruppe mit den π-Elektronen des Donatormoleküls[6]. Immerhin wäre auch die Möglichkeit nicht auszuschließen, daß ein in der freien Pikrinsäure bestehendes Übergangs-

<hr>

[1] H. SIEBERT u. M. LINHARD: Z. physik. Chem. N. F. 11, 318 (1957).

[2] Siehe Fußnote 1 auf S. 58.

[3] J. CZEKALLA: Z. Elektrochem. 63, 1157 (1959).

[4] Eine sichere experimentelle Zuordnung des kurzwelligen Teils der CT-Absorptionsbande der Pikrinsäure mit aromatischen Kohlenwasserstoffen wäre nur durch Messung des Dichroismus dieser Bande an orientierten Einkristallen zu treffen[5] (vgl. Kap. V,11).

[5] Nach dem von K. NAKAMOTO angegebenen Verfahren. J. Am. Chem. Soc. 74, 1739 (1952); Bull. Chem. Soc. Japan 26, 70 (1953).

[6] Siehe Anm. 1, S. 60.

verbot im Molekülkomplex aufgehoben ist. Jedoch ist offenbar, daß
die OH-Gruppe für die Veränderung der Pikrinsäure-Absorption im
Molekülkomplex maßgebend ist, da die Molekülverbindung des Trinitroanisols einen normalen Verlauf der CT-Absorption zeigt.

Über die Veränderung der Eigenabsorption der *Donator*-Komponente
bei der Komplexbildung sind Untersuchungen angestellt am Benzol-
Komplex des Jods[3] und des Trinitrobenzols[4], wobei sich allerdings nur

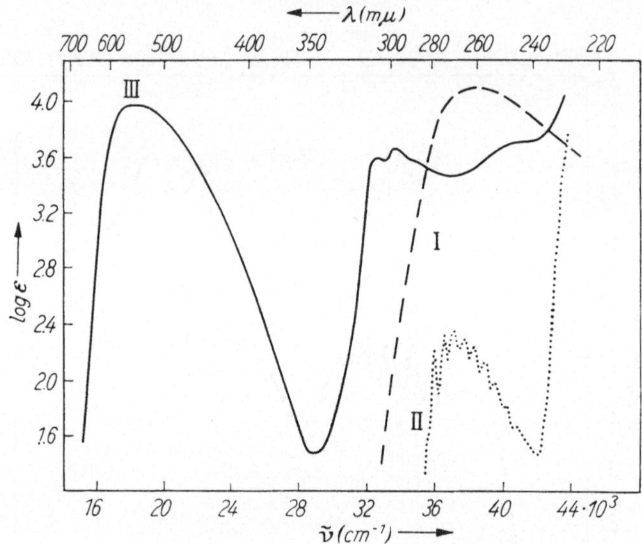

Abb. 22[5]. Absorption von Tetracyanäthylen-Hexamethylbenzol und der freien Komponenten in Dipropyläther/Methylcyclohexan bei —180° C. *I* = Tetracyanäthylen; *II* = Hexamethylbenzol; *III* = Molekülverbindung Tetracyanäthylen-Hexamethylbenzol

die Untersuchungen an Trinitrobenzolkomplexen auf das gesamte
Quarzultraviolett beziehen. Dies ist der Fall bei ausführlicheren
neueren Untersuchungen von CZEKALLA[5] an den Molekülverbindungen
Tetrachlorphthalsäureanhydrid-Anthracen und -Hexamethylbenzol, Trinitrobenzol-Anthracen und -Hexamethylbenzol und Tetracyanäthylen-
Hexamethylbenzol (Abb. 21 u. 22).

Ein Vergleich des Spektrums des ungebundenen mit dem des im Komplex gebundenen Donator-Moleküls zeigt, daß die verschiedenen Banden
durch die Komplexbildung recht unterschiedlich beeinflußt werden. Ein

---

[1] Bei der Wechselwirkung mit Verbindungen, die ausgesprochen basische
Gruppen mit Protonen-Acceptor-Eigenschaften haben, nimmt der *Protonen*-Donator-Acceptor-Vorgang gegenüber dem *Elektronen*-Donator-Acceptor-Mechanismus
an Gewicht zu, so daß in extremen Fällen Protonen-Austausch (Salzbildung) eintritt[2].

[2] E. HERTEL u. J. MISCHNAT: Ann. Chem. **451**, 179 (1926); G. BRIEGLEB u. H.
DELLE: Z. Elektrochem. **64**, 347 (1960); Z. physik. Chem. N. F. **24**, 359 (1960).

[3] J. S. HAM, J. R. PLATT u. H. McCONNELL: J. Chem. Phys. **19**, 1301 (1951).

[4] D. M. G. LAWREY u. H. McCONNELL: J. Am. Chem. Soc. **74**, 6175 (1952).

[5] Siehe Fußnote 3 auf S. 59.

Verlust an Feinstruktur, geringfügige Blau- oder Rotverschiebung und nicht sehr starke Intensitätserhöhung oder -erniedrigung sind fast bei allen Banden festzustellen. Doch sind die Änderungen im allgemeinen so geringfügig, daß man die außerhalb der CT-Banden auftretenden Banden der Molekülverbindung noch zwanglos denen der Komponenten zuordnen kann (Abb. 21)[1].

Die bisher vorliegenden Daten reichen nicht aus, um irgendwelche Gesetzmäßigkeiten feststellen zu können. Nur für die symmetrieverbotene langwelligste Bande des Hexamethylbenzols wurde in allen genannten Komplexen eine starke Rotverschiebung und eine Intensitätserhöhung um etwa eine Zehnerpotenz gefunden (Abb. 22), die praktisch einer Aufhebung des Übergangsverbotes für den $B_{2u} \leftarrow A_{1g}$-Übergang im Komplex bedeutet[1].

Über die Vergrößerung der S-T-Übergangswahrscheinlichkeit, d. h. Erhöhung der sehr schwachen S-T-Bande des O_2-Moleküls in Kontakt-CT-Stoßkomplexen mit Donatoren, geben TSUBOMURA und MULLIKEN detailliertere Überlegungen[2].

8. Absorptionsintensität der Elektronenüberführungsbanden und Zusammenhang mit der Komplexbildungsenergie

a) Oscillatorenstärke nach der klassischen Dispersionstheorie. Nach der klassischen Dispersionstheorie ist die für die Absorptionshöhe maßgebende Oscillatorenstärke

$$f_{\mathrm{opt}} = \frac{2,3 \cdot m_e \cdot c^2 \cdot 10^3}{\pi N_L e_0^2} \int \varepsilon\, d\tilde{\nu} \tag{V,9}$$

oder da:

$$\int \varepsilon\, d\tilde{\nu} = \pi \cdot \varepsilon_{\max} (\tilde{\nu}_{\max} - \tilde{\nu}_L) \tag{V,10}$$

so ist

$$f_{\mathrm{opt}} = 1,35 \cdot 10^{-8}\, \varepsilon_{\max} (\tilde{\nu}_R - \tilde{\nu}_L)/2 \,, \tag{V,11}$$

wenn $\tilde{\nu}_{\max} - \tilde{\nu}_L = \tilde{\nu}_R - \tilde{\nu}_{\max} = (\tilde{\nu}_R - \tilde{\nu}_L)/2 = r_{1/2}$ gelten würde (vgl. Kap. V, 5). (V,11) setzt also einen *symmetrischen* Verlauf der Absorptionsbande voraus. Nach allen bisherigen Erfahrungen sind aber die CT-Banden unsymmetrisch (vgl. Näheres Kap. V, 5): Die CT-Banden fallen auf der kurzwelligen Seite flacher ab als auf der langwelligen Seite (Abb. 6, S. 29), so daß (V,11) zu kleine Werte gibt. V,11 läßt sich aber durch die empirische Beziehung (V,7) korrigieren.

Mit (V,7) geht (V,11) über in [3]:

$$f_{\mathrm{opt}} = 1,62 \cdot 10^{-8}\, \varepsilon_{\max} (\tilde{\nu}_{\max} - \tilde{\nu}_L) \,. \tag{V,12}$$

Diese Beziehung gibt bis zu etwa 20% die f-Werte richtig wieder.

Mit (V,8) bekommt man anstelle von (V,12)

$$f_{\mathrm{opt}} = 1,7 \cdot 10^{-9} \cdot \varepsilon_{\max} \cdot \tilde{\nu}_{\max} \,. \tag{V,13}$$

---

[1] Siehe Fußnote 3 auf S. 59.
[2] H. TSUBOMURA u. R. S. MULLIKEN: J. Am. Chem. Soc. **8**, 5966 (1960); vgl. auch bei J. N. MURRELL: J. Am. Chem. Soc. **81**, 5037 (1959).
[3] G. BRIEGLEB u. J. CZEKALLA: Z. physik. Chem. N. F. **24**, 37 (1960).

b) Das optische Übergangsmoment: „μ_{EN}". Oscillatorenstärke f_{theor} nach der quantenmechanischen Theorie. Auf Grund quantenmechanischer Berechnungen folgt für die Oscillatorenstärke:

$$f_{theor} = \frac{2\pi^2 \cdot c}{h \cdot e_0/m_e} \cdot \tilde{\nu}_{max} \cdot \mu_{EN}^2 = 3{,}55 \cdot 10^{-7} \cdot \tilde{\nu}_{max} \cdot \mu_{EN}^2 \cdot \qquad (V,14)$$

μ_{EN} ist das optische Übergangsmoment und läßt sich nach V,20 durch die Koeffizienten a, a^*, b und b^* der Gl. (II,1) und (II,6) darstellen, vgl. weiter unten.

In den wenigen Fällen, bei denen sich die Koeffizienten a, b, a^* und b^* aus Dipolmomentmessungen berechnen ließen (vgl. IV, 1a), ist ein Vergleich von (V,13) und (V,14) möglich.

Tabelle 27. *Vergleich der nach* (V,13) *und* (V,14) *berechneten Oscillatorenstärken einiger Elektronenüberführungsbanden*

Acceptor	Donator:	μ^2_{EN} ⊡	$f_{theor.}$	$f_{opt.}$
Trinitrobenzol	Hexamethylbenzol	13,0	0,12	0,09
	Stilben	12,3	0,11	0,12*
	Naphthalin	10,55	0 10	0,13*
	Durol	8,6	0,07	0,09
Chloranil	Hexamethylbenzol	14 7	0,10	0,09
	Naphthalin	14,3	0,12	0,08*
	Durol	14,3	0,11	0,16
Tetracyan- äthylen	Hexamethylbenzol	20,7	0,14	0,18
	Naphthalin	19,7	0,14**	0,09
	Durol	19,4	0,14**	0,18

* f_{opt}: unter Berücksichtigung mehrerer Banden.

** aus den Mittelwerten der $\tilde{\nu}_{max}$ der Doppelbanden (vgl. Kap. V, 6 und nachfolgenden Text).

⊡ nach Gl. V, 20 mit den Koeffizienten Tab. 3 in Debye-Einheiten. Die μ_{EN} Tab. 5 (S. 24) wurden dagegen nach Gl. V, 21 berechnet unter der Voraussetzung, daß $f_{opt} \cong f_{theor}$ ist und weichen daher in dem Maße voneinander ab, als diese Voraussetzung mehr oder weniger zutrifft.

Tab. 27 zeigt, mit Ausnahme der Naphthalin-Komplexe, eine befriedigende Übereinstimmung zwischen f_{opt} und f_{theor}[1].

Soweit mehrere CT-Banden beobachtet werden, wurden die f_{opt}-Werte unter Berücksichtigung aller Banden berechnet[2] (z. B. bei den Komplexen von Chloranil und Tetracyanäthylen mit Durol und Naphthalin).

In Kap. V, 6 S. 51 wurde ausgeführt, daß bei solchen Donatoren, bei denen in Komplexen mit Acceptoren wie Tetracyanäthylen mehrere CT-Banden gefunden werden, diese auch in Komplexen des gleichen Donators mit anderen Acceptoren existieren. Sie liegen meist aber im Bereich der Eigenabsorption der Komponenten und können daher nicht

---

[1] G. Brieglieb u. J. Czekalla: Z. physik. Chem. N. F. **24**, 37 (1960).
[2] G. Brieglieb, J. Czekalla u. G. Reuss: Z. physik. Chem. N. F. (Frankfurt) (1961), im Druck.

beobachtet werden. Dies gilt z. B. für die Komplexe Trinitrobenzol-Naphthalin und Trinitrobenzol-Stilben. Für diese Komplexe wurden daher die f_{opt}-Werte entsprechend korrigiert (mit dem Faktor 1, 7 und 2).

Bei früheren solchen Berechnungen wurden in Unkenntnis von CT-*Mehrfach*banden die f-Werte nur aus der langwelligsten CT-Bande berechnet, so daß f_{opt} in solchen Fällen im Vergleich zu f_{theor} zum Teil wesentlich zu klein gefunden wurde.

Außerdem muß noch berücksichtigt werden, daß $\mu_M < \mu_{DA}$ ist (Gl. III, 1). Durch näherungsweise Berücksichtigung von μ_{ind} erhält man kleinere Werte f_{theor}.

Alles in allem ist aber die Übereinstimmung von f_{theor} und f_{opt} befriedigend, wenn man bedenkt, daß Fehler bis zu etwa 30% durchaus im Rahmen der theoretischen Vereinfachungen sind.

Das Übergangsmoment der für CT-Absorption charakteristischen Bande des Elektronenüberganges von N nach E ist:

$$\mu_{EN} = -e_0 \int \psi_E \sum i r_i \psi_N d\tau , \qquad (V,15)$$

r_i ist der Abstand des i-ten Elektrons von einem bestimmten Koordinatenbezugspunkt.

Oder mit Gl. (II,1) und (II,6)

$$\mu_{EN} = -e_0 \{ a a^* \int \psi_0 \psi_1 \sum i r_i d\tau + a^* b \int \psi_1^2 \sum i r_i d\tau - \\ - a b^* \int \psi_0^2 \sum i r_i d\tau - b b^* \int \psi_0 \psi_1 \sum i r_i d\tau \} \qquad (V,16)$$

oder mit den Definitionen (III,5)

$$\mu_{EN} = a^* b \mu_1 - a b^* \mu_0 + (a a^* - b b^*) \mu_{01} \qquad (V,17)$$

oder mit (II,10)

$$\mu_{EN} = a^* b (\mu_1 - \mu_0) + (a a^* - b b^*) (\mu_{01} - S \mu_0) \qquad (V,18)$$

bzw.

$$\mu_{EN} = a^* b (\mu_1 - \mu_0) + (a a^* - b b^*) \frac{1}{2} S (\mu_1 - \mu_0) . \qquad (V,19)$$

Für den Fall, daß $\mu_0 = 0$ folgt:

$$\mu_{EN} = \left[a^* b + \frac{1}{2} S (a a^* - b b^*) \right] \mu_1 . \qquad (V,20)$$

Aus (V,20) ist μ_{EN} berechenbar, soweit a, b, a^* und b^* bekannt sind (Kap. IV).

μ_{EN} läßt sich auch aus ε_{max} berechnen, soweit $f_{opt} \cong f_{theor}$ gesetzt werden kann.

Aus (V,13) und (V,14) folgt:

$$\mu_{EN}^2 = \frac{1,7 \cdot 10^{-9}}{3,55 \cdot 10^{-7}} \varepsilon_{max} . \qquad (V,21)$$

[Vgl. dazu die in Tab. 5, S. 24 nach (V,21) berechneten μ_{EN}].

c) Abhängigkeit des Extinktionskoeffizienten ε_{max} von $h\nu_{CT}$ und ΔH. Beschränken wir uns auf den weitaus häufigsten Fall, daß die Anteiligkeit der polaren Struktur am Grundzustand nur gering ist, so gilt für die Koeffizienten a, a^*, b und b^*

$$a \gg b,\ a^* \gg b^* \text{ und } a \cong a^* \cong 1 .$$

Gl. (V,20) vereinfacht sich dann mit $b = a R_N/\beta_0$[1] zu

$$\mu_{EN} = \left(R_N/\beta_0 + \frac{1}{2}\,S\right) \cdot \mu_1 . \tag{V,22}$$

Da empirisch (für $S \cong 0{,}1$)

$$S = 0{,}4 \cdot R_N/\beta_0 \tag{V,23}$$

gefunden wurde[2], wird mit

$$\mu_{EN} = 1{,}2 \cdot R_N \mu_1/\beta_0 , \tag{V,24}$$

$$f_{\text{theor}} = 5{,}1 \cdot 10^{-7}\ \tilde{\nu}_{\max}\,(R_N\,\mu_1/\beta_0)^2 , \tag{V,25}$$

woraus durch Gleichsetzen von f_{opt} (V,13) mit f_{theor} (V,25), mit $\mu_1 \cong 16$ Debye und mit (II,33) folgt:

$$\varepsilon_{\max} = \frac{7{,}7 \cdot 10^4}{\dfrac{h \cdot \nu_{CT}}{|R_N|} - 3{,}5} . \tag{V,26}$$

Tab. 28 gibt eine Zusammenstellung der nach (V,26) berechneten $\varepsilon_{\max}$ für alle solche Fälle, für die R_N bisher bestimmt werden konnte[2] (Tab. 6, S. 25).

Tabelle 28. *Vergleich der nach Gl.* (V,26) *berechneten mit den experimentell gemessenen Extinktionskoeffizienten* $\varepsilon_{\max}$

	R_N [kcal]	$\varepsilon_{\max}$ (Gl. V,26)	$\varepsilon_{\max}$ exper.
Trinitrobenzol-Hexamethylbenzol	−2,2	2600	2150
Trinitrobenzol-Stilben	−2,0	2500	1640
Trinitrobenzol-Naphthalin	−1,8	1950	1440
Trinitrobenzol-Durol	−1,35	1300	1755
Chloranil-Hexamethylbenzol	−1,95	3100	2750
Chloranil-Naphthalin	−2,35	3500	415
Chloranil-Durol	−1,9	2900	3900
Tetracyanäthylen-Hexamethylbenzol . . .	−2,7	4650	4780
Tetracyanäthylen-Naphthalin	−2,5	4500	1650
Tetracyanäthylen-Durol	−2,7	4650	3100

Die Übereinstimmung der berechneten und experimentellen $\varepsilon_{\max}$-Werte ist befriedigend unter Berücksichtigung, daß der Chloranil- und der Tetracyanäthylen-Naphthalinkomplex eine CT-Doppelbande hat (Tab. 25). Bei Mitberücksichtigung dieser Doppelbande würde sich $(\varepsilon_{\max})_{\exp}$ noch fast verdoppeln und $\varepsilon_{\max}$ (Gl. V, 26) erniedrigen (vgl. auch weiter unten).

---

[1] Dies folgt aus (II,18), (II,20), (II, 22) und (II,23) vgl. dazu auch S. 21.
[2] G. Briegleb u. J. Czekalla: loc. cit.

R_N wurde mit dem in (IV, 2) angegebenen Verfahren berechnet. Die dazu erforderlichen Koeffizienten a, a^*, b u. b^* wurden aus μ_{DA} nach dem in IV, 1 unter a) beschriebenen Verfahren berechnet. Eine *Korrektur* der μ_{DA} unter Berücksichtigung des μ_{ind} (Gl. III, 1) würde im Falle Chloranil-Naphthalin R_N und damit ε_{max} (Gl. V, 26) noch verkleinern.

Es gilt für jeden Komplex

$$R_N = \gamma \cdot \Delta H , \qquad\qquad (V,27)$$

so daß man für (V,26) setzen kann:

$$\varepsilon_{max} = \frac{7{,}7 \cdot 10^4}{\dfrac{h \cdot \nu_{CT}}{|\gamma \cdot \Delta H|} - 3{,}5} . \qquad\qquad (V,28)$$

Wenn man für γ gewisse Annahmen macht, die sich aus den Tab. 6 zugrunde liegenden Berechnungen ergeben, so läßt sich (V,28) wenigstens zur Abschätzung der ε_{max}-Werte verwenden. Für EDA-Komplexe mit Donatoren mit polaren Gruppen, bei denen W_0 einen wesentlichen Betrag von ΔH ausmacht (z. B. Trinitrobenzol, Chloranil usw.), kann γ zwischen 0,15 und 0,6 erwartet werden. Für die EDA-Komplexe mit unpolaren Acceptoren (z. B. Jod) kann γ in den Grenzen 1—3 angenommen werden[1].

In Abb. 23 und 24 sind die gemessenen $\log \varepsilon_{max}$ als Funktion von $\log \dfrac{h \cdot \nu_{CT}}{|\Delta H|}$ aufgetragen. Die eingezeichneten Kurven begrenzen jeweils den Bereich, in dem nach (V.28) ε_{max} zu erwarten ist.

Aus den Abbildungen ist ersichtlich, daß die ε_{max}-Werte einer großen Zahl von Komplexen in dem erwarteten Bereich liegen. Bei den Tetracyanäthylen-Komplexen, die relativ hohe Bildungsenergien haben (Tab. 65), liegen alle ε ausnahmslos in dem zu erwartenden Bereich. Zu *kleine* ε_{max}-Werte findet man hauptsächlich bei einigen Chloranil-Komplexen, sie liegen alle bei *kleinen* $(h\nu_{CT}/|\Delta H|)$-Werten, d. h. bei *großen Bildungswärmen*[2]. Durchweg zu große ε_{max}-Werte treten dagegen bei den Komplexen mit kleinem $|\Delta H|$, d. h. großen $(h\nu/|\Delta H|)$-Werten auf.

Die zu kleinen experimentellen ε_{max} können folgende Ursache haben: Wie auf S. 51 (Kap. V, 6) ausgeführt wurde, gibt es eine Reihe von Komplexverbindungen, bei denen mehrere CT-Banden zu erwarten sind, die aber nicht beobachtet werden können, da sie im Bereich der Eigenabsorption der Komplex-Komponenten liegen (vgl. auch S. 62). Der molare Absorptionskoeffizient der ersten langwelligen CT-Bande müßte bei Berücksichtigung der *Gesamtabsorption* etwa mit dem Faktor 2 bis 3 multipliziert werden. Die ε_{max} der Komplexe Chloranil-Naphthalin, -Diphenyl und -Benzanthracen, die Doppelbanden tatsächlich aufweisen, (S. 52, Tab. 25), fallen dann in den durch Gl. V, 28 gegebenen Bereich. Für den Komplex Chloranil-Anthracen ist ebenfalls eine Doppelbande

---

[1] G. Briegleb u. J. Czekalla: loc. cit.

[2] Es ist zu beachten, daß wegen der auf S. 130 u. f. erwähnten im wesentlichen gegenläufigen Konstitutionsabhängigkeit von $h\nu_{CT}$ und ΔH *kleinen* $(h\nu_{CT}/|\Delta H|)$-Werten *große* $|\Delta H|$-Werte entsprechen und umgekehrt.

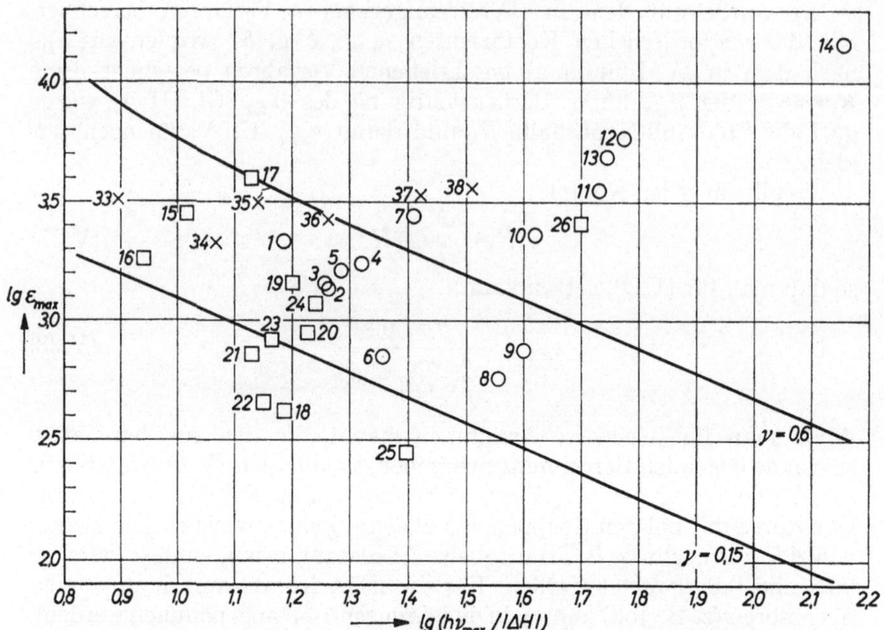

Abb. 23[1]. Die Abhängigkeit der Extinktionskoeffizienten ε_{max} von $h\nu_{CT}/(|\Delta H|)$ für EDA-Komplexe des Tri-nitrobenzols (Kreise), des Chloranils (Quadrate) und des Tetracyanäthylens (Kreuze). Die Kurven wurden nach Gl. (V,28) mit $\gamma = 0,15$ bzw. 0,6 berechnet. Die Zahlen beziehen sich auf folgende Donatoren: 1 u. 15 = Hexamethylbenzol; 2 u. 20 = Phenanthren; 3 u. 18 = Naphthalin; 4, 34 u. 17 = Durol; 5 u. 24 = Stilben; 6 = Diphenylbutadien; 7 = Diphenylhexatrien; 8 = Diphenylhexadien; 9 = Styrol; 10 = m-Xylol 11 u. 37 = Toluol; 12. 26 u. 38 = Benzol; 13 = Tetramethyläthylen; 14 = Cyclohexen; 16 = Dimethyl-anilin; 19 = Triphenylen; 21 = 1,2-Benzanthracen; 22 = Anthracen; 23 = Pyren; 25 = Diphenyl; 36 = p-Xylol; 33 = Pentamethylbenzol; 35 = Mesitylen

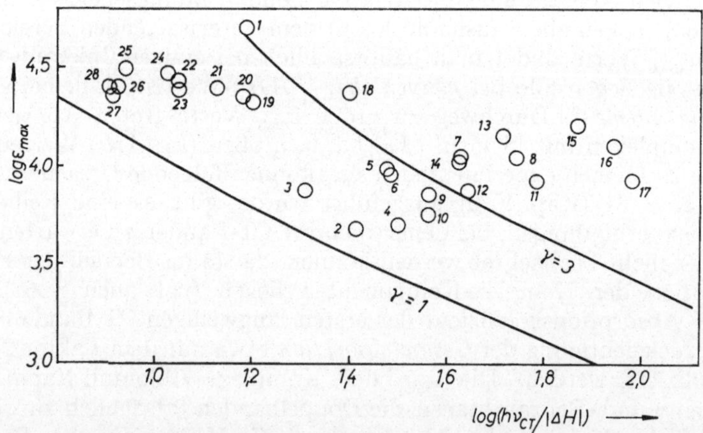

Abb. 24[1]. Die Abhängigkeit der Extinktionskoeffizienten von $h\nu_{CT}/(\Delta H)$ für EDA-Komplexe des Jods. Die Kurven wurden nach Gl. (V,28) mit $\gamma = 1$ bzw. 3 berechnet. 1 = Pyridin; 2 = Diäthyläther; 3 = Hexa-methylbenzol; 4 = Dioxan; 5 = Mesitylen; 6 = Durol; 7 = o- und m-Xylol; 8 = Äthanol; 9 = 1-Methyl-naphthalin; 10 = 2-Methylnaphthalin; 11 = Methanol; 12 = Naphthalin; 13 = Toluol; 14 = Hexaäthyl-benzol; 15 = Benzol; 16 = Chlorbenzol; 17 = o-Dichlorbenzol; 18 = Ammoniak; 19 = Me—NH_2; 20 = Äthyl-NH_2; 21 = n-Butyl-NH_2; 22 = Me_2—NH; 23 = (Äthyl)$_2$—NH; 24 = Piperidin; 25 = Me_3—N; 26 = (Äthyl)$_3$—N; 27 = (n-Propyl)$_3$—N; 28 = (n-Butyl)$_3$—N

---

[1] G. Briegleb u. J. Czekalla: loc. cit.

wahrscheinlich, da eine solche mit Tetracyanäthylen als Acceptor nachgewiesen werden konnte (Tab. 25)[3].

Für die zu kleinen Extinktionskoeffizienten können außerdem noch folgende Effekte die Ursache sein[1]: Die für die klassischen Wechselwirkungskräfte (Dipolinduktion, Dispersionseffekt) maßgebliche Konfiguration optimaler Bindungsenergie kann unter Umständen verschieden sein von einer bei einer optimalen Wechselwirkung mit quantenmechanischen Resonanzkräften zu fordernden Struktur bestimmter Symmetrie, die zugleich auch einer maximalen Wahrscheinlichkeit einer Elektronenüberführung durch Lichtabsorption entspricht[1,2] (vgl. auch S. 167 u. f.).

Bei Acceptoren mit so vielen polaren Gruppen wie Chloranil können die klassischen Van der Waalsschen Kräfte konfigurationsbestimmend sein und zu einer für den CT-Vorgang ungünstigen Konstellation der MV führen. Dies hätte eine entsprechende Verringerung der Intensität der CT-Banden zur Folge.

Auch ist zu beachten, daß in gewissen Fällen sterische Einflüsse die Ursache dafür sein können, daß sich die für einen CT-Vorgang günstigste Konstellation von D zu A nicht oder nur behindert einstellen kann. Auf einen solchen Einfluß dürfte wohl z. B. der besonders kleine ε_{max}-Wert im EDA-Komplex Tetraphenyläthylen-Tetracyanäthylen ($\varepsilon_{max}= 67$, Tab. 16) und von Hexaäthylbenzol-Tetracyanäthylen ($\varepsilon_{max}= 67$, Tab. 16) zurückzuführen sein.

Bei den Molekülverbindungen des Jods ist ein stärkerer Einfluß Van der Waalsscher Kräfte auf die Konstellation D...A wegen des Fehlens polarer Gruppen nicht zu erwarten[4]. Daher wird sich wenigstens in Lösungen die für die quantenmechanischen CT-Effekte günstigste Konfiguration einstellen[5]. Bei den Jod-Komplexen findet man daher auch keine systematischen Abweichungen nach zu kleinen ε_{max} bei kleinen $h\nu/|\Delta H|$-Werten. Bemerkenswert gut fügen sich die Komplexe mit lokalisierter n,σ-Bindung (Pyridin, Äther usw.) in den durch Gl. (V,28) gegebenen Bereich ein.

---

[1] Siehe Fußnote 1 auf S. 66.

[2] In einer Arbeit von J. N. MURRELL, J. Am. Chem. Soc. **81**, 5037 (1959), wird ebenfalls auf eine solche Möglichkeit hingewiesen. Vgl. auch neuerdings S. C. WALLWORK: J. Chem. Soc. (London) **1961**, 494.

[3] G. BRIEGLEB, J. CZEKALLA u. G. REUSS: Z. physik. Chem. N. F. (Frankfurt) (1961), im Druck.

[4] Vgl. aber M. MURAKAMI: Bull. Chem. Soc. Japan **26**, 441 (1953) u. **28**, 581 (1955), der bei Komplexen des Jods mit methylierten Benzolen zwei Konfigurationstypen annimmt. In einem soll das J_2-Molekül mit seiner Figurenachse parallel zum Benzolring liegen (vgl. dazu aber Kap. X), im anderen Fall soll das J_2-Molekül mit den CH_3-Gruppen mit VAN der Waalsschen Kräften verbunden sein. Beide Typen sollen verschiedene molare Absorptionskoeffizienten ε^α und ε^β haben, und ihre Konzentrationsverteilung soll rein statistisch sein, so daß $\bar\varepsilon = (\varepsilon^\alpha + n\varepsilon^\beta)/(1 + n)$ wäre, wonach mit bestimmten Voraussetzungen über $\varepsilon^\alpha/\varepsilon^\beta$ der mittlere molare Absorptionskoeffizient $\bar\varepsilon$ berechenbar ist, in Übereinstimmung mit den exp. gemessenen Absorptionskoeffizienten.

[5] Im kristallisierten Zustand können evtl. aus gittertheoretischen Gründen Konfigurationen begünstigt sein, die für den CT-Übergang ungünstig sind.

5*

d) CT-Übergänge in Kontaktkomplexen. Die zu hohen ε_{max}-Werte im Bereich kleiner Bindungsenergien und hoher $h\nu_{CT}$-Werte können damit im Zusammenhang stehen, daß nach EVANS[1] und MULLIKEN[2] und ORGEL[3] die Lichtabsorption auch in einem Stoßkomplex stattfinden kann (vgl. Kap. V, 3).

Nach (V,4) wird der experimentell gemessene Absorptionskoeffizient $\varepsilon_{exp} \equiv \varepsilon^*$ um so größer, je kleiner die Komplexbildungskonstante K ist, d. h. je weniger stabil die neben Stoßaggregaten noch vorhandenen stöchiometrischen Komplexe sind. Daher werden nach Gl. (V,28) zu hohe ε_{max}-Werte gerade bei den Molekülkomplexen *kleiner* Bindungsenergie (Abb. 23, 24) berechnet.

Für die Jodkomplexe mit methylierten Benzolen errechneten ORGEL und MULLIKEN[4] ein ϱ (Gl. V,4) von 4—5. Die in Abb. 24 für Jod-Komplexe dargestellten zu hohen ε_{max}-Werte lassen sich durch (V,4) mit $\varrho = 5$ so korrigieren, daß sie in den nach (V,28) zu erwartenden Bereich zu liegen kommen. Für die rein organischen Molekülverbindungen (Abb. 23) müßte man $\varrho = 8$—10 annehmen, um die zu hohen ε_{max}-Werte durch (V,4) in den Erwartungsbereich zu bringen. Diese ϱ-Werte sind allerdings zu hoch, um sie im Sinne der Theorie deuten zu können. Entweder ist das Modell zu einfach, oder es spielen noch andere, nicht näher bekannte Faktoren für die Abweichungen der ε_{max}-Werte in dem Bereich kleiner Bindungsenergien eine Rolle.

MURRELL[5] deutet die zu hohen ε-Werte in Stoßkomplexen damit, daß der CT-Zustand mit energetisch vergleichbaren Anregungszuständen des Donators gemischt ist, wodurch auch das für den Übergang maßgebende Überlappungsintegral höhere Werte hat und somit ein CT-Übergang begünstigt wird[6].

Daß die Verhältnisse recht kompliziert sind, geht z. B. auch daraus hervor, daß die ε_{max}-Werte in manchen Fällen ziemlich stark temperaturabhängig sind. Größe und Vorzeichen dieser T-Abhängigkeit kann jedoch, selbst bei scheinbar ähnlichen Molekülverbindungen, sehr verschieden sein. Tab. 29, Kap. V,9 gibt dafür einige Beispiele. Hier kommt wohl auch wieder zum Ausdruck, daß — wie schon erwähnt — die Konfiguration einer stabilen Molekülverbindung oft nicht mit der Konfiguration maximaler CT-Bandenintensität übereinstimmt und je nachdem bei Temperaturänderungen die Unterschiedlichkeit der Konfigurationseinflüsse sich ausgleicht oder auch vergrößert.

[1] D. F. EVANS: J. Chem. Phys. **23**, 1424 (1955).

[2] R. S. MULLIKEN: Rec. trav. chim. **75**, 845 (1956).

[3] L. E. ORGEL u. R. S. MULLIKEN: Proceedings of the International Conference on Coordination Compounds Amsterdam 1955, S. 336; J. Am. Chem. Soc. **79**, 4839 (1957); vgl. auch N. S. BAYLIESS u. C. J. BRACKENRIDGE: J. Am. Chem. Soc. **77**, 3959 (1955) und neuerdings J. N. MURRELL: loc. cit.

[4] L. E. ORGEL u. R. S. MULLIKEN: J. Am. Chem. Soc. **79**, 4839 (1957).

[5] J. N. MURRELL: J. Am. Chem. Soc. **81**, 5037 (1959).

[6] Vgl. dazu auch das auf S. 53 zur Deutung der bei einigen EDA-Komplexen auftretenden Doppelbanden Gesagte und neuerdings die Überlegungen von H. TSUBOMURA und R. S. MULLIKEN: J. Am. Chem. Soc. **82**, 5966 (1960) über die relativ hohe Intensität der Kontakt-CT-Banden von O_2-Kontakt-Stoßkomplexen mit einer Reihe von Donatoren.

9. Temperatureinfluß auf die "Charge Transfer-" Absorptionsbanden

In Anbetracht der Abhängigkeit der CT-Absorption vom intermolekularen Abstand und der gegenseitigen Konstellation der CT-Komplex-Komponenten ist prinzipiell mit einer mehr oder weniger geringen T-Abhängigkeit der $h\nu_{CT}$-Energie eines CT-Komplexes zu rechnen, die nichts mit der T-Abhängigkeit der Gleichgewichtskonstanten der CT-Komplexbildung in Lösungen zu tun hat. Abb. 25 zeigt eine leichte Bandenmaxima-Verschiebung am Beispiel des Chinon-Dimethylanilin-Komplexes[1], desgl. wurde an der Molekülverbindung Chloranil-Stilben in CCl_4 eine T-Abhängigkeit der CT-Absorptionsfrequenz beobachtet[2].

Auch die ε_{max}-Werte der CT-Banden sind in manchen Fällen beträchtlich temperaturabhängig. Auffallenderweise kann Größe und Vorzeichen dieser T-Abhängigkeit selbst bei scheinbar ähnlichen Molekülverbindungen sehr verschieden sein. Tab. 29 gibt dafür einige Beispiele.

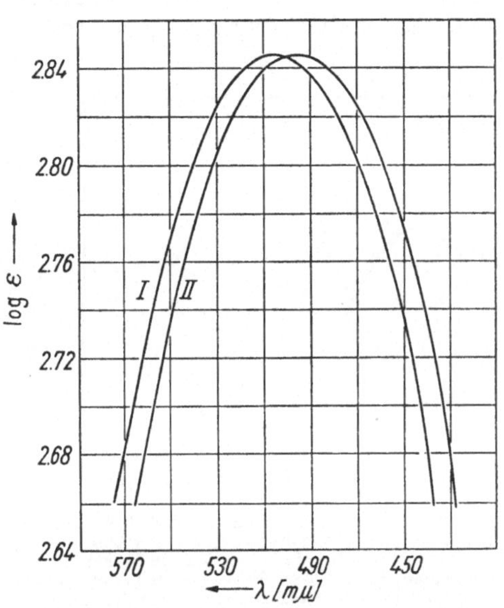

Abb. 25. Chinon-Dimethylanilin in CCl_4 Bandenverschiebung mit der Temperatur bei 20° C (I) und 40°C (II)[1]

Tabelle 29

Molekülverbindung	ε_{max} (20° C)	ε_{max} (—160° C)
Trinitrobenzol-Hexamethylbenzol	2150[3]	1500[6]
Tetrachlorphthalsäureanhydrid-Hexamethylbenzol	1610[4]	3400[6]
Tetracyanäthylen-Hexamethylbenzol	4400[5]	9500[6]
Chloranil-Hexamethylbenzol	2750[1]	4900[7]

10. Druckeinfluß auf die "Charge Transfer"-Absorption

Der Einfluß höherer Drücke auf die Charge transfer-Absorptionsbande wurde erstmalig von GIBSON und LOEFFLER[8] an Mischungen von aromati-

---

[1] G. BRIEGLEB u. J. CZEKALLA: Z. Elektrochem. **58**, 249 (1954).

[2] G. BRIEGLEB, J. CZEKALLA u. G. REUSS: Z. physik. Chem. N. F. (Frankfurt) (1961), im Druck.

[3] G. BRIEGLEB u. J. CZEKALLA: Z. Elektrochem. **59**, 184 (1955).

[4] J. CZEKALLA u. K. O. MEYER: Z. physik. Chem. N. F. (Frankfurt) **27**, 185 (1961).

[5] R. E. MERRIFIELD u. W. D. PHILLIPS: J. Am. Chem. Soc. **80**, 2778 (1958).

[6] J. CZEKALLA: Z. Elektrochem. **63**, 1157 (1959).

[7] J. CZEKALLA, G. BRIEGLEB, W. HERRE u. R. GLIER: Z. Elektrochem. **61**, 537 (1952).

[8] R. E. GIBSON u. O. H. LOEFFLER: J. Am. Chem. Soc. **62**, 1324 (1940).

schen Aminen mit Nitro- und Nitrosoverbindungen untersucht. Jedoch ist der Druckeinfluß an diesen Verbindungen infolge der großen Breite der Absorptionsbanden nicht so eindeutig zu klären. Es scheint weniger eine Bandenverschiebung als eine Erhöhung der Intensität der CT-Banden einzutreten[1]. MURAKAMI[1] deutet die Intensitätszunahme durch eine Verkleinerung des intermolekularen Abstandes zwischen D und A und eine dadurch bewirkte Erhöhung der Übergangswahrscheinlichkeit

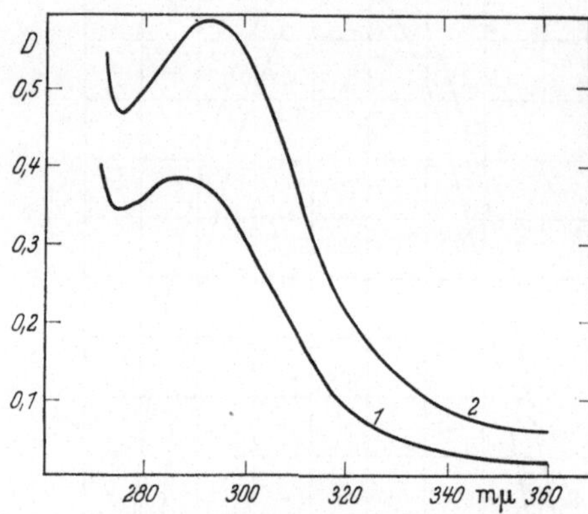

Abb. 26[3]. CT-Banden des J_2-Benzol-Molekülkomplexes bei Atmosphärendruck und bei 2000 Atm. Lösungsmittel n-Heptan. $J_2 = 1{,}2 \cdot 10^{-3}$ und $c_{Benzol} = 1{,}6 \cdot 10^{-1}$ Mol/1 Kurve (1) bei 1 Atm. und (2) bei 2000 Atm. Die Absorption der Molekülkomponenten wurde nicht abgezogen

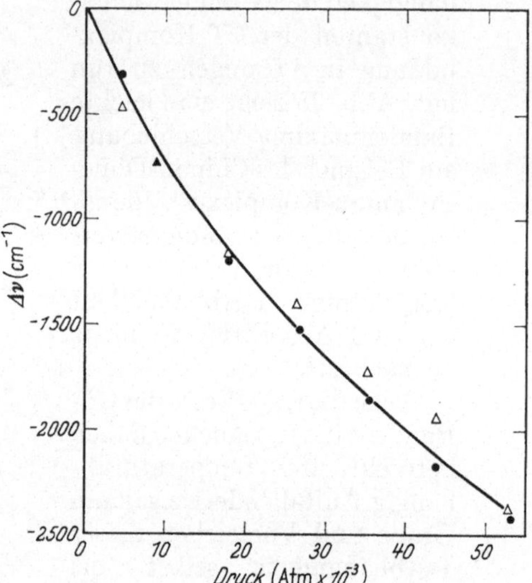

Abb. 27. Bandenmaxima-Rotverschiebung in Abhängigkeit vom Druck am kristallisierten Chloranil-Hexamethylbenzol-Komplex[6]. $\nu_{max} = 19\,400$ cm^{-1}

(Kap. V,8) infolge einer Zunahme einer Überlappung der Wellenfunktionen der π-Elektronenorbitals von D und A. Dies wurde von MULLIKEN[2] theoretisch vorausgesagt[2]. Genauere Versuchsergebnisse liegen an J_2-Komplexen[3] vor.

Es werden zwei Effekte beobachtet (Abb. 26):

a) eine Erhöhung der Absorptionsintensität und

b) zugleich eine Bandenverschiebung nach längeren Wellen. Die Bandenerhöhung kann in Lösungen durch eine Zunahme der Konzentration bei hohen Drücken ausreichend quantitativ gedeutet werden, desgl. kann die Bandenverschiebung nach längeren Wellen mit einer entsprechenden Zunahme der Molrefraktion des Lösungsmittels auf der Grundlage z. B. der Theorie von BAYLISS[4] erklärt werden[5].

---

[1] H. MURAKAMI: Bull. Chem. Soc. Japan **26**, 446 (1953).

[2] R. S. MULLIKEN: J. Am. Chem. Soc. **74**, 811 (1952); J. Phys. Chem. **56**, 801 (1952).

[3] J. HAM: J. Am. Chem. Soc. **76**, 3881 (1954).

[4] N. S. BAYLISS: J. Chem. Phys. **18**, 292 (1950).

[5] Siehe auch bei B. OKSENGORN: J. phys. Radium **20**, 572 (1959). OKSENGORN findet auch eine Druckabhängigkeit der Absorption des Benzols (Rotverschiebung), die im Jod-Komplex größer ist als im reinem Benzol.

[6] Anm. 1. S. 71.

STEPHENS und DRICKAMER[1] untersuchen den Druckeinfluß auf die Charge transfer-Spektren von Chinhydron-Kristallen und des kristallisierten Chloranil-Hexamethylbenzol-Komplexes.

Es wird eine mit steigendem Druck zunehmende Rotverschiebung $\Delta \tilde{\nu}$ des CT-Absorptionsmaximums (Abb. 27) und eine entsprechende Bandenintensitätserhöhung (Abb. 28) beobachtet. Die Bandenintensitätserhöhung im Gitter bei zunehmendem Druck (Abb. 28) ist im obenerwähnten Sinne[2] auf der Basis der Mullikenschen Theorie[3] als Folge einer Verkleinerung des intermolekularen Abstandes zu deuten. Dadurch wird auch eine Rotverschiebung verursacht, indem bei weiterer Verkleinerung des Abstandes zwischen D und A eine Aufspaltung der Energiezustände des Grundzustandes und des angeregten ionaren Zustandes in „Energiebänder" eintritt[1,4], was eine Stabilisierung des ionaren Zustandes und eine Verringerung des Energieunterschiedes zwischen dem Grundzustand und dem angeregten Zustand zur Folge hat.

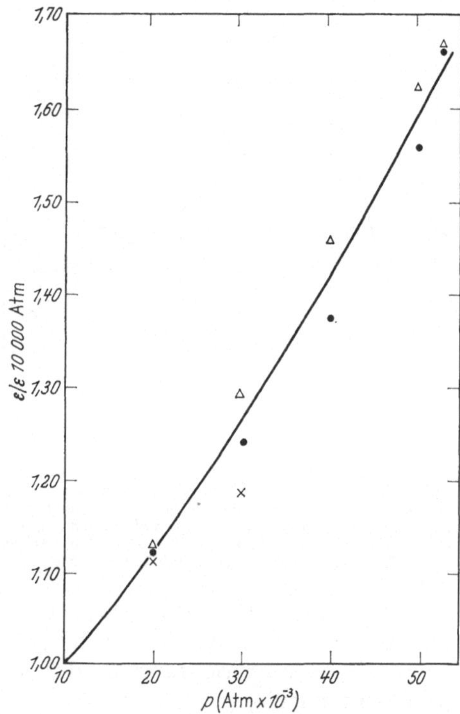

Abb. 28[1]. Zunahme der Intensität der CT-Absorptionsbande bei Druckzunahme am Chloranil-Hexamethylbenzol-Kristall. $\nu_{\max} = 19\,400$ cm^{-1}

11. Polarisation der Charge Transfer-Absorption (Absorptionsdichroismus)

Die Konfiguration einer großen Zahl von EDA-Molekülkomplexen, in denen die Molekülebenen parallel zueinander gelagert sind [z. B. in den Molekülverbindungen des Trinitrobenzols oder des Chloranils mit aromatischen Kohlenwasserstoffen (Kap. X)], führt dazu, daß die zwischenmolekulare Elektronenüberführung durch $h\nu$-Energie-Einstrahlung in einer Richtung „z" senkrecht zu den Molekülebenen erfolgt. Daher liegen auch das Mesomeriemoment μ_M (S. 13) und das Übergangsmoment μ_{NE} (S. 62) der CT-Banden in der z-Richtung. Im Kristall, in dem die Molekülkomplex-z-Achse in bestimmter Weise zu den Symmetrieachsen

---

[1] D. R. STEPHENS u. H. G. DRICKAMER: J. Chem. Phys. **30**, 1518 (1959).

[2] H. MURAKAMI: loc. cit.

[3] R. S. MULLIKEN: loc. cit.

[4] F. SEITZ: Modern Theorie of Solids. New York: McGraw-Hill Book Company, Inc. 1940.

des Kristalls festgelegt ist, muß bei Anwendung linear polarisierten Lichts die Lichtabsorption dann am größten sein, wenn der elektrische Vektor des einfallenden polarisierten Lichtes parallel zur z-Richtung schwingt. Dies wurde von NAKAMOTO[1] experimentell nachgewiesen durch Messung des Absorptions-Dichroismus an orientierten Einkristallen der Molekülverbindungen Chinhydron, s-Trinitrobenzol-p-Br-Anilin, Pikryl-chlorid-Hexamethylbenzol, s-Trinitrobenzol-Anthracen und 4,4'-Dinitrodiphenyl-Di-phenyl.

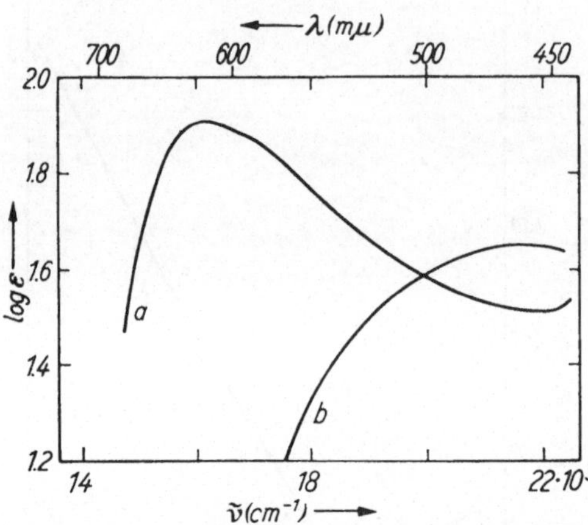

Abb. 29. Absorptionsspektrum eines Einkristalls von Chloranil-Hexamethylbenzol in polarisiertem Licht (nach NAKAMOTO[1]) a = Lichtvektor parallel zur kristallographischen a-Achse, d. h. fast parallel zur molekularen z-Achse. b = Lichtvektor parallel zur kristallographischen b-Achse, d. h. fast senkrecht zur molekularen y-Achse

Abb. 29 zeigt das Ergebnis solcher Messungen am Beispiel der Molekülverbindung Chloranil-Hexamethylbenzol.

Die Dichroismus-Messungen zeigen eindeutig, daß die hv-Elektronenüberführung in Richtung der z-Achse senkrecht zu den parallel gelagerten Molekülebenen der D- und A-Komponente erfolgt, was eine der stärksten Stützen der Deutung der Komplex-Banden als Elektronenüberführungsbanden ist. Die Komplexkomponenten zeigen ein entgegengesetztes Verhalten. Die Absorption in dem für die Komponenten charakteristischen Absorptionsbereich ist für polarisiertes Licht mit einer Polarisationsrichtung in der Molekülebene erheblich größer als senkrecht dazu.

12. Abhängigkeit des molaren Extinktionskoeffizienten ε_{max} von der freien Bildungsenthalpie ΔG der EDA-Komplexbildung

Bisweilen wird auch ein Zusammenhang zwischen ε_{max} und der freien Energieänderung $\Delta G = \Delta H - T \cdot \Delta S$ diskutiert, der aber theoretisch nicht begründbar ist, da das Entropieglied $T \cdot \Delta S$ im allgemeinen in Komplexverbindungsreihen des gleichen Acceptors mit verschiedenen Donatoren — oder umgekehrt — nicht konstant ist. Die Entropie-Abnahme in Abhängigkeit vom Donator und Acceptor ist theoretisch nicht berechenbar. (Vgl. jedoch Näheres IX,4 dort über empirischen Zusammenhang zwischen ΔH und $T \cdot \Delta S$.)

Bei tiefen Temperaturen dürfte jedoch das Entropieglied weniger ins Gewicht fallen, so daß man mit mehr Berechtigung ε_{max} und ΔG miteinander in Beziehung setzen kann, indem man in (V,28) ΔH näherungs-

---

[1] K. NAKAMOTO: J. Am. Chem Soc. **74**, 1739 (1952); Bull. Chem. Soc. Japan **26**, 70 (1953); siehe auch bei R. TSUCHIDA, M. KOBAYASHI u. K. NAKAMOTO: Nature **167**, 726 (1951).

weise durch ΔG ersetzt. Für einige EDA-Komplexe, bei denen K und somit ε_{max} (Kap. XII,3) bei $-160°$ bestimmt werden konnte[1,2] sind die Ergebnisse in Abb. 30 zusammengestellt.

Es zeigt sich, daß hier — innerhalb der Grenzen, die durch unterschiedliche Anteiligkeit von W_0 an ΔH gegeben sind — ε_{max} mit kleiner werdendem ΔG tatsächlich abnimmt. Dies ist zugleich eine Bestätigung

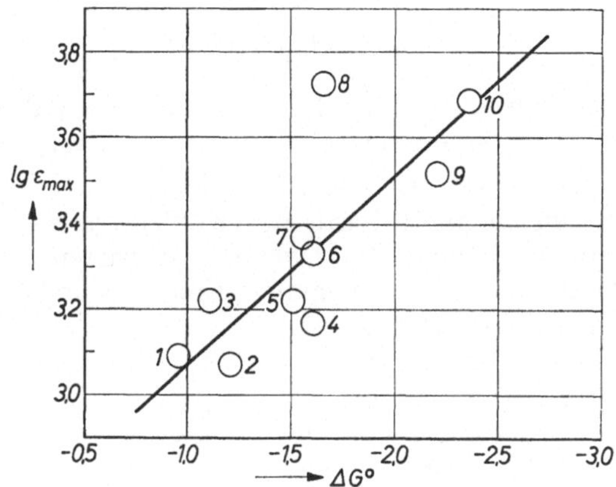

Abb. 30[2,3]. Die Abhängigkeit der Extinktionskoeffizienten ε_{max} von ΔG bei $-160°$ C (in Propyläther/Isopentan). 1 = Trinitrotoluol-Hexamethylbenzol: 2 = Trinitroanisol-Hexamethybenzol; 3 = Pikrylchlorid-Hexamethylbenzol; 4 = Trinitrobenzol-Hexamethylbenzol, 5 = Trinitrobenzol-Anthracen, 6 = Tetrachlorphthalsäureanhydrid-Anthracen; 7 = Trinitrobenzoesäure-Hexamethylbenzol, 8 = 2,5-Dichlorchinon-Hexamethylbenzol; 9 = Tetrachlorphthalsäureanhydrid-Hexamethylbenzol; 10 = Chloranil-Hexamethylbenzol

dafür, daß in *fluiden Lösungen* bei *gewöhnlichen* Temperaturen die Annahme von Stoßkomplexen wenigstens zum gewissen Anteil die anomal hohen Extinktionskoeffizienten erklären kann und dieser Anteil eben bei *tieferen* Temperaturen sich weniger auswirkt.

13. Zusammenhang zwischen der CT-Frequenz von EDA-Komplexen und der ersten (0,0)-(S,S)-Frequenz der Donatormoleküle

Es besteht noch folgender Zusammenhang zwischen den $h\nu_{CT}$-Energien und den Spektren der freien Donatoren: In Tab. 30 sind für die Molekülverbindungen des Chloranils und des Tetracyanäthylens die Differenzen zwischen der 0,0-Bande der langwelligsten Singulett-Singulett-Absorptionsbande des freien Kohlenwasserstoffes und dem Maximum der ersten CT-Bande angegeben. Diese Differenz erweist sich als nahezu konstant. Die Ursache dieser Konstanz kann nur darin liegen, daß für diese Kohlenwasserstoffe der Abstand A des 1. angeregten Niveaus von der Ionisierungsgrenze ebenfalls konstant ist, wie es von SCHEIBE[3] für eine Reihe von Farbstoffen experimentell festgestellt und von HARTMANN[4] kürzlich theoretisch erklärt werden konnte.

[1] J. CZEKALLA, G. BRIEGLEB, W. HERRE u. R. GLIER: Z. Elektrochem. 61, 537 (1957).

[2] J. CZEKALLA: Z. Elektrochem. 63, 1157 (1959).

[3] G. SCHEIBE: Chimia 15, 10 (1961) und dort zitierte ältere Arbeiten.

[4] H. HARTMANN: Z. Naturforsch. 15 a, 993 (1960).

Für die Ionisierungsenergie eines Donators mit wasserstoffähnlichem Spektrum folgt dann

$$I = A + h\nu_{\mathrm{D}} \qquad\qquad (V, 29)$$

($\nu_{\mathrm{D}}=$ Frequenz der 0,0-Bande der 1. Absorptionsbande des freien Donators) und daraus mit (VI,3) unter Vernachlässigung des kleinen dritten Gliedes der rechten Seite die Beziehung[1]

$$h\nu_{\mathrm{D}} - h\nu_{\mathrm{CT}} = \text{konst}$$

Die Tab. 30 gibt also einen Hinweis, daß auch die Spektren der kondensierten Aromaten wasserstoffähnlich im Scheibeschen Sinne sind[2].

Da die Energiedifferenz zwischen dem niedrigsten Triplett-niveau und dem 1. angeregten Singulettniveau der Kohlenwasserstoffe nicht allzu stark konstitutionsabhängig ist, ist weiter zu erwarten, daß die Differenz aus der 0,0-Bande der Triplett-Singulett-Emission und der 1. CT-Bande ebenfalls annähernd konstant ist.

Tabelle 30. *Zusammenhang zwischen der 1. CT-Bande eines Komplexes ν_{CT}, und der 0,0-Bande der 1. Singulett-Singulett- Absorptionsbande des entsprechenden freien Donators $\tilde{\nu}_{\mathrm{D}}$ (alle Daten in 1000 cm^{-1} gemessen in CCl$_4$ bei 20° C)*

Donator	$\tilde{\nu}_{\mathrm{D}}$	$\tilde{\nu}_{\mathrm{D}} - \tilde{\nu}_{\mathrm{CT}}$	
		Acceptor: Tetracyanäthylen	Acceptor: Chloranil
Benzol	37,1	11,2	8,3
Naphthalin	31,1	12,9	10,2
Phenanthren	28,9	11,1	7,3
Triphenylen	28,7	10,7	8,0
Chrysen	27,6	11,7	9,1
Pyren	26,2	12,2	8,6
1,2-Benzanthracen	26,0	11,7	9,1
1,2;5,6-Dibenzanthracen	25,5	10,9	8,2
Coronen	23,6	9,4	6,7
Perylen	22,8	11,6	9,0

VI. Beziehung zwischen der $h\nu_{\mathrm{CT}}$-Elektronenüberführungs-energie und der Ionisierungsenergie des Donators

Die Energie $h\nu_{\mathrm{CT}}$ der CT-Banden muß, wie aus dem allgemeinen Energieschema Abb. 1 S. 3 ohne weiteres zu ersehen ist, von der Ionisierungsenergie I des Donators und der Elektronenaffinität E_A des Acceptors abhängen. Bei gleichbleibendem Acceptor — (d. h. bei konstanter Elektronenaffinität) — muß es daher unter bestimmten Voraus-

---

[1] G. BRIEGLEB, J. CZEKALLA u. G. REUSS: Z. physik. Chem. N. F. 1961, im Druck.

[2] Daß sich die Absorptionsbanden aromatischer Kohlenwasserstoffe in Rydberg-ähnliche Serien einordnen, geht im übrigen schon aus den Clarschen Untersuchungen über die Regelmäßigkeiten in den Spektren dieser Substanzen hervor.

E. CLAR: Aromatische Kohlenwasserstoffe. Berlin-Göttingen-Heidelberg: Springer 1952.

setzungen eine allgemeine Funktion

$$h\nu_{CT} = f(I)$$

geben[1].

Die Ionisierungsenergie ist dabei die sogenannte „adiabatische" oder „wahre" Ionisierungsenergie des Donatormoleküls im Komplex. Soweit die Ionisierungsenergie z. B. mit der Elektronenstoß-Methode gemessen wird, handelt es sich nach dem Franck-Condon-Prinzip um die sogenannte „vertikale Ionisations-Energie" des betreffenden Moleküls. Die mit der Elektronenstoßmethode gemessene Ionisierungsenergie gibt daher genau genommen die $(h\nu_{CT} \cdot I)$-Beziehung nur dann richtig wieder, wenn der erste Ionisationszustand und der Grundzustand die gleichen Gleichgewichtsabstände aufweisen[2].

Nach Gl. (I,4) folgt unter Berücksichtigung von (V,5)[1]

$$W_1 = I - E_A + E_C \tag{VI,1}$$

$$h\nu_{CT} = I - (E_A - E_C + W_0) + \frac{\beta_1^2 + \beta_2^2}{I - [E_A - E_C + W_0]}\,{}^3 \tag{VI,2}$$

(vgl. dazu auch das Energieschema S. 3). (Über die Berechnung von β_0 und β_1 vgl. Kap. IV,2).

Es zeigt sich, Tab. 6, daß β_0 und β_1 bei verschiedenen Komplexen des gleichen Acceptors nur wenig variieren und daher als nahezu konstant angesetzt werden können, soweit man für verschiedene Komplexe des gleichen Acceptors im Prinzip gleiche Konfiguration und gleiche Bindungsart voraussetzen kann — (vgl. dazu auch u. a. S. 132, 135, 142 u. 173). Es ist dann auch $E_A + E_C$ in Näherung konstant. Da weiterhin $W_0 \ll E_A - E_C$, machen sich individuelle Schwankungen in W_0 in $E_A - E_C + W_0$ nur

---

[1] S. H. Hastings, J. L. Franklin, J. C. Schiller u. F. A. Matsen: J. Am. Chem. Soc. **75**, 2900 (1953). H. McConnell, J. S. Ham u. J. R. Platt: J. chem. Phys. **21**, 66 (1953). C. van de Stolpe: Dissertation Amsterdam 1953. J. E. Collin: Bull. Soc. Roy. Sci. Liege **23**, 395 (1954). A. Kuboyama u. S. Nagakura: J. Am. Chem. Soc. **77**, 2644 (1955). G. Briegleb u. J. Czekalla: Z. Elektrochem. **59**, 184 (1955). R. Foster, D. Le. Hammick u. B. N. Parsons: J. chem. Soc. (London) **1956**, 555. W. L. Peticolas: J. Chem. Phys. **26**, 429 (1957). D. Booth, F. S. Dainton, u. K. J. Ivin: Trans. Faraday Soc. **55**, 1293 (1959). S. P. McGlynn u. J. D. Boggus: J. Am. Chem. Soc. **80**, 5096 (1958). R. Foster: Nature (Lond.) **181**, 337 (1958).

[2] Das ist nicht immer der Fall: Zum Beispiel bei Triäthylamin (vgl. weiter unten), H. Hurzeler, M. G. Inghram u. J. D. Morrison: J. Chem. Phys. **28**, 76 (1958); W. A. Chupka: J. Chem. Phys. **30**, 191 (1959). Bei den Aromaten und Cyclo-Parafinen z. B. dürfte aber die genannte Bedingung erfüllt sein. J. E. Collin: Canad. J. Chem. **37**, 1053 (1959); Z. Elektrochem. **64**, 936 (1960).

[3] Es ist zu beachten, daß E_C und W_0 negatives Vorzeichen haben. E_A wird konventionell mit positivem Vorzeichen angegeben (vgl. Energieschema Abb. 1).

wenig bemerkbar. Man kann daher statt (VI,2) näherungsweise schreiben[1,2]:

$$h\nu_{CT} = I - C_1 + \frac{C_2}{I - C_1} \qquad (VI,3)$$

$$\begin{cases} C_1 = E_A - E_C + W_0 \\ C_2 = \beta_0^2 + \beta_1^2 . \end{cases} \qquad (VI,4)$$

C_2 ergibt sich aus den β_0 und β_1, Tab. 6. C_1 wird durch Normierung auf einen bekannten I-Wert bestimmt[1].

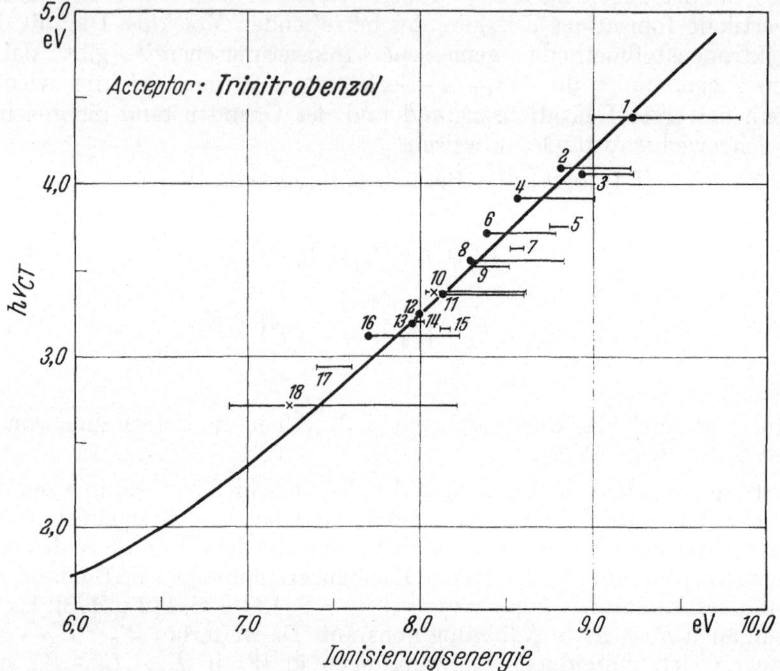

Abb. 31[1]. Die Abhängigkeit der Anregungsenergie $h\nu_{CT}$ von der Ionisierungsenergie der Donatorkomponente für Komplexe des Trinitrobenzols. 1 = Benzol, 2 = Toluol, 3 = Cyclohexen, 4 = m-Xylol, 5 = Styrol, 6 = Mesitylen, 7 = Durol, 8 = Diphenyl, 9 = Tetramethyläthylen, 10 = Phenanthren, 11 = Naphthalin, 12 = 2-Methylnaphthalin, 13 = 1-Methylnaphthalin, 14 = Stilben, 15 = Hexamethylbenzol, 16 = Anilin, 17 = p-Toluidin, 18 = Anthracen

[1] G. BRIEGLEB u. J. CZEKALLA: Z. Elektrochem. **63**, 6 (1959). In der Originalarbeit finden sich nähere Angaben über die Auswahl der Daten bei Vorliegen mehrerer Meßwerte und in verschiedenen Lösungsmitteln.

[2] H. YADA, J. TANAKA u. S. NAGAKURA: Technical Report, Institute Solid State Physics. University Tokyo 1960 legen die Beziehung

$$h\nu_{CT} = [(I - A)^2 + 4 S \beta (I - E_A) + 4 \beta^2 I]^{1/2}/(1 - S^2) \qquad (VI,4')$$

zugrunde zur Diskussion der $(h\nu_{CT}, I)$-Beziehung an den EDA-Komplexen des J_2 mit Alkylaminen und des Pyridins. Jedoch ist bei diesen (n,σ)-Komplexen der Abstand, N ... J_2 etwa 2,3 Å (S. 173). Bei so kleinen Abständen sind die unter Zugrundelegung einer Resonanz DA $\leftrightarrow$ D⁺A⁻ mit Hilfe einer Störungsrechnung 2ter Ordnung abgeleiteten Beziehungen (Kap. II) nur noch so große Näherungen, daß detaillierte, quantitative Betrachtungen, z. B. auf Grund von (VI,4') fraglich erscheinen. Vgl. dazu auch J. E. COLLIN: Z. Elektrochem. **64**, 936 (1960). Immerhin zeigt sich qualitativ auch bei den (Alkylamin-J_2)-Komplexen eine Abnahme von $h\nu_{CT}$ mit zunehmender Ionisierungsenergie I des Amins.

In den Abb. 31—33 sind die $h\nu_{CT}$ für Komplexe des Trinitrobenzols, Chloranils und des Jods in Abhängigkeit von der Ionisierungsenergie dargestellt. Die ausgezogenen Kurven sind nach Gl. (VI,3) unter Verwendung der in Tab. 31 zusammengestellten Daten berechnet.

Die Vielzahl der Methoden zur Bestimmung von Ionisierungsenergien, die außerdem Werte sehr unterschiedlicher Genauigkeit liefern, verlangt

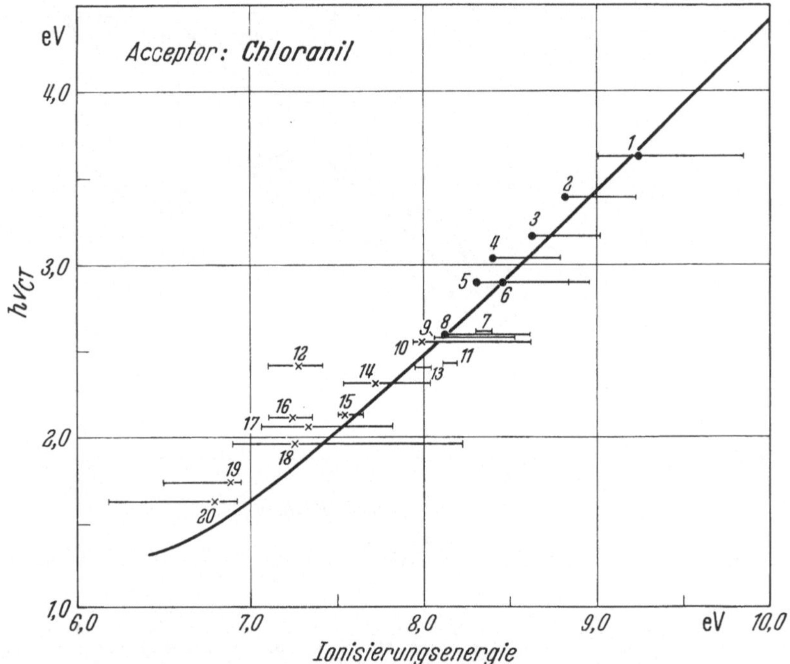

Abb. 32[1]. Die Abhängigkeit der Anregungsenergie $h\nu_{CT}$ von der Ionisierungsenergie der Donatorkomponente für Komplexe des Chloranils: 1 = Benzol, 2 = Toluol, 3 = m-Xylol, 4 = Mesitylen, 5 = Diphenyl, 6 = p-Xylol, 7 = Pentamethylbenzol, 8 = Naphthalin, 9 = Triphenylen, 10 = Phenanthren, 11 = Hexamethylbenzol, 12 = 1,2; 5,6-Dibenzanthracen, 13 = Stilben, 14 = Chrysen, 15 = Coronen, 16 = 1, 2-Benzanthracen, 17 = Pyren, 18 = Anthracen, 19 = Perylen, 20 = Tetracen

Tabelle 31. *Konstanten der Gleichung* (VI,3). (C_1 wurde berechnet durch Normierung auf die Ionisierungsenergie des Naphthalins)[1]

	Tetra-cyanäthylen[2]	Chloranil	Jod	Trinitro-benzol	Tetrachlor-phthalsäu-reanhydrid	Malein-säure-anhydrid	SO_2
C_1 (eV)	6,10	5,70	5,2	5,00	4,9	(4,4)	(4,39)[3]
C_2 (eV)[2]	0,54	0,44	1,5	0,70	—	—	—

---

[1] G. Briegleb u. J. Czekalla: Anm. 1, S. 76.

[2] G. Briegleb, J. Czekalla u. G. Reuss: Z. physik. Chem. N. F. (Frankfurt) (1961), im Druck.

[3] Der Wert enthält noch den allerdings kleinen Term $C_2/I - C_1$. D. Booth, F. S. Dainton u. K. J. Ivin: Trans. Faraday Soc. **55**, 1293 (1959).

eine kritische Verwendung der Literaturangaben. Es wurden nur als Punkte die nach der Photoionisationsmethode[1] und als Kreuze Mittelwerte der von MATSEN[2] angegebenen Werte in den Abb. 31—33 eingetragen — jeweils unter Normierung auf den Photoionisationswert des

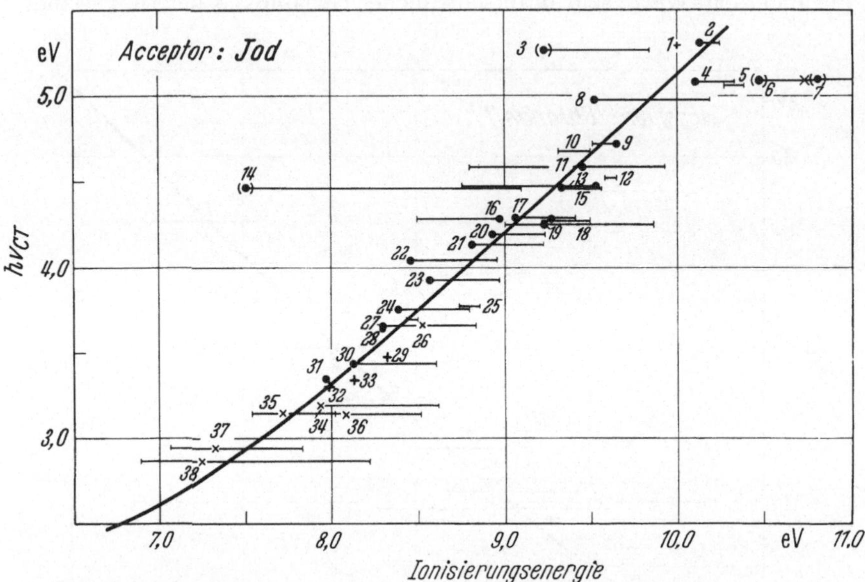

Abb. 33[3]. Die Abhängigkeit der Anregungsenergie $h\nu_{CT}$ von der Ionisierungsenergie der Donatorkomponente für Komplexe des Jods: 1 = t-Butanol, 2 = i-Propanol, 3 = Pyridin, 4 = n-Butylbromid, 5 = n-Propylbromid, 6 = Äthanol, 7 = Methanol, 8 = Diäthyläther, 9 = cis-Dichloräthylen, 10 = Dioxan, 11 = Trichloräthylen, 12 = Hexen-1, 13 = Tetrachloräthylen, 14 = Triäthylamin, 15 = Äthyljodid, 16 = Brombenzol, 17 = Chlorbenzol, 18 = Jod, 19 = Benzol, 20 = Cyclohexen, 21 = Toluol, 22 = p-Xylol, 23 = o, m-Xylol, 24 = Mesitylen, 25 = Styrol, 26 = Durol, 27 = Tetramethyläthylen, 28 = Diphenyl, 29 = Pentamethylbenzol, 30 = Naphthalin, 31 = 1-Methylnaphthalin, 32 = Stilben, 33 = Hexamethylbenzol, 34 = Phenanthren, 35 = Chrysen, 36 = Triphenylen, 37 = Pyren, 38 = Anthracen

Naphthalins. Die Schwankungsbereiche der nach anderen Methoden bestimmten Ionisierungsenergien sind in den Abb. 31—33 als waagrechte Striche eingezeichnet worden.

Die Abb. 31—33 zeigen, daß sich die theoretische Kurve Gl. (VI,3) bei allen drei Acceptoren gut den Meßwerten anpaßt. Die gleiche Anpassung wäre aber auch zu erreichen, wenn man durch die Meßpunkte eine Gerade legen würde[3,4] entsprechend der von McCONNELL[4] aufgestellten

---

[1] K. WATANABE: J. Chem. Phys. **22**, 1564 (1954); **26**, 542 (1957). K. WATANABE u. J. R. MOTTL: J. Chem. Phys. **26**, 1773 (1957).

[2] R. M. HEDGES u. F. A. MATSEN: J. Chem. Phys. **28**, 950 (1958).

[3] Wie neuerdings R. L. STRONG, S. J. RAND u. J. A. BRITT, J. Am. Chem. Soc. **82**, 5053 (1960) zeigten, geben auch Jod-*Atome* — durch Blitzlicht-Photolyse erzeugt — mit aromatischen Kohlenwasserstoffen CT-Banden; und zwar ändern sich in diesen Fällen ebenfalls die $h\nu_{CT}$-Energien proportional zu den Ionisierungsenergien der aromatischen Kohlenwasserstoffe.

[4] H. McCONNELL, J. S. HAM u. J. R. PLATT: J. Chem. Phys. **21**, 66 (1953).

empirischen Beziehung:

$$\nu_{CT}= a \cdot I + b \qquad (VI,2')$$

(VI,2') folgt aus (VI,2), wenn man

$$E_A + E_C - W_0 + \frac{\beta_1^2 + \beta_0^2}{I - [E_A - E_C + W_0]}$$

als praktisch konstant ansieht.

Würde man die Meßpunkte der Abb. 31, 32 und 33 durch eine Gerade darstellen, so würden sich innerhalb der Genauigkeit von etwa 10% folgende „b"- und „a"-Werte ergeben: Trinitrobenzol: $a = 0,97$; $b = -4,5$; Chloranil: $a \cong 0,83-0,95$, $b \cong -4$ bis -5; J_2: $a \cong 0,94$, $b \cong -4,2$.

Gl. (VI,2') ist eine Näherung, die im Bereich kleiner I keineswegs gültig sein kann. Eine genaue experimentelle Überprüfung der Theorie (VI,2) wäre in Anbetracht der Schwankungen der $(I, h\nu_{CT})$-Werte nur an EDA-Komplexen mit Donatoren möglichst kleiner Ionisierungsenergie (etwa < 6 eV) möglich.

Bei Jod als Acceptor fallen als Ausnahmen Pyridin, Triäthylamin, die Alkohole (Methanol, Äthanol) und Diäthyläther auf. In diesen Fällen sind offenbar die Voraussetzungen der Gl. (VI,3) nicht erfüllt, da es sich um $(n\text{-}\sigma)$-EDA-Komplexe handelt (S. 6), mit lokalisierter Bindung unter Beteiligung der "non bonding"-Elektronen des N bzw. des O. Die Triäthylamin- und Pyridin-Komplexe des Jods haben auch außergewöhnlich hohe Mesomeriemomente (S. 17) und Bindungsenergien (S. 125) und relativ kleine intermolekulare Abstände, denen

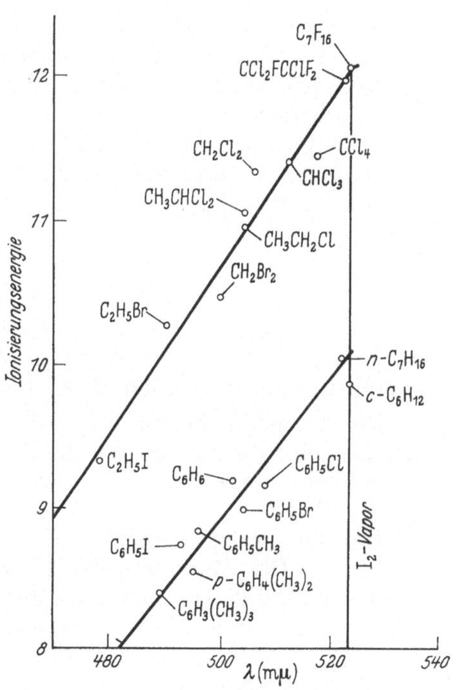

Abb. 34. λ_{J_2} von J_2 in verschiedenen Lösungsmitteln mit Donatoreigenschaften als Funktion der Ionisierungsenergie der Donatoren[2]

zufolge die Gl. (VI,3,4) kaum mehr quantitativ Gültigkeit haben (vgl. Anm. 2. S. 76, S. 132 und S. 173). Zudem müßten in diesen Fällen die adiabatischen Ionisierungsenergien mit den $h\nu_{CT}$-Energien in Zusammenhang gebracht werden[1].

WALKLEY, GLEW und HILDEBRAND[2] finden eine Beziehung zwischen der Wellenlänge der Absorptionsbande des J_2 im *Sichtbaren* in EDA-Komplexen einer Reihe von Donatoren und deren Ionisierungsenergien (Abb. 34).

---

[1] J. E. COLLIN: Z. Elektrochem. **64**, 936 (1960).
[2] J. WALKLEY, D. N. GLEW u. J. H. HILDEBRAND: J. Chem. Phys. **33**, 621 (1960).

Der Unterschied in den in Abb. 34 dargestellten zwei Gruppen von Donatoren ist darauf zurückzuführen, daß es sich im Fall der halogenierten Kohlenwasserstoffe um σ-Elektronendonatoren und im Falle der Aromaten um π-Elektronendonatoren handelt.

Bei Gültigkeit von (VI,3,4) kann bei bekannten $h\nu_{CT}$-Energien die Ionisierungsenergie des Donators bestimmt werden[1], soweit diese auf andere Weise nicht ermittelt werden kann oder noch nicht ermittelt wurde.

Es kann aber auch mit (VI,3,4) bei bekannter Ionisierungsenergie des Donators die voraussichtliche Lage der CT-Bande ermittelt werden[2].

Ferner ist der Befund einer Verschiebung der CT-Banden nach längeren Wellen bei abnehmender Ionisierungsenergie der Donatoren bei gleichbleibendem Acceptor eine Möglichkeit zu entscheiden, ob beobachtete Absorptionsbanden CT-Banden sind oder anders gedeutet werden müssen[3].

Schließlich können mit der $(h\nu, \mathrm{I})$-Beziehung auch Elektronenaffinitäten von Acceptoren abgeschätzt werden (vgl. S. 161 u. f.).

Manche Elektronendonatoren besitzen zwei nahe beieinander liegende Ionisierungsenergien. Dies ist z. B. bei Benzolderivaten der Fall, soweit die Substituenten eine Aufhebung der Entartung des Grundzustandes und damit eine Aufspaltung der Ionisierungsenergien bewirken[4] (Kap. V,6). Ist die Aufspaltung so groß, daß zwei CT-Banden mit getrennten Maxima existieren (S. 49 u. f.), so könnten nach Gl. (VI,3) beide Ionisierungsenergien ermittelt werden (z. B. für Trinitrobenzol-p-Phenylendiamin).

Bei geringen Differenzen I_1 und I_2 wie z. B. bei den methylsubstituierten Benzolen überlagern sich die Bandenmaxima $h\nu_1$ und $h\nu_2$ der korrespondierenden CT-Banden, zumal die CT-Banden ohnehin schon recht breit sind.

Der langwellige Teil der CT-Bande entspräche I_1 und der kurzwellige I_2. Das Maximum der CT-Bande mittelt dann gewissermaßen zwischen $h\nu_1$ und $h\nu_2$, so daß die aus einer $h\nu_{CT}$, I-Beziehung berechnete Ionisierungsenergie einen Überlagerungswert von I_1 und I_2 darstellt.

I_1 und I_2 sind bei den substituierten Benzolen theoretisch zu berechnen[4]. Eine experimentelle Bestimmung von I_1 und I_2 ist bei geringeren Unterschieden zwischen I_1 und I_2 mit den bis heute bekannten Methoden nicht möglich.

ORGEL[4] nimmt an, daß die breiten CT-Banden der Molekülkomplexe methylsubstituierter Benzole z. B. mit Chloranil als Elektronen-Acceptor komplex sind.

---

[1] G. BRIEGLEB u. J. CZEKALLA: loc. cit. Anm. 1, S. 76. J. E. COLLIN, s. S. 79, Anm. 1.

[2] H. McCONNELL, J. S. HAM u. J. R. PLATT: J. Chem. Phys. 21, 66 (1953) berechnen für die CT-Absorption des J_2-Pyridin 2600—2630 während experimentell CT bei 2350 Å gefunden wurde. C. REID u. R. S. MULLIKEN: J. Am. Chem. Soc. 76, 3869 (1954).

[3] Vgl. z. B. auch die Untersuchungen von H. TSUBOMURA u. R. S. MULLIKEN an O_2-Komplexen (S. 44): J. Am. Chem. Soc. 82, 5966 (1960).

[4] L. E. ORGEL: J. Chem. Phys. 23, 1352 (1955).

Er vergleicht den Gang der theoretisch berechneten I_1 und I_2 methyl-substituierter Benzole mit den CT-Energien $h\nu_{1CT}$ und $h\nu_{2CT}$ der entsprechenden Molekülkomplexe mit Chloranil und mit J_2. Dabei bedeuten ν_{1CT} und ν_{2CT} die Halbwertsfrequenzen des langwelligen Anstiegs und des kurzwelligen Abfalls der CT-Banden.

Es ergibt sich, daß alle konstitionell bedingten Schwankungen der Ionisierungsenergien I_1 und I_2 auch durch die CT-Energien $(h\nu_1)_{CT}$ und $(h\nu_2)_{CT}$ wiedergegeben werden, was wiederum den unmittelbaren Zusammenhang zwischen der Ionisierungsenergie des Donators und der Charge-transfer-Energie $h\nu_{CT}$ zum Ausdruck bringt.

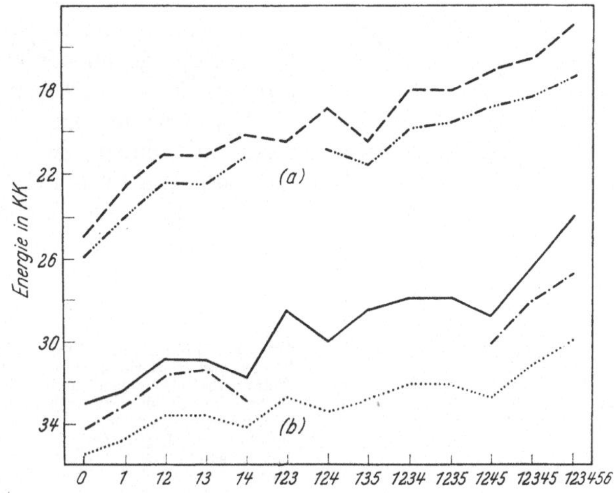

Abb. 35 [1]. a) Theoretisch berechnete Ionisierungsenergie I_1 -----; Erste Halbwerts-CT-Frequenz $(\nu_{CT})_1$ der Chloranil-Komplexe mit Polymethylbenzolen — · · · — · · · —. b) Theoretisch berechnete Ionisierungsenergie I_2 ———; Zweite Halbwerts-CT-Frequenz $(\nu_{CT})_2$ der Jod-Komplexe mit Polymethylbenzolen.— · — · Zweite Halbwerts-CT-Frequenz $(\nu_{CT})_2$ der JCl-Komplexe mit Polymethylbenzolen . . . .

In Abb. 35 ist für die MV des Chloranils mit verschiedenen Me-Benzolen unter (a) die der langwelligeren Seite der CT-Bande entsprechende Halbwerts-CT-Frequenz $(\nu_{CT})_1$ (in 1000 cm^{-1}) aufgetragen.[1] Darunter ist die Kurve der theoretisch berechneten ersten Ionisierungsenergie dargestellt.

Bei den Molekülverbindungen des J_2 zeigt sich, daß für den Gang der $h\nu$-Energien die *zweite* Ionisierungsenergie ausschlaggebend ist (Abb. 35b).

Bei der Ermittlung von I aus $h\nu_{CT}$ oder von $h\nu_{CT}$ aus I muß aber bedacht werden, daß — wie schon verschiedentlich betont — die Voraussetzungen der Gleichung VI,3 und 4 bei den (n, σ)-Komplexen (z. B. Alkylamine-J_2 oder Piperidin-J_2) nicht erfüllt sind wegen der relativ kleinen intermolekularen Abstände (2,3—2,7 Å) (Kap. X) (siehe auch S. 76, 79, 132 u. 173.

---

[1] Die Energieangaben sind kilokayser (d. h. 1000 cm^{-1}). Die Abszisse gibt die Zahl und Stellung der Me-Gruppen in den Polymethylbenzolen.

Ein der $(h\nu_{CT}, I)$-Beziehung entsprechender Zusammenhang müßte gemäß (Gl. VI,2) auch für EDA-Komplexe eines Donators mit verschiedenen Acceptoren bestehen. Dies läßt sich experimentell nicht überprüfen, da es keine direkte experimentelle Methode gibt, die Elektronenaffinität von organischen Acceptoren zu bestimmen. FOSTER[1] gibt daher für den Fall homologer EDA-Komplexe eines Donators mit verschiedenen Acceptoren folgenden Weg einer Überprüfung einer (VI,2′) entsprechenden Beziehung an.

Es werden die $(\tilde{\nu}_{CT})_1$ von Komplexen eines gegebenen Donators „1" mit verschiedenen Acceptoren gegen $(\tilde{\nu}_{CT})_2$ von Komplexen dieser Acceptoren mit einem zweiten Donator „2" aufgetragen. Bei Gültigkeit von (VI,2′) muß eine solche Darstellungsweise Geraden ergeben (Abb. 36).

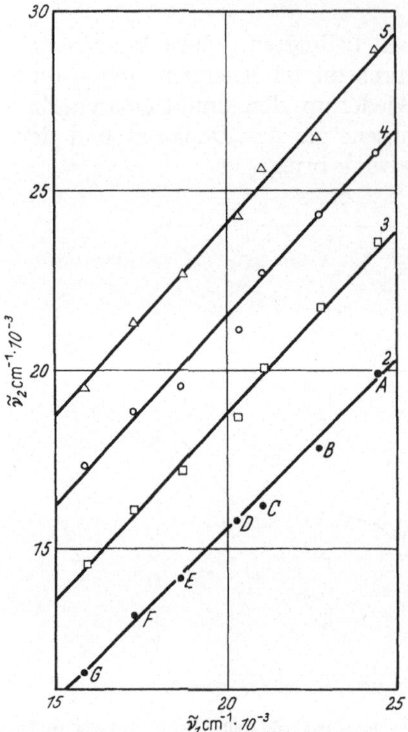

Abb. 36.[1] Frequenzen $(\tilde{\nu}_{CT})_2$ von Charge-transfer-Banden von EDA-Komplexen: (2) Wurstersche Base (Tetramethyl-p-Phenylendiamin), (3) NN,N′,N′-Tetramethyl-p-diaminodiphenylmethan, (4) N-Methylanilin (5) Hexamethylbenzol mit einer Reihe Acceptoren (A): m-Dinitrobenzol, (B): 2,4,6-Trinitrotoluol, (C): 1,3,5-Trinitrobenzol, (D): p-Benzochinon, (E): Chlor-p-benzochinon, (F): 2,6-Dichlor-p-benzochinon, (G): Chloranil gegen die Frequenzen $(\tilde{\nu}_{CT})_1$ von CT-Banden von diesen Acceptoren mit N,N-Dimethylanilin

VII. Fluorescenz und Phosphorescenz von EDA-Komplexen[2]

1. Fluorescenz

Ist die Molekülverbindung durch Absorption der Elektronenüberführungsenergie $h\nu_{CT}$ in den angeregten Zustand E übergegangen (Abb. 37), so sind prinzipiell folgende vier Möglichkeiten eines Überganges in den Grundzustand denkbar. Dabei ist zu berücksichtigen, daß der für den Molekül-Komplex charakteristische angeregte Zustand ein *Singulett-Zustand* ist.

I. Keine Lumineszenzstrahlung, d. h. strahlungslose Desaktivierung.
II. Direkter Übergang $E \rightarrow N$ in den Grundzustand. Dieser Vorgang stellt eine Umkehrung der Elektronenüberführungs-Absorption dar. Es

---

[1] R. FOSTER: Tetrahedron 10, 96 (1960); Nature 181, 337 (1958).
[2] Vgl. Zusammenfassendes bei G. BRIEGLEB u. J. CZEKALLA: Z. angew. Chem. 72, 401 (1960) und S. P. McGLYNN: Chem. Rev. 58, 1113 (1958).

wird daher als Elektronenüberführungs- oder charge transfer- (CT)-Fluorescenz bezeichnet. III. Fluorescenz wie unter II beschrieben, aber zusätzliche Phosphorescenz. Das Elektron geht strahlungslos in einen tieferliegenden, niedrigsten Triplett-Energiezustand des Donators über mit nachfolgender Phosphorescenz $T \to N$ bei gleichzeitiger Dissoziation des Molekülkomplexes. IV. Ausschließliche Phosphorescenz des Donators bei gleichzeitiger Dissoziation der Molekülverbindung *ohne* überlagerte Fluorescenz.

Als erster hat REID[1] Emissionsbanden von CT-Molekülverbindungen des Trinitrobenzols mit einer Reihe von aromatischen Kohlenwasserstoffen untersucht, und zwar bei —180° C in festen glasigen Lösungen (in Isopentan/Äther) und im kristallisierten Zustand. Er fand in allen Fällen, daß die gemessenen Emissionsspektren der Molekülverbindung nach Lage und Feinstruktur weitgehend mit den Phosphorescenz-Banden der reinen Kohlenwasserstoffe im freien Zustand übereinstimmen und deutete daher die Molekülverbindung-Emissionsspektren generell als $T \to S$ (Triplett-Singulett)-Übergänge im aromatischen Kohlenwasserstoff als Donatorkomponente (Fall IV). Außerdem fand REID im Vergleich zur Phospho-

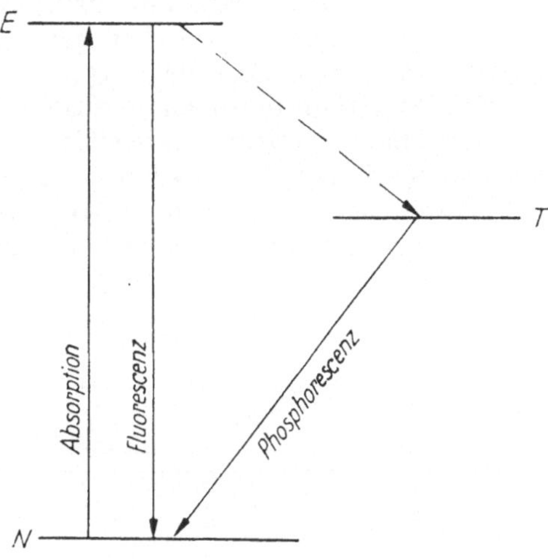

Abb. 37. Niveauschema zur Erklärung der CT-Luminescenz

rescenz des reinen Kohlenwasserstoffs eine Verkürzung der Phosphorescenz-Abklingzeit auf 10^{-4}—10^{-5} sec. Die Verkürzung der Phosphorescenz-Abklingzeit wurde auf eine Lockerung des $T \to S$-Übergangverbotes durch Feldwirkung des Trinitrobenzols zurückgeführt.

Die Befunde und Deutungen von REID konnten durch Versuche anderer Autoren nicht bestätigt werden.

Zunächst fanden BIER und KETELAAR[2], daß zwischen den von REID bei —180° C in Isopentan/Äther gemessenen *Emissionsbanden* der Molekülverbindung Trinitrobenzol-Anthracen und Trinitrobenzol-Phenanthren und den CT-*Absorptionsbanden* dieser Molekülverbindungen (gemessen in Chloroform bei 20° C) Spiegelsymmetrie besteht. Bei TNB-Phenanthren ist diese Spiegelsymmetrie nicht so ausgeprägt. BIER und KETELAAR zogen den Schluß, daß die Absorption und Emission des Komplexes *zum* und *vom* selben angeregten Zustand ausgeht.

---

[1] C. REID: J. Chem. Phys. **20**, 1212 (1952); M. M. MOODIE u. C. REID: J. Chem. Phys. **22**, 252 (1954).

[2] A. BIER u. J. A. A. KETELAAR: Rec. trav. chim. **73**, 264 (1954).

Systematische Untersuchungen wurden von Czekalla, Briegleb u. Mitarb.[1,2] an gelösten Molekülverbindungen bei gewöhnlicher Temperatur und in Gläsern bei —190°C, ebenso auch an kristallisierten Verbindungen angestellt.

Es ergab sich, daß in den weitaus meisten untersuchten Fällen die beobachtete Emission eine Elektronenüberführungs-Fluorescenz ist, auch die von Reid beobachteten und als Phosphorescenzspektren gedeuteten Emissionsspektren—mit Ausnahme des 1,2-Benzanthracen-Trinitrobenzol-Spektrums[3], das zu den wenigen Fällen zählt, bei denen die Fluorescenz von einer Triplett-Singulett-Phosphorescenz[4] begleitet ist.

Das sicherste Kriterium zur Charakterisierung einer Emission bzw. zur Unterscheidung zwischen Fluorescenz und Phosphorescenz ist die mittlere Lebensdauer der angeregten Moleküle. In Übereinstimmung mit den Erfahrungen an normalen organischen Substanzen wurde in allen luminescierenden Molekülverbindungen eine Emission mit einer Abklingzeit zwischen 10^{-8} und 10^{-9} sec festgestellt[5]. Tab. 32 gibt eine Auswahl der gemessenen Fluorescenz-Abklingzeiten einiger kristalliner Donator-Acceptor-Komplexe bei Zimmertemperatur und bei —190°.

Tabelle 32[5]. *Abklingzeiten der Fluorescenzen einiger MV (in 10^{-9} sec) bei 20° C und —190° C*

Donator \ Acceptor	Trinitrobenzol		Tetrachlorphthalsäureanhydrid	
	(20° C)	(—190° C)	(20° C)	(—190° C)
Hexamethylbenzol . .	2,6	—	7,7	11,0
Durol	?	3,6	8,1	6,8
Naphthalin	?	?	2,6	2,3
Anthracen.	5,0	—	4,3	—
Phenanthren	3,6	—	3,0	—
1,2-Benzanthracen . .	?	?	7,3	—

(Ein Fragezeichen bedeutet, daß die Abklingzeit wegen zu geringer Intensität nicht gemessen werden konnte, die mit einem Strich versehenen Werte wurden noch nicht gemessen).

Die aus der Oscillatorstärke f der CT-Absorptionsbande berechenbare Abklingzeit steht mit der gemessenen in Übereinstimmung. Zum

[1] J. Czekalla, G. Briegleb, W. Herre u. R. Glier: Z. Elektrochem. 61, 537 (1957); J. Czekalla, A. Schmillen u. K. J. Mager: Z. Elektrochem. 61, 1053 (1957). J. Czekalla, A. Schmillen u. K. J. Mager: Z. Elektrochem. 63, 623 (1959); J. Czekalla, G. Briegleb u. W. Herre: Z. Elektrochem. 63, 712 (1959). J. Czekalla, G. Briegleb, W. Herre u. H. J. Vahlensieck: Z. Elektrochem. 63, 715 (1959).

[2] Entsprechende Untersuchungen an Anthracen-s-Trinitrobenzol siehe bei S. P. McGlynn, J. D. Boggus u. E. Elder: J. Chem. Phys. 32, 357 (1960).

[3] C. Reid: loc. cit.

[4] J. Czekalla, G. Briegleb, W. Herre u. H. J. Vahlensieck: loc. cit. Anm. S. 1.

[5] J. Czekalla, A. Schmillen u. K. J. Mager: Z. Elektrochem. 61, 1053 (1957); 63, 623 (1959).

Beispiel beträgt f bei Hexamethylbenzol-Trinitrobenzol 0,08[1] dazu berechnet sich nach[2]

$$\tau_0 = \frac{1,5}{\tilde{v}_{S.P} \cdot n^2} \cdot \frac{1}{f}$$

$\tau_0 = 20 \cdot 10^{-9}$ sec^2 bei 100%iger Fluorescenzausbeute. $\tilde{v}_{S.P}$ ist die Wellenzahl des Spiegelpunktes (vgl. S. 86). Der experimentelle Wert

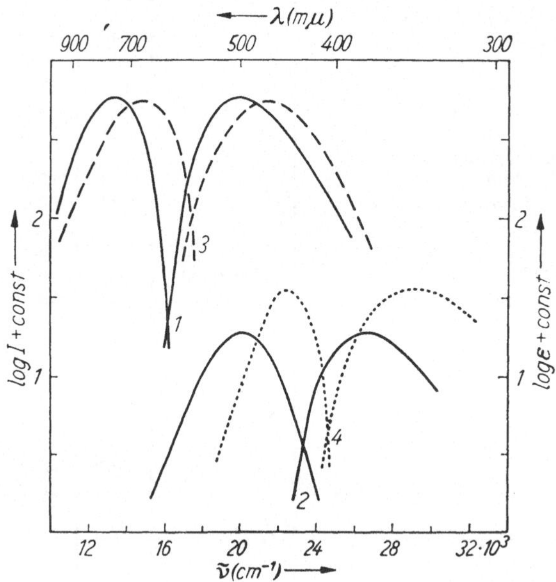

Abb. 38[3]. Typische Beispiele für die Spiegelsymmetrie zwischen Absorption und Fluorescenz von EDA-Komplexen (alle Messungen in Propyläther/Isopentan bei —190° C) 1 = Chloranil-Hexamethylbenzol; 2 = Tetrachlorphthalsäureanhydrid-Hexamethylbenzol; 3 = Chloranil-Phenanthren; 4 = Trimesinsäuretrichlorid-Phenanthren

$(2,6 \cdot 10^{-9})$ ist wegen der erheblich kleineren Quantenausbeute damit in guter Übereinstimmung.

Die Emission ergab sich immer spiegelsymmetrisch zur Absorption, Abb. 38 zeigt dazu einige charakteristische, in glasiger Lösung bei —190°C gemessene Beispiele[3].

Tab. 33 gibt für einige Molekülkomplexe die genaue Lage der Absorptions- und Emissionsbanden, die Differenz der Absorptions- und Fluorescenzmaxima und schließlich die Lage des „Spiegel-Punktes" wieder.

---

[1] G. Briegleb u. J. Czekalla: Z. Elektrochem. 59, 154 (1955).

[2] Zur Anwendung dieser Gleichung auf vielatomige Moleküle vgl. z. B. G. N. Lewis u. M. Kasha: J. Am. Chem. Soc. 67, 994 (1945); D. S. McClure: J. Chem. Phys. 17, 905 (1949); D. S. McClure, N. W. Blake u. P. L. Hanst: J. Chem. Phys. 22, 255 (1954).

[3] J. Czekalla, G. Briegleb, W. Herre u. R. Glier: Z. Elektrochem. 61, 537 (1957); J. Czekalla, G. Briegleb u. W. Herre: Z. Elektrochem. 63, 712 (1959).

Tabelle 33[1]. *Absorptions- und Fluorescenzmaxima und Lage der Spiegelpunkte von EDA Molekülverbindungen in Lösung bei* $-190°$ *C*

Nr.	Acceptor	Donator	Absorptions-maxima $\tilde{\nu}_{max} \cdot 10^{-3}$	Fluorescenz-maxima		$\tilde{\nu}_{S.P.} \cdot 10^{-3}$
				$\tilde{\nu}_{max} \cdot 10^{-3}$	$\varDelta\tilde{\nu} \cdot 10^{-3}$	
1	Chloranil		20,6	15,0	5,6	18,0
2	2,5-Dichlorchinon	Durol	22,7	16,3	6,4	19,3
3	1,3,5-Trinitrobenzol		28,0	19,5	8,5	22,9
4	Tetrachlorphthalsäure-anhydrid		29,4	21,7	7,7	—
5	Chloranil	Naphthalin	20,7	15,6	5,1	17,9
6	2,5-Dichlorchinon		22,4	17,3	5,1	19,5
7	1,3,5-Trinitrobenzol		26,5	19,5	7,0	22,7
8	Tetrachlorphthalsäure-anhydrid		27,8	22,5	5,3	25,0
9	Trimesinsäuretrichlorid . .		28,7	23,0	5,7	25,4
10	Chloranil	Phen-anthren	21,4	14,8	6,6	17,4
11	2,5-Dichlorchinon		23,5	15,8	7,7	19,2
12	1,3,5-Trinitrobenzol		26,8	19,2	7,6	22,0
13	Tetrachlorphthalsäure-anhydrid		28,5	21,5	7,0	24,1
14	Trimesinsäuretrichlorid . .		29,3	22,5	6,8	24,7
15	1,3,5-Trinitrobenzol	Anthracen	21,6	16,4	5,2	18,7
16	Tetrachlorphthalsäure-anhydrid		23,5	19,0	4,5	20,9
17	Trimesinsäuretrichlorid . .		24,0	19,2	4,8	21,1
18	Chloranil	1,2-Benz-anthracen	17,0	13,5	3,5	15,1
19	1,3,5-Trinitrobenzol		22,4	17,0	5,4	19,4
20	Tetrachlorphthalsäure-anhydrid		23,7	19,6	4,1	21,6
21	Trimesinsäuretrichlorid . .		25,0	20,0	5,0	21,8

Abb. 39 zeigt die Abhängigkeit der Lage des Fluorescenz-Maximums vom Absorptionsmaximum in funktionell gleichnamiger Abhängigkeit[2]. Man kann sehr überzeugend die gleichsinnige Verschiebung der Absorptions- und Fluorescenzmaxima bei Variation der Komponenten daran erkennen, daß alle Meßpunkte um eine unter $45°$ ansteigende Gerade liegen.

Bei den verschiedenen Acceptoren verschiebt sich die CT-Absorptionsbande der Molekülverbindung bei zunehmender Elektronenaffinität des Acceptors nach längeren Wellen. Wäre die Emission der Molekülverbindung eine in Gegenwart des Acceptors „erlaubte" Phosphorescenz des Donators, so müßte die spektrale Lage dieser Bande beim Wechsel des Acceptors erhalten bleiben. Das ist aber keineswegs der Fall, sondern es bleibt bei den verschiedensten Acceptoren die Spiegelsymmetrie der Emissions- und Absorptionsbande erhalten. Es besteht also kein Zweifel, daß Absorption und Emission dem gleichen Elektronenübergang zuzuordnen sind. Die CT-Emission ist eine Fluorescenz.

[1] J. Czekalla, G. Briegleb, W. Herre u. R. Glier: Z. Elektrochem. **61**, 537 (1957); J. Czekalla, G. Briegleb u. W. Herre: Z. Elekktrochem. **63**, 712 (1959).
[2] J. Czekalla, A. Schmillen u. K. J. Mager: Z. Elektrochem. **61**, 1053 (1957); **63**, 623 (1959).

Die Molekülverbindung Tetrachlorphthalsäureanhydrid-Hexamethyl-benzol lumisciert in unpolaren oder schwach polaren Lösungsmitteln (Heptan, CCl_4, Propyläther) bereits bei gew. Temperatur. Schon dies spricht für eine Fluorescenz, da bei gew. Temperatur in Lösungsmitteln geringer Viscosität im allgemeinen keine Phosphorescenz beobachtet wird.

Das Auftreten einer Fluorescenz ist — ganz allgemein — u. a. an die Voraussetzung geknüpft, daß die Anregungsenergie nicht zur Dissoziation

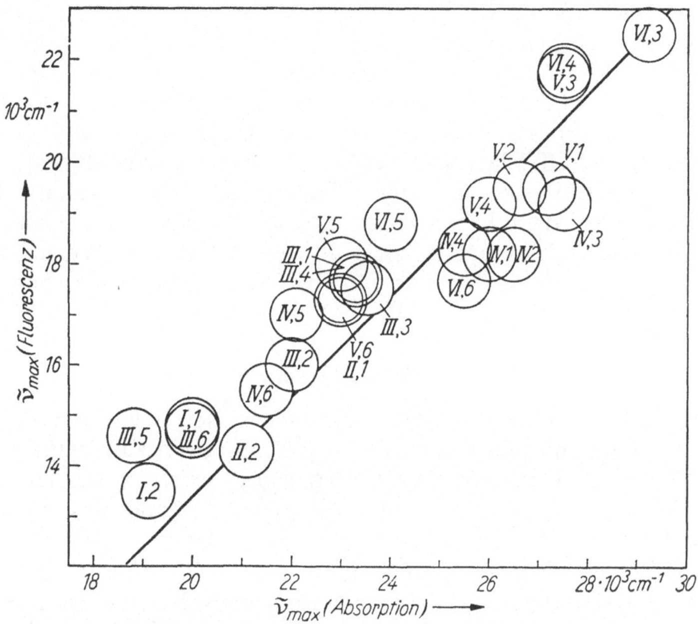

Abb. 39. Gleichsinnige Verschiebung von Absorptions- und Fluorescenz-Maxima bei Variation der Komponenten[1] (Messungen an kristallinen Molekül-Verbindungen bei Zimmertemperatur). Jede Molekülverbindung ist durch eine römische Zahl (Acceptor) und eine arabische Zahl (Donator) charakterisiert: I = Chloranil; II = 2,5-Dichlor-chinon; III = 2,4,7-Trinitrofluorenon; IV = Trinitrobenzol; V = Tetrachlorphthalsäure-anhydrid; VI = Trimesinsäure-trichlorid; 1 = Durol; 2 = Hexamethylbenzol; 3 = Naphthalin; 4 = Phenanthren; 5 = Anthracen; 6 = 1,2-Benzanthracen

einer Bindung im angeregten Molekül ausreicht[2]. Die Fluorescenzfähigkeit der Molekülverbindung ist somit eine Bestätigung der Vorstellung, daß der angeregte Zustand vorwiegend ionar ist, denn nur durch die hohe Coulomb-Energie im angeregten Zustand ist die Vorbedingung für eine Fluorescenz überhaupt erfüllt.

Die Lage der CT-Bande erlaubt eine Abschätzung der unteren Grenze der Bindungsenergie des angeregten Zustandes, wobei sich zeigt, daß diese bei 70—80 kcal liegen kann, also nicht viel kleiner ist als der in Näherung zu erwartende Wert e_0^2/d_{DA} ($\approx$ 100 kcal).

Die zwischenmolekulare CT-Fluorescenz zeigt, wie auch die CT-Absorption, in den meisten Fällen keine Feinstruktur, sondern die

---

[1] J. Czekalla, A. Schmillen u. K. J. Mager: loc. cit.
[2] Th. Förster: Fluorescenz organischer Verbindungen. Göttingen: Vandenhoeck und Rupprecht 1951.

Banden sind selbst bei —190° C diffus. Dies kann mit geringen statistischen Schwankungen der geometrischen Konfiguration der Molekülverbindung, vor allem des Gleichgewichtsabstandes d_{AD}, erklärt werden (vgl. auch S. 45 u. 167).

Nur wenn relativ große Schwingungsquanten die Feinstruktur bestimmen, kann diese auch bei CT-Übergängen noch sichtbar werden. Dies ist z. B. bei der Emission der Molekülverbindung Trinitrobenzol-Anthracen der Fall, in deren CT-Fluorescenzspektrum die aromatische Ringfrequenz des Anthracens von etwa 1500 cm^{-1} auftritt[1]. Das zugehörige Absorptionsspektrum ist auch bei —190° C diffus, weil für die Feinstruktur der Absorption die Schwingungsquanten des Acceptors, in diesem Falle also des Trinitrobenzols, maßgebend sind[2]. Man kann nach diesen Überlegungen keine strenge Spiegelsymmetrie zwischen CT-Absorption und CT-Fluorescenz erwarten. Wie die Abb. 38 zeigt, ist die Spiegelsymmetrie auch in einigen Fällen nicht genau erfüllt. Unterschiede, in den dem Elektronenübergang überlagerten Schwingungen des Donators und Acceptors sowie in der statistischen Verteilung der zwischenmolekularen Abstände im Grundzustand und im angeregten Zustand sind dafür verantwortlich zu machen.

2. Phosphorescenz

In manchen Fällen ist der Fluorescenz bei tiefen Temperaturen (—190° C) eine Phosphorescenz überlagert[2]. Voraussetzung dafür ist nach Abb. 37 daß im Komplex ein Triplettzustand existiert, der energetisch *unter* dem niedrigsten angeregten Singulett-Zustand des Komplexes liegt[2, 3].

In den bisher bekannten Fällen ist T stets ein Triplettzustand des *Donators*, so daß die zu beobachtende Phosphorescenz im Spektrum und in bezug auf die Abklingzeit der entsprechenden Emission der freien Donatorkomponente ähnelt; jedoch zeigt sich, daß dies nicht streng der Fall ist.

Abb. 40 bis 43 zeigen einige Phosphorescenzspektren (bei —190° C) zum Teil in Lösungen in Gläsern, teils der kristallisierten Molekülverbindungen[4, 5].

---

[1] C. REID: J. Chem. Phys. **20**, 1212 (1952); M. M. MOODIE u. C. REID: J. Chem. Phys. **22**, 252 (1954). Die Fernstruktur ist in Gläsern bei —190° nicht beobachtbar (Anm. 1 S. 86).

[2] J. CZEKALLA, G. BRIEGLEB, W. HERRE u. R. GLIER: Z. Elektrochem. **61**, 537 (1957). J. CZEKALLA, G. BRIEGLEB, W. HERRE u. H. J. VAHLENSIECK: Z. Elektrochem. **63**, 715 (1959); S. P. McGLYNN, J. D. BOGGUS u. E. ELDER: J. Chem. Phys. **32**, 357 (1960).

[3] S. P. McGLYNN u. J. D. BOGGUS: J. Am. Chem. Soc. **80**, 5096 (1958).

[4] Die Molekülverbindungen des Trinitrobenzols mit Naphthalin, Phenanthren und Anthracen phosphoreszieren zwar auch[3], jedoch mit verschwindend kleiner Quantenausbeute, die Phosphorescenzintensität beträgt nur den 10^5 Teil der Intensität der Phosphorescenz z. B. von Tetrachlorphthalsäureanhydrid-Phenanthren.

[5] Das Phosphorescenzspektrum von 1,2-Benzanthracen-Trinitrobenzol im Vergleich zu dem des reinen Benzanthracen wurde erstmalig von C. REID: J. Chem. Phys. **20**, 1212 (1952) gemessen.

Aus den Abbildungen ist zu ersehen, daß die Phosphorescenzspektren der Molekülverbindungen mit den Phosphorescenzspektren der freien Kohlenwasserstoffe zwar vergleichbar sind, aber gewisse charakteristische Unterschiede aufweisen.

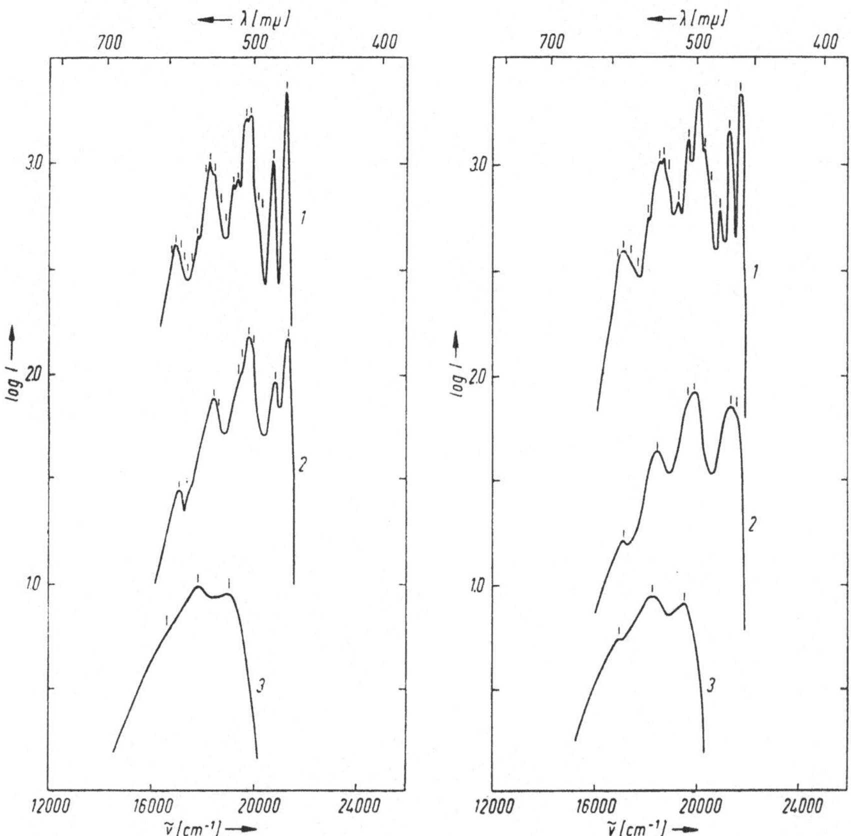

Abb. 40[1]. Phosphorescenzspektren (bei — 190° C) 1 = Naphthalin (in Propyläther/Isopentan); 2 = TCPA-Naphthalin (in Propyläther/Isopentan); 3 = TCPA-Naphthalin (kristallin)

Abb. 41[1]. Phosphorescenzspektren (bei —190° C). 1 = Phenanthren (in Propyläther/Isopentan). 2 = TCPA-Phenanthren (in Propyläther/Isopentan). 3 = TCPA-Phenanthren (kristallin)

(TCPA bedeutet Tetrachlorphtalsäureanhydrid)

In Lösungen und auch im Gitter ist zum Teil eine Verminderung an Feinstruktur zu beobachten. Die Feinstruktur der Spektren in *Lösungen* ist deutlicher ausgebildet als im kristallisierten Zustand, während im allgemeinen das Gegenteil beobachtet wird.

In Lösungen ist mit Ausnahme der Molekülverbindung Tetrachlorphthalsäureanhydrid-Durol das Phosphorescenzspektrum im Vergleich zu dem des reinen Kohlenwasserstoffs kaum verschoben. Die beim Durolkomplex in Lösungen zu beobachtende Rotverschiebung tritt bei den Phorphorescenzspektren der anderen Komplexe erst im kristallisierten Zustand auf.

____

[1] J. Czekalla, G. Briegleb, W. Herre u. H. J. Vahlensieck: loc. cit.

Ein Vergleich der Phosphorescenzspektren der CT-Komplexe mit denen der reinen Kohlenwasserstoffe hat im Falle Naphthalin und Benzanthracen als Donatoren folgendes Ergebnis[1]: Die mit dem T → N-Übergang gekoppelten Schwingungen gehören im Komplex zwar dem

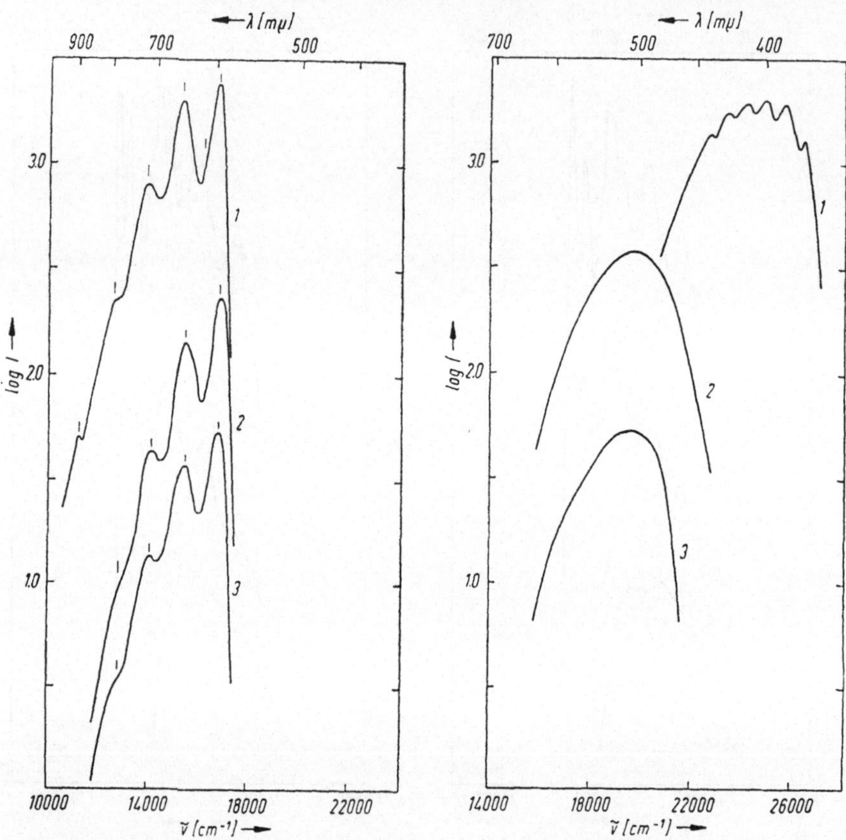

Abb. 42[1]. Phosphorescenzspektren (bei —190° C). 1 = 1,2-Benzanthracen (in Propyläther/Isopentan). 2 = TCPA-1,2-Benzanthracen (in Propyläther/Isopentan). 3 = Trinitrobenzol-1,2-Benzanthracen (in Propyläther/Isopentan)

Abb. 43[1]. Phosphorescenzspektren (bei —190° C). 1 = Durol (in Propyläther/Isopentan). 2 = TCPA-Durol (in Propyläther/Isopentan). 3 = TCPA-Durol (kristallin)

gleichen Typus an wie im freien Kohlenwasserstoff, die Frequenzen sind aber erniedrigt, was sich im kristallinen Zustand wesentlich stärker ausprägt als in Lösungen[2,3]. Tab. 34 zeigt einige beobachtete Schwingungszahlen[1].

---

[1] J. Czekalla, G. Briegleb, W. Herre u. H. J. Vahlensieck: loc. cit.

[2] Zu entsprechenden Ergebnissen kommen S. P. McGlynn, J. D. Boggus u. E. Elder: J. Chem. Phys. 32, 357 (1960) am EDA-Komplex: Anthracen-s-Trinitrobenzol in festen Lösungen in Diäthyläther-Isopentan Gläsern bei $T = 77°$ K.

[3] Eine Erniedrigung der Frequenz einer ramanaktiven Schwingung bei Bildung eines EDA-Komplexes wurde in *organischen* Molekülverbindungen direkt bisher noch nicht beobachtet. Über die Beeinflussung von IR-aktiven Schwingungen durch Komplexbildung vgl. S. 94 u. f..

Tabelle 34. *Aus den Phosphorescenzspektren ermittelte Schwingungsfrequenzen der freien Kohlenwasserstoffe und in ihren Molekül-Verbindungen (MV) mit Tetrachlorphthalsäure-anhydrid* (cm^{-1})[1]

Naphthalin			Phenanthren			1,2-Benzanthracen	
frei	MV in Lösung	MV kristallisiert	frei	MV in Lösung	MV kristallisiert	frei	MV in Lösung
—	—	—	— (250)	230	—	—	—
512	490	—	406	—	—	400	—
1146	—	—	—	—	—	—	—
1380	1330	1200	1417	1320	1200	1400	1350
1462	—	—	—	—	—	—	—
1575	1510	—	1608	1470	—	—	—

Abb. 44 zeigt rein schematisch die potentielle Energie der beiden Molekülverbindungskomponenten in Abhängigkeit vom zwischenmolekularen Abstand d_{DA}, und zwar Kurve N für den unpolaren Grundzustand und Kurve E für den angeregten polaren Zustand A^-D^+; Kurve T gibt die Wechselwirkung zwischen Acceptor und Donator im Triplettzustand des Donators:

Es ergibt sich:

Die Bindungsenergie im Grundzustand N ist klein, maximal etwa 5 kcal. Die Bindungsenergie im angeregten Zustand E beträgt 80—100 kcal, wodurch sich überhaupt die Stabilität dieser Konfiguration und die Fluorescenzfähigkeit der Molekülverbindung erklärt (S. 87). Der Zustand T

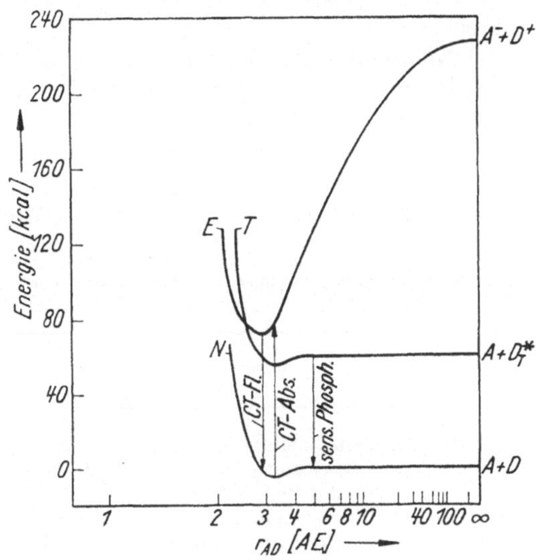

Abb. 44[1]. Potentialkurven für Donator-Acceptor-Komplexe in verschiedenen Anregungszuständen

jedoch, der einer Kombination des Acceptors im Grundzustand mit dem Donator im Triplettzustand entspricht, hat wieder nur eine mit dem Grundzustand der Molekülverbindung vergleichbare Bindungsenergie. Die Molekülverbindung sollte also dissoziieren, sobald das angeregte Elektron in den Triplettzustand übergegangen ist[2,3]. Dann müßte das nunmehr emittierte Phosphorescenzspektrum mit dem des freien Kohlenwasserstoffes identisch sein. Abb. 41—43 zeigen, daß dies nicht der Fall ist. Eine Dissoziation ist im Kristallgitter weitgehend

[1] J. Czekalla, G. Briegleb, W. Herre u. H. J. Vahlensieck: loc. cit.
[2] C. Reid: J. Chem. Phys. 20, 1212 (1952).
[3] S. P. McGlynn u. J. D. Boggus: J. Am. Chem. Soc. 80, 5096 (1958).

verhindert. Die weit schwächere Beeinflussung der Phosphorescenz durch die Komplexbildung in Lösung läßt vermuten, daß hier während der Lebensdauer des Triplettzustandes eine teilweise Dissoziation stattfindet, was auch die Feinstruktur besser zur Ausbildung kommen läßt.

Das Triplettniveau des Kohlenwasserstoffs wird in den Molekülverbindungen durch Singlett-Singlett-Anregung in der charge transfer-Bande und nachfolgenden strahlungslosen Übergang des Elektrons auf den Donator erreicht. McGLYNN[1] hat kürzlich gezeigt, daß solche strahlungslose Übergänge in Molekülverbindungen auch theoretisch zu erwarten sind. Im Gegensatz zu den von TERENIN[2] untersuchten Systemen ist das Triplett-Niveau der Acceptorkomponente (des „Sensibilisators") an der Energieübertragung nicht direkt beteiligt. Die Phosphorescenzfähigkeit der Acceptorkomponente ist deswegen auch keine Voraussetzung zum Auftreten der *Molekülverbindungs*-Phosphorescenz: Z. B. Tetrachlorphthalsäureanhydrid phosphoresciert, Trinitrobenzol dagegen nicht, trotzdem phosphorescieren die 1,2-Benzanthracen-Komplexe beider Acceptoren.

Notwendig ist dagegen, daß das Triplett-Niveau (T) unter dem niedrigsten Anregungszustand (E) der Molekülverbindung liegt, da sonst der strahlungslose Übergang E → T nicht stattfinden kann. Am Beispiel des Durols wird aber deutlich, daß die Kenntnis der beiden Niveaus E (in der Molekülverbindung) und T (im freien Donator) nicht ausreicht, um die Phosphorescenzfähigkeit einer Molekülverbindung vorauszusagen.

Tabelle 35. *Energiedifferenz zwischen dem 1. angeregten Singlett-Niveau (CT-Niveau) und dem niedrigsten Triplett-Niveau der Molekülverbindungen*[3]

Molekülverbindung	$\tilde{\nu}_{S.P.}$* (cm^{-1})	$\tilde{\nu}_{00}$ (Phosphorescenz) (cm^{-1})	$\Delta\tilde{\nu}$ (cm^{-1})
TCPA-Durol (in Lösung)	21 700 ($\tilde{\nu}_{max}$)	19 700 ($\tilde{\nu}_{max}$)	2000 ± 800
TCPA-Durol (kristallin)	19 700 ($\tilde{\nu}_{max}$)	19 600 ($\tilde{\nu}_{max}$)	100 ± 800
TCPA-Naphthalin (in Lösung) . .	25 000	21 300	3700 ± 500
TCPA-Naphthalin (kristallin) . .	23 900	19 000	4900 ± 500
TCPA-Phenanthren (in Lösung) .	24 100	21 500	2600 ± 500
TCPA-Phenanthren (kristallin) . .	22 800	19 500	3300 ± 500
TCPA-1,2-Benzanthracen (in Lösung)	21 600	16 800	4800 ± 500
TNB-1,2-Benzanthracen (in Lösung)	19 400	16 700	2700 ± 500

* Spiegelpunkt (vgl. Tab. 33).

Das Triplett-Niveau des *freien* Durols liegt um etwa 3000 cm^{-1} über dem charge transfer-Niveau, ist jedoch im Komplex so stark erniedrigt, daß der strahlungslose Übergang und damit die Phosphorescenz möglich wird. Die aus den Spektren entnommenen Differenzen zwischen CT-Niveau und Triplett-Niveau des Komplexes zeigt Tab. 35[3].

[1] S. P. McGLYNN u. J. D. BOGGUS: J. Am. Chem. Soc. 80, 5096 (1958).
[2] A. TERENIN u. V. ERMOLAEV: Trans. Faraday Soc. 52, 1042 (1956).
[3] $\tilde{\nu}_{S.P.}$: Wellenzahl des Spiegelpunktes (vgl. Tab. 33).
TCPA: Tetrachlorphthalsäureanhydrid. TNB: 1,35-Trinitrobenzol.

Die in Tab. 36 zusammengestellten Abklingzeiten der Phosphorescenz[1] zeigen, daß die Phosphorescenzabklingzeit durch die Komplexbildung im allgemeinen verkürzt wird.

Bei den in Lösung gemessenen Komplexen der mehrkernigen Aromaten ist diese Verkürzung nur gering, bei den entsprechenden kristallinen Molekülverbindungen wird τ schon stärker herabgesetzt. Weitgehend parallel mit dieser Beeinflussung der Abklingzeit gehen die Änderungen der Schwingungsfrequenzen und die Rotverschiebung der 0,0-Bande der Phosphorescenz. Dies zeigt Tab. 37 am Beispiel von Molekülkomplexen des Tetrachlorphthalsäureanhydrids (TCPA) mit Naphthalin und Phenanthren.

Tabelle 36. *Phosphorescenzabklingzeiten (in sec) bei* $-190°$ *C*
(Lösungsmittel: n-Propyläther — Isopentan 3 : 1)[1,4]

Donator	τ_1 Donator (in Lösung)	Di-Chlor-Phthalsäure-anhydrid		Tetra-Chlor-Phthalsäure-anhydrid		Tetra-Brom-Phthalsäure-anhydrid	
		in Lsng.	krist.	in Lsng.	krist.	in Lsng.	krist.
Durol	5,9	0,35	0,26	0,25	0,002	0,0095	0,0012
Hexamethylbenzol	5,6	0,095	0,018	0,0085	0,0011	0,0047	0,001
Naphthalin . . .	2,4	2,1	0,049	1,6	0,45	0,29	0,029
Phenanthren . . .	3,6	3,0	0,41	1,8	0,25	0,36	0,019
Anthracen	$0,09^2$	—	—	0,04	—	—	—
Coronen	9,3	—	1,05	5,1	0,86	—	0,16
1,2-Benzanthracen	0,40	—	—	0,41	—	—	—

Tabelle 37. *Parallelität der Rotverschiebung der Phosphorescenz, Änderung der Abklingzeit und Erniedrigung der Ramanfrequenzen von Naphthalin und Phenanthren in einigen Molekülverbindungen.* (Die mit Null indizierten Größen beziehen sich auf den freien Donator, die nicht indizierten auf die Molekülverbindung)*

Molekülverbindung	Relative Rotverschiebung der 0,0-Bande $100\,(\tilde{v}_0 - \tilde{v})/\tilde{v}_0$	Verhältnisse der Abklingzeiten τ_0/τ	Relative Änderung der Raman-frequenzen $100\,(\tilde{v}_0 - \tilde{v})/\tilde{v}_0$
TCPA-Naphthalin (Lösung)	0,2	1,6	4
TCPA-Phenanthren (Lösung)	1	2,3	8
TCPA-Naphthalin (kristallin)	11	7,1	13
TCPA-Phenanthren (kristallin) . . .	10	11,5	15

* TCPA: Tetrachlorphthalsäureanhydrid.

---

[1] J. Czekalla, G. Briegleb, W. Herre u. H. J. Vahlensieck: Z. Elektrochem **63**, 715 (1959). — J. Czekalla u. K. O Meyer: Z. Elektrochem. **65** (1961), im Druck. An den reinen Komponenten wurden Abklingzeiten gemessen von D. S. McClure: J. Chem. Phys. **17**, 905 (1949) und von P. P. Dikun, u. B. J. Sweschnikow: J. exp. theor. Phys. (Russ.) **19**, 1000 (1949).

[2] Aus der Singlett-Triplett-Absorptionsbande erhaltener Wert. Eine direkte Messung war wegen der zu geringen Intensität nicht möglich.

[3] S. P. McGlynn, M. R. Padhye u. M. Kasha: J. Chem. Phys. **23**, 593 (1955).

[4] Die Werte der Abklingzeiten in Tab. 36 sind auf Grund neuerer Messungen von J. Czekalla u. K. J. Mager loc. cit., Anm. 1, gegenüber den in einer früheren Arbeit angegebenen Werten etwas verändert.

Die Veränderung der Phosphorescenzspektren bei der Komplexbildung zeigt, daß eine *vollständige* Dissoziation der Molekülberbindungen vor der Phosphorescenzmission nicht erfolgen kann. Dies wird offenbar durch das glasige Lösungsmittel bzw. durch das Kristallgitter verhindert. Ob die Konfiguration der Molekülverbindung im Augenblick der Emission jedoch noch unverändert der *Gleichgewichts*konfiguration im Grundzustand entspricht, läßt sich vorerst nicht entscheiden.

VIII. Ultrarotspektroskopische Untersuchungen an EDA-Komplexen

1. Allgemeine Betrachtungen

Es gibt im Prinzip zweierlei Veränderungen im IR-Spektrum der CT-Komplexe im Vergleich zu den Komponenten.

a) Es tritt infolge CT-Komplexbildung lediglich eine *Verschiebung* einiger Frequenzen des Donators oder Acceptors auf (siehe Kap. VIII, 2).

b) Es werden in den CT-Komplexen *neue Frequenzen* beobachtet, die in den freien Komponenten verboten (inaktiv) sind (Kap VIII, 3).

c) Es ändern sich infolge Komplexbildung die Intensitäten bestimmter Absorptionsbanden der EDA-Komplexkomponenten[1].

Über die Veränderung *ramanspektroskopisch* aktiver Schwingungsfrequenzen in Folge einer EDA-Komplexbildung wurden systematische Beobachtungen noch nicht angestellt[2]. Eine Schwingungsanalyse der Phosphorescenzspektren (Kap. VII, S. 91) von EDA-Komplexen des Tetrachlorphthalsäureanhydrids mit Naphthalin und Phenanthren in Isopropyläther/Isopentan-Gläsern bei —190° und im kristallisierten Zustand ermöglicht einen Vergleich der Schwingungsfrequenzen des Komplexes im Zustand der Phosphorescenzausstrahlung im Vergleich zu den entsprechenden Frequenzen des freien Kohlenwasserstoffs[3]. Die beobachteten Frequenzen sind sämtlich totalsymmetrisch (ramanaktiv) und sind im Komplex erniedrigt. (Bei Naphthalin in Lösungen etwa 4%, im Kristall etwa 13%; beim Phenanthren sind die entsprechenden Werte 8—15%) (vgl. Tab. 35).

2. IR-Frequenzverschiebungen in Folge einer CT-Komplexbildung

Frequenzänderungen charakteristischer IR-Frequenzen der D- oder A-Komponente in CT-Komplexen sind in zahlreichen Fällen beobachtet worden. An diesbezüglichen systematischen Untersuchungen seien die Messungen von PERSON, HUMPHREY, DESKIN und POPOV, ERICKSON und BUCKLES genannt über die Änderung der Valenzschwingungsfrequenz

---

[1] R. D. KROSS, K. NAKAMOTO u. V. A. FASSEL: Spectrochimica Acta **8**, 142 (1956).

[2] Vgl. aber bei A. TRUNER: Bull. Acad. Polon. Sci. III₅ 501 (1957); Ramanspektroskopische Untersuchungen am Pyridin-SO_2-Komplex.

[3] J. CZEKALLA, G. BRIEGLEB, W. HERRE u. H. J. VAHLENSIECK: Z.Elektrochem. **63**, 715 (1959).

von J_2, Br_2 und Cl_2[1], von JCl[2, 3] und JCN[3, 4] bei einer Komplexbildung mit verschiedenen Donatoren.

In Tab. 38 ist die Valenzschwingungsfrequenz von Cl_2, JCl und Br_2, die Halbwertsbreite $\Delta \nu_{1/2}$ und Absorptionsstärke von I.R.-Schwingungsbanden des J_2, Cl_2, JCl und Br_2 in EDA-Komplexen mit verschiedenen Donatoren zusammengestellt.

Tabelle 38. *Valenzschwingungsfrequenz, Halbwertsbreite und Absorptionsintensität von Komplexen des Cl_2, Br_2 und JCl mit einigen Donatoren**

		$\tilde{\nu}_{max}$ cm^{-1}	$\Delta \tilde{\nu}_{1/2}$ cm^{-1}	ε_{max}
Cl_2	Dampf	557	—	—
	Benzol	526	28	153
JCl	Dampf	381	—	—
	Kohlenstofftetrachlorid	375	8	1000
	Benzol	355	—	—
	Methylenchlorid	367	11	1350
	Chlorbenzol	365	20	2180
	Äthylchlorid	364	15	1520
	Diphenyl	358	14	2850
	Benzophenon	353	17	2260
	p-Bromanisol	352	26	2890
Br_2	Dampf	321	—	—
	Benzol	305	16	416
	Chlorbenzol	306	13	161
	o-Dichlorbenzol	308,5	10	52
	Benzophenon	307,5	9	
	Schwefeldioxyd	307	16	108
	Diphenyl	307,5	11	
J_2	Dampf	213	—	—
	Benzol	204	—	—
	Pyridin	180	—	—

* Die festen Verbindungen wurden in Tetrachlorkohlenstoff gelöst.

a) In Lösungsmitteln, die keine typischen Elektronen-Donatoren sind, sind die Valenz-Frequenz-Verschiebungen unerheblich.

b) Bei Wechselwirkung mit typischen Elektronendonatoren ist eine mit der Donatorstärke zunehmende Verschiebung der Valenzschwingungsfrequenz nach längeren Wellen zu beobachten[5]. Die Absorptions-

---

[1] W. B. PERSON, R. E. ERICKSON u. R. E. BUCKLES: J. Chem. Phys. 27, 1211 (1957); J. Am. Chem. Soc. 82, 29 (1960).

[2] W. B. PERSON, R. E. HUMPHREY, W. A. DESKIN u. A. I. POPOV: J. Am. Chem. Soc. 80, 2049 (1958).

[3] A. I. POPOV, R. E. HUMPHREY u. W. B. PERSON: J. Am. Chem. Soc. 82, 1850 (1960).

[4] W. B. PERSON, R. E. HUMPHREY u. A. I. POPOV: J. Am. Chem. Soc. 81, 273 (1959).

[5] Die $J-C-N$- und die $C\equiv N$-Valenzfrequenzen in den JCN-Komplexen zeigen keine ausgeprägte gesetzmäßige Änderung in Abhängigkeit von der Donatorstärke[2] vgl. auch die Untersuchungen von D. L. GLUSKER u. H. W. THOMPSON: J. Chem. Soc. (London) 1955, 471 und von R. N. HASZELDINE: J. Chem. Soc. (London) 1954, 4145 (vgl. auch S. 99). Die CN-Frequenz des Acetonitrils bleibt im übrigen im J_2-CT-Komplex unverändert (GLUSKER, THOMPSON u. MULLIKEN: J. Chem. Phys. 21, 1407 (1953), obwohl sich J_2 in Acetonitril mit brauner Farbe löst, was offenbar eine gewisse spektroskopische Unempfindlichkeit der $C\equiv N$-Frequenz dokumentiert.

bande wird breiter und intensiver. Die Isotopenaufspaltung bei den Cl_2-Komplexen ist nicht mehr beobachtbar.

c) Die Absorptions-Intensität nimmt entsprechend der Abnahme der Valenzschwingungsfrequenz zu.

Die Abnahme der Valenzschwingungs-Frequenz ist, soweit man vom Einfluß der Dielektrizitätskonstanten des Lösungsmittels absieht, die Folge der intermolekularen Mesomerie:

$$D \ldots X_2 \leftrightarrow D^+ \ldots X_2^- \qquad\qquad (VIII,1)$$

bzw. $\qquad\qquad D \ldots XY \leftrightarrow D^+ \ldots XY^-$

oder[1,2]

$$D \ldots XY \leftrightarrow DX^+ \ldots Y^+ . \qquad\qquad (VIII,2)$$

Das Elektron in der ionaren Struktur des Halogens besetzt einen antibindenden Zustand im Acceptor, was eine Lockerung der X—X-Bindung zur Folge hat[3] und außerdem eine Aufweitung des interatomaren Abstandes[4]. Zu einem gewissen Anteil ist die Frequenzerniedrigung bei Komplexbildung auf die Vergrößerung der effektiven Masse infolge der intermolekularen Bindung zurückzuführen.

Die Intensitätszunahme ist die Folge einer Erhöhung der Polarität, z. B. der X—X- bzw. X—Y-Bindung des Acceptors im CT-Komplex als Folge der intermolekularen Mesomerie.

Die Abnahme der Bindungsstärke der Bindung X—X bzw. X—Y im Acceptor-Molekül des CT-Komplexes kommt im Gang der Bindungskonstanten zum Ausdruck. PERSON, HUMPHREY, DESKIN und POPOV[5] zeigen, daß zwischen der relativen Änderung in der Bindungskonstanten

$$\frac{\Delta k}{k} = \frac{k_0 - k_C}{k_0}\ [6] \qquad\qquad (VIII,3)$$

und der Änderung der effektiven Ladung $e_{0eff} - e_{Ceff}$ der Bindung X—X bzw. X—Y infolge Komplexbildung ein direkter theoretischer Zusammenhang besteht. Die Zunahme der Intensität der X—X bzw. X—Y-Schwingungsfrequenz wird auf eine zusätzliche effektive Ladung $e_{Ceff} = \dfrac{d\mu\ [7]}{dr}$ des Bindungs-Dipolmomentes der Bindung X—X bzw. X—Y des Acceptormoleküls im Komplex zurückgeführt. Somit ist dann die effektive Absorptionsbanden-Intensität ε proportional $(e_{0eff} - e_{Ceff})$, wobei

---

[1] W. B. PERSON, R. E. HUMPHREY, W. A. DESKIN u. A. I. POPOV: loc. cit. Anm. 2, S. 95.

[2] W. B. PERSON, R. E. HUMPHREY u. A. I. POPOV: loc. cit. Anm. 4, S. 95.

[3] R. S. MULLIKEN: J. Am. Chem. Soc. **74**, 811 (1952).

[4] Vgl. dazu Kap. X und insbesondere die Untersuchungen von O. HASSEL: Proc. Chem. Soc. 250 (1957); J. Mol. Phys. **1**, 241 (1958).

[5] W. B. PERSON, R. E. HUMPHREY, W. A. DESKIN u. A. I. POPOV: J. Am. Chem. Soc. **80**, 2049 (1958); **81**, 273 (1959).

[6] k_0 und k_C: Bindungskonstanten im freien und im Komplex gebundenen Acceptormolekül.

[7] μ Bindungsmoment.

e_{0eff} die eigentliche effektive Ladung des Bindungs-Dipolmomentes μ_{x-y} der (X—Y)-Bindung ist (im Falle X_2 ist $e_{0eff}= 0$). Es gilt dann[1]

$$e_{0eff} - e_{Ceff} = 1{,}537 \cdot 10^{-2} \sqrt{\frac{\varepsilon}{m_r}} \qquad \text{(VIII,4)}$$

(m_r ist die reduzierte Masse).

Abb. 45[2] gibt die Darstellung e_{Ceff} gegen $\Delta k/k$ für Brom, Chlor-, JCl- und JCN-Komplexe, desgleichen für Wasserstoffbrückenbindungs-Assoziate.

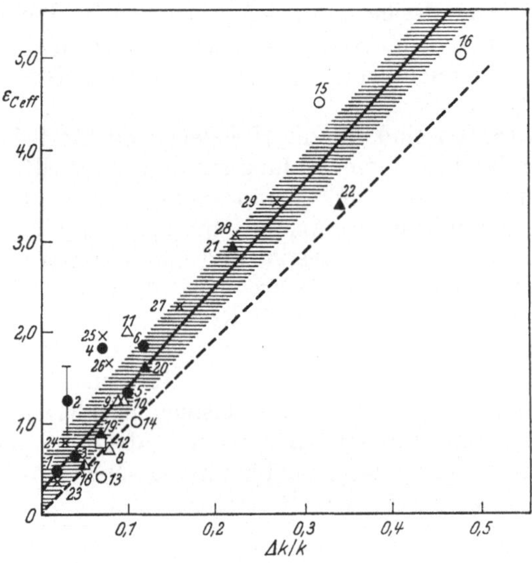

Abb. 45[2]. e_{Ceff} gegen $\Delta k/k$ für Brom-, Chlor-, JCl- und JCN-Komplexe und für Wasserstoffbrückenbindungskomplexe. ● = JCl-Komplexe, 1 = Methylchlorid, 2 = Äthylchlorid, 4 = Diphenyl, 5 = Benzophenon, 6 = Bromanisol, △ = Br_2-Komplexe, 7 = Benzol, 8 = Chlorbenzol, 9 = o-Dichlorbenzol, 10 = Benzophenon, 11 = SO_2, □ = Cl_2-Komplexe, 12 = Benzol, ○ JCl-Komplexe, 13 = Schwefelkohlenstoff, 14 = Benzol, 15 = Pentamethylentetrasol, 16 = Pyridin; ▲: JCN-Komplexe, 18 = Benzol, 19 = Dioxan (20% in Benzol), 20 = Pentamethylentetrazol (1/Mol in Benzol); 21 = Pyridin (10% in Benzol), 22 = Triäthylamin (0,5% Mol in Benzol); ×: Wasserstoffbrückenbindungskomplexe[3] (*Pyrrol*-Benzol (23), -Äther (24) und -Triäthylamin (25) *Methanol*-Benzol (26, -Äther (27), Triäthylamin (28)

Die in Abb. 45 ausgezogene Linie entspricht der Beziehung

$$e_{Ceff}= 0{,}27 + 11{,}31 \frac{\Delta k}{k} . \qquad \text{(VIII,5)}$$

Dieser Gleichung liegt die von Huggins und Pimentel[4] aufgestellte Beziehung zugrunde über die Änderung der X—H-Schwingungsfrequenz in einer Wasserstoffbrückenbindung X—H . . . Y in Abhängigkeit von

[1] Siehe bei W. V. F. Brooks, Ph. D. Thesis: University Minnesota 1 (1954); ferner W. B. Person, R. E. Humphrey, W. A. Deskin u. A. I. Popov: loc. cit.

[2] W. B. Person, R. E. Erickson u. R. E. Buckles: J. Am. Chem. Soc. **82**, 29 (1960).

[3] W. B. Person, R. E. Humphrey u. A. I. Popov: J. Am. Chem. Soc. **81**, 273 (1959).

[4] C. M. Huggins u. G. C. Pimentel: J. Phys. Chem. **60**, 1615 (1956).

der Stärke der Bindung. Es scheint darin in bezug auf die Bindungs-
änderung ein qualitativ ähnliches Verhalten der X—H-Bindung in einer
Wasserstoffbrückenbindung und der X—X- bzw. X—Y-Frequenz in
einem EDA-Komplex zum Ausdruck zu kommen.

PLYLER und MULLIKEN[1] untersuchen die Ursache für das Auftreten
und die Veränderung der Valenzschwingungsfrequenz des Jodmoleküls
infolge Komplexbildung mit Benzol und mit Pyridin. Die Frequenzerniedrigung ist im Pyridinkomplex ganz besonders groß infolge einer
lokalisierten n,σ-Bindung zwischen dem J_2 und dem N-Atom des Pyridins
(vgl. S. 173). Die im freien Jodmolekül bei 213 cm^{-1} liegende Valenz-
Frequenz wird im Pyridin-Komplex in Heptan-Lösungen auf 180 cm^{-1}
erniedrigt. Die Frequenzerniedrigung ist im Benzolkomplex geringer,
nämlich auf 204 cm^{-1}.

In Tab. 38 (S. 95) sind für die Halogene und für JCl die Frequenz-
erniedrigungen durch Komplexbildung zusammengestellt.

Untersuchungen über die Veränderung der C=O-Schwingungs-
frequenz in CT-Komplexen des Acetons mit J_2 und mit JCN von HASZEL-
DINE[2], von GLUSKER und THOMPSON[3] und von YAMADA und K. KOZIMA[4]
ergeben eine Erniedrigung der CO-Frequenz[5], (maximal 20 cm^{-1}), woraus
geschlossen werden kann, daß im CT-Komplex für die Wechselwirkung
die CO-Gruppe maßgebend ist. Die gleiche Frequenzerniedrigung findet
YAMADA und KOZIMA[4] bei Cyclohexanon-Jod und Methylacetat-Jod.
SCHMULBACH und DRAGO[6] zeigen am Beispiel eines EDA-Komplexes des
J_2 mit Dimethylformamid auf Grund einer Abnahme der —C=O-Fre-
quenz (um 43 cm^{-1}) und einer Zunahme der C—N-Valenz-Frequenz (von
1460 auf etwa 1540) gemäß dem Resonanzschema

$$
\mathrm{H-C}\!\!\begin{array}{c} \overline{|\mathrm{O}|} \\ \diagdown \\ \mathrm{N-Me} \\ | \\ \mathrm{Me} \end{array}
\quad\leftrightarrow\quad
\mathrm{H-C}\!\!\begin{array}{c} \overline{|\mathrm{O}|}\,(-) \\ \diagdown \\ (+) \\ \mathrm{N-Me} \\ | \\ \mathrm{Me} \end{array}
$$

daß der Sauerstoff der Carbonylgruppe der Elektronendonator ist.

In den Aceton-JCN-Komplexen spaltet die 5,81 C=O-Valenzschwin-
gungsfrequenz in die Frequenzen 5,83 und 5,86 μ auf und außerdem
erscheint eine neue Bande bei 8,12 μ. Dagegen erstreckt sich bei Dime-

[1] E. K. PLYLER u. R. S. MULLIKEN: J. Am. Chem. Soc. **81**, 823 (1959).

[2] R. N. HASZELDINE: J. Chem. Soc. (London) **1954**, 4145.

[3] D. L. GLUSKER u. H. W. THOMPSON: J. Chem. Soc. (London) **1955**, 471.

[4] H. YAMADA u. K. KOZIMA: J. Am. Chem. Soc. **82**, 1543 (1960). In dieser
Arbeit werden auch die Bildungskonstanten des J_2-Komplexes mit Aceton,
Cyclohexanon und Äthyläther und Methylacetat aus der Konzentrationsabhängig-
keit der IR-Bandenintensität ermittelt.

[5] J. MORCILLO u. J. HERANZ: Anales real. Soc. españ. fis. y quim. (Madrid)
50 B, 117 (1954); Chem. Abstr. **48**, 8655 (1954).

[6] C. D. SCHMULBACH u. R. S. DRAGO: J. Am. Chem. Soc. **82**, 4484 (1960). Die
Änderung der Intensität der verschobenen Carbonylfrequenz wird zur Ermittlung
der Komplexgleichgewichte und der Reaktionswerte ΔG, ΔH und $T \cdot \Delta S$ verwendet.

thyl-4-pyron die Veränderung über das gesamte Spektrum, da bei der intermolekularen Wechselwirkung sowohl die CO-Gruppe, als auch der Ringäther-Sauerstoff beteiligt ist.

Lösungen von JCN in Äthyläther zeigen eine starke neue Bande bei 1100 cm^{-1}, die offenbar die veränderte C—O—C-Schwingungsbande des Äthyläthers bei 1123 cm^{-1} ist[1]. In Lösungen von Äther in mit J_2 gesättigten inerten Lösungsmitteln wurde ebenfalls eine neue Bande bei 1098cm^{-1} in der Nähe der entsprechenden Äther-Bande beobachtet[2]. Lösungen von JCN in Dioxan zeigen die neuen Banden 1098 und 830 cm^{-1}, was eine Beteiligung des Ringsauerstoffs bei der Komplexbildung anzeigt (vgl. S. 171). Dadurch werden die normalen C—O—C-Schwingungsfrequenzen des Dioxans bei 1122 und die Ringfrequenz 874 cm^{-1} verschoben[2]. In Tetrahydrofuran werden die entsprechenden Banden 1052 und 842 cm^{-1} gefunden[2]. Die für die C$\equiv$N-Bindung typische Bande bei 2167 cm^{-1} des JCN wird bei Zugabe von Benzophenon zu einer gesättigten Lösung von JCN in CCl_4 auf 2162 cm erniedrigt. Ebenso wird in einer Lösung von JCN in CS_2 die für die C$\equiv$N-Bindung charakteristische Bande bei 462 cm^{-1} durch Zugabe von Benzophenon auf 458 cm^{-1} und durch Zugabe von Dioxan auf 456 cm^{-1} erniedrigt[2].

ZINGARO[3] u. Mitarb. untersuchen genau die Änderung der für Pyridin und substituierte Pyridine charakteristischen Ringfrequenzen bei etwa 1000 cm^{-1}. Im Falle Pyridin erscheinen statt der Frequenzen 989, 1027 und 1070 cm^{-1} bei Anlagerung von J_2 die Frequenzen 1005, 1031 und 1060 cm^{-1}.

KROSS und FASSEL[4] untersuchten die Änderung der Lage der Frequenzen der asymmetrischen Valenzschwingung der Nitrogruppe im Frequenzbereich 6,4—6,7 μ und der nichtebenen CH-Knickschwingung im Bereich 12,6—12,9 μ bei der Verbindungsbildung der Pikrinsäure mit aromatischen Aminen. Je nach der Art der beobachteten Änderung der genannten Schwingungsfrequenzen in Abhängigkeit von der Aminkomponente werden die entstehenden Verbindungen in π-π- und n-π-"charge transfer"-Komplexe (vgl. S. 6) eingeteilt.

Die Pikrinsäure ist ein π-Elektronenacceptor und kann bei der intermolekularen mesomeren Wechselwirkung mit einem Donatormolekül ein Elektron in ein unbesetztes π-Elektronenniveau („π-orbital") aufnehmen. Stammt das Elektron des Donatormoleküls — im vorliegenden Fall des aromatischen Amins — aus einem nicht an einer kovalenten Bindung beteiligten Elektronenzustand (einsames Elektronenpaar am Aminstickstoff), so liegt ein n,π-Komplex vor:

$$HO-Pi \ldots \underset{\overset{\|}{H_2}}{N}-Ar \leftrightarrow HO-Pi^- \ldots \underset{\overset{\|}{H_2}}{N^+}-Ar$$

[1] R. N. HASZELDINE: J. Chem. Soc. (London) **1954**, 4145.
[2] D. L. GLUSKER u. H. W. THOMPSON: J. Chem. Soc. (London) **1955**, 471.
[3] R. A. ZINGARO u. W. E. TOLBERG: J. Am. Chem. Soc. **81**, 1353 (1959).
R. A. ZINGARO u. W. B. WITMER: J. Phys. Chem. **64**, 1705 (1960).
[4] R. D. KROSS u. V. A. FASSEL: J. Am. Chem. Soc. **79**, 38 (1957).

KROSS und FASSEL sprechen noch spezieller von der Möglichkeit einer lokalisierten charge transfer-Bindung zwischen dem Stickstoff des Amins und einer NO_2-Gruppe der PiOH

$$HO(NO_2)_2C_6H_2-NO_2 \ldots H-N-Ar \leftrightarrow HO(NO_2)_2C_6H_2-NO_2^- \ldots H-N^+-Ar$$
$$\mid \qquad\qquad\qquad\qquad\qquad\qquad\qquad\quad \mid$$
$$H \qquad\qquad\qquad\qquad\qquad\qquad\qquad\quad H$$

Die Verbindung Piperidin-PiOH soll nach KROSS und FASSEL im festen Zustand als n,π-Komplex vorliegen. Die Verbindung Anilin-PiOH und β-Naphthylamin-PiOH wird als π-π-Komplexe bezeichnet.

Nach Untersuchungen von BRIEGLEB und DELLE[1] im Bereich 2,5—4 μ der NH-Valenzschwingungsfrequenzen und der $N-H^+ \ldots {}^-O-Pi$-,,Salzbanden" (vgl. Kap. VIII,5 und XI) ergibt sich dagegen eindeutig, daß die Verbindung Piperidin-PiOH im Festzustand als *Salz* vorliegt; das Gleiche gilt für die Verbindung Anilin-PiOH und β-Naphthylamin-PiOH[2].

3. Aktivierung inaktiver Schwingungsfrequenzen der Komplex-Komponenten in EDA-Komplexen

COLLIN und D'OR[3], D'OR, ALEWEATERS und COLLIN[4] und PERSON, ERICKSON und BUCKLES[5] beobachten in Benzol-Chlor und Benzol-Brom-Lösungen die an und für sich IR inaktive Valenz-Schwingungsfrequenz 526 cm^{-1} und 305 cm^{-1} des Cl_2 und Br_2-Moleküls. Die entsprechenden Raman-Frequenzen liegen bei höheren Frequenzen, nämlich bei 557 cm^{-1} und 321 cm^{-1}. Über die Ursache der Frequenzerniedrigung als Folge der intermolekularen Mesomerie wurde bereits auf S. 96 etwas gesagt.

Für die Aktivierung IR inaktiver Halogen-Valenz-Schwingungs-Frequenzen im CT-Komplex gibt es zwei Möglichkeiten einer Deutung.

a) Das Halogenmolekül liegt nicht parallel zur Molekülebene des Benzols (vgl. S. 170 u. f.).

b) Die Intensität einer ,,Symmetrie verbotenen" Schwingungsfrequenz kann mehr oder weniger stark erhöht werden durch den Effekt einer Änderung des Mesomerie-Momentes (S. 13) infolge einer Änderung

---

[1] G. BRIEGLEB u. H. DELLE: Z. Elektrochem. **64**, 347 (1960); Z. physik. Chem. N. F. **24**, 359 (1960).

[2] Die in KBr aufgenommenen Spektren[1] von Verbindungen der PiOH mit aromatischen Aminen zeigen im Bereich der asymmetrischen NO_2-Valenzschwingung andere Absorptionsbanden als die von KROSS und FASSEL in Nujol aufgenommenen Spektren der gleichen Verbindungen. Untersuchungsergebnisse im Gebiete der OH- und NH-Valenzschwingungen und der Salzbanden wurden von KROSS und FASSEL nicht angegeben.

[3] J. COLLIN u. L. D'OR: J. Chem. Phys. **23**, 397 (1955). s. auch R. S. MULLIKEN: J. Chem. Phys. **23**, 397 (1955).

[4] L. D'OR. R. ALEWAETERS u. J. COLLIN: Recueil **75**, 862 (1956); vgl. auch PERSON, ERICKSON u. BUCKLES[5].

[5] W. B. PERSON, R. E. ERICKSON u. R. E. BUCKLES: J. Chem. Phys. **27**, 1211 (1957); J. Am. Chem. Soc. **82**, 29 (1960).

der Ionisationsenergie[1,2] des Donators bzw. der Elektronenaffinität des Acceptors[2] während einer Schwingung.

Zwischen den Möglichkeiten a) und b) ist vorerst nicht zu entscheiden, so daß Schlüsse auf die Konfiguration der CT-Komplexe auf Grund des Auftretens „verbotener" Linien im IR-Spektrum eines CT-Komplexes nicht eindeutig sind (S. 170)[3].

FERGUSON weist im Benzol-J_2[4] und Benzol-Br_2-Komplex[1] zwei im *freien* Benzol *inaktive* Schwingungsfrequenzen E_{1g} und A_{1g} bei 850 cm^{-1} und 992 cm^{-1} nach. FERGUSON[1,5] deutet das Auftreten dieser Linien durch eine Symmetrieerniedrigung des Benzols von D_{6h} auf C_{6v} (vgl. dagegen aber die unter b) erwähnte Möglichkeit einer andersartigen Deutung).

Weitere Beispiele einer Aktivierung inaktiver IR-Schwingung infolge einer CT-Komplexbildung[6].

Systematische Untersuchungen werden von HALLER, JURA und, PIMENTEL[7] an einem größeren Material an Molekülkomplexen des J_2 und des JCN mit zahlreichen Donatormolekülen angestellt[8].

Es werden die IR-Spektren der J_2-Komplexe mit Benzol, Toluol, Mesitylen, Hexamethylbenzol, Naphthalin, Cyclohexan und Methylcyclohexan im Bereich 640—1400 cm^{-1} gemessen. Besonderer Wert wurde auf eine extreme und wiederholte Reinigung der Substanzen gelegt um Verunreinigungseffekte auszuschließen.

Es wird entweder J_2 im Donator als Lösungsmittel gelöst oder es wird J_2 und der Donator in CS_2 oder CCl_4 als Lösungsmittel gelöst und eventuelle Veränderungen im IR-Spektrum des Donatormoleküls untersucht.

Es werden in den meisten Fällen mehr oder weniger geringe spektrale Veränderungen im Komplex im Vergleich zur reinen Substanz gefunden.

---

[1] E. E. FERGUSON: J. Chem. Phys. **26**, 1357 (1957); Spectrochim. Acta **10**, 123 (1957).

[2] E. E. FERGUSON u. F. A. MATSEN: J. Chem. Phys. **29**, 105 (1958).

[3] E. E. FERGUSON u. F. A. MATSEN: J. Am. Chem. Soc. **82**, 3268 (1960).

[4] Vgl. dazu auch die kritischen theoretischen Betrachtungen von J. MORCILLO u. E. GALLEGO: Anales real soc. españ. fis. y quím. **55**, 645 (1959).

[5] E. E. FERGUSON: J. Chem. Phys. **25**, 577 (1956).

[6] Über IR-spektroskopische Untersuchungen über die Einwirkung von J_2, Br_2 und JCN auf Amylose siehe bei: R. S. BEAR: J. Am. Chem. Soc. **64**, 1388 (1942). C. T. GREENWOOD u. H. ROSSOTTI: J. Polymer Sci. **27**, 481 (1958); J. HOLLO u. J. SZEJTLI: Periodica Polytechnica **2**, 25 (1958). G. A. GILBERT u. J. V. R. MARRIOTT: Trans. Faraday Soc. **44**, 84 (1948). J. HOLLO u. J. SZEJTLI: Perioduca Polytechnica **1**, 223 (1957). H. A. DUBE: Dissertation, Iowa State College, 1947; quoted by R. W. KERR. The Chemistry and Industry of Starch, 2nd ec, New York: Academ. Press 1950. Es ist nicht geklärt, ob das Halogen mit den Äthersauerstoffatomen oder mit den Hydroxylgruppen in Wechselwirkung tritt.

[7] W. HALLER, G. JURA u. G. C. PIMENTEL: J. Chem. Phys. **22**, 720 (1954).

[8] Vergleiche auch die ausführlichen neueren Untersuchungen von J. MORCILLO u. E. GALLEGO: Anales real. soc. españ. fis. quím. **55** (B) 629 (1959), über die IR-Spektren von J_2, Br_2 und Cl_2 in Benzol, Toluol, Isopropyl- und t-Butyl-benzol, m- und p-Xylol, 1-Methyl-4-isopropyl-, 1,4-Diisopropyl, 1,3,5-Trimethyl-, 1,2,4-Trimethyl-, 1,2,4-Triisopropyl-, 1,3,5-Triisopropyl-, 1,2,4,5-Tetramethyl- und Hexamethylbenzol. Teilweise wurden auch Lösungen in CS_2 untersucht.

Im Spektrum von Benzol, Toluol, Mesitylen und Hexamethylbenzol wird mindestens eine Frequenz, die im *freien* Molekül lediglich raman-aktiv ist, im Komplex deutlich. Das bestätigt im Falle Mesitylen, bei dem die Frequenz 1300 cm^{-1} intensiviert wird, die Beobachtungen von GLUSKER, THOMPSON und MULLIKEN[1] und von PIMENTEL, JURA und GROTZ[2,3]. Bei Naphthalin, Cyclohexan und Methylcyclohexan wurden keine neuen Linien gefunden.

Die Banden-Intensitätserhöhung bei 1298 cm^{-1} im Falle Hexamethyl-benzol wurde in CS_2-Lösung in Abhängigkeit von der Konzentration an J_2 und Hexamethylbenzol untersucht.

2,3-Dimethyl-buten-2 zeigt in 1 : 1-Mischungen mit SO_2 eine schwache neue Bande bei 6,05 μ[4], die möglicherweise einer im freien Kohlenwasser-stoff nicht IR-aktiven C=C-Valenzschwingungsfrequenz zugeschrieben werden kann .

BURTON und RICHARDS[5] untersuchten das IR-Spektrum von MV p,p′-Dinitrodiphenyl-Diphenyl(I) von p,p′-Dinitrodiphenyl-p-Hydroxo-diphenyl(II) und von s-TNB-Dimethylanilin(III) im *festen* Zustand im Vergleich zu den Spektren der Komponenten.

Bei I und II werden bei der Molekülverbindung keine wesentlichen Änderungen im Spektrum im Vergleich zu den Komponenten gefunden. Das Spektrum der Molekülverbindung setzt sich nahezu additiv aus dem der Komponenten zusammen[6] im Gegensatz zu I und II zeigt das Spek-trum von III charakteristische Veränderungen; eine Deutung dafür steht noch aus.

4. IR-Absorptionsdichroismus

Messungen des Infrarot-Dichroismus mit polarisiertem infrarotem Licht an kristallisierten Molekülverbindungen gestattet Aussagen:

a) über die gegenseitige Orientierung der Molekülkomponenten in der Molekülverbindung,

b) über die Orientierung der Molekülverbindung zu den Kristall-achsen und

c) über eventuelle Änderung der Orientierung bestimmter Gruppen, z. B. NO_2, OH-Gruppen der Komplexkomponente im EDA-Komplex.

Messungen des Dichroismus der Infrarot-Absorption an festen Molekülverbindungen[7], Hexamethylbenzol-Pikrylchlorid, Anthracen-sym-Trinitrobenzol und p,p′-Dinitrodiphenyl-p-Hydroxydiphenyl, be-stätigen die Befunde der Röntgenstrukturuntersuchungen (Kap. X).

---

[1] D. L. GLUSKER, H. W. THOMPSON u. R. S. MULLIKEN: J. Chem. Phys. **21**, 1407 (1953).

[2] G. C. PIMENTEL, G. JURA u. L. GROTZ: J. Chem. Phys. **19**, 513 (1951).

[3] Daß HAM, REES u. WALSH [J. Chem. Phys. **20**, 1336 (1952)] im Falle Mesitylen-J_2 keine Banden bei 1300 cm^{-1} beobachten, ist offenbar darauf zurückzuführen, daß die Bande nur von geringer Intensität ist.

[4] D. BOOTH, F. S. DAINTON u. K. J. IVIN: Trans. Faraday Soc. **55**, 1293 (1959).

[5] W. R. BURTON u. R. E. RICHARDS: J. Chem. Soc. (London) **1950**, 1316.

[6] Vgl. auch das S. 176 u. f. über die Molekülverbindung der Nitrodiphenyle mit Diphenyl Gesagte.

[7] R. D. KROSS, K. NAKAMOTO u. V. A. FASSEL: Spektrochim. Acta **8**, 142 (1956).

Bei den Molekülverbindungen mit organischen aromatischen Nitroverbindungen wurde an den Komplexen Pikrylchlorid-Hexamethylbenzol, Trinitrobenzol-Anthracen und Pikrinsäure-β-Methylnaphthalin in Sonderheit genauer untersucht, ob und welche NO_2-Gruppen in einem EDA-Komplex aus der Ebene des Benzolkerns herausgedreht sind. Die asymmetrische Valenzschwingung der NO_2-Gruppe hat ein Übergangsmoment parallel zur Verbindungslinie der beiden O-Atome, daher wird für den Fall, daß die NO_2-Gruppe zur Ebene des Benzolkerns verdreht ist, das Übergangsmoment einen Vektor senkrecht zur Ringebene haben. Die Größe dieser Komponente ist proportional dem Cosinus des Verdrehungswinkels. Die symmetrische Valenzschwingung der NO_2-Gruppe dagegen hat ein Übergangsmoment in der Winkelhalbierenden des O-N-O-Winkels und ist daher unabhängig vom Verdrehungswinkel der NO_2-Gruppe in bezug auf die Ringebene. Daher wird die symmetrische Valenzschwingung im Gegensatz zur asymmetrischen Schwingung in Absorption hauptsächlich in Erscheinung treten, wenn das eingestrahlte IR-Licht in Richtung der Ringebene schwingt. Insbesondere im Falle der Molekülverbindung des Pikrylchlorids und der Pikrinsäure ergab die IR-dichroitische Absorption, daß auch im EDA-Komplex *eine* NO_2-Gruppe — wahrscheinlich eine der NO_2-Gruppen in o-Stellung — aus der Ringebene herausgedreht ist.

5. Prinzipielle Veränderungen im IR-Spektrum durch Ionenbildung als Folge einer EDA-Komplexbildung

Größere Frequenz-Verschiebungen und das Auftreten neuer Linien im IR-Spektrum bei EDA-Komplexbildung werden im Fall *lokalisierter* Bindungen zwischen bestimmten Atomen oder Molekülbezirken des D oder A-Moleküls beobachtet (z. B. bei n,σ-Komplexen). Die Spektren von J_2 in *Pyridin* und *Pikolin* sind im Vergleich zu den Spektren der Komponenten weitgehend verändert[1].

Eine teilweise Ionen-Bildung ist nicht auszuschließen.

Es werden eine Reihe von Frequenzen des Pyridin-Ringes verändert.

Die Konzentrationsabhängigkeit des Spektrums des J_2-*Pyridin*-Komplexes in Lösungen in CS_2 bei variablen Pyridin- und J_2-Konzentrationen zeigt Anzeichen eines Überganges vom normalen J_2-Pyridin-CT-Komplex Py... J_2 zum Ionenkomplex $(PyJ^+)J^-$[1,2].

Bei Zugabe von *Pyridin* zu Lösungen von JCN in CS_2 nimmt die Intensität der JCN-Banden allmählich ab, bis diese vollständig verschwinden[1], wahrscheinlich infolge einer Ionenbildung $[Py-J^+]CN^-$. Die Bande des CN^--Ions ist nicht beobachtbar, eventuell weil sie von entsprechenden Banden des Py überlagert wird. Daß sich $Py-J^+$ und nicht $Py-CN^+$ bildet, geht schon daraus hervor, daß die im IR-Spektrum des Py verursachten Änderungen bei Anlagerung von J_2 und von JCN ganz entsprechend sind.

[1] D. L. GLUSKER u. H. W. THOMPSON: J. Chem. Soc. (London) **1955**, 471.
[2] Siehe auch C. REID u. R. S. MULLIKEN: J. Am. Chem. Soc. **76**, 3869 (1954).

Die Veränderungen des [Butylamin-JCN]-IR-Spektrums in Lösungen von JCN in Butylamin sind so tiefgreifend, daß auf Bildung von $(BuNH_2J)^+CN^-$-Ionen geschlossen werden muß[2], ähnlich wie es bei Pyridin-J_2 der Fall ist[1,3].

Bemerkenswerterweise ändert sich in den JCN-Komplexen die CN-Valenzschwingung, soweit diese überhaupt beobachtbar ist, nur wenig, was mit der Vorstellung vereinbar ist, daß der Donator mit J in Wechselwirkung tritt.

Grundlegende Veränderungen im IR-Spektrum sind bei CT-Molekülverbindungen zu erwarten, bei denen schon im Grundzustand sich Ionenpaare D^+A^- bilden (vgl. Kap. XI).

KAINER[4] beobachtet die IR-Spektren der Molekülverbindungen des Tetramethyl-Phenylendiamins als Elektronendonator mit Halogenchinonen als Acceptoren und findet Veränderungen, die weit über das Maß der in allen anderen Fällen an CT-Molekülverbindungen gefundenen Effekte hinausgehen und prinzipieller Art sind.

Eine nähere Analyse und Deutung der IR-Spektren steht noch aus. Es bilden sich durch direkten Elektronenübertritt die Ionen: [Halogenchinon]$^-$ und [Tetramethylphenylendiamin]$^+$ (Kap. XI).

Über eine Ionenbildung durch *Protonen*übergang als Komplexisomerie-Umwandlung (HERTEL[5]) aus einem EDA-Komplex wurden von BRIEGLEB und DELLE[6] systematische IR-spektroskopische Untersuchungen angestellt (Kap. XI).

Die Spektren des Piperidin-, β-Naphthylamin- und Anilin-Hydrochlorids zeigen im Vergleich zu den freien Aminen neue Absorptionsbanden im Bereich 3—4,5 μ, die typisch sind für ein Salz mit einer der Coulombschen Anziehung überlagerten Wasserstoffbrückenbindung N^+—H . . . X^-[7,8].

Die gleichen charakteristischen neuen Banden bei 3,8 und 4μ sind bei den *Pikraten* des Anilins, Piperidins und β-Naphthylamins zu beobachten (Abb. 46).

---

[1] D. L. GLUSKER u. H. W. THOMPSON: J. Chem. Soc. **1955**, 471.

[2] R. N. HASZELDINE: J. Chem. Soc. (London) **1954**, 4145.

[3] W. B. PERSON, R. E. HUMHPREY u. A. I. POPOV: J. Am. Chem. Soc. **81**, 273 (1959).

[4] H. KAINER u. A. ÜBERLE: Chem. Ber. **88**, 1147 (1955). H. KAINER u. W. OTTING: Chem. Ber. **88**, 1921 (1955).

[5] E. HERTEL: Liebigs Ann. Chem. **451**, 179 (1926).

[6] G. BRIEGLEB u. H. DELLE: Z. Elektrochem. **64**, 347 (1960).

[7] R. C. LORD u. R. E. MERRIFIELD: J. chem. Phys. **21**, 166 (1953). G. M. BARROW u. E. A. YERGER: J. Am. chem. Soc. **76**, 5211 (1954). B. CHENON u. C. SANDORFY: Can. J. Chem. **36**, 1181 (1958). J. BELLANATO u. J. R. BARCELO: Chem. Zentr. **129**, 7704 (1958); Anales real soc. españ. fis. y quím. Ser. B. **52**, 469, Juli/August (1956). Madrid Inst. de Optica ,,Daza de Valdes". K. MAYER: Diplomarbeit Würzburg 1957. Vgl. dazu auch die Untersuchungen von W. LÜTTKE u. H. MARSEN: Z. El. Chem. **57**, 680 (1953). R. A. HEACOCK u. L. MARION: Can. J. Chem. **34**, 1782 (1956). H. M. RANDALL, N. FUSON, R. G. FOWLER u. J. R. DANGL: Infrared determination of organic structures. D. VAN NOSTRAND Comp. Inc. New York 1949. H. W. THOMPSON. D. NICHOLSON u. L. N. SHORT: Discuss. Faraday Soc. **9**, 222 (1950).

[8] Außerdem werden noch bei den Amin-Salzen NH^+. . . X^- Valenzschwingungsfrequenzen im Bereich 4,7—5 μ beobachtet und schließlich auch Banden bei 6,2—6,7 μ.

Die Basizität von Indol und Carbazol ist dagegen so gering, daß mit Pikrinsäure echte Molekülverbindungen gebildet werden. Dementsprechend sind im IR-Spektrum im Bereich 3,5—5 μ keine „Salzbanden" zu beobachten[1]. Das IR-Spektrum der Molekülverbindung ist in diesem Bereich eine Überlagerung der Spektren der Komponenten.

Die IR-Spektren der gelben *Salze* der Pikrinsäure mit 1-Brom-2-naphthylamin und 1,6-Dibrom-2-Naphthylamin im Bereich 2,5—4,5 μ zeigen neben den „Salzbanden" bei 3,45 und 3,9 μ eine für die freie NH-Valenzschwingung charakteristische Absorption im Bereich 2,9—3 μ, was auf eine teilweise Umwandlung in die EDA-*Molekülverbindung* schließen läßt[2,3]. Beim Erhitzen auf etwa 140°C lagert sich das gelbe *Salz* vollständig in die rote EDA-*Molekülverbindung* um, was sich im IR-Spektrum durch das Verschwinden der Salzbanden bei 3,45 und 3,9 μ bemerkbar macht. Mit der Umwandlung in die

---

[1] (Eine bei 3,25 μ auftretende Zacke kann der CH-Valenzschwingung zugeordnet werden.)

[2] G. BRIEGLEB u. H. DELLE: loc. cit.

[3] Das gleichzeitige Auftreten der NH-Valenzschwingungsbanden und der „Salzbanden" wird bei den Pikraten und Chloriden *starker* Basen nicht beobachtet. Man kann daher annehmen, daß bei den Komplexisomeren der Pikrinsäure mit sehr schwachen Basen neben dem bei Raumtemperatur stabilen „Salz" im KBr-Preßling noch zu einem gewissen Anteil die rote Molekülverbindungs-Modifikation vorhanden ist, infolge einer teilweisen Umwandlung unter den bei der Herstellung der KBr-Tabletten entsprechenden Bedingungen. Beim o-, m- und p-Bromanilin und o-Chloranilin konnten solche teilweise Umwandlungen der Salze in die Molekülverbindungen nicht beobachtet werden.

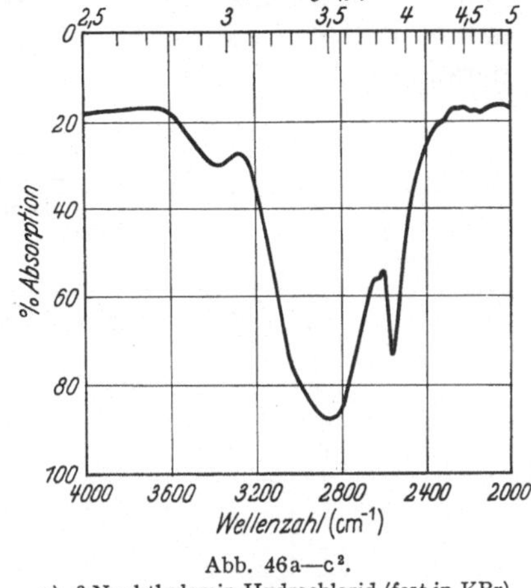

Abb. 46a—c[2].

a) β-Naphthylamin-Hydrochlorid (fest in KBr)

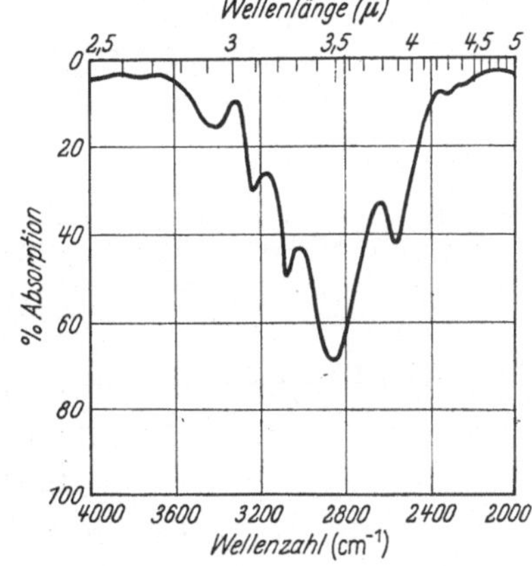

b) β-Naphthylaminpikrat (fest in KBr)

c) Anilinpikrat (fest in KBr)

Molekülverbindung geht erwartungsgemäß auch eine Intensitätszunahme und Aufspaltung der NH-Valenzschwingungsbande bei 2,9—3 μ parallel[1] (Abb. 47, 48).

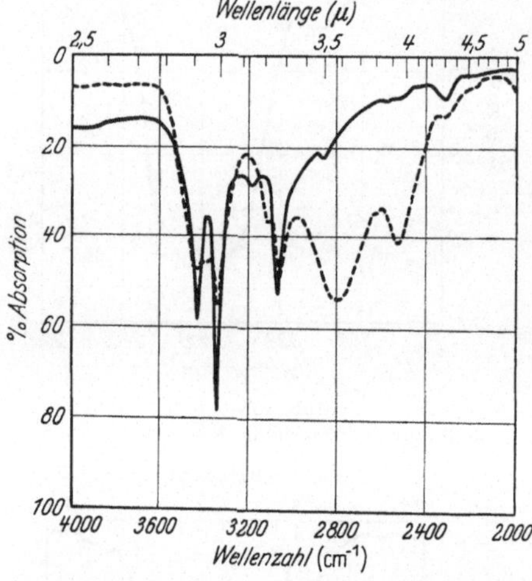

Abb. 47[1]. UR-Spektrum der gelben Modifikation der Verbindung 1-Brom-2-Naphthylamin-Pikrinsäure im Bereich 2,5—4. μ; ----- = Spektrum in einer KBr-Tablette bei Raumtemperatur. —— = Spektrum nach Erhitzen der Tablette auf 140° C

Abb. 48[1]. UR-Spektrum der gelben Modifikation der Verbindung 1,6-Dibrom-2-naphthylamin-Pikrinsäure im Bereich 2,5—4. μ; ----- = Spektrum in einer KBr-Tablette bei Raumtemperatur. = —— Spektrum nach Erhitzen der Tablette auf 140° C

IX. Bildungskonstanten und thermodynamische Reaktionswerte, ΔH, ΔG und $T \cdot \Delta S$ der Bildung von EDA-Komplexen

(Donator- und Acceptorstärke)

1. Zusammenstellung thermodynamischer Reaktionswerte einiger EDA-Komplexe und allgemeine Gesichtspunkte über den Einfluß der Konstitution und des Aggregatzustandes

a) Allgemeines über die thermodynamischen Reaktionswerte. In den Tabellen 52 bis 67 sind von EDA-Komplexen einiger charakteristischer Elektronenacceptoren (Trinitrobenzol, Chinone, Halogene, SO_2, Tetracyanäthylen usw.) mit homologen und auch nicht homologen Elektronen-Donatoren die Bildungskonstante K_x[2], bzw. die freie Enthalpieänderung $\Delta G = -RT \ln K_x$ und außerdem, soweit Meßdaten vorlagen, die Bildungsenthalpie ΔH und die Entropieänderung ΔS bzw. $T \cdot \Delta S$ zusammengestellt. Über die Methoden zur Bestimmung von K und ΔH und deren Fehlermöglichkeiten, vgl. Kap. XII.

---

[1] G. BRIEGLEB u. H. DELLE: loc. cit.

[2] $K_x = \dfrac{x_{DA}}{x_D \cdot x_A}$. Soweit in der Literatur K_c-Werte angegeben worden waren, wurden diese in K_x umgerechnet.

Die in Lösungsmitteln ermittelten Bildungsenthalpien enthalten die Differenz der Solvatationsenergien. Die Solvatationsenergien sind nicht unbeträchtlich (vgl. S. 114 u. f.) und daher können schon relativ geringe Unterschiede in der Solvatation der Komponenten und der Molekülverbindung den Wert der relativ kleinen Bildungsenthalpien nicht unerheblich beeinflussen.

Der Lösungsmitteleinfluß (S. 114 u. f.) ist um so geringer je kleiner die Solvatationswirkung des Lösungsmittels, d. h. je unpolarer das Lösungsmittel ist. Allerdings verringert sich in gleichem Maße die Löslichkeit des EDA-Komplexes in solchen Lösungsmitteln. In Lösungen können sich auch in bestimmten Konzentrationsbereichen, besonders bei Überschuß einer Komponente 1 : 2 oder 2 : 1 Komplexe bilden[1].

Zur Frage der Abhängigkeit der genannten thermodynamischen Größen ΔG und ΔH von der Konfiguration der Donatorkomponente bei gleichem Acceptor und umgekehrt (vgl. auch Kap. IX, 5), ist zu beachten, daß ΔH und somit auch $\Delta G = \Delta H - T \cdot \Delta S$ einige sich überlagernde molekulare Energiegrößen enthalten. ΔH setzt sich aus der Van der Waalsschen Wechselwirkungs-Energie: W_0 und der Resonanzenergie: R_N zusammen (Kap. I, II und IV). Die Abhängigkeit der Energiegrößen W_0 und R_N vom Molekülbau der Komponenten A und D ist sehr verschiedenartig (siehe Kap. IV).

Durch den wechselnden Anteil von W_0 an der Gesamtenergie ΔH besteht kein *strenger* Zusammenhang zwischen ΔH, bzw. ΔG und $h\nu_{CT}$ (vgl. Kap. IX, 2). ΔG enthält außerdem noch den Einfluß der Entropieänderung ΔS.

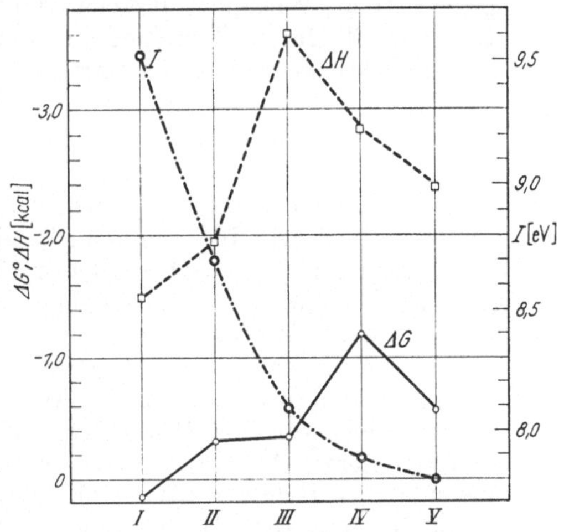

Abb. 49. ΔG und ΔH der Molekülverbindung des Trinitrobenzols mit Benzol (I), Styrol(II), Stilben (III), Diphenylbutadien (IV) und Diphenylhexatrien (V) und die Ionisierungsenergien dieser Kohlenwasserstoffe

Abb. 49 zeigt als Beispiel einiger homologer π,π-Komplexe den Verlauf der ΔH und ΔG-Werte in den Molekülverbindungen einiger Diphenylpolyene mit Trinitrobenzol als Acceptor.

Zugleich ist auch in Abb. 49 die Ionisierungsenergie eingetragen, die der Elektronenüberführungsenergie $h\nu_{CT}$ proportional ist und die ein Maß der Donatorstärke des Donators ist und außerdem unmittelbar maßgebend ist für die Größe der Resonanzenergie (Kap. VI, Kap. IX, 5 und IV).

---

[1] Zum Beispiel bei EDA-Komplexen aromatischer NO_2-Verbindungen mit Dimethylanilin oder Anilin. S. D. Ross u. M. M. Labes: J. Am. Chem. Soc. **79**, 76 (1957). J. Landauer u. H. McConnell: J. Am. Chem. Soc. **74**, 1221 (1952).

Der Acceptor mit stark *polaren* Gruppen (Trinitrobenzol, Chloranil, Tetracyanäthylen) lagert sich an die Stelle maximaler Häufung polarisierbarer Bindungen an, weil dann W_0 einen maximalen Betrag hat (Abb. 50) (vgl. dazu Kap. X).

Bei den EDA-Komplexen z. B. mit Hexamethylbenzol, Naphthalin und Durol ist eine völlig symmetrische Anordnung der Komplexkomponenten zueinander möglich. Bei lang gestreckten oder größeren Donatormolekülen (z. B. bei den Diphenylpolyenen) ist der polare Acceptor an einen lokalisierten, begrenzten Molekülbereich (bei den Diphenylpolyenen am Phenylkern) angelagert. Die Reichweite der polaren Gruppen ist, wegen des steilen Abfalls der Van der Waalsschen Kräfte nicht groß genug, um noch merkliche

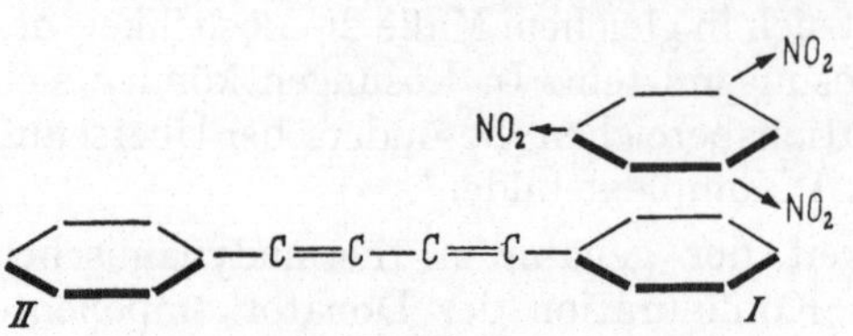

Abb. 50. Diphenylbutadien-Trinitrobenzol

polarisierende Wirkung auf den anderen Phenylkern ausüben zu können. Daher ist W_0 für Stilben (und die weiteren Phenylpolyene) kleiner als z. B. für Hexamethylbenzol, Naphthalin und Durol (Tab. 6). Außerdem hat W_0 in den EDA-Komplexen des Trinitrobenzols mit längerkettigen Diphenylpolyenen etwa den gleichen Betrag wie in den entsprechenden Komplexen des Trinitrobenzols mit Benzol oder Styrol.

Die Resonanzenergie R_N dagegen nimmt bei kleiner werdender Ionisierungsenergie bzw. entsprechend abnehmender Elektronenüberführungsenergie $h\nu_{CT}$ mit größer werdenden aromatischen Molekülen, z. B. mit zunehmender Kettenlänge der Diphenylpolyene zu. Der Anstieg der ΔH in den ersten Gliedern der homologen Diphenylpolyene ist auf eine solche Zunahme der Resonanzenergie zurückzuführen. Bei den höheren Gliedern erschwert das Anwachsen der Kettenlänge die Ausbildung einer stabilen Molekülverbindungskonfiguration, wodurch die Bildungsenergie ΔH trotz einem weiteren Abfall der Ionisierungsenergie aus *sterischen* Gründen wieder absinkt. Bei Unterbrechung der Konjugation durch partielle Hydrierung — z. B. bei Diphenylhexadien — steigt die Ionisierungsenergie und die Elektronenüberführungsenergie $h\nu_{CT}$ (Tab. 56), dementsprechend nimmt die Resonanzenergie und damit ΔH im Vergleich zu Diphenylhexatrien ab.

Die Entropieänderung ΔS muß auf jeden Fall immer miteinbezogen werden, soweit Beziehungen zwischen ΔG und $h\nu_{CT}$ (Kap. IX, 2) bzw. der Ionisierungsenergie des Donators (Kap. IX, 3) oder dem Mesomeriemoment (Kap. IX, 2 u. 3) diskutiert werden.

In manchen Fällen besteht eine Beziehung zwischen ΔH und $T \cdot \Delta S$ (vgl. Kap. IX, 4).

Im Entropieglied kommen sterische Effekte zum Ausdruck dies aber auch in ΔH, wenn durch sterische Effekte der intermolekulare Abstand verringert wird (vgl. z. B. den Abfall der ΔH und der K- bzw. ΔG-Werte bei den Molekülverbindungen des J_2, Chloranil und JCl mit Hexa*äthyl*benzol im Vergleich zu den entsprechenden Komplexen mit Hexa*methyl*methylbenzol (Tab. 53, 60 u. 62, Kap. IX, 1 e) (vgl. auch S. 150).

Die Entropieänderung ist fast ausnahmslos negativ, wegen der Verringerung der kinetischen- und der Rotations-Freiheitsgrade beim Zusammentritt von zwei einzelnen Molekülen zu einem Molekülpaar. Es muß dabei aber auch der möglichen Einschränkung *innerer* Rotationsfreiheitsgrade — etwa um eine C—C-Bindung z. B. in den Diphenylpolyenen infolge der Komplexbildung Rechnung getragen werden[1,2]. (Über den Einfluß einer mehr oder weniger beschränkten freien Drehbarkeit auf die Ionisierungsenergie des Donatormoleküls bzw. auf die Elektronenaffinität des Acceptormoleküls und die Stabilität der EDA-Komplexe vgl. Kap. IX,5 in Sonderheit S. 152 u. f.und S. 166).

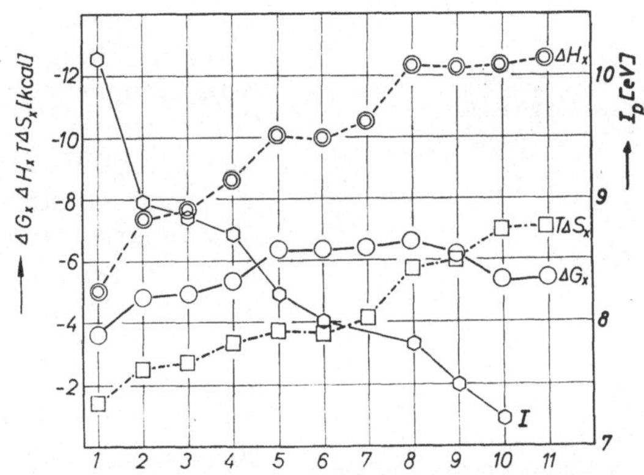

Abb. 51[3]. ΔG, ΔH und $T \cdot \Delta S$ der EDA-Komplexe des J_2 mit aliphatischen Aminen und deren Ionisierungsenergie 1 = Ammoniak, 2 = Me—NH$_2$, 3 = Äthyl—NH$_2$, 4 = n-Butyl—NH$_2$, 5 = Me$_2$-NH, 6 = (Äthyl)$_2$—NH, 7 = Piperidin, 8 = Me$_3$—N, 9 = (Äthyl)$_3$—N, 10 = (n-Propyl)$_3$—N, 11 = (n-Butyl)$_3$—N

Die Änderung des Entropieanteils ΔS in Abhängigkeit vom Donator bei gleichbleibendem Acceptor ist nicht immer so ausgeprägt und charakteristisch wie es bei ΔH der Fall ist, sondern ΔS bleibt oft in homologen Reihen relativ konstant. Über einen in manchen Fällen beobachteten Zusammenhang zwischen ΔH und $T \cdot \Delta S$ vgl. Kap. IX,4.

Als Beispiel für das Verhalten von ΔG, ΔH und $T \cdot \Delta S$ in n,σ-Komplexen ist in Abb. 51 für verschiedene EDA-Komplexe des J_2 mit aliphatischen Aminen[3] ΔG, ΔH und $T \cdot \Delta S$ zusammen mit der Ionisierungsenergie I aufgetragen worden. Es ist zu ersehen, daß die Bildungsenergie ΔH entsprechend der abnehmenden Ionisierungsenergie I zunimmt (Kap. IX,). Dagegen nimmt ΔG bei den tertiären Aminen mit größer werdender Alkylgruppe ab infolge sterischer Abschirmung des Stickstoffatoms, Abb. 52. Es wird dadurch die Wahrscheinlichkeit verringert, daß bei einem Stoß das J_2-Molekül auf das N-Atom auftrifft (Einfluß von ΔS auf ΔG). Der Stickstoff in den tertiären Aminen kann z. B. beim

[1] C. E. Castro, L. J. Andrews u. R. M. Keefer: J. Am. Chem. Soc. **80**, 2322 (1958).

[2] G. Briegleb, J. Czekalla u. A. Hauser: Z. physik. Chem. N. F. **21**, 114 (1959).

[3] H. Yada, J. Tanaka u. S. Nagakura: Technical Report Inst. Solid State Physics, Tokyo, University 1960. Bull. Chem. Soc. Japan **33**, 1660 (1960).

(Tri-*n*-Butylamin)-N bei bestimmten Konstellationen der Butylgruppen völlig umschlossen und unzugänglich sein. Ist aber das J_2 am N gebunden, so mit einer so großen Bindungsenergie, daß die thermische Rotationsbewegung der Alkylgruppen ohne nennenswerten Einfluß auf die Bindungsenergie ist. Die Rotationsbewegung der Alkylgruppen wird bei den tertiären Aminen im J_2-Komplex durch die Volumenbeanspruchung des J_2 besonders stark behindert, was aus einer entsprechend relativ starken Abnahme der Entropie bei der Komplexbildung zu ersehen ist.

b) Bildung kristallisierter EDA-Komplexe. Eine besondere Frage ist es, ob es gelingt, eine EDA-Molekülverbindung in einheitlich stöchiometrischer Zusammensetzung in kristallisierter Form abzutrennen. Oft wird die Frage der Existenz einer Molekülverbindung mit der Bedingung, diese in kristallisierter Form aus Lösungen oder aus der Schmelze isolieren zu können, in Zusammenhang gebracht, oder es werden daraus Schlüsse auf die *Stabilität* der Verbindung gezogen. Kristallisationsfähigkeit und Bildungsenergie eines EDA-Komplexes in homogener Lösung brauchen keineswegs miteinander in einem direkten Zusammenhang zu stehen. Zum Beispiel hat Dibenzyl-Trinitrobenzol eine Bildungsenergie von etwa 0,6 kcal in CCl_4 als Lösungsmittel und ist leicht kristallisierbar zu erhalten, dagegen ist es bisher nicht gelungen, o-Dinitrobenzol-Anthracen kristallisiert zu erhalten, obwohl die Bildungsenergie in CCl_4 als Lösungsmittel 2,9 kcal beträgt[1].

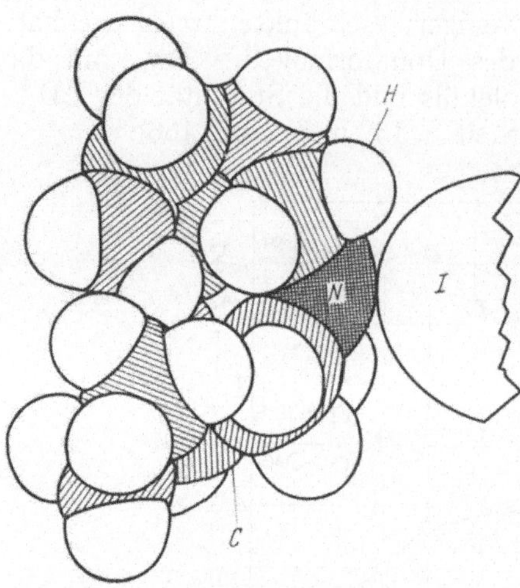

Abb. 52a u. b.

a) Modell eines stabilen Molekülkomplexes Tri-*n*-Butylamin-J_2 mit freiliegender Wirkungssphäre des N-Atoms und mit eingeschränkter Rotationsbewegung der *n*-Butylgruppen

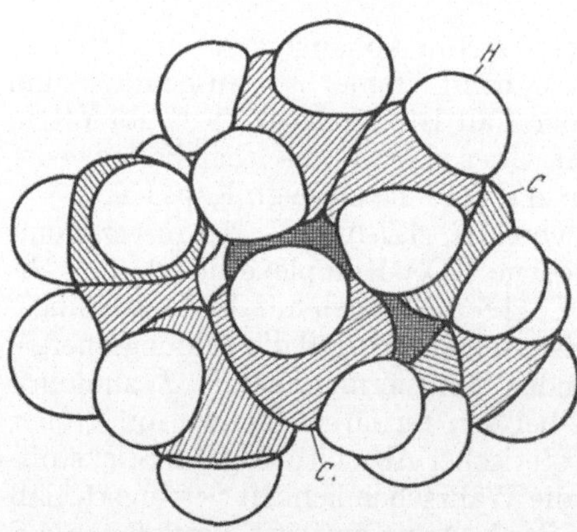

b) Modell Tri-*n*-Butylamin in einer Konstellation vollständiger Umhüllung des N-Atoms

Ob es gelingt, eine Molekülverbindung in Kristallen zur Abscheidung zu bringen, ist eine Frage des Bindungszustandes D . . . A, D . . . D und

---

[1] Vgl. entsprechende Beobachtungen über Kristallisationsfähigkeit und Bildungsenthalpie in Lösungen bei Molekülverbindungen des SO_2 als Acceptor. D. Booth, F. S. Dainton u. K. J. Ivin: Trans. Faraday Soc. **55**, 1293 (1959).

A ... A der Komponenten im Gitter *unter*einander und *mit*einander, außerdem der Keimbildungsfähigkeit, Kristallisationsgeschwindigkeit, der Molvolumina, der sterischen Möglichkeiten usw. Viele EDA-Komplexe sind nur in Lösungen oder in der Schmelze nachweisbar.

Auch ist zu berücksichtigen, daß die *stöchiometrische Zusammensetzung* des EDA-Komplexes vom Aggregatzustand abhängig sein kann. Es kann die für einen bestimmten Gittertypus stabilste stöchiometrische Zusammensetzung der festen Molekülverbindung in *Lösungen* instabil sein. In Lösungen ist die Zusammensetzung zuweilen abhängig von der Konzentration der Komponenten.

Einen wesentlichen Beitrag zur Frage des Einflusses des Kristallgitters auf die Bildung von EDA-Komplexen können Messungen der Bildungswärmen *fester* EDA-Komplexe geben im Zusammenhang mit Gitterstrukturuntersuchungen.

HAMMICK und HUTCHISON[1] messen die Änderung der freien Energie der Bildung der festen Molekülverbindung aus den festen Komponenten für Molekülverbindungen des Trinitrobenzols und Trinitrotoluols mit einer Reihe aromatischer Kohlenwasserstoffe. Sie bestimmen $\Delta G = - RT \ln c_1/c_2$, wobei c_2 die Löslichkeit der Nitrokomponente in Wasser ist bei Gegenwart der festen Molekülverbindung und des festen Kohlenwasserstoffes als Bodenkörper. c_1 ist die Löslichkeit der reinen Nitrokomponente in Wasser.

Tabelle 39 gibt die entsprechenden Werte.

Die Abstufung der Stabilitäten der Molekülverbindung entspricht nicht in allen Fällen der Abstufung der in Lösungen gemessenen Gleichgewichtskonstanten. So ist gemäß den Bildungskonstanten in Lösungen die Molekülverbindung mit Anthracen und Hexamethylbenzol stabiler als mit Naphthalin und Phenanthren.

Tabelle 39. *Stabilität von festen Molekülverbindungen von Trinitrobenzol und Trinitrotoluol mit aromatischen Kohlenwasserstoffen bei 25,0°*

Arom. Kohlenwasserstoffe	1:1 TNB Komplexe			1:1 TNT Komplexe		
	M.P.	c_2	ΔG	M.P.	c_2	ΔG
Anthracen	162°	0,100	−0,84	159°	0,107	−0,14
Duren	101	0,099	−0,84			
Fluoren	105	0,091	−0,89	89	0,034	−0,83
Hexamethylbenzol . . .	173	0,043	−1,34	123	0,085	−0,28
Pentamethylbenzol . . .	119	0,0279	−1,59	81	0,045	−0,66
Acenaphthen				111	0,0151	−1,30
Naphthalin	152	0,0114	−2,08	97	0,0123	−1,43
Phenanthren	164	0,0070	−2,41	102	0,0142	−1,34
2-Methylnaphthalin . . .	123	0,0062	−2,48	74	0,0079	−1,69
Fluoranthen	204	0,0030	−2,91	132	0,0096	−1,57
1:3:5-Trinitrobenzol . .	$c_1 = 0,404$			−		
2:4:6-Trinitrotoluol . . .	−			$c_1 = 0,135$		

[1] D. Ll. HAMMICK u. H. P. HUTCHISON: J. Chem. Soc. (London) **1955**, 89; vgl. auch entsprechende Messungen bei BEHREND: Z. physik. Chem. **15**, 183 (1894); BRÖNSTED: Z. physik. Chem. **78**, 284 (1912); DIMROTH u. BAMBERGER: Ann. Chem. **438**, 67 (1924); R. P. BELL u. J. A. FENDLEY: Trans. Faraday Soc. **45**, 121 (1949).

Suzuki und Seki[1] bestimmen die Bildungswärmen der festen, kristallisierten Molekülverbindungen einerseits aus den festen kristallisierten Komponenten und andererseits aus den Komponenten bezogen auf den *Gaszustand*. Diese Bildungswärmen ergeben sich aus der Differenz der Lösungswärmen der festen Molekülverbindungs-Komponenten und der festen Molekülverbindung unter Berücksichtigung der Sublimationswärmen der Molekülverbindungs-Komponenten. Im Falle Benzol als Molekülverbindungs-Komponente muß noch die Schmelzwärme miteinbezogen werden. Tab. 40 gibt die Bildungswärme der Molekülverbindung des TNB mit Benzol, Naphthalin und Anthracen im Vergleich zu den entsprechenden Bildungswärmen im gelösten Zustand (vgl. auch Tab. 45, S. 116 über die Lösungsmittel-Abhängigkeit der Bildungswärmen-Abstufung u. Tab. 56 u. 57).

Tabelle 40. *Bildungswärmen von kristallisierten und gelösten EDA-Komplexen: Trinitrobenzol mit Benzol, Naphthalin und Anthracen in kcal*

	Benzol	Naphthalin	Anthracen
Bildungswärmen der kristallisierten Komplexe aus den auf den Gaszustand bezogenen Komponenten .	−34,9	−40,7	−46,9
Bildungswärmen der kristallisierten Komplexe aus den kristallisierten Komponenten	−0,7	−1,12	−0,341
Bildungswärmen in			
CCl_4	−1,71	−4,31	−4,5
$C_2H_2Cl_4$	−		−3,6
Äther	−	−0,99	−2,1
Benzol	−	−1,90	−0,98

Auffallend ist, daß der Gang der Abstufung der Bildungsenthalpien der Molekülverbindungs-Bildung aus den gasförmigen Molekülkomponenten mit der entsprechenden Abstufung der Bildungsenthalpien in CCl_4 als Lösungsmittel übereinstimmt. Dagegen ist die Abstufung der Molekülverbindungs-Bildungsenthalpien aus den kristallisierten Molekülverbindungs-Komponenten eine andere. Danach ist die Molekülverbindung Trinitrobenzol-Anthracen in bezug auf ihre kristallisierten Komponenten sogar weniger stabil als die entsprechende Verbindung mit Benzol.

Die Bildungsenthalpie der Bildung einer festen Molekülverbindung aus den kristallisierten Komponenten enthält die Differenz der Gitterenergien.

c) Molekülverbindungsbildung an Oberflächen. Es können sich auch an Oberflächen Molekülkomplexe bilden, was in vielen Fällen an der Farbvertiefung bei Adsorption der Molekülkomplex-Komponenten an einem chemisch indifferenten Adsorptionsmittel zu ersehen ist. Kortüm

---

[1] K. Suzuki u. S. Seki: Bull. Chem. Soc. Japan **28**, 417 (1955).

und BRAUN[1] untersuchten erstmalig mit Hilfe von Reflexionsabsorptionsmessungen an Pulvern Molekülkomplexbildungsgleichgewichte am System *Pyren-s-Trinitrobenzol* und *Anthracen-s-Trinitrobenzol*.

Das diffuse Reflexionsspektrum der Verbindung Pyren-Trinitrobenzol sowie der beiden Komponenten, an Kieselgel adsorbiert, ist in Abb. 53 wiedergegeben.

Die Kurve 4 ist die additive Überlagerung der Absorption der beiden Komponenten, Abweichungen im kurzwelligen Ultraviolett sind durch die Eigenabsorption des Adsorptionsmittels bedingt. Das zusätzlich bei $23\,000$ cm^{-1} auftretende Maximum ist die CT-Bande der Molekülverbindung.

In Abb. 54[1] sind die CT-Spektren der Molekülverbindung Pyren-Trinitrobenzol an SiO_2 bei vier verschiedenen Konzentrationen dargestellt. Die Molekülverbindung zerfällt bei abnehmender Konzentration z. T. in ihre Komponenten nach Maßgabe des Massenwirkungsgesetzes, was besonders aus Kurve 5 und 6 zu ersehen ist. Bei Zugabe eines äquivalenten Überschusses von Pyren bzw.

---

[1] G. KORTÜM u. W. BRAUN: Z. physik. Chem. N. F. **18**, 242 (1958); **28**, 362 (1961)

Briegleb, EDA-Komplexe

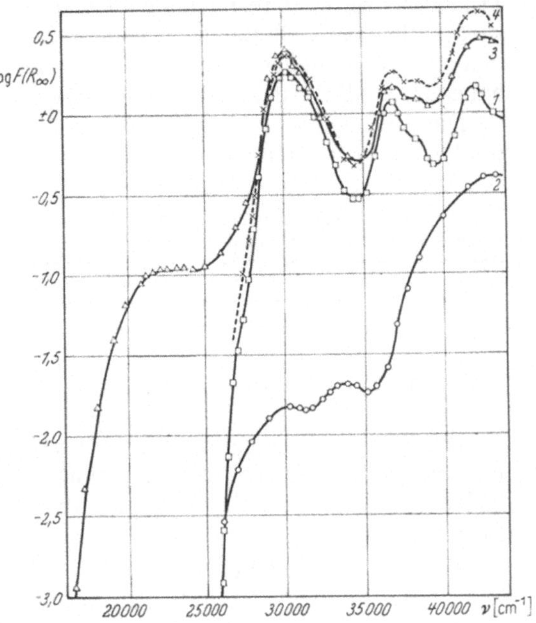

Abb. 53[1]. Diffuses Reflexionsspektrum von Pyren (1), Trinitrobenzol (2) und der Verbindung Pyren-Trinitrobenzol (3) an SiO_2 adsorbiert ($c = 10^{-3}$). Kurve (4) ist die Summe von (1) und (2)

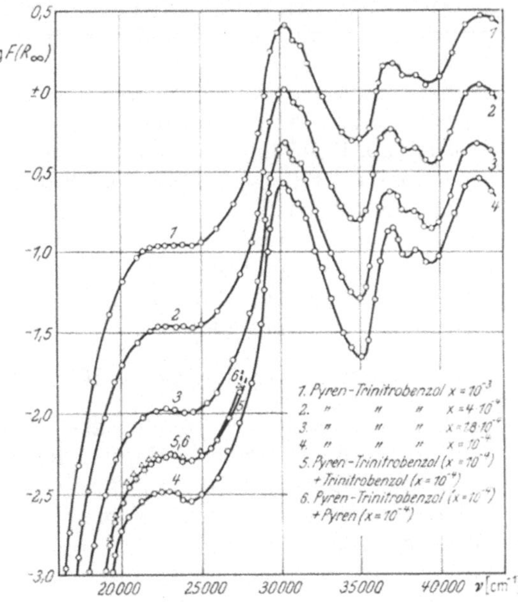

Abb. 54[1]. Konzentrationsabhängigkeit der diffusen Reflexion von Pyren-Trinitrobenzol an SiO_2 als Standard

8

Trinitrobenzol geht in beiden Fällen die Dissoziation in gleicher Weise zurück. Die Einstellung des Gleichgewichtes verlangt, daß die Moleküle in zweidimensioneller Adsorptionsphase eine ausreichende Beweglichkeit haben. Dasselbe ergab sich auch am Beispiel Anthracen-Trinitrobenzol.

Die Gleichgewichtskonstanten der Molekülkomplexdissoziation konnten bestimmt werden (Tab. 41).

Tabelle 41[1]. *Dissoziationskonstanten adsorbierter Molekülverbindungen bei 20° C im Vergleich zu den in Chloroform und Tetrachloräthan gelösten Molekülverbindungen*

Verbindung	Adsorbens	K	Lösungsmittel	K
Pyren-s-Trinitrobenzol . .	SiO_2	3,5	Chloroform	$1,2 \cdot 10^{-1}$
Pyren-s-Trinitrobenzol . .	NaCl	1,4		
Anthracen-s-Trinitrobenzol	SiO_2	5,0	Tetrachloräthan	$3,3 \cdot 10^{-1}$

Die Komplex-Dissoziationskonstanten sind empfindlich vom Adsorptionsmittel abhängig. Die Dissoziation ist zudem am Adsorptionsmittel bedeutend größer als bei vergleichbaren Konzentrationen in einem Lösungsmittel.

d) Lösungsmitteleinfluß. Der Grad des Lösungsmitteleinflusses ist je nach Art des EDA-Komplexes sehr unterschiedlich.

Aus den wenigen bisher bekannten Messungen in verschiedenen Lösungsmitteln ergibt sich aber einheitlich, daß nicht nur in *polaren* Lösungsmitteln, sondern auch in *unpolaren* Lösungsmitteln ein Einfluß auf die Stabilität und auf das optische Verhalten der EDA-Komplexe beobachtet werden kann (vgl. auch auf S. 37 u. f.). Leider ist das bisher vorliegende Erfahrungsmaterial recht spärlich. Dazu kommt, daß die von verschiedenen Autoren selbst mit dem gleichen optischen Verfahren gemessenen Werte oft nicht unerheblich voneinander abweichen; das gilt ganz besonders für die molaren Absorptionskoeffizienten.

Die Tab. 42, 43 und 46 bis 48 zeigen an den wenigen in der Literatur auffindbaren Meßergebnissen von EDA-Komplexen in verschiedenen Lösungsmitteln, daß die in Cyclohexan gemessenen K-Werte im allgemeinen größer sind als in CCl_4. Neuere Messungen von DE MAINE und PEONE[2] zeigen im Falle des EDA-Komplexes Jod-Naphthalin und J_2—J_2 eine andersartige Abstufung der K-Werte als sie sich aus Tab. 42 ergibt; nämlich für J_2-Naphthalin:

$$\text{n-Heptan} > \text{Cyclohexan} > CCl_4 > \text{n-Hexan} > \text{Chloroform} .$$

Aufallenderweise entspricht aber beim Naphthalin-J_2 (Tab. 43) dem höchsten K-Wert in n-Heptan die kleinste Bildungsenthalpie ΔH (Einfluß des Lösungsmittels auf die Entropie!). Die Bildungsenthalpie in Chloroform ist trotz der rel. kleinen Bildungskonstanten unverhältnismäßig groß im Vergleich zu den entsprechenden Werten in unpolaren Lösungsmitteln. Das gleiche gilt für den $(J_2$—$J_2)$-Komplex (Tab. 44),

---

[1] G. KORTÜM u. W. BRAUN: Z. physik. Chem. N. F. **18**, 242 (1958).
[2] P. A. D. DE MAINE u. J. PEONE, JR.: J. Mol. Spectr. **4**, 262 (1960).

wo ΔH in $CHCl_3$ fast doppelt so groß ist als in n-Hexan, was für einen sehr *spezifischen* Einfluß des Lösungsmittels spricht.

Tabelle 42. *K_x-Werte von EDA-Komplexen des Jods in verschiedenen Lösungsmitteln*[*]

Donator	n-Hexan		n-Heptan	Cyclohexan	CCl₄
	ε_D	1,890	1,924	2,015	2,228
Benzol	1,21[1]		1,15[2]	3,12[3]	1,72[2] 1,55[4]
Naphthalin	2,31[1]		—	6,62[3]	2,6[5]
Dioxan	9,3[1]		16,67[6]	23,24[7]	9,1[8] 14,9[6]
Toluol	2,24[1]		—	4,40[8]	1,65[5]

[*] Die unterstrichenen Werte der EDA-Komplexe mit Jod sind nach der Methode der Löslichkeitserhöhung bestimmt worden. Alle anderen Werte sind optisch aus der Konz. Abhängigkeit der optischen Dichte ermittelt worden.

[1] J. A. A. KETELAAR: J. Physique Radium **15**, 197 (1954), $t = 25°$ C.

[2] H. A. BENESI u. J. H. HILDEBRAND: J. Am. Chem. Soc. **70**, 2832 (1948); **71**, 2703 (1949); **72**, 2273 (1950), $t = 22°$ C.

[3] G. KORTÜM u. H. WALZ: Z. Elektrochem. **57**, 73 (1953).

[4] R. M. KEEFER u. L. J. ANDREWS: J. Am. Chem. Soc. **77**, 2164 (1955), $t = 25°$ C.

[5] L. J. ANDREWS u. R. M. KEEFER: J. Am. Chem. Soc. **74**, 4500 (1952). N. W. BLAKE, H. WINSTON u. J. A. PATTERSON: J. Am. Chem. Soc. **73**, 4437 (1951): $K_x = 2,66$, in CCl_4.

[6] G. KORTÜM u. W. M. VOGEL: Z. Elektrochem. **59**, 16 (1955) $t = 25°$ C; über die Diskrepanz der K-Werte im Vergleich zu den von KETELAAR[1] optisch bestimmten K-Werten vgl. G. KORTÜM u. H. WALZ: Z. Elektrochem. **57**, 73 (1953).

[7] G. KORTÜM u. M. KORTÜM-SEILER: Z. Naturforsch. **5a**, 544 (1950) $t = 25°$ C.

[8] J. A. A. KETELAAR u. Mitarb.: Rec. Trav. chim. Pays-Bas **71**, 1104 (1952), $t = 25°$ C.

Tabelle 43

Bildungsenthalpien und relative Komplexbildungskonstanten in verschiedenen Lösungsmitteln bezogen auf die in CCl_4 als Lösungsmittel gemessenen Bildungskonstanten des EDA-Komplexes Jod-Naphthalin ($t = 22°$ bzw. zwischen 22 und 45,5°)[1]

Lösungsmittel	n-Heptan	Cyclohexan	n-Hexan	Chloroform	CCl₄
ε_D	1,924	2,015	1,890	4,806	2,228
K	1,140	1,062	0,990	0,761	1,000
ΔH kcal . .	−1,38	−1,56	−1,63	−1,64	−1,65

[1] P. A. D. DE MAINE u. J. PEONE, Jr.: J. Mol. Spectr. **4**, 262 (1960).

Tabelle 44. *Bildungskonstante × molarer Extinktionskoeffizient und Bildungsenthalpie der J_4-Komplexbildung in verschiedenen Lösungsmitteln bei $t = 22°$, bzw. im Bereich $22-45,1°$ C; $\lambda = 3000$ Å[1]*

Lösungsmittel	n-Hexan	n-Heptan	Cyclohexan	CCl₄	Chloroform
ε_D	1,890	1,924	2,015	2,228	4,806
$K \cdot \varepsilon_{\lambda = 3000}$ . .	0,262	0,267	0,194	0,210	0,181
ΔH kcal . .	−1,19	−1,16	−1,03	−1,52	−2,05

[1] M. M. DE MAINE, P. A. D. DE MAINE u. G. E. McALONIE: J. Mol. Spectr. **4**, 271 (1960).

Tabelle 45. *Bildungskonstanten K_x, Bildungs-Wärmen und -Entropien von EDA-Komplexen des Trinitrobenzols in CCl_4 und $CHCl_3$*

Donator	CCl_4[1] $\varepsilon_D = 2{,}228$			$CHCl_3$[2] ($\varepsilon_D = 4{,}806$)		
	K_x	ΔH_x kcal	$T\Delta S_x$ kcal	K_x	ΔH_x kcal	$T\cdot\Delta S_x$ kcal
Benzol	2,4	$-1{,}71$	$-1{,}20$	0,82	$-0{,}45$	$-0{,}57$
Toluol	4,2	$-1{,}76$	$-0{,}92$	1,82	$-0{,}86$	$-0{,}51$
Naphthalin . .	41,5	$-4{,}31$	$-2{,}14$	17,0	$-2{,}20$	$-0{,}52$
Phenanthren .	123,0	$-4{,}32$	$-1{,}52$	38,5	$-2{,}63$	$-0{,}48$

[1] G. BRIEGLEB u. J. CZEKALLA: Z. Elektrochem. **59**, 184 (1955).
[2] A. BIER: Thesis, Amsterdam (1954), Rev. Trav. Chim. Pays. Bas. **75**, 866 (1956).

Tabelle 46. *K_c-Werte von EDA-Komplexen des Trinitrobenzols mit N,N-Dimethylanilin ($t = 19-20°$) in verschiedenen Lösungsmitteln*[1]

n-Hexan	n-Heptan	Dekalin	CCl_4	Chloroform	s-Tetra-chloräthan	1,4-Dioxan	Cyclo-hexan
8,2	8,2	7,2	3,4	1,3	0,2	0,15	9,5

[1] R. FOSTER u. D. LL. HAMMICK: J. Chem. Soc. (London) **1954**, 2685.

Tabelle 47. *K_x-Werte von EDA-Komplexen des Chloranils in CCl_4 und Cyclohexan.* $t = 20°$

Donator	CCl_4	Cyclohexan
Benzol	3,4[1]	5,2[2]
Durol	17,7[1]	96[2]
Hexamethylbenzol	95,9[1]	267[2]
	107[2]	

[1] G. BRIEGLEB, J. CZEKALLA u. G. REUSS: Z. Phys. Chem. N. F. (1961), im Druck.
[2] R. FOSTER, D. LL. HAMMICK u. B. N. PARSONS: J. Chem. Soc. (London) **1956**, 555; R. FOSTER, D. LL. HAMMICK u. P. J. PLACITO: J. Chem. Soc. (London) **1956**, 3881.

Tabelle 48. *K_c-Werte von EDA-Komplexen einiger Polynitrobenzole mit Hexamethylbenzol*[1]

Poly-nitrobenzole	CCl_4	Cyclohexan	Chloroform
1,2,3	1,5	3,9	—
1,3,4	2,0	5,0	—
1,3,5	5,7	13,5	0,76
1,2,3,5	9,4	24,6	—

[1] R. FOSTER: J. Chem. Soc. (London) **1960**, 1075.

Über Differenzen in den K_x-Werten der in CCl_4 und in n-Hexan bzw. n-Heptan gemessenen Komplexe läßt sich generell vorerst nichts Genaues angeben bis nicht mehr systematisches Meßmaterial vorliegt. Aus Tab. 42—49 ergibt sich kein einheitliches Bild. Bei Tetrachlorphthal-

Tabelle 49. *Thermodynamische Daten für Tetrachlorphthalsäureanhydrid-Hexamethylbenzol in verschiedenen Lösungsmitteln*[1]

Lösungsmittel	K_x	ΔG_x kcal	ΔH_x kcal	$T \cdot \Delta S_x$ kcal
n-Hexan	260	$-3,25$	$-5,9$	$-2,65$
Benzol	25	$-1,9$	$-3,65$	$-1,75$
Tetrachlorkohlenstoff	145	$-2,9$	$-5,75$	$-2,85$
Dibutyläther	77	$-2,55$	$-4,75$	$-2,2$
Fluorbenzol	29	$-1,95$	$-3,45$	$-1,5$
Benzotrifluorid	52	$-2,3$	$-4,15$	$-1,85$
Cyclohexanon.	23	$-1,8$	$-3,7$	$-1,9$

säureanhydrid-Hexamethylbenzol (Tab. 49) liegen die in n-Hexan gemessenen K_x, ΔH und $T \cdot \Delta S$ deutlich höher als in CCl_4 als Lösungsmittel. Dies ist auch bei Trinitrobenzol-N,N-Dimethylanilin der Fall (Tab. 46). Ebenso ist auch die in n-Heptan mit der *Löslichkeitsmethode* gemessene Bildungskonstante des Jod-Dioxan-Komplexes größer als die nach den gleichen Verfahren von denselben Autoren gemessenen K_x in CCl_4 (Tab. 42). Auch die *optisch* gemessenen K-Werte von Jod-Naphthalinkomplexen (Tab. 42) zeigen die gleiche Reihenfolge.

Die Unterschiede der in verschiedenen Lösungsmitteln gemessenen K_x-Werte des Jod-Dioxan-Komplexes sind — wie KORTÜM und VOGEL[2] zeigten thermodynamisch sinnvoll. Bei *genügend kleinen Konzentrationen* der Reaktionsteilnehmer kann man mit Hilfe einer in einem Lösungsmittel (') gemessenen Konstanten K' die Konstante K'' in einem anderen Lösungsmittel ('') nach der Gleichung

$$K'_x = \frac{f''_D}{f'_D} \cdot \frac{x'_{I_2}}{x''_{I_2}} \cdot \frac{x''_{I_2-D}}{x'_{I_2-D}} \cdot K''_x \tag{IX,1 a}$$

berechnen[2], soweit spezifische Lösungsmitteleinflüsse ausgeschlossen werden können. Die f_D sind die Aktivitätskoeffizienten des Dioxans im Bereich der Gültigkeit des Henryschen Gesetzes und können mit Hilfe von Dampfdruckmessungen ermittelt werden. Im Falle Dioxan-J_2 in CCl_4 ergab die Berechnung von K_x^{Heptan} aus $K_x^{CCl_4}$ eine den experimentellen Befunden entsprechende Zunahme beim Übergang von CCl_4 nach Heptan: K_x^{Heptan} (nach IX,1 a) $= 16,13$; K_x^{Heptan} (exper.) $= 16,7$ und $K_x^{CCl_4}$ (exper.) $= 14,9$. Rein thermodynamische Betrachtungsweisen verlieren an Gültigkeit bei *spezifischen* Lösungsmitteleinflüssen besonderer Art.

Der Übergang zu typisch polaren Lösungsmitteln höherer Dielektrizitätskonstanten, z. B. zu Chloroform, Tetrachloräthan, Dibutyläther, Fluorbenzol, Benzotrifluorid, Cyclohexanon bedingt einen deutlichen Abfall der Bildungskonstanten K und der ΔH- und $T \cdot \Delta S$-Werte (Tab. 49).

Soweit bei der MV ionare Strukturen mitbeteiligt sind, könnte man erwarten, daß die MV-Bildung durch *polare* Lösungsmittel begünstigt

[1] J. CZEKALLA u. K. O. MEYER: Z. physik. Chem. N. F. **27**, 185 (1961).
[2] G. KORTÜM u. W. M. VOGEL: Z. Elektrochem. **59**, 16 (1955).

wird. Dies scheint aber keineswegs generell der Fall zu sein. Im Gegenteil, es wird meist beobachtet, daß bei Zugabe polarer Lösungsmittel höherer Dielektrizitätskonstanten zu Lösungen von Molekülverbindungen in unpolaren Lösungsmitteln das Gleichgewicht der MV-Bildung sich zu Gunsten eines zunehmenden Zerfalls in die Komponenten verschiebt[1]. Dies ist damit zu deuten, daß in ΔH bzw. ΔG die Differenz der Solvatationsenthalpien (bzw. der freien Solvatationsenthalpien) der Komponenten D und A einerseits und des Komplexes D ... A andererseits eingeht. Dieser Unterschied in den Solvatationsenthalpien wird im allgemeinen in polaren Lösungsmitteln zunehmen, da die Solvatation der Komponenten größer sein wird als die des Komplexes.

Ein unmittelbarer, allgemein gültiger, funktioneller Zusammenhang zwischen der Dielektrizitätskonstante und dem Abfall der K-, ΔH- und ΔG-Werte in polaren Lösungsmitteln höherer DK im Vergleich zu den entsprechenden Werten in Lösungsmitteln kleiner Dielektrizitätskonstanten scheint — soweit dies sich bei den bisher vorliegenden geringen Meßergebnissen übersehen läßt — nicht zu bestehen; vgl. auch weiter

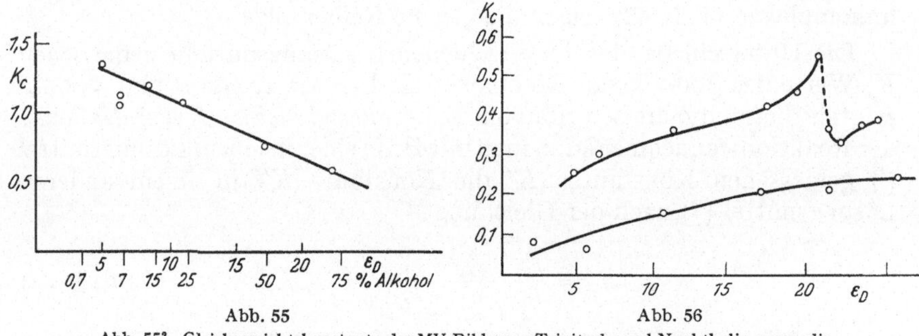

Abb. 55   Abb. 56

Abb. 55[2]. Gleichgewichtskonstante der MV-Bildung s-Trinitrobenzol-Naphthalin gegen die Dielektrizitätskonstante von Chloroform-Äthanol-Mischungen bei 24,8°

Abb. 56[2]. Gleichgewichtskonstanten der Bildung von s-Trinitrobenzol-Anilinkomplexen in Abhängigkeit von der Dielektrizitätskonstante des Lösungsmittels in Chloroform-Äthanol (obere Kurve) und Dioxan-Wasser-Mischungen (untere Kurve). $t = 24,8°$ C

unten (Abb. 55 u. 56). Es ist dabei zu beachten, daß die makroskopischen Dielektrizitätskonstanten ε_D sich von den effektiv Dielektrizitätskonstanten ε_{eff} in unmittelbarer Umgebung der gelösten und wechselwirkenden Moleküle sehr wesentlich unterscheiden. Meist ist $\varepsilon_{eff} \ll \varepsilon_D$.

Die Abnahme der Absolutwerte von ΔH, ΔG und $T \cdot \Delta S$ der EDA-Komplexe des Tetrachlorphthalsäureanhydrids mit Hexamethylbenzol (Tab. 49) ergibt einen Lösungsmitteleinfluß auf K_x in folgender Reihenfolge: n-Hexan > Tetrachlorkohlenstoff > Dibutyläther > Benzotrifluorid Fluorbenzol > Benzol $\simeq$ Cyclohexanon. Diese Reihenfolge geht nicht mit der Dielektrizitätskonstanten oder den Δf-Werten Gl. (III,10) konform. Es muß die Donatoreigenschaft des Lösungsmittels (Benzol und abgeschwächt Fluorbenzol) mitberücksichtigt werden, wodurch der Acceptor stärker solvatisiert ist. Die Differenz der Bildungswärmen von Tetrachlorphthalsäureanhydrid-Hexamethylbenzol in CCl_4 und in Benzol von

---

[1] Eine Ausnahme bilden die Molekülkomplexe aus Ionen (vgl. Kap. XI).

[2] S. D. Ross u. M. M. Labes: J. Am. Chem. Soc. **77**, 4916 (1955).

etwa 2 kcal entspricht der Bildungsenergie des Tetrachlorphthalsäure-anhydrid-Benzol-Komplexes[1]. *Ganz allgemein* ist prinzipiell eine spezifische und unter Umständen besonders starke Lösungsmittelabhängigkeit der thermodynamischen Reaktionswerte einer EDA-Komplexbildung zu erwarten, wenn einer der Komplexkomponenten (meist der Acceptor) mit dem Lösungsmittel einen EDA-Komplex eingehen kann. Dies ist vor allem bei *besonders starken* Elektronenacceptoren der Fall, wie etwa Tetracyanäthylen[2].

Ross und Labes[3] messen die Bildungskonstante der Molekülverbindung des s-Trinitrobenzols mit Naphthalin in Chloroform-Äthanol-Mischungen in Abhängigkeit von der Dielektrizitätskonstante der Mischungen (Abb. 55).

Die Bildungskonstante K nimmt deutlich mit zunehmender Dielektrizitätskonstante ab[4]. Die Abweichungen beim azeotropischen Mischungsverhältnis mit 7% Alkohol ist reell. Bei $t = 24{,}8°$ ergeben sich in einer Mischung 75% Chloroform—25% Alkohol folgende thermodynamische Daten im Vergleich zu Lösungen in CCl_4 (Tab. 50).

Tabelle 50. *s-Trinitrobenzol-Naphthalin*

	K_c	ΔG kcal	ΔH kcal	$T \cdot \Delta S$ kcal
75% Chloroform, 25% Alkohol				
$t = 24{,}8°$	1,07	−0,03	−3,3	−3,27
CCl_4	4,0	−0,81	−4,1	−3,3

Auffallend ist die Konstanz des Entropiegliedes.

Ein dem System s-TNB-Naphthalin entgegengesetztes Verhalten zeigt aber s-Trinitrobenzol-Anilin in Chloroform-Äthanol und Dioxan-Wasser-Mischungen (Abb. 56). Die Gleichgewichtskonstante nimmt mit steigender Dielektrizitätskonstante zu, der molare Elektrizitätskoeffizient nimmt entsprechend kontinuierlich ab.

Vielleicht sind bei der Wechselwirkung TNB-Anilin Wasserstoffbrückenbindungen mit von Einfluß. Dies ist vielleicht auch der Grund dafür, daß die Entropieabnahme und Bildungswärme des Trinitrobenzol-Anilin-Komplexes vergleichsweise zu s-TNB-Naphthalin in einer Chloroform-Äthanol-Mischung 75 : 25% erheblich größer ist (Tab. 51).

Tabelle 51. *s-Trinitrobenzol-Anilin in Chloroform-Äthanol* 75:25%, $t = 24{,}8°$

K	ΔH kcal	ΔG kcal	$T \cdot \Delta S$ kcal
0,368	−5,1	0,590	−5,69

Die Solvatation des Molekülkomplexes nimmt mit steigendem Alkohol- bzw. Wasser-Gehalt zu. Der Abfall der Gleichgewichtskonstanten in Äthanol-Chloroform zwischen 20—50% Äthanol entspricht einem

---

[1] J. Czekalla u. K. O. Meyer: s. S. 117, Anm. 1.
[2] R. E. Merrifield u. W. D. Phillips: J. Am. Chem. Soc. **80**, 2778 (1958); G. Briegleb u. Schindler: Z. physik. Chem. N. F. (1961).
[3] S. D. Ross u. M. M. Labes: J. Am. Chem. Soc. **77**, 4916 (1955).
[4] Der molare Extinktionskoeffizient bleibt nahezu konstant.

Minimum der Mischungsentropie und -Enthalpie. Es zeigen sich hier ganz spezifische Wirkungen des Lösungsmittels, die nicht durch die globale Dielektrizitätskonstante erfaßt werden können. Im genannten Bereich werden bei zunehmendem Chloroform-Gehalt große Lösungsmittel-Cluster, in denen größere Alkoholaggregate durch Chloroformmoleküle locker gebunden sind, zu kleineren Aggregaten abgebaut; Ross und Labes[1] (vgl. auch Swain und Brown[2]; Hirobe[3] und Scatchard und Raymond[4]).

e) Tabellen von K, ΔG, ΔH und $T \cdot \Delta S$ von EDA-Komplexen

Tabelle 52. K_x, ΔG_x, ΔH_x und $T \cdot \Delta S_x$ von EDA-Komplexen des Chloranils
Lösungsmittel: CCl_4, $t = 20°$ C

Donator	K_c	K_x	ΔG_x (kcal)	ΔH_x (kcal)	$T \cdot \Delta S_x$ (kcal)
1. Hexamethylbenzol[5] .	9,25	95,9	−2,66	−5,35	−2,69
2. Dimethylanilin[5] . . .	3,40	35,2	−2,07	−5,05	−2,98
3. Durol[6]	1,71	17,7	−1,67	−4,40	−2,73
4. Triphenylen[6]	5,85	60,6	−2,39	−3,75	−1,36
5. Phenanthren[6]	4,71	48,8	−2,26	−3,65	−1,39
6. 1,2-Benzanthracen[6] .	5,81	60,3	−2,38	−3,55	−1,17
7. Anthracen[6]	7,10	73,6	−2,50	−3,25	−0,75
8. Pyren[6]	4,63	48,0	−2,25	−3,25	−1,00
9. Stilben[6]	1,42	14,7	−1,56	−3,20	−1,64
10. Naphthalin[6]	1,35	14,0	−1,54	−2,80	−1,26
11. Diphenyl[6]	0,625	6,48	−1,09	−2,15	−1,06
12. Benzol[6]	0,330	3,41	−0,71	−1,65	−0,94

Tabelle 53. K, ΔG_x, ΔH_x und $T \cdot \Delta S_x$ von EDA-Komplexen des Chloranils mit Methylbenzolen[7]. Lösungsmittel: Cyclohexan, $t = 20°$

Donator	K_c	K_x	ΔG_x (kcal)
1. Benzol	0,56	5,2	−0,96
2. Toluol	1,7	16	−1,61
3. m-Xylol	2,9	27	−1,92
4. Mesitylen	5,9	55	−2,33
5. Durol	10,4	96	−2,66
6. Pentamethylbenzol	16,5	153	−2,93
7. Hexamethylbenzol	28,9	267	−3,25
8. Hexaäthylbenzol	1,3	12	−1,45

---

[1] S. D. Ross u. M. M. Labes: loc. cit.

[2] C. G. Swain u. J. F. Brown Jr.: J. Am. Chem. Soc. **74**, 2538 (1952).

[3] H. Hirobe: J. Fac. Sci. Tokyo 1, 155 (1925).

[4] G. Scatchard u. C. L. Raymond: J. Am. Chem. Soc. **60**, 1278 (1938).

[5] G. Briegleb u. J. Czekalla: Z. Elektrochem. **58**, 249 (1954).

[6] G. Briegleb, J. Czekalla u. G. Reuss: Unveröffentlichte Messungen.

[7] R. Foster, D. Ll. Hammick u. B. N. Parsons: J. Chem. Soc. **1956**, 555.

Tabelle 54. *K_x und ΔG_x von EDA-Komplexen substituierter p-Benzochinone mit Hexamethylbenzol*[1]. Lösungsmittel: Tetrachlorkohlenstoff

Acceptor	K_c	K_x	ΔG_x (kcal)	$t°$ C
Chloranil	10,27	106,7	−2,70	18
Bromanil	6,66	69,3	−2,44	17
Jodanil.	3,62	37,7	−2,09	17
2,7-Dichlor-p-benzochinon.	2,60	27,0	−1,90	18
Chlor-p-benzochinon	1,37	14,2	−1,53	18
p-Benzochinon.	0,58	6,0	−1,04	18
Methyl-p-benzochinon	0,50	5,2	−0,95	18
2,6-Dimethyl-p-benzochinon	0,34	3,5	−0,72	16
Durochinon	0,41	4,3	−0,84	16

[1] R. Foster, D. Ll. Hammick u. P. J. Placito: J. Chem. Soc. (London) **1956**, 3881.

Tabelle **55**. *Bildungsenergie von EDA-Komplexen des p-Chinons mit aromatischen Kohlenwasserstoffen*[1]

Donatoren	Lösungsmittel	ΔH (kcal)
Benzol . . .	n-Heptan	−1,8
Toluol. . . .	n-Heptan	−1,8
o-Xylol . . .	n-Heptan	−1,8
p-Xylol . . .	n-Heptan	−1,7
Naphthalin .	n-Heptan	−1,5
Naphthalin .	CCl$_4$	−1,4
Phenanthren .	CCl$_4$	−1,8

[1] A. Kuboyama u. S. Nagakura: J. Am. Chem. Soc. **77**, 2644 (1955). Über Bindungsenergien von Molekülkomplexen des Chinhydrontypus. Vgl. Tab. 82, Kap. X,5, S. 181.

Tabelle 56*. *K_c, K_x, ΔG_x, ΔH_x und $T \cdot \Delta S_x$ von EDA-Komplexen des Trinitrobenzols* Lösungsmittel: Tetrachlorkohlenstoff. $t = 20°$ [1]

Donator	K_c	K_x	ΔG_x kcal	ΔH_x kcal	$T \cdot \Delta S_x$ kcal
Hexamethylbenzol	7,10² 5,70³	73,6	−2,50	−4,71	−2,21
Phenanthren⁴	11,86	123,0	−2,80	−4,32	−1,52
Naphthalin²	4,00	41,5	−2,17	−4,31	−2,14
Durol².	2,35	24,4	−1,86	−4.01	−2,15
Stilben²	1,86	19,3	−1,72	−3,81	−2,09
Diphenylbutadien⁵	8,0	83	−2,57	−3,04	−0,47
Diphenylhexatrien⁵	2,8	29	−1,96	−2,59	−0,63
Diphenylhexadien⁵	11,5	119	−2,78	−2,19	+0,59
Styrol²	1,7	18	−1,68	−2,16	−0,48
m-Xylol²	0,87	9,0	−1,28	−2,16	−0,88
Toluol²	0,41	4,2	−0,84	−1,76	−0,92
Benzol²	0,23	2,4	−0,51	−1,71	−1,20
Tetramethyläthylen² . . .	0,035	0,36	+0,60	−1,46	−2,06
Cyclohexen²	0,014	0,15	+1,11	−0,66	−1,77

* Bemerkung und Fußnoten-Hinweise zu Tab. 56 siehe S. 122 unten.

Tabelle 57. K_x, ΔG_x, ΔH_x und $T \cdot \Delta S_x$ von EDA-Komplexen des s-Trinitrobenzols
Lösungsmittel: Chloroform. $t = 25°$ C

Donator	K_x	ΔG_x kcal	ΔH_x kcal	$T \cdot \Delta S_x$ kcal	Literatur
Benzol	0,82	+0,117	−0,45	−0,567	1
Toluol	1,82	−0,354	−0,86	−0,511	1
Xylol	2,08	−0,435	−1,12	−0,685	1
Mesitylen	2,67	−0,581	−1,21	−0,628	1
Naphthalin	17,0	−1,68	−2,20	−0,52	1
1-Methylnaphthalin	19,0	−1,74	−2,41	−0,67	1
2-Methylnaphthalin	25,8	−1,93	−2,56	−0,63	1
Acenaphthen	24,2	−1,89	−2,40	−0,51	1
Anthracen	39,8	−2,18	−2,74	−0,56	1
Phenanthren	38,5	−2,16	−2,63	−0,47	1
Anilin	5,1	−0,97	−1,35	−0,38	1, 2
N,N-Dimethylanilin	9,4	−1,33	−1,82	−0,49	1, 3
o-Toluidin	5,8	−1,04	−1,39	−0,35	1
m-Toluidin	6,5	−1,11	−1,39	−0,28	1
p-Toluidin	7,5	−1,19	−1,58	−0,39	1
o-Chlor-anilin	5,4	−1,00	−1,73	−0,73	1
Diphenylamin	4,4	−0,88	−1,31	−0,43	1
1-Naphthylamin	47,9	−2,29	−2,98	−0,69	1
2-Naphthylamin	49,1	−2,31	−3,00	−0,69	1
o-Diamino-benzol	10,3	−1,38			

Fußnotenhinweise von Tab. 57 auf S. 123 unten.

Fußnotenhinweise zu Tab. 56.
* Über EDA-Komplexbildung zwischen organischen Nitroverbindungen und mit aliphatischen Aminen. Vgl. R. FOSTER, D. LL. HAMMICK u. A. A. WARDLEY: J. Chem. Soc. (London) **1953**, 3817; R. FOSTER: J. Chem. Soc. (London) **1959**, 3508; M. M. LABES u. S. D. ROSS: J. org. Chemistry **21**, 1049 (1956); ferner dazu die Arbeit von G. BRIEGLEB, W. LIPTAY u. M. CANTNER: Z. physik. Chem. N. F. **26**, 55 (1960); vgl. auch S. 149ff. Über K-Werte von EDA-Komplexen des Trinitrobenzols und verschiedener anderer Nitrobenzole mit substituierten Anilinen vgl. Kap. IX,5, Tab. 70, 71 und 79 [R. FOSTER, D. LL. HAMMICK: J. Chem. Soc. (London) **1954**, 2685; B. DALE, R. FOSTER u. D. LL. HAMMICK. J. Chem. Soc. (London) **1954**, 3986].

K-Werte von methylierten Diphenylen sind in Tab. 72, Kap. IX,5 zusammengestellt (C. E. CASTRO u. L. J. ANDREWS: J. Am. Chem. Soc. **77**, 5189 (1955); und C. E. CASTRO, L. J. ANDREWS u. R. M. KEEFER: J. Am. Chem. Soc. **80**, 2322 (1958).

Die von S. D. ROSS, M. BASSIN u. J. KUNTZ: J. Am. Chem. Soc. **76**, 3000, 4176 (1954) mit Hilfe kinetischer Messungen durchgeführten Untersuchungen an Komplexen des 2,4-Dinitrochlorbenzols mit substituierten Anilinen führen zu stark negativen ΔH und ΔS-Werten, die den sonstigen Erfahrungen über den Einfluß polarer Lösungsmittel auf die Stabilität der EDA-Komplexe widersprechen. Außerdem steht die Abstufung der thermodynamischen Größen in keinerlei Zusammenhang mit den elektrophilen bzw. elektrophoben Eigenschaften der Substituenten. Es ist die Frage, ob die zugrunde gelegte kinetische Methode zu sicheren Ergebnissen führt, und außerdem besteht die Möglichkeit, daß ionenbildende Sekundärreaktionen (Kap. XI) und spezifische Lösungsmittel-Solvatationseinflüsse eine Komplikation bewirken. Leitfähigkeitsmessungen und optische Messungen wurden nicht durchgeführt.

[1] Über Messungen in anderen Lösungsmitteln vgl. Kap. IX,1d.

[2] G. BRIEGLEB u. J. CZEKALLA: Z. Elektrochem. **59**, 184 (1955).

[3] R. FOSTER: J. Chem. Soc. (London) **1960**, 1075. Es werden auch die Gleichgewichtskonstanten von Hexamethylbenzol mit 1,2,3; −1,2,4; −1,3,5 und 1,2,3,5-Poly-Nitrobenzol in CCl_4 gemessen: $K_c = 1,5$; 2,0; 5,7 und 9,4 l/Mol.

[4] G. BRIEGLEB, J. CZEKALLA u. G. REUSS: Z. physik. Chem. N. F. (1961) im Druck.

[5] G. BRIEGLEB, J. CZEKALLA u. A. HAUSER: Z. physik. Chem. N. F. **21**, 114 (1959).

Tabelle 58. K_x, $\varDelta G_x$, $\varDelta H_x$ und $T \cdot \varDelta S_x$ von EDA-Komplexen der Pikrinsäure[1]
Lösungsmittel: CCl_4; $t = 20°$ C

Donator	K_c	K_x	$\varDelta G_x$ kcal	$\varDelta H_x$ kcal	$T \cdot \varDelta S_x$ kcal
Durol	1,91	19,8	$-1,74$	$-3,31$	$-1,57$
Hexamethylbenzol . . .	4,86	50,4	$-2,28$	$-4,02$	$-1,74$
Naphthalin	3,59	37,2	$-2,11$	$-4,14$	$-2,03$
Stilben	3,12	32,4	$-2,02$	$-3,14$	$-1,12$
Anthracen	10,25	106,3	$-2,72$	$-4,39$	$-1,67$

[1] G. Briegleb, J. Czekalla u. A. Hauser: Z. physik. Chem. N. F. **21**, 99 (1959).

Tabelle 59. K_x und $\varDelta G_x$ von EDA-Komplexen der Pikrinsäure
aus Verteilungsgleichgewichtsmessungen zwischen Wasser und
Chloroform $t = 18°$ C[1]

Donator	K_c	K_x	$\varDelta G_x$ (kcal)
1. Diphenyl	0,97	12,1	$-1,44$
2. Diphenylmethan . . .	0,66	8,2	$-1,22$
3. Triphenylmethan . . .	0,52	6,5	$-1,08$
4. Dibenzyl	0,70	8,7	$-1,25$
5. Stilben	1,80	22,5	$-1,80$
6. Tolan	1,54	19,2	$-1,71$
7. Tetraphenyläthan . . .	0,83	10,4	$-1,35$
8. Tetraphenyläthylen . .	0,22	2,7	$-0,59$
9. Diphenyldiacetyl . . .	1,22	15,2	$-1,58$
10. Naphthalin	2,68	33,5	$-2,03$
11. Anthracen	7,56	94,5	$-2,63$
12. Phenanthren	8,04	100,5	$-2,66$
13. Acenaphthen	4,36	54,5	$-2,31$
14. Fluoren	2,87	35,9	$-2,07$

[1] R. Foster, D. Ll. Hammick u. S. F. Pearce: J. Chem. Soc. (London) **1959**, 244.

Fußnoten zu Tabelle 57.

[1] A. Bier: Thesis Amsterdam (1954); Rec. Trav. Pays-Bas **75**, 866 (1956).

[2] J. Landauer u. H. McConnell: J. Am. Chem. Soc. **74**, 1221 (1952).

[3] S. D. Ross u. M. M. Labes: J. Am. Chem. Soc. **79**, 76 (1957), finden $K_c = 1,85$ (also $K_x = 22,9$) in Chloroform bei 25° C. R. Foster u. D. Ll. Hammick: J. Chem. Soc. (London) **1954**, 2685 geben $K_c = 1,31$ ($K_x = 16,3$) an bei $t = 21°$ in Chloroform. Der Wert von Ross und Labes ist in Übereinstimmung mit dem von H. Ley u. R. Grau [Ber. **58**, 1765 (1925)] spektroskopisch ermittelten $K_c = 1,82$ ($K_x = 22,7$). Die Diskrepanz im Vergleich zu den Messungen von Bier und von Foster und Hammick könnte nach Ross und Labes darauf zurückgeführt werden, daß sich in bestimmten Konz.-Bereichen 1:2- und 2:1-Komplexe bilden [1:2-Trinitrobenzol-Dimethylanilin: $(K_c)_2 = 0,3$].

Tabelle 60*. K_x, ΔG_x, ΔH_x und $T \cdot \Delta S_x$ von EDA-Komplexen des Jods

Donator	K_c	K_x	ΔG_x (kcal)	ΔH_x (kcal)	$T \Delta S_x$ (kcal)	Literatur
Benzol		1,72				26
		1,21	−0,11	−1,3	−1,19	2
		1,55	−0,26	−1,3	−1,06	3
	0,15	1,5	−0,24			6
		1,60	−0,28			5
		3,12	+0,67			23
Toluol		2,24	−0,48	−1,8	−1,31	2, 12
	0,16	1,65	−0,28			6
o-Xylol		2,96	−0,64	−2,0	−1,46	2
	0,27	2,8	−0,61			6
m-Xylol	0,31	3,19	−0,69			6
p-Xylol		3,25	−0,70	−2,18	−1,48	3
	0,31	3,19	−0,69			6
Mesitylen		5,30	−0,99			2
		5,98	−1,06	−2,86	−1,80	3
		5,96	−1,06			5
		7,2				27
	0,82	8,4	−1,3			6
s-Triäthylbenzol		5,25	−0,98	−2,64	−1,66	3
s-Tri-tert-butylbenzol		2,88	−0,63	−2,18	−1,55	3
Durol		6,49	−1,11	−2,78	−1,67	3
	0,63	6,48	−1,11			6
Pentamethylbenzol		9,72	−1,35			5
	0,88	9,1	−1,3			6
Hexamethylbenzol		15,7	−1,63	−3,73	−2,10	3
		15,2	−1,61			5
	1,35	13,9	−1,56			6
Hexaäthylbenzol		3,78	−0,79	−1,79	−1,00	3
		4,58	−0.90			5
	0,13	1,3	−0,16			6
Chlorbenzol		0,67	+0,24	−1,1	−1,31	2, 12
o-Dichlorbenzol		0,66	+0,25	−1,0	−1,28	2
Brombenzol	0,13	1,34	−0,17			6
Styrol	0,31	3,2	−0,69			6
trans-Stilben	0,31	3,2	−0,69			6
	1,45	14,9	−1,60	−2,61	−1,01	22
Naphthalin		2,31	−0,50	−1,8	−1,28	2, 12
	0,25	2,6	−0,57			6
		6,62	−1,12			23
1-Methylnaphthalin		2,78	−0,60	−2,1	−1,49	1, 2
2-Methylnaphthalin		3,71	−0,78	−2,1	−1,31	1, 2
Phenanthren	0,15	1,5	−0,24			6, 12
Dibenzyl	0,46	4,7	−0,92			6
Anisol		3,54	−0,74			11
Diphenyl		3,22	−0,68			11, 12
		8,00	−1,23			23
o-Methoxydiphenyl		4,86	−0,92			11
p-Methoxydiphenyl		2,40	−0,51			11
p-Dimethoxybenzol		8,10	−1,22			11
Di-isobutylen		3,20	−0,66			2
1-Brompropen-1		0,53	+0,38			2, 7
cis-Dichloräthylen		0,25	+0,82			2
		0,32	+0,68			7
trans-Dichloräthylen		0,24	+0,85			2, 7
Trichloräthylen		0,19	+0,98			2

Tabelle 60 (Fortsetzung)

Donator	K_c	K_x	ΔG_x (kcal)	ΔH_x (kcal)	$T \Delta S_x$ (kcal)	Literatur
Tetrachloräthylen		0,11	$+1,30$			2
Cyclopenten		2,80	$-0,61$	$-0,63$	$-0,02$	14
Cyclohexen		3,30	$-0,71$	$-2,38$	$-1,67$	14
		3,40	$-0,73$			2,7
Cyclohepten		3,05	$-0,66$	$-2,15$	$-1,49$	14
cis-Cycloocten		1,09	$-0,05$	$-0,68$	$-0,63$	14
Methylen-cyclobutan . . .		2,78	$-0,61$	$-1,04$	$-0,43$	14
Methylen-cyclopentan . .		2,61	$-0,57$	$-1,16$	$-0,59$	14
Methylen-cyclohexan . . .		3,65	$-0,77$	$-1,98$	$-1,21$	14
Methylen-cycloheptan . .		2,67	$-0,58$	$-3,08$	$-2,50$	14
Norbornen		4,33	$-0,87$			14
Cyclohexan	0,013	0,10	$+1,36$			8
2,3-Dimethylbutan	0,0034	0,026	$+2,16$			8
1-Brombutan	0,36	2,7	$-0,59$			8
Diäthyläther		8,7	$-1,3$	$-4,3$	$-3,0$	1,20
		4,8	$-0,94$			17
		4,9	$-0,93$			18
		6,6	$-1,12$	$-4,20$	$-3,08$	19
Dioxan		9,3	$-1,32$	$-3,5$	$-2,18$	2,12
		14,9	$-1,60$			23
Trimethylenoxyd		26,0	$-1,93$	$-6,4$	$-4,47$	19
2-Methyltetrahydrofuran .		22,3	$-1,84$	$-6,2$	$-4,36$	19
Tetrahydrofuran		17,6	$-1,70$	$-5,3$	$-3,60$	19
Tetrahydropyran		16,4	$-1,66$	$-4,9$	$-3,24$	19
Propylenoxyd		6,4	$-1,10$	$-3,8$	$-2,70$	19
Methanol		4,65	$-0,91$	$-1,90$	$-0,99$	1
Äthanol		4,00	$-0,82$	$-2,10$	$-1,28$	1,25
tert.-Butanol		11,1	$-1,43$	$-3,4$	$-2,0$	3
Pyridin	309	2110	$-4,41$	$-8,0$	$-3,6$	4
	43,7	540	$-3,78$			13,9
α-Picolin	50,0	618	$-3,84$			13,9
2,6-Lutidin	26,2	323	$-3,46$			13,9
2,4,6-Collidin	52,0	642	$-3,87$			13,9
Chinolin	69,0	852	$-4,07$			13,9
Isochinolin	39,4	486	$-3,71$			13,9
Phenanthridin	36,4	449	$-3,65$			13,9
Tri-n-butylphosphat . . .	19,5	132	$-2,89$	$-3,16$	$-0,26$	15
N-Dimethylanilin	18,8	127	$-2,92$	$-8,4$	$-5,5$	16
N-Dimethyl-p-toluidin . .	41,9	284	$-3,35$	$-8,5$	$-5,2$	16
N-Dimethyl-o-toluidin . .	2,04	13,8	$-1,56$	$-2,5$	$-0,9$	16
N-Dimethyl-2,6-xylidin . .	1,70	11,5	$-1,45$	$-1,9$	$-0,5$	16
Aceton	0,28	4,6	$-0,92$			17
Cyclohexanon	0,56	9,2	$-1,3$			17
Dimethylacetamid	9,5	97,8	$-2,7$	$-5,3$	$-2,6$	24
Ammoniak	67	457	$-3,6$	$-5,0$	$-1,4$	21
Methylamin	530	3615	$-4,8$	$-7,3$	$-2,5$	21
Äthylamin	720	4910	$-4,9$	$-7,6$	$-2,7$	21
n-Butylamin	1230	8380	$-5,3$	$-8,6$	$-3,3$	21
Dimethylamin	6800	46400	$-6,3$	$-10,0$	$-3,7$	21
Diäthylamin	7120	48500	$-6,3$	$-9,9$	$-3,6$	21
Piperidin	9400	64100	$-6,4$	$-10,5$	$-4,1$	21
Trimethylamin	12100	82500	$-6,6$	$-12,3$	$-5,7$	21
Triäthylamin	6300	43100	$-6,2$	$-12,2$	$-6,0$	10
Tri-n-Propylamin	1390	9480	$-5,3$	$-12,3$	$-7,0$	21
Tri-n-Butylamin	1600	10900	$-5,4$	$-12,5$	$-7,1$	21

* Vgl. auch Tab. 44, S. 115 über Bildungsenthalpien von J_4-Komplexen in verschiedenen Lösungsmitteln und Tab. 42 u. 43 über den Lösungsmitteleinfluß auf die Gleichgewichte einiger Jod-Komplexe.

[1] P. A. D. DE MAINE: J. Chem. Phys. 26, 1192 (1957); Lösungsmittel: CCl_4, $t = 25°C$.

[2] J. A. A. KETELAAR: J. Physique Radium 15, 197 (1954); Lösungsmittel: n-Hexan, $t = 25°$ C. C. VAN DE STOLPE: Thesis, Amsterdam 1953. J. A.A. KETELAAR, C. VAN DE STOLPE, A. GOUDSMIT u. W. DZCUBAS: Rec. Trav. Pays-Bas 71, 1104 (1952).

[3] R. M. KEEFER u. L. J. ANDREWS: J. Am. Chem. Soc. 77, 2164 (1955); Lösungsmittel: CCl_4, $t = 25°$ C.

[4] C. REID u. R. S. MULLIKEN: J. Am. Chem. Soc. 76, 3869 (1954); Lösungsmittel: n-Heptan, $t = 16,7°$ C.

[5] M. TAMRES, D. R. VIRZI u. S. SEARLES: J. Am. Chem. Soc. 75, 4358 (1953); CCl_4, 25° C.

[6] L. J. ANDREWS u. R. M. KEEFER: J. Am. Chem. Soc. 74, 4500 (1952); Lösungsmittel: CCl_4, $t = 25°$ C.

[7] L. J. ANDREWS u. R. M. KEEFER: J. Am. Chem. Soc. 74, 458 (1952); Lösungsmittel: n-Hexan, 25° C.

[8] S. H. HASTINGS, J. L. FRANKLIN, J. C. SCHILLER u. F. A. MATSEN: J. Am. Chem. Soc. 75, 2900 (1953); n-Hexan, 25° C.

[9] R. BHATTACHARYA u. S. BASU: Trans. Faraday Soc. 54, 1286 (1958); Lösungsmittel: CCl_4, 20° C. Die an weiteren Substanzen gemessenen K-Werte sind nicht in Tab. 60 aufgeführt; vgl. dazu Bemerkungen zur Methode S. 208.

[10] S. NAGAKURA: J. Am. Chem. Soc. 80, 520 (1958); Lösungsmittel: n-Heptan, $t = 25°$ C.

[11] P. A. D. DE MAINE: J. Chem. Phys. 26, 1189 (1957); Lösungsmittel: CCl_4, $t = 20°$, 25° C.

[12] Vgl. auch Tab. 61 und Anm. 23.

[13] J. N. CHAUDHURI u. S. BASU: Trans. Faraday Soc. 55, 898 (1959); Lösungsmittel: $CHCl_3$, 28° C.

[14] J. G. TRAYNHAM u. J. R. OLECHOWSKI: J. Am. Chem. Soc. 81, 571 (1959); Lösungsmittel: 2,2,4-Trimethylpentan, $t = 25°$ C.

[15] H. TSUBOMURA u. J. M. KLIEGMAN: J. Am. Chem. Soc. 82, 1314 (1960); n-Heptan, 25° C.

[16] H. TSUBOMURA: J. Am. Chem. Soc. 82, 40 (1960); Lösungsmittel: n-Heptan, $t = 25°$ C.

[17] H. YAMADA u. K. KOZIMA: J. Am. Chem. Soc. 82, 1543 (1960); Lösungsmittel: CS_2, $t = 30°$ C; aus der Konzentrationsabhängigkeit der IR-Absorptionsbanden-Intensität der CO-Valenzfrequenz.

[18] J. HAM: J. Chem. Phys. 20, 1170 (1952); $t = 21,5°$ C, Lösungsmittel: n-Heptan.

[19] S. M. BRANDON, M. TAMRES u. S. SEARLES JR.: J. Am. Chem. Soc. 82, 2129, 2134 (1960); $t = 25°$ C. Lösungsmittel: in Heptan.

[20] n-Butyläther, R. M. KEEFER u. L. J. ANDREWS: J. Am. Chem. Soc. 75, 2561 (1953), Isopropyläther C. VAN DE STOLPE, Thesis Amsterdam 1953, Methyl-Butyläther G. KORTÜM u. M. KORTÜM-SEILER: Z. Naturforsch. 5a, 544 (1950).

[21] H. YADA, J. TANAKA u. S. NAGAKURA: Technical Report Institute Solid State Physics, University Tokyo. Ser. A. Nr. 7 Lösungsmittel: n-Heptan, $t = 20°$ C.

[22] S. YAMASHITA: Bull. Chem. Soc. Japan 32, 1212 (1959); Die Werte beziehen sich auf K_c (ΔG_c, ΔH_c, $T \cdot \Delta S_c$). Lösungsmittel: CCl_4, $t = 25°$ C. Über entsprechende Angaben für cis-Stilben vgl. S. 151, Anm. 1.

[23] G. KORTÜM u. H. WALZ: Z. Elektrochem. 57, 73 (1953), Lösungsmittel: Cyclohexan. $t = 25°$ C, dort auch Bemerkungen zu den Abweichungen relativ zu den Werten von KETELAAR u. Mitarb.[2].

[24] C. D. SCHMULBACH u. R. S. DRAGO: J. Am. Chem. Soc. 82, 4484 (1960). CCl_4, 25° C.

[25] Y. AMAKO: Sci. Rep. I (Japan) Vol. XI (1957), 147, n-Heptan, 23° C, findet von DE MAINE abweichende Werte.

[26] H. A. BENESI u. J. H. HILDEBRAND: J. Am. Chem. Soc. 71, 2703 (1949). Lösungsmittel: CCl_4, $t = 22°$ C.

[27] H. A. BENESI u. J. HILDEBRAND: CCl_4, 22° C. J. Am. Chem. Soc. 71, 2703 (1949).

Tabelle 61. *Komplexbildungskonstanten von EDA-Komplexen des Jods nach der Löslichkeits-Methode*[1]
(Lösungsmittel: Cyclohexan, $t = 25°$)

Donator	K_x	ΔG_x (kcal)
Chlorbenzol	2,86	−0,622
Toluol	4,40	−0,877
Naphthalin	6,58	−1,115
Diphenyl	8,00	−1,232
Fluoren	10,64	−1,400
Acenaphthen	10,88	−1,412
2,6-Dimethylnaphthalin . .	11,11	−1,426
Phenanthren	11,23	−1,452
2,3-Dimethylnaphthalin . .	11,63	−1,453
Pyren	13,17	−1,527
2,3,6-Trimethylnaphthalin .	15,40	−1,619
Dioxan	23,24	−1,863

[1] G. KORTÜM u. W. M. VOGEL: Z. Elektrochem. **59**, 16 (1955).

Tabelle 62. K_c, K_x *und* ΔG_x *von EDA-Komplexen des Jodchlorids*[1] (Lösungsmittel:
Tetrachlorkohlenstoff, $t = 25°$ C)

Donator	K_c	K_x	ΔG_x (kcal)	Literatur
Benzol	0,54	5,56	−1,02	2
		4,76	−0,92	3
	0,7	7,2	−1,2	4
Toluol	0,87	9,96	−1,36	2
		7,97	−1,23	3
Äthylbenzol	0,88	9,06	−1,31	2
Isopropylbenzol	0,88	9,06	−1,31	2
t-Butylbenzol	0,88	9,06	−1,31	2
		8,70	−1,28	3
o-Xylol	1,24	12,8	−1,51	2
		15,4	−1,62	3
m-Xylol	1,39	14,3	−1,58	2
		16,0	−1,64	3
p-Xylol	1,51	15,6	−1,63	2
		13,4	−1,54	3
Mesitylen	4,59	47,3	−2,28	2
Durol	4,25	43,8	−2,24	2
Pentamethylbenzol	6,43	66,2	−2,48	2
Hexamethylbenzol	22,7	234	−3,23	2
Hexaäthylbenzol	1,24	12,8	−1,51	2
Chlorbenzol		2,24	−0,48	3
Brombenzol	0,32	3,30	−0,71	2
		3,43	−0,73	3
Naphthalin	1,39	14,3	−1,58	2
Dibenzyl	1,48	15,2	−1,61	2
Dioxan	23,27	240	−3,25	5

[1] A. I. POPOV, R. E. HUMPHREY u. W. B. PERSON: loc. cit. Anm. 3 messen IR-spektroskopisch auch die Bildungskonstanten der Komplexe des JCN mit Dioxan ($K_c = 1,2 \pm 0,4$), Pentamethylentetrazol ($K_c = 15 \pm 3$) und Pyridin ($K_c = 51 \pm 5$).

[2] L. J. ANDREWS u. R. M. KEEFER: J. Am. Chem. Soc. **74**, 4500 (1952).

★ Anm. 3 bis **5**, S. **128** oben.

[3] R. M. KEEFER u. L. J. ANDREWS: J. Am. Chem. Soc. **72**, 5170 (1950).
[4] A. I. POPOV, R. E. HUMPHREY u. W. B. PERSON: J. Am. Chem. Soc. **82**, 1850 (1960). Der K-Wert wurde aus der Konzentrations-Abhängigkeit der IR-Frequenzen 353 und 357 cm^{-1} des Benzols bestimmt.
[5] A. L. POPOV, C. CASTELYANI-BISI u. W. B. PERSON: J. Phys. Chem. **64**, 691 (1960).

Tabelle 63. K_x und ΔG_x von EDA-Komplexen von Brom. Lösungsmittel: Tetrachlorkohlenstoff; $t=25°$

Donatoren	K_x	ΔG_x kcal
Benzol	1,04[1]	0,02[1]
Toluol	1,44[1]	−0,22[1]
o-Xylol	2,29[1]	−0,49[1]
m-Xylol	2,16[1]	−0,46[1]
p-Xylol	2,26[1]	−0,48[1]
Chlorbenzol	0,90[1]	+0,06[1]
Brombenzol	1,18[1]	−0,10[1]
Jodbenzol	1,59[1]	−0,28
Naphthalin	2,38[2]	−0,51[2]

[1] R. M. KEEFER u. L. J. ANDREWS: J. Am. Chem. Soc. **72**, 4677 (1950).
[2] N. W. BLAKE, H. WINSTON u. J. A. PATTERSON: J. Am. Chem. Soc. **73**, 4437 (1951).

Tabelle 64. $K_c, K_x, \Delta G_x, \Delta H_x$ und $T\Delta S_x$ von EDA-Komplexen des Schwefeldioxyds[1,3]

Donator	K_c	K_x	ΔG_x (kcal)	ΔH_x (kcal)	$T\Delta S_x$ (kcal)	Literatur
Chlorbenzol	0,026 bis	0,27 bis	+0,78 bis			
	0,038	0,39	+0,56			2
Benzol	0,046	0,47	+0,45			2
	0,047	0,36	+0,61	−1,24	−1,85	3
Toluol	0,077	0,79	+0,14			2
o-Xylol	0,160	1,65	−0,30			2
	0,139	1,06	−0,04	−2,54	−2,50	1,3
m-Xylol	0,145	1,49	−0,23			2
p-Xylol	0,130	1,34	−0,18			2
Mesitylen	0,205	2,11	−0,44			2
	0,273	2,07	−0,43	−2,43	−2,00	1,3
Octen-1	0,044	0,33	+0,66	−1,25	−1,91	1,3
Isobuten	0,170	1,29	−0,15	−1,34	−1,19	1,3
cis-Buten-2	0,076	0,58	+0,32	−1,24	−1,56	1,3
trans-Buten-2	0,082	0,62	+0,28	−1,58	−1,86	1,3
Cyclohexen	0,053	0,40	+0,54	−1,01	−1,55	1,3
Cyclopenten	0,037	0,28	+0,75	−0,94	−1,69	1,3
2-Methylbuten-2	0,136	1,03	−0,02	−3,33	−3,31	1,3
2,3-Dimethylbuten-2	0,188	1,43	−0,21	−3,76	−3,55	1,3
Äthanol	0,217	2,24	−0,474			4
Methanol	0,229	2,37	−0,508			4
n-Propanol	0,178	1,84	−0,359			4
n-Butanol	0,077	0,80	+0,131			4

[1] SO_2-Komplexe mit Olefinen wurden beiläufig erwähnt in Arbeiten von DAINTON, IVIN u. SHEARD: Trans. Faraday Soc. **52**, 414 (1956); Barb. Proc. Roy. Soc. A **212**, 66, (1952); WALLING: J. Polymer. Sci. **16**, 315 (1955) und BRISTOW u. DAINTON: Proc. Roy. Soc. A **229**, 509, 525 (1955). Über den Nachweis von 1:1 SO_2-Komplexen mit Dimethylanilin durch Partialdampfdruckmessungen vgl. bei J. BALEJ u. A. REGNER: Chem. List. **50**, 1374, 1381 (1956).

[2] L. J. ANDREWS u. R. M. KEEFER: J. Am. Chem. Soc. **73**, 4169 (1951); $t = 25°$. Lösungsmittel CCl$_4$.

[3] D. BOOTH, F. S. DAINTON u. K. J. IVIN: Trans. Faraday Soc. **55**, 1293 (1959), $t = 25°$, Lösungsmittel: n-Hexan. Für o-Xylol, Mesitylen, iso-Buten und 2-Methyl-Buten-2 werden mehrere Werte K, ΔG, ΔH und ΔS angegeben.

[4] P. A. D. DE MAINE: J. Chem. Phys. **26**, 1036 (1957). Lösungsmittel: CCl$_4$; $t = 23{,}1-24{,}0°$ C.

Tabelle 65. K_x, ΔG_x, ΔH_x und $T \cdot \Delta S_x$ von EDA-Komplexen von Tetracyanäthylen[1]
Lösungsmittel: CH$_2$Cl$_2$; $t = 22°$ C

Donator	K_c	K_x	ΔG_x (kcal)	ΔH_x (kcal)	$T \cdot \Delta S_x$ (kcal)
Pentamethylbenzol . . .	123	1912	—4,43	—7,21	—2,78
Durol	54,2	843	—3,95	—5,32	—1,36
Mesitylen	17,3	269	—3,28	—4,76	—1,48
p-Xylol	7,64	119	—2,80	—3,61	—0,81
Toluol	3,70	57,6	—2,38	—2,96	—0,58
Benzol	2,00	31,1	—2,01	—2,54	—0,52
o-Xylol	6,97	108	2,75		
m-Xylol	6,00	93,2	2,66		
Hexamethylbenzol . . .	263	4090	4,87		
Hexaäthylbenzol	5,11	79,4	2,56		
Diphenyl	4,09	63,6	2,43		
m-Terphenyl	5,50	85,5	2,61		
p-Terphenyl	11,4	177	3,03		
Tetraphenyläthylen . . .	17,8	277	3,30		
Naphthalin	11,7	182	3,05		
Fluoren	18,0	280	3,30		
Pyren	29,5	459	3,59		
Chlorbenzol	0,770	12,0	1,46		
Brombenzol	0,611	9,50	1,32		
Jodbenzol	1,24	19,3	1,74		
Anisol	4,42	68,7	2,48		
Pyridin	12,0	187	3,07		
Cyclohexen	0,247	3,84	0,79		

Tabelle 66. ΔG_x und ΔH_x einiger Komplexe des Tetracyanäthylens in CCl$_4$ bei $20°$ C[2]

	K_x	ΔG_x kcal	ΔH_x kcal
Benzol	10,7	—1,37	—3,35
Diphenyl	19,2	—1,72	—3,60
Naphthalin	33,9	—2,05	—4,05
Stilben	41,4	—2,16	—
Phenanthren	71,5	—2,48	—4,30
Triphenylen	94,5	—2,64	—4,20
Durol	145	—2,90	—5,50
Hexamethylbenzol	1530	—4,25	—7,75

[1] R. E. MERRIFIELD u. W. D. PHILLIPS: J. Am. Chem. Soc. **80**, 2778 (1958).

[2] G. BRIEGLEB, J. CZEKALLA u. G. REUSS: Z. Phys. Chem. N. F. (Frankfurt) (1961), im Druck.

Tabelle 67. K_c, K_x und ΔG_x von EDA-Komplexen
des Tetrachlorphthalsäureanhydrids[1]
Lösungsmittel: CCl_4; $t = 28°$ C

Donator	K_c	K_x	ΔG_x (kcal)
Anthracen.	10,26	105,6	−2,79
Pyren	10,00	102,9	−2,77
Stilben	5,50	56,6	−2,41
Phenanthren	7,29	75,0	−2,58
Naphthalin	2,8	28,8	−2,01
Diphenyl	2,90	29,8	−2,03

[1] M. Chowdhury u. S. Basu: Trans. Faraday Soc. **56**, 335 (1960).

2. Zusammenhang zwischen der Komplexbildungsenergie ΔH, der freien Enthalpieänderung ΔG und der Elektronenüberführungsenergie $h\nu_{CT}$*

Aus (I,2) folgt mit (II,22), (VI,1) und (VI,4)

$$\Delta H = -\frac{\beta_0^2}{I + C_1} + W_0 \tag{IX,1}$$

oder mit (VI,3)

$$\Delta H = -\frac{\beta_0^2}{\left[\left(\frac{h\nu_{CT}}{2}\right)^2 - C_2\right]^{1/2} + \frac{h\nu_{CT}}{2} + 2\,C_1} + W_0. \tag{IX,2}$$

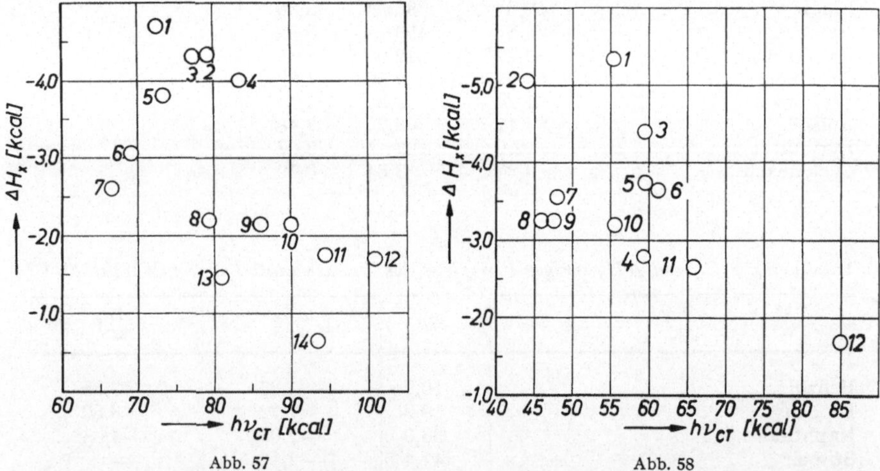

Abb. 57. Bildungsenthalpie ΔH_x in Abhängigkeit von der Elektronenüberführungsenergie $h\nu_{CT}$ für EDA-Komplexe des *Trinitrobenzols*. 1 = Hexamethylbenzol; 2 = Phenanthren; 3 = Naphthalin; 4 = Durol; 5 = Stilben; 6 = Diphenylbutadien; 7 = Diphenylhexatrien; 8 = Diphenylhexadien; 9 = Styrol; 10 = Xylol; 11 = Toluol; 12 = Benzol; 13 = Tetramethyläthylen; 14 = Cyclohexen

Abb. 58. Bildungsenthalpie ΔH_x in Abhängigkeit von der Elektronenüberführungsenergie $h\nu_{CT}$ für EDA-Komplexe des *Chloranils*. 1 = Hexamethylbenzol; 2 = Dimethylanilin; 3 = Durol; 4 = Naphthalin; 5 = Triphenylen; 6 = Phenanthren; 7 = 1,2-Benzanthracen; 8 = Anthracen, 9 = Pyren; 10 = Stilben; 11 = Diphenyl; 12 = Benzol

* Vgl. auch Kap. IX, 5.

Danach ist also theoretisch eine *einfache* Abhängigkeit ΔH von der Elektronenüberführungsenergie $h\nu_{\mathrm{CT}}$ nicht zu erwarten. Wohl besteht aber, (Kap. VI), ein definierter Zusammenhang zwischen $h\nu_{\mathrm{CT}}$ und der Ionisierungsenergie I des Donators.

Die Abb. 57—59 zeigen, daß bei jeweils gleichem Acceptor die Abhängigkeit ΔH von $h\nu_{\mathrm{CT}}$ bei verschiedenen Donatoren naturgemäß größeren Schwankungen unterworfen ist, daß aber offenbar eine gewisse Tendenz einer Zunahme von ΔH mit abnehmenden $h\nu_{\mathrm{CT}}$ besteht.

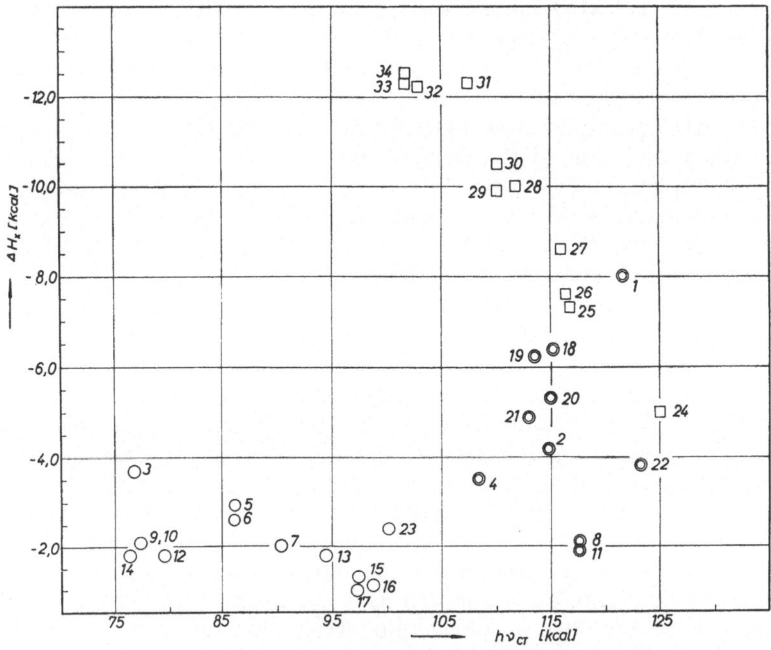

Abb. 59. Bildungsenthalpie ΔH_x in Abhängigkeit von der Elektronenüberführungsenergie $h\nu_{\mathrm{CT}}$ für EDA-Komplexe des Jods. 1 = Pyridin; 2 = Diäthyläther; 3 = Hexamethylbenzol; 4 = Dioxan; 5 = Mesitylen; 6 = Durol; 7 = o-Xylol; 8 = Äthanol; 9 = 1-Methylnaphthalin; 10 = 2-Methylnaphthalin; 11 = Methanol; 12 = Naphthalin; 13 = Toluol; 14 = Hexaäthylbenzol; 15 = Benzol; 16 = Chlorbenzol; 17 = o-Dichlorbenzol; 18 = Trimethylenoxyd; 19 = 2-Methyltetrahydrofuran; 20 = Tetrahydrofuran; 21 = Tetrahydropyran; 22 = Propylenoxyd; 23 = Cyclohexen; 24 = Ammoniak; 25 = Methylamin; 26 = Äthylamin; 27 = n-Butylamin; 28 = Dimethylamin; 29 = Diäthylamin; 30 = Piperidin; 31 = Trimethylamin; 32 = Triäthylamin; 33 = Tri-n-propylamin; 34 = Tri-n-butylamin

Für genauere, quantitative Betrachtungen über Donatorstärke und chemische Konstitution ist ΔH kein strenger Maßstab (Kap. IX, 5). Es dürften bei der Diskussion eines Zusammenhanges (ΔH, $h\nu_{\mathrm{CT}}$) nur *homologe* Verbindungen und solche vom gleichen Bindungstypus, (π,π; π,σ; n,π; n,σ usw.)-Komplexe, verglichen werden.

Man könnte in Abb. 57 die EDA-Komplexe des Trinitrobenzols mit den Polyenen als eine Gruppe für sich zusammenfassen, in die sich auch das Tetramethyläthylen einreiht. Die EDA-Komplexe mit Benzol und den methylierten Benzolen mit Naphthalin, Phenanthren, usw. bilden auch wieder eine Gruppe für sich.

Es gibt Fälle besonders starker Abweichungen von einem Zusammenhang zwischen ΔH und $h\nu_{CT}$[1].

Wenn die Donatorkomponente ein räumlich ausgedehntes konjugiertes System besitzt (Diphenylpolyene, Tetracen), hat sie eine relativ niedrige Ionisierungsenergie und damit eine langwellige Absorption, jedoch nur eine geringe van der Waalssche Wechselwirkungsenergie W_0, weil der Acceptor nur mit räumlich begrenzten Molekülbezirken des Donators in Wechselwirkung treten kann. Damit ist auch nach Gl. (IX,2) die gesamte Bindungsenergie ΔH relativ zur langwelligen Absorption zu klein.

Sterische Effekte können ebenfalls eine im Verhältnis zur Ionisierungsenergie bzw. zu $h\nu_{CT}$-Energie zu kleine Bindungsenergie verursachen (siehe z. B. die Jodkomplexe von Hexaäthylbenzol im Vergleich zu Hexamethylbenzol in Abb. 59).

Die EDA-Komplexe des Jods mit den Alkylaminen, mit Pyridin, den Alkoholen und den aliphatischen und cyclischen Äthern bilden als (n,σ)-Komplexe eine Gruppe für sich. Die intermolekulare Bindung greift unmittelbar am N oder O an. Außerdem sind in diesen Komplexen die $(O \ldots J_2)$- bzw. $(N \ldots J_2)$-Abstände so klein (2,7 bis 2,3 Å), daß die einfache Theorie einer Störungsrechnung 2. Ordnung (Kap. II) nur noch sehr näherungsweise gültig ist. (Überlagerung von Austauscheffekten erster Ordnung kovalenter Bindungsanteile, vgl. auch S. 173). In Abb. 59 ist bei den (n,σ)-Komplexen des J_2 die Gruppe der Alkylamin-Komplexe — einschließlich NH_3 — mit Vierecken gekennzeichnet und die Gruppe der Alkohole und Äther und der cyclischen Äther mit Doppelkreisen. Die (π,σ)-Komplexe des J_2 mit aromatischen Kohlenwasserstoffen und deren Substitutionsprodukten sind durch einfache Kreise dargestellt.

Innerhalb einer jeden Gruppe ist, allerdings mit größeren Schwankungen, ein Anstieg von ΔH mit abnehmender $h\nu_{CT}$-Energie festzustellen. Bei den (π, σ)-Komplexen des Jods hat eine geringere Abnahme von ΔH eine starke Zunahme von $h\nu_{CT}$ zur Folge. Dagegen ist bei den (n, σ)-Komplexen die $h\nu_{CT}$-Energie wesentlich weniger empfindlich gegenüber ΔH, offenbar weil bei den n, σ-Komplexen neben W_0 und R_N überlagerte Bindungseffekte sich bereits bemerkbar machen.

Auffallend ist die Konstanz der ΔH-Werte der EDA-Komplexe des p-Chinons mit aromatischen Kohlenwasserstoffen (Tab. 55) trotz einer relativ starken Veränderung der $h\nu_{CT}$-Energien (Tab. 8). Dieses Verhalten der p-Chinon-Komplexe entspricht nicht den an entsprechenden Komplexen der substituierten Chinone gemachten Erfahrungen[2].

Wenn auch offenbar bei EDA-Komplexen gleicher Bindungsart — allerdings mit größeren Schwankungen — ein empirischer Zusammenhang zwischen der Komplexbildungsenthalpie ΔH und der Elektronenüberführungsenergie $h\nu_{CT}$ besteht, so ist ein analoger Zusammenhang zwischen der *freien* Komplexbildungsenthalpie ΔG und $h\nu_{CT}$ nur unter Miteinbeziehung der Entropieänderungen ΔS zu erwarten.

$$\Delta H = \Delta G + T \cdot \Delta S. \tag{IX,3}$$

---

[1] G. Brieglieb u. J. Czekalla: Z. physik. Chem. N. F. **24**, (1960) 37.
[2] Eine nochmalige Überprüfung der ΔH-Werte erscheint angebracht.

Der Einfluß des Entropiegliedes auf den Gang der ΔG-Werte in Abhängigkeit von $h\nu_{CT}$ wird unter folgenden Voraussetzungen zu übersehen sein:

a) Es könnte der Fall sein, daß bei gleichem Acceptor bei Molekülkomplexen vom gleichen Bindungstypus $T \cdot \Delta S$ nahezu konstant ist. Das ist z. B. bei einigen MV, z. B. bei den Molekülkomplexen des TNB mit einigen arom. KW annähernd realisiert (vgl. Tab. 56 und 57, S. 121).

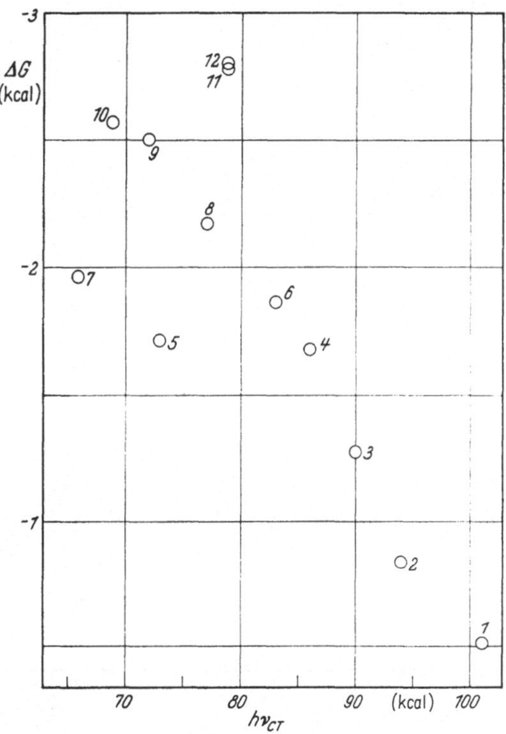

Abb. 60. Freie Bildungsenthalpie ΔG in Abhängigkeit von der Elektronenüberführungsenergie $h\nu_{CT}$ für EDA-Komplexe des *Trinitrobenzols*. 1 = Benzol; 2 = Toluol; 3 = m-Xylol; 4 = Styrol; 5 = Stilben; 6 = Durol; 7 = Diphenylhexatrien; 8 = Naphthalin; 9 = Hexamethylbenzol; 10 = Diphenylbutadien; 11 = Diphenylhexadien; 12 = Phenanthren

b) Es kann aber auch möglich sein, daß bei einigen EDA-Komplexen des gleichen Acceptors mit homologen Donatoren ΔH proportional $T \cdot \Delta S$ ist[1] (vgl. Kap. IX,4).

Bei einer Proportionalität zwischen $T \cdot \Delta S$ und ΔH gilt dann:

$$T \cdot \Delta S = A \cdot \Delta H + B \qquad \text{(IX,4)}$$

$$\Delta G = (1 - A)\,\Delta H - B\,. \qquad \text{(IX,5)}$$

---

[1] R. M. KEEFER u. L. J. ANDREWS: J. Am. Chem. Soc. **77**, 2164 (1955); M. TAMRES u. S. M. BRANDON: J. Am. Chem. Soc. **82**, 2134 (1960).

Danach dürfte bei Gültigkeit der unter a) oder b) genannten Voraussetzungen auch ΔG bei einer EDA-Komplexbildung eine näherungsweise entsprechende Abhängigkeit von $h\nu_{CT}$ zeigen wie ΔH[1]. Es müßte also — mit naturgemäß größeren Schwankungen — ΔG mit zunehmender $h\nu_{CT}$-Energie von negativen zu steigend positiven Werten zunehmen.

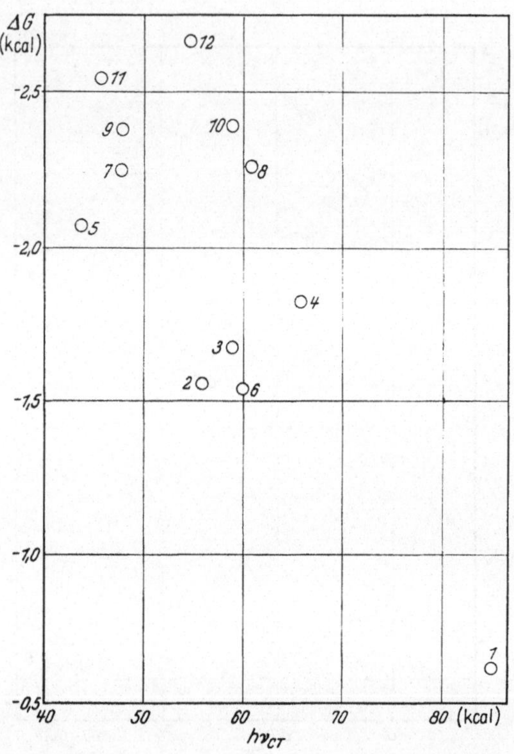

Abb. 61. Freie Bildungsenthalpie ΔG in Abhängigkeit von der Elektronenüberführungsenergie $h\nu_{CT}$ für EDA-Komplexe des *Chloranils*. 1 = Benzol; 2 = Stilben; 3 = Durol; 4 = Diphenyl; 5 = Dimethylanilin; 6 = Naphthalin; 7 = Pyren; 8 = Phenanthren; 9 = 1,2-Benzanthracen; 10 = Triphenylen; 11 = Anthracen; 12 = Hexamethylbenzol (vgl. auch Abb. 74)

In Abb. 60—64 sind für EDA-Komplexe von Trinitrobenzol, Chloranil, Jod, Jodchlorid und Schwefeldioxyd die freien Enthalpie-Änderungen gegen die Elektronenüberführungsenergien $h\nu_{CT}$ aufgetragen.

Am deutlichsten ist bei homologen Verbindungen vom gleichen Bindungstypus die zu erwartende funktionelle Abhängigkeit ΔG von $h\nu_{CT}$ zu beobachten (π,π-Komplexe Abb. 60, 61 und 74); bei den π,σ-Komplexen des JCl (Abb. 63) fallen Hexaäthylbenzol und Naphthalin heraus. Bei Hexaäthylbenzol könnten sterische Effekte eine Rolle spielen.

---

[1] R. FOSTER, D. LL. HAMMICK u. B. N. PARSONS: J. Chem. Soc. (London) **1956**, 555; R. FOSTER, D. LL. HAMMICK u. S. F. PEARCE: J. Chem. Soc. (London) **1959**, 244.

Bei den Komplexen des J_2 sind wieder die verschiedenen Donatorgruppen durch Kreise (π,σ-Komplexe), durch Doppelkreise bzw. Vierecke (n,σ-Komplexe der Alkohole und Äther) und durch auf der Spitze stehende Vierecke (n,σ-Komplexe der Amine) gekennzeichnet. Innerhalb

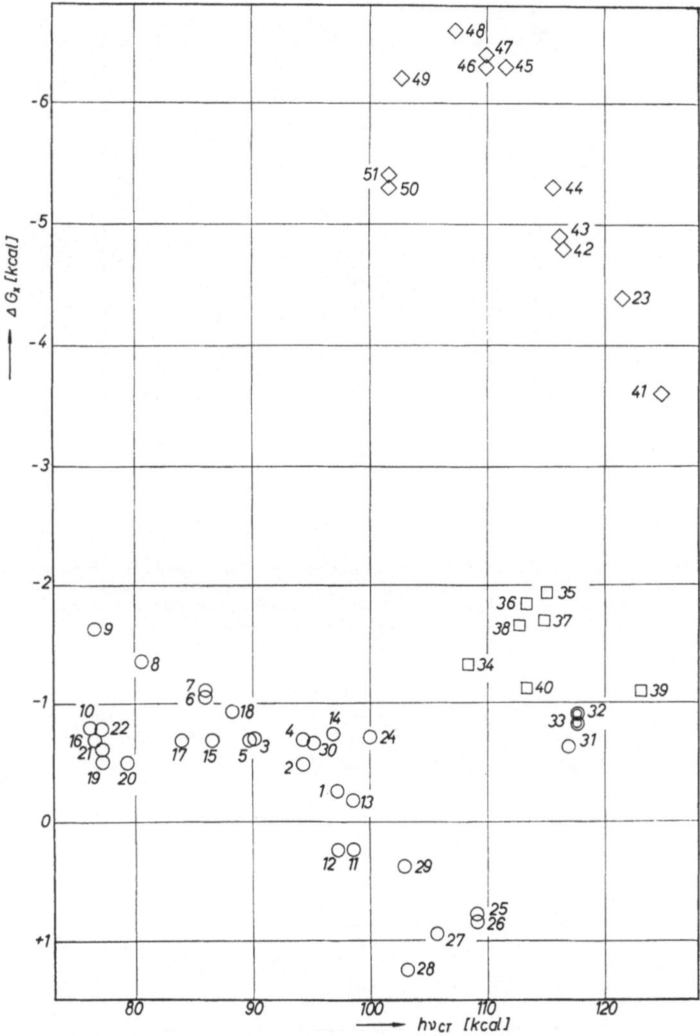

Abb. 62. Freie Bildungsenthalpie ΔG in Abhängigkeit von der Elektronenüberführungsenergie $h\nu_{CT}$ für EDA-Komplexe des *Jods*. 1 = Benzol; 2 = Toluol; 3 = o-Xylol; 4 = p-Xylol; 5 = m-Xylol; 6 = Mesitylen 7 = Durol; 8 = Pentamethylbenzol; 9 = Hexamethylbenzol; 10 = Hexaäthylbenzol; 11 = Chlorbenzol; 12 = o-Dichlorbenzol; 13 = Brombenzol; 14 = Anisol; 15 = Styrol; 16 = Stilben; 17 = Diphenyl; 18 = o-Methoxy-diphenyl; 19 = p-Methoxy-diphenyl; 20 = Naphthalin; 21 = 1-Methylnaphthalin; 22 = 2-Methylnaphthalin; 23 = Pyridin; 24 = Cyclohexen; 25 = cis-Dichloräthylen; 26 = trans-Dichloräthylen; 27 = Trichloräthylen; 28 = Tetrachloräthylen; 29 = 1-Brompropen-1; 30 = Diisobutylen; 31 = 1-Brombutan; 32 = Methanol; 33 = Äthanol; 34 = Dioxan; 35 = Trimethylenoxyd; 36 = 2-Methyltetrahydrofuran; 37 = Tetrahydrofuran; 38 = Tetrahydropyran; 39 = Propylenoxyd; 40 = Äthyläther; 41 =Ammoniak; 42 = Methylamin; 43 = Äthylamin; 44 = n-Butylamin; 45 = Dimethylamin; 46 =Diäthylamin; 47 = Piperidin; 48 = Trimethylamin; 49 = Triäthylamin; 50 = Tri-n-propylamin; 51 = Tri-n-butylamin

der Gruppen ist ein Anstieg von ΔG zu größer werdenden positiven Werten mit zunehmenden $h\nu_{CT}$-Energien deutlich. Bei SO_2 als Acceptor kommen diese Regelmäßigkeiten in den einzelnen Gruppen nicht so

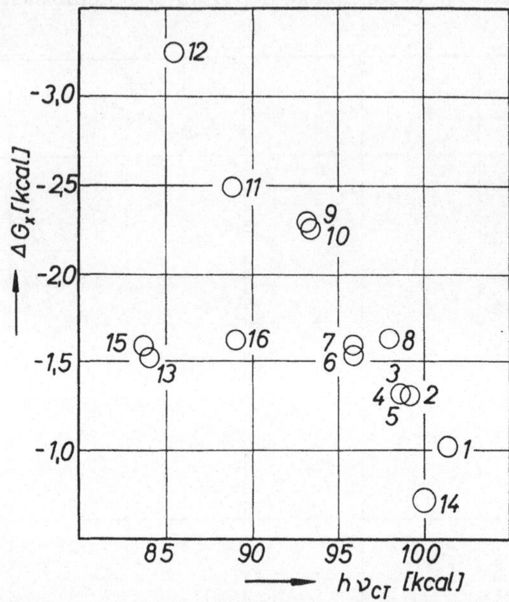

Abb. 63. Freie Bildungsenthalpien ΔG in Abhängigkeit von der Elektronenüberführungsenergie $h\nu_{CT}$ für EDA-Komplexe des *Jodchlorid*: 1 = Benzol; 2 = Toluol; 3 = Äthylbenzol; 4 = Isopropylbenzol; 5 = t-Butylbenzol; 6 = o-Xylol; 7 = m-Xylol; 8 = p-Xylol; 9 = Mesitylen; 10 = Durol; 11 = Pentamethylbenzol; 12 = Hexamethylbenzol; 13 = Hexaäthylbenzol; 14 = Brombenzol; 15 = Naphthalin; 16 = Diphenyl

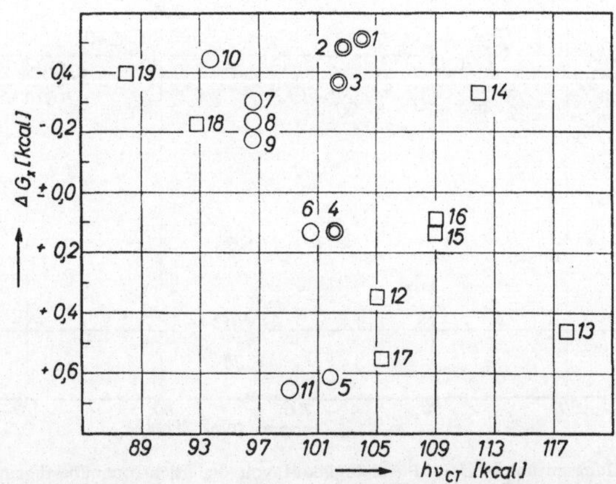

Abb. 64. Freie Bildungsenthalpie ΔG in Abhängigkeit von der Elektronenüberführungsenergie $h\nu_{CT}$ für EDA-Komplexe des *Schwefeldioxyd*: 1 = Methanol; 2 = Äthanol; 3 = n-Propanol; 4 = n-Butanol; 5 = Benzol; 6 = Toluol; 7 = o-Xylol; 8 = m-Xylol; 9 = p-Xylol; 10 = Mesitylen; 11 = Chlorbenzol; 12 = Cyclohexen; 13 = Octen-1; 14 = i-Buten, 15 = cis-Buten-2; 16 = trans-Buten-2, 17 = Cyclopenten; 18 = 2-Methyl-buten-2; 19 = 2,3-Dimethyl-buten-2

deutlich zum Ausdruck, offenbar, weil diese Komplexe eine im Vergleich zu J_2 als Acceptor nur schwache intermolekulare Bindung haben.

3. Beziehung zwischen der Komplexbildungsenergie ΔH bzw. der freien Enthalpieänderung ΔG und der Ionisierungsenergie I des Donators

Soweit bei vergleichbaren Komplexen des gleichen Acceptors mit verschiedenen Donatoren — wenn auch mit großen Schwankungen — ein Zusammenhang zwischen $h\nu_{CT}$ und der Komplexbildungsenergie ΔH bzw. ΔG beobachtet wird, muß auch ein Zusammenhang zwischen ΔH bzw. ΔG und der *Ionisierungsenergie I* des Donators bestehen[1], da ja (Kap. VI) $h\nu_{CT}$ und I in einer theoretisch begründeten, funktionellen Abhängigkeit stehen.

Aus (I,2) folgt mit (II,22) und (VI,1) bzw. (VI,4)

$$\begin{cases} \Delta H = R_N + W_0 = -\dfrac{\beta_0^2}{I - E_A + E_C - W_0} + W_0 \\[2mm] \Delta H = -\dfrac{\beta_0^2}{I - C_1} + W_0 . \end{cases} \qquad (IX,6)$$

Unter Mitberücksichtigung des Entropieeinflusses ist zwischen ΔG und I ein ähnlicher näherungsweiser Zusammenhang zu erwarten wie

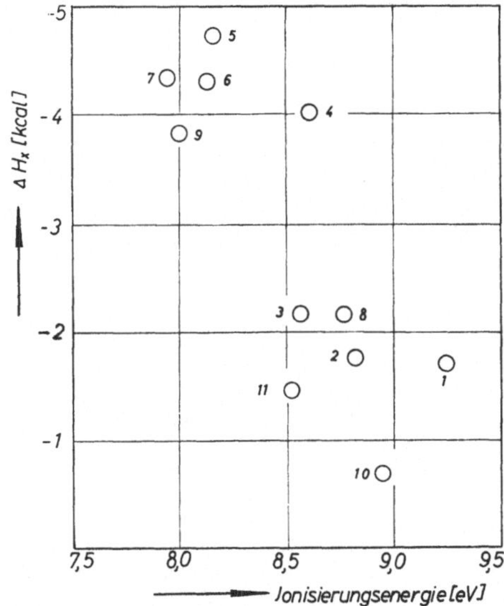

Abb. 65. Komplexbildungsenergie ΔH in Abhängigkeit von der Ionisierungsenergie I des Donators für EDA-Komplexe des *Trinitrobenzols*. 1 = Benzol; 2 = Toluol, 3 = m-Xylol, 4 = Durol; 5 = Hexamethylbenzol; 6 = Naphthalin, 7 = Phenanthren; 8 = Styrol, 9 = Stilben; 10 = Cyclohexen; 11 = Tetramethyläthylen

zwischen ΔH und I. Dabei müssen bezüglich des Entropiegliedes die auf S. 133 genannten Voraussetzungen gelten. Im Falle der Gültigkeit von (IX,5) und (IX,6) gilt dann:

$$\Delta G = -(1-A)\left(\frac{\beta_0^2}{I - C_1} - W_0\right) - B . \qquad (IX,7)$$

---

[1] Siehe auch bei R. Foster, D. Ll. Hammick u. B. N. Parsons: J. Chem. Soc. (London) **1956**, 555.

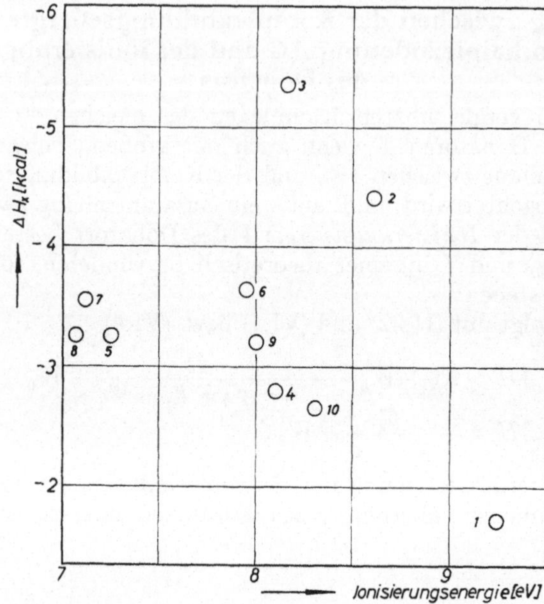

Abb. 66. Komplexbildungsenergie ΔH in Abhängigkeit von der Ionisierungsenergie I des Donators für EDA-Komplexe des *Chloranils*. 1 = Benzol; 2 = Durol; 3 = Hexamethylbenzol, 4 = Naphthalin; 5 = Anthracen; 6 = Phenanthren; 7 = 1,2-Benzanthracen; 8 = Pyren; 9 = Stilben; 10 = Diphenyl

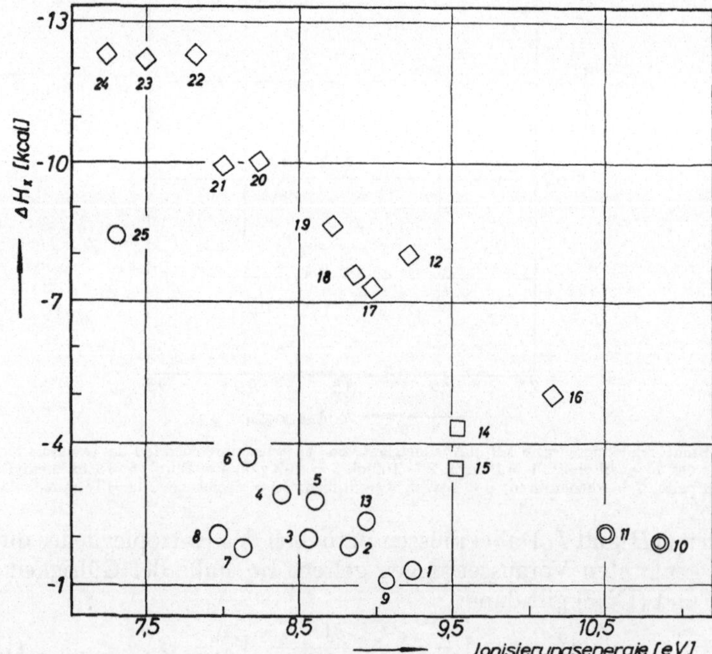

Abb. 67. Komplexbildungsenergie ΔH in Abhängigkeit von der Ionisierungsenergie I des Donators für EDA-Komplexe des *Jods*. 1 = Benzol; 2 = Toluol, 3.= o-Xylol, 4 = Mesitylen, 5.= Durol, 6 = Hexamethylbenzol, 7 = Naphthalin, 8 = 1-Methylnaphthalin; 9 = Chlorbenzol; 10 = Methanol; 11 = Äthanol; 12 = Pyridin; 13 = Cyclohexen; 14 = Diäthyläther; 15 = Dioxan; 16 = Ammoniak; 17 = Methylamin; 18 = Äthylamin; 19 = n-Butylamin; 20 = Dimethylamin; 21 = Diäthylamin; 22 = Trimethylamin; 23 = Triäthylamin; 24 = Tri-n-propylamin; 25 = Dimethylanilin

In Abb. 65—70 sind für Molekülkomplexe mit J_2, Tinitrobenzol und Chloranil als Acceptoren die Komplexbildungsenthalpien ΔH und ΔG gegen die Ionisierungsenergien einiger Donatoren aufgetragen.

Die Abb. 65—70 zeigen, daß für die EDA-Komplexe des Chloranils, des Trinitrobenzols und des Jods mit zum Teil größeren Schwankungen eine Zunahme von $|\Delta H|$ und $|\Delta G|$ mit abnehmender Ionisierungsenergie unter Berücksichtigung der durch die nur näherungsweise gültigen Voraussetzungen im großen und ganzen erfüllt ist. Besonders große Schwankungen treten bei den Komplexen des Chloranils bei der Abhängigkeit ΔH von I

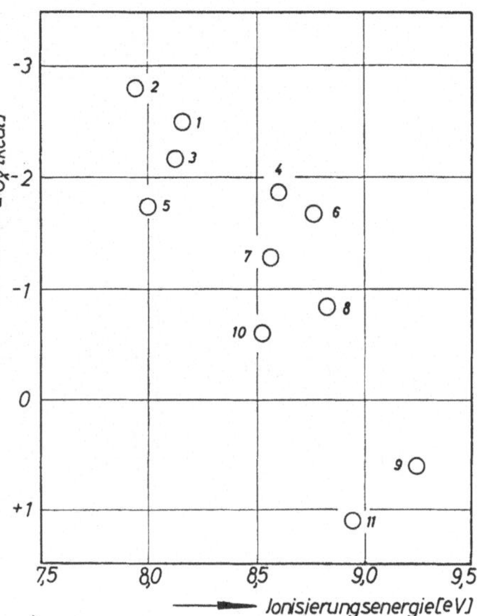

Abb. 68. Freie Bildungsenthalpie ΔG in Abhängigkeit von der Ionisierungsenergie I des Donators für EDA-Komplexe des *Trinitrobenzols*. 1 = Hexamethylbenzol; 2 = Phenanthren; 3 = Naphthalin; 4 = Durol; 5 = Stilben; 6 = Styrol; 7 = m-Xylol; 8 = Toluol; 9 = Benzol; 10 = Tetramethyläthylen; 11 = Cyclohexen

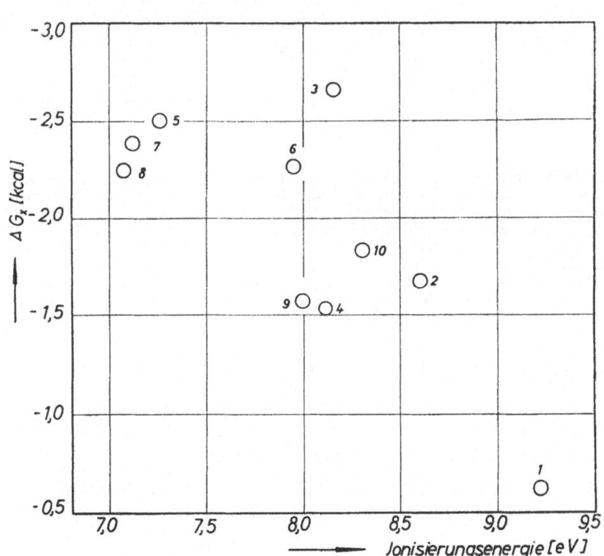

Abb. 69. Freie Bildungsenergie ΔG in Abhängigkeit von der Ionisierungsenergie I des Donators für EDA-Komplexe des *Chloranils*. 1 = Benzol; 2 = Durol; 3 = Hexamethylbenzol; 4 = Naphthalin; 5 = Anthracen; 7 = 1,2-Benzanthracen; 8 = Pyren; 9 = Stilben; 10 = Diphenyl

auf. Bei den Jod-Komplexen ist das experimentelle Material relativ umfangreich. Sowohl bei der $(\Delta H, I)$- als auch bei der $(\Delta G, I)$-Abhängigkeit muß — wie schon wiederholt hervorgehoben — zwischen verschiedenen Verbindungstypen unterschieden werden. Augenscheinlich haben die n,σ-Komplexe einen anderen funktionellen $(\Delta H, I)$- und $(\Delta G, I)$-Gradienten als die (π,σ)-Komplexe, die in den Abb. 67 und 70 mit Kreisen gekennzeichnet sind.

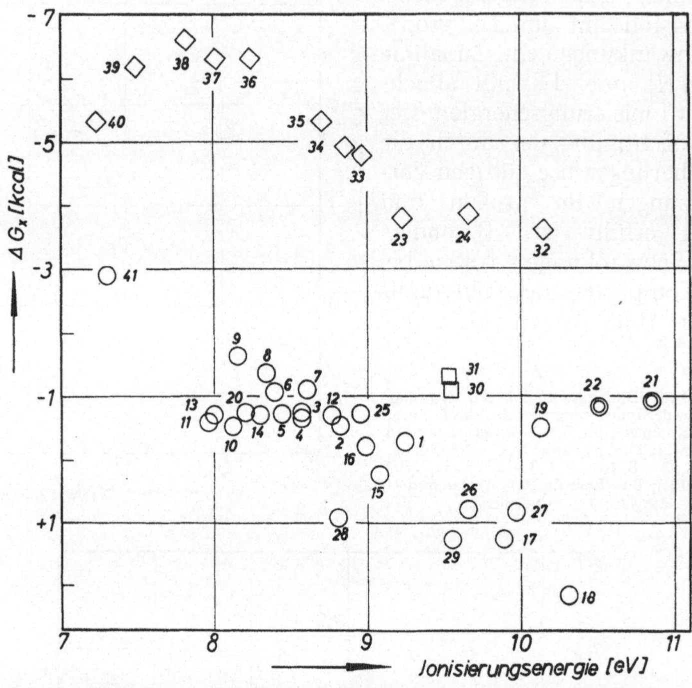

Abb. 70. Freie Bildungsenergie ΔG in Abhängigkeit von der Ionisierungsenergie I des Donators für EDA-Komplexe des *Jods*. 1 = Benzol; 2 = Toluol; 3 = o-Xylol; 4 = m-Xylol; 5 = p-Xylol; 6 = Mesitylen; 7 = Durol; 8 = Pentamethylbenzol; 9 = Hexamethylbenzol; 10 = Naphthalin; 11 = 1-Methylnaphthalin; 12 = Styrol; 13 = Stilben; 14 = Diphenyl; 15 = Chlorbenzol; 16 = Brombenzol; 17 = Cyclohexen; 18 = 2,3-Dimethylbutan; 19 = 1-Brombutan; 20 = Anisol; 21 = Methanol; 22 = Äthanol; 23 = Pyridin; 24 = α-Picolin; 25 = Cyclohexen; 26 = cis-Dichloräthylen; 27 = trans-Dichloräthylen; 28 = Trichloräthylen; 29 = Tetrachloräthylen; 30 = Diäthyläther; 31 = Dioxan; 32 = NH_3; 33 = CH_3NH_2; 34 = $C_2H_5NH_2$; 35 = $n\,C_4H_2NH_2$; 36 = $(CH_3)_2NH$; 37 = $(C_2H_5)_2NH$; 38 = $(CH_3)_3N$; 39 = $(C_2H_5)_3N$; 40 = $(nC_3H_7)_3N$; 41 = N_1N-Dimethylanilin

Da W_0 [Gl. (IX,6) und (Tab. 6)] einen erheblichen Anteil an der gesamten Komplexbildungsenergie hat, werden sich konstitionelle Schwankungen in W_0 auch auf ΔH und ΔG bemerkbar machen. Dabei ist es nicht verwunderlich, daß ein Zusammenhang zwischen ΔH bzw. ΔG und I nicht so ausgeprägt ist, wie es bei der Abhängigkeit $h\nu_{CT}$ von I (Kap. VI) der Fall ist.

4. Komplexbildungsenthalpie ΔH und Entropieänderung $T \cdot \Delta S$

Schon auf S. 133 wurde bemerkt, daß in einer Reihe von Fällen eine Proportionalität von ΔH und ΔS (bzw. $T \cdot \Delta S$) beobachtet worden ist[1,2] Gl. (IX,4).

[1,2], siehe S. 141.

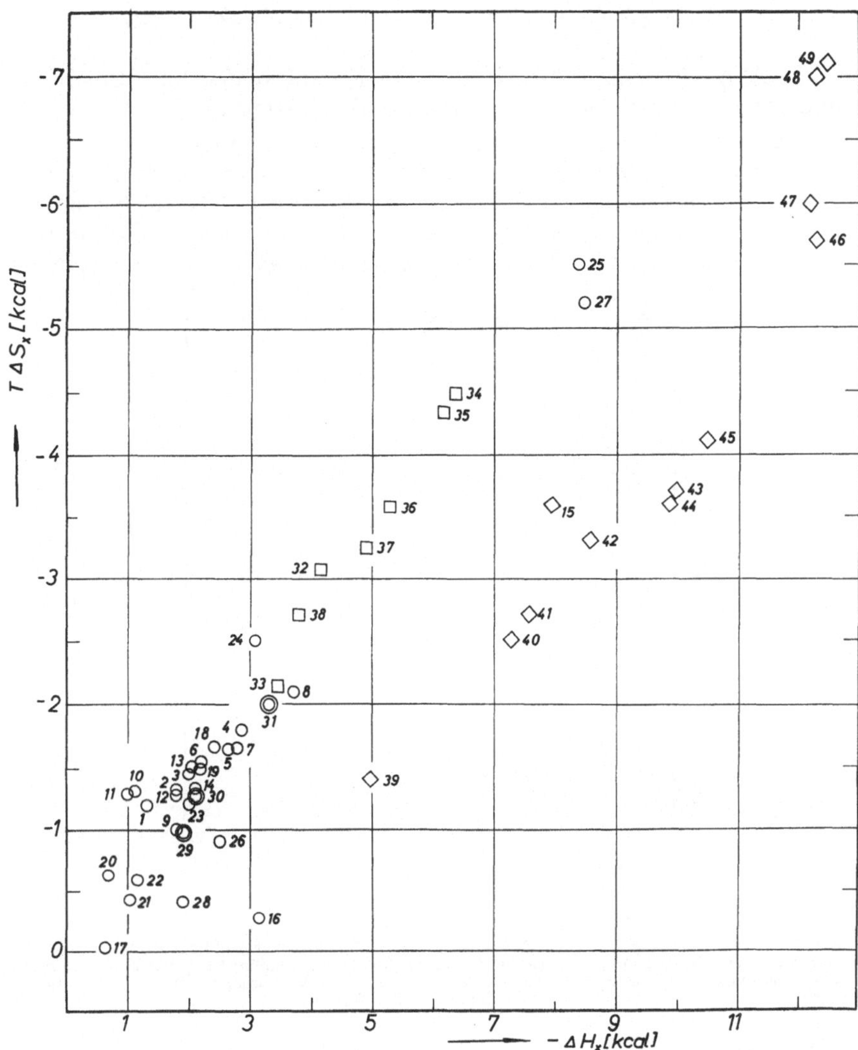

Abb. 71. Entropieänderung $T \cdot \Delta S$ in Abhängigkeit von der Bildungsenergie ΔH für EDA-Komplexe des *Jods* mit einigen Donatoren: 1 = Benzol; 2 = Toluol; 3 = o-Xylol; 4 = Mesitylen; 5 = s-Triäthylbenzol; 6 = s-Tri-tert-butylbenzol; 7 = Durol; 8 = Hexamethylbenzol; 9 = Hexaäthylbenzol; 10 = Chlorbenzol; 11 = o-Dichlorbenzol; 12 = Naphthalin; 13 = 1-Methylnaphtbalin; 14 = 2-Methylnaphthalin; 15 = Pyridin; 16 = Tri-n-butylphosphat; 17 = Cyclopenten; 18 = Cyclohexen; 19 = Cyclohepten; 20 = cis-Cyclooocten; 21 = Methylen-cyclobutan; 22 = Methylen-cyclopentan; 23 = Methylen-cyclohexan; 24 = Methyl-cycloheptan; 25 = N,N-Dimethylanilin; 26 = N,N-Dimethyl-o-toluidin; 27 = N,N-Dimethyl-p-toluidin; 28 N,N-Dimethyl-2,6-xylidin; 29 = Methanol; 30 = Äthanol; 31 = t-Butanol; 32 = Diäthyläther; 33 = Dioxan; 34 = Trimethylenoxyd; 35 = 2-Methyltetrahydrofuran; 36 = Tetrahydrofuran; 37 = Tetrahydropyran; 38 = Propylenoxyd; 39 = Ammoniak; 40 = Methylamin; 41 = Äthylamin; 42 = n-Butylamin; 42 = Dimethylamin; 44 = Diäthylamin; 45 = Piperidin; 46 = Trimethylamin; 47 = Triäthylamin; 48 = Tri-n-propylamin; 49 = Tri-n-butylamin

[1] R. M. KEEFER u. L. J. ANDREWS: J. Am. Chem. Soc. **77**, 2164 (1955). M. TAMRES u. S. M. H. BRANDON: J. Am. Chem. Soc. **82**, 2134 (1960). P. A. D. DE MAINE: J. Chem. Phys. **26**, 1192 (1957).

[2] Man könnte an folgende näherungsweise Deutung einer Zunahme von $|T \cdot \Delta S|$ mit größer werdender Bindungsenergie $|\Delta H|$ denken. Je größer der Beitrag der ionaren Grenzstruktur ist, um so größer ist $|\Delta H|$. Je stärker der *ionare* Grenzzustand in Erscheinung tritt, um so stärker ist aber auch die Solvatation. Im Extremfall liegen stark solvatisierte Ionenpaare vor. Solvatationszunahme bei der MV-Bildung bedeutet aber Verstärkung der ohnehin schon bei der MV-Bildung auftretenden Entropieabnahme.

In Abb. 71, 72 und 73 sind für EDA-Komplexe des Jods, Chloranils und des Trinitrobenzols $T \cdot \Delta S$ gegen ΔH dargestellt.

Aus der Abb. 71 ist zu ersehen, daß bei den Jod-Komplexen ein Zusammenhang zwischen $T \cdot \Delta S$ und ΔH bei einer großen Zahl von Verbindungen offenbar zu bestehen scheint. Auch hier dürfen naturgemäß nur Verbindungen vom gleichen Bindungstypus verglichen werden. Die Amine (n,σ-Komplexe) stellen eine Kategorie für sich dar, in die

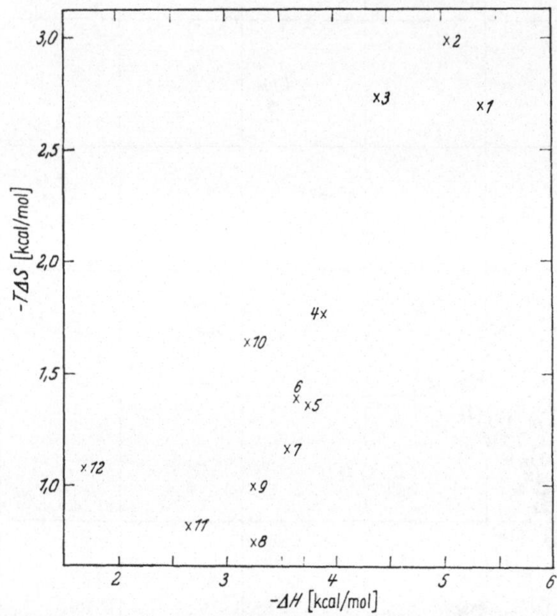

Abb. 72. Entropieänderung $T \cdot \Delta S$ in Abhängigkeit von der Bildungsenergie ΔH für EDA-Komplexe des *Chloranils* mit einigen Donatoren: 1 = Hexamethylbenzol; 2 = Dimethylanilin; 3 = Durol; 4 = Naphthalin, 5 = Triphenylen; 6 = Phenanthren; 7 = 1,2-Benzanthracen; 8 = Anthracen; 9 = Pyren; 10 = Stilben; 11 = Diphenyl; 12 = Benzol

sich auch das Pyridin einzuordnen scheint. Überraschenderweise reihen sich aber auch die n, σ-Komplexe der Alkohole und Äther (Nr. 29—38, Abb. 71) in die allgemeine Gesetzmäßigkeit der (π,σ)-Komplexe aromatischer Kohlenwasserstoffe mit J_2 ein.

Bei den Komplexen des *Chloranils* ist das experimentelle Material nur gering, jedoch scheint bei den in Abb. 72 gezeichneten homologen (π,π)-Komplexen mit aromatischen Kohlenwasserstoffen eine Proportionalität von ΔH und $T \cdot \Delta S$ näherungsweise erfüllt zu sein.

Eine solche funktionelle Abhängigkeit ($\Delta H, T \cdot \Delta S$) besteht aber bei den Komplexen des *Trinitrobenzols* keineswegs generell.

Auffallend ist die starke Lösungsmittelabhängigkeit von $T \cdot \Delta S$. Die in Chloroform als Lösungsmittel gemessenen EDA-Komplexe haben praktisch angenähert die gleiche Bildungsentropie ΔS, während diese in CCl_4 als Lösungsmittel über einen größeren Energiebereich vom Donator abhängig ist. Es scheint, als würden durch die Polarität des Lösungsmittels Chloroform feinere Differenzierungen in der Entropieänderung bei der Komplexbildung ausgeglichen.

Betrachten wir die in CCl_4 gemessenen Verbindungen, die in Abb. 73 als Kreise eingezeichnet sind, so gibt es einige Ausnahmen von Gl. IX,4:

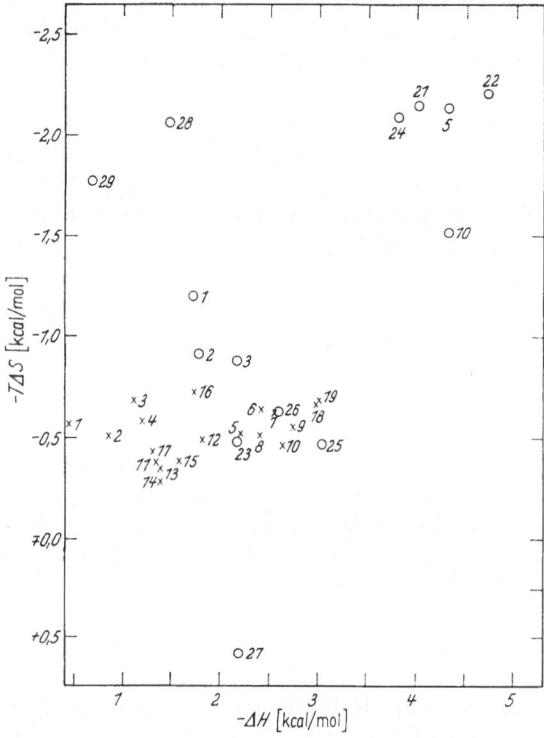

Abb. 73. Entropieänderung $T \cdot \Delta S$ in Abhängigkeit von der Bildungsenergie ΔH für EDA-Komplexe des *Trinitrobenzols* mit einigen Donatoren:

a) In CCl_4 (Kreise o) 1 = Benzol; 2 = Toluol; 3 = m-Xylol; 5 = Naphthalin; 10 = Phenanthren; 21 = Durol; 22 = Hexamethylbenzol; 23 = Styrol; 24 = Stilben; 25 = Diphenylbutadien; 26 = Diphenylhexatrien; 27 = Diphenylhexadien; 28 = Tetramethyläthylen; 29 = Cyclohexen

b) In $CHCl_3$ (Kreuze ×) 1 = Benzol; 2 = Toluol; 3 = Xylol; 4 = Mesitylen; 5 = Naphthalin; 6 = 1-Methylnaphthalin; 7 = 2-Methylnaphthalin; 8 = Acenaphthen; 9 = Anthracen; 10 = Phenanthren; 11 = Anilin; 12 = N,N-Dimethylanilin; 13 = o-Toluidin; 14. = m-Toluidin; 15 = p-Toluidin; 16 = p-Chloranilin; 17 = Diphenylamin; 18 = 1-Naphthylamin; 19 = 2-Naphthylamin

Über die Besonderheit der Komplexe des Diphenylhexatriens (26), des Diphenylhexadiens (27) und des Diphenylbutadiens (25) wurde bereits auf S. 132 einiges gesagt. Die Naphthylamine [(18), (19)] könnten eine Ausnahme bilden, da eine überlagerte Bildung von n, σ-Komplexen denkbar wäre. Tetramethyläthylen (28) und Cyclohexen (29) sind als Donatoren mit nur *einem* π-Elektronenpaar naturgemäß von den Verbindungen mit *aromatischen* π-Donatoren zu unterscheiden [vgl. jedoch dagegen die allgemeinere Gültigkeit der ($h\nu_{CT}$, I)-Beziehung Kap. VI].

5. Donator- und Acceptorstärke von Elektronen-Donatoren und Acceptoren in EDA-Komplexen*

a) Donatorstärke. Bei der Festlegung des Begriffes „Donatorstärke"
ist es die Frage, ob man die Abstufung der Elektronen-Donatorenstärke
der Donator-Moleküle als *absolute* Moleküleigenschaft des Donator-
Moleküls zu betrachten hat oder als eine relative Größe in bezug auf
einen bestimmten Acceptor. Im ersteren Fall dürfte die Ionisierungsenergie I ein geeignetes Maß für die Donatorstärke sein oder die mit I
im allgemeinen konform gehende Elektronenüberführungsenergie $h\nu_{CT}$
(Kap VI).

Für den Fall, daß ein Molekül sowohl π- als auch n-Donatoreigen-
schaften hat, z. B. Anilin, kann es mit bestimmten Acceptoren (z. B. J_2)
als n-Donator und mit anderen Acceptoren, z. B. gegenüber aromatischen
Nitroverbindungen, als π-Donator wirken. In solchen Fällen scheint es
fraglich, ob in jedem Fall die Ionisierungsenergie ein effektives Maß der
Donatorstärke ist.

Immerhin können unter bestimmten Voraussetzungen die für die
Stabilität von EDA-Komplexen *eines und desselben Acceptors* charak-
teristischen Größen ΔG und ΔH als Maß der Donatorstärke verschiedener
Donatoren demselben Acceptor gegenüber zugrunde gelegt werden.

Vergleicht man die aus den Elektronenüberführungsenergien $h\nu_{CT}$
sich ergebenden Abstufungen der Donatorstärken mit dem Gang der ΔG-
und der ΔH-Werte von EDA-Komplxeen homologer Donatoren mit dem
gleichen Acceptor, so können Unterschiede in der Reihenfolge einerseits
der $h\nu_{CT}$-Werte und andererseits der Bildungskonstanten bzw. der ΔG-
und ΔH-Werte auftreten, wofür bereits die Gründe in IX,2 und 3 angegeben wurden. Streng betrachtet kann nur die Resonanzenergie R_N
mit $h\nu_{CT}$ bzw. mit der Ionisierungsenergie I in Zusammenhang gebracht
werden.

In Tab. 68 sind für eine Reihe von EDA-Komplexen verschiedener
Acceptoren mit einigen Donatoren die $h\nu_{CT}$ bzw. die ΔG und ΔH zusammengestellt[1].

Die Reihenfolge der $h\nu_{CT}$-Energien entspricht im wesentlichen dem
Gang der Ionisierungsenergien (Kap. VI). Bei einer Diskussion über
chemische Konstitution des Donators und Stabilität der EDA-Komplexe
(ΔG, ΔH) dürfen auf jeden Fall nur Molekülverbindungen verglichen
werden

1. vom gleichen *Bindungstypus* (vgl. S. 6)

2. vom gleichen Konstitutionstypus der Donatoren, bzw. Acceptoren und

3. müssen sterische Effekte berücksichtigt werden (vgl. u. a. S. 108,
109, 132).

---

* Statt Donatorstärke wird oft „Basizität" gesagt in Anlehnung an die Säure-
Basentheorie von LEWIS (G. N. LEWIS, Valence and the structure of Atoms and
Molecules. New York: Reinhold Publishing Corpor. 1923).
[1] Vgl. zu den Angaben Tab. 52—67.

Tabelle 68. *Abstufung der Donatorstärken auf Grund der Elektronenüberführungsenergie $h\nu_{CT}$- und der ΔG_x- bzw. ΔH_x-Energien in EDA-Komplexen des Trinitrobenzols, Chloranils, des J_2, Br_2, JCl, SO_2 und Tetracyanäthylens als Acceptor*

	$h\nu_{CT}$ kcal		ΔG_x kcal		ΔH kcal
Trinitrobenzol					
Benzol	101	Benzol	−0,51	Benzol	−1,7
Toluol	94	Toluol	−0,84	Toluol	−1,75
m-Xylol	90	m-Xylol	−1,28	m-Xylol	−2,15
Styrol	86	Styrol	−1,68	Styrol	−2,15
Durol	83	Stilben	−1,72	Diphenylhexadien	−2,2
Diphenylhexadien	79	Durol	−1,86	Diphenylhexatrien	−2,6
Phenanthren	79	Diphenylhexatrien	−1,96	Diphenylbutadien	−3,05
Naphthalin	77	Naphthalin	−2,17	Stilben	−3,8
Stilben	73	Hexamethylbenzol	−2,50	Durol	−4,0
Hexamethylbenzol	72	Diphenylbutadien	−2,57	Naphthalin	−4,3
Diphenylbutadien	69	Diphenylhexadien	−2,78	Phenanthren	−4,3
Diphenylhexatrien	66	Phenanthren	−2,80	Hexamethylbenzol	−4,7
Chloranil					
Benzol	85	Benzol	−0,62	Benzol	−1,65
p-Xylol	67	Diphenyl	−1,09	Diphenyl	−2,15
Diphenyl	66	Naphthalin	−1,54	Naphthalin	−2,80
Phenanthren	61	Stilben	−1,56	Stilben	−3,20
		Durol	−1,67	Pyren	
Naphthalin	60	Dimethylanilin	−2,07		−3,25
Durol		Pyren	−2,25	Anthracen	
Triphenylen	59	Phenanthren	−2,26	1,2-Benzanthracen	−3,55
Stilben	56	1,2-Benzanthracen	−2,38	Phenanthren	−3,65
Hexamethylbenzol	55	Triphenylen	−2,39	Triphenylen	−3,75
Chrysen	54	Anthracen	−2,50	Naphthalin	−2,80
1,2,5,6-Dibenzanthracen	49	Hexamethylbenzol	−2,66		
				Durol	−4,40
1,2-Benzanthracen				Dimethylanilin	−5,05
Coronen	48			Hexamethylbenzol	−5,35
Pyren					
Anthracen	46				
Dimethylanilin	44				
Perylen	40				
Tetracen	38				
Jod					
Pyridin*	122	o-Dichlorbenzol	+0,25	o-Dichlorbenzol	−1,0
Methanol*	118	Chlorbenzol	+0,24	Chlorbenzol	−1,1
Äthanol*	117				
Diäthyläther*	115	Benzol	−0,11	Benzol	−1,3
		Phenanthren	−0,24		
Dioxan*	108	Toluol	−0,48	Hexaäthylbenzol	−1,79
				Toluol	−1,8
Chlorbenzol	99	Naphthalin	−0,50	Naphthalin	−1,8
Benzol	98	1-Methyl-naphthalin	−0,60	Methanol*	−1,90
o-Dichlorbenzol	97	o-Xylol	−0,64	o-Xylol	−2,0
Toluol				1-Methylnaphthalin	
	95	p-Xylol	−0,70		−2,10
Diphenyl				Äthanol*	
o,m-Xylol	90	Hexaäthylbenzol	−0,79		
Styrol	87			Durol	−2,78
Mesitylen	86	Äthanol*	−0,82	Mesitylen	−2,86

* n-Donatoren

Tabelle 68 (Fortsetzung)

	$h\nu_{CT}$ kcal		ΔG_x kcal		ΔH_x kcal
Jod					
Durol	86	Methanol*	−0,91	Dioxan*	−3,5
Naphthalin	79	Mesitylen	−0,99	Hexamethylbenzol	−3,73
Stilben					
Hexamethylbenzol	⎫ 77	Durol	−1,11	Diäthyläther*	−4,3
1-Methylnaph-thalin	⎭	Diäthyläther*	−1,12		
Hexaäthylbenzol	76	Dioxan*	−1,32	Pyridin*	−8,0
Phenanthren	72	Hexamethylbenzol	−1,63		
Anthracen	66	Pyridin*	−4,40		
Brom					
Chlorbenzol	99,9	Chlorbenzol	+0,06		
Brombenzol	99,2	Benzol	−0,02		
Benzol	97,8	Brombenzol	−0,10		
Toluol	94,9	Toluol	−0,22		
p-Xylol	93,4	Jodbenzol	−0,28		
Jodbenzol	92,2	m-Xylol	−0,46		
m-Xylol	91,6	p-Xylol	−0,48		
o-Xylol	91,2	o-Xylol	−0,49		
Naphthalin	82,6	Naphthalin	−0,51		
JCl					
Benzol	101,3	Chlorbenzol	−0,48		
Brombenzol	99,9	Brombenzol	−0,71		
Toluol	99,2	Benzol	−1,02		
Äthylbenzol	98,5	Äthylbenzol	−1,31		
p-Xylol	97,8	Toluol	−1,36		
o,m-Xylol	95,9	o-Xylol ⎫	−1,51		
Durol	93,4	Hexaäthylbenzol ⎭			
Mesitylen	93,0	m-Xylol ⎫	−1,58		
Pentamethylbenzol	88,7	Naphthalin ⎭			
Hexamethylbenzol	85,6	Dibenzyl	−1,61		
Hexaäthylbenzol	84,0	p-Xylol	−1,63		
Naphthalin	83,8	Durol	−2,24		
		Mesitylen	−2,28		
		Pentamethylbenzol	−2,48		
		Hexamethylbenzol	−3,23		
Schwefeldioxyd					
Methanol*	104	Chlorbenzol	+0,56 bis +0,78		
Äthanol*	103	Benzol	+0,45		
Benzol	102	Toluol	+0,14		
Toluol	100,6	p-Xylol	−0,18		
Chlorbenzol	99	m-Xylol	−0,23		
o-Xylol	96,5	o-Xylol	−0,30		
Mesitylen	93,7	Mesitylen	−0,44		
		Äthanol*	-0,47		
Tetracyanäthylen		Methanol*	-0,51		
Benzol	74,6	Benzol	−1,37	Benzol	−3,35
Diphenyl	57,0	Diphenyl	−1,72	Diphenyl	−3,60
Phenanthren	54,2	Naphthalin	−2,05	Naphthalin	−4,05
Durol	54,0	Stilben	−2,16	Triphenylen	−4,20
Hexamethylbenzol	53,7	Phenanthren	−2,48	Phenanthren	−4,30
Naphthalin	52,0	Triphenylen	−2,64	—	
Triphenylen	51,4	Durol	−2,90	Durol	−5,50
Stilben	47,9	Hexamethylbenzol	−4,25	Hexamethylbenzol	−7,75

* n-Donatoren

Nur unter den genannten Voraussetzungen kann erwartet werden, daß die Abstufung der Donatorstärke, wie sie sich z. B. aus den Bildungskonstanten der EDA-Komplexe ergibt, unabhängig vom Acceptor nahezu die gleiche[1] ist. Dies ist aus einer von ANDREWS[2] gemachten Zusammenstellung der relativen Abstufung einiger K-Werte (Tab. 69) zu ersehen. (Zu den Angaben in der Spalte 9—10 vgl. auch die Ausführungen S. 159.)

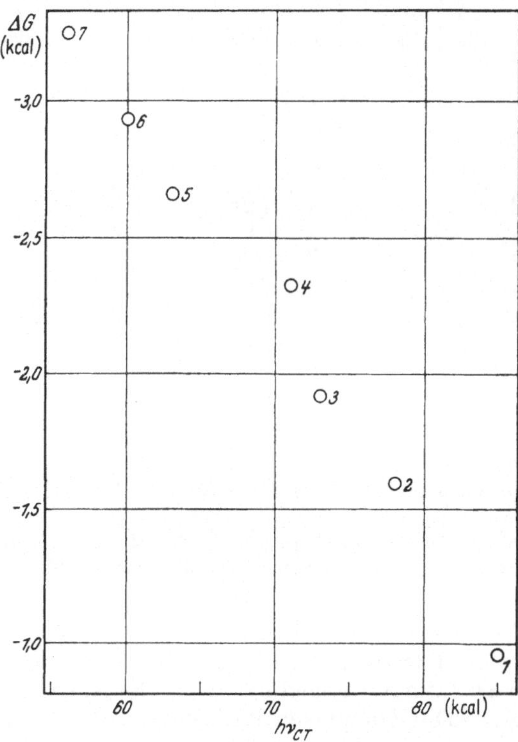

Abb. 74. ΔG gegen $h\nu_{CT}$ für EDA-Komplexe des Chloranils mit homologen methylierten Benzolen. 1 = Benzol; 2 = Toluol; 3 = m-Xylol; 4 = Mesitylen; 5 = Durol; 6 = Pentamethylbenzol; 7 = Hexamethylbenzol

Bei konstitutionell ausgesprochen homologen Donatoren können im allgemeinen die Voraussetzungen 1 bis 3 zugrunde gelegt werden, so daß die Abstufungen der K- bzw. ΔG-Werte von EDA-Komplexen des gleichen Acceptors mit denen der Elektronenüberführungsenergie $h\nu_{CT}$ nahezu entsprechend sind (vgl. Kap. IX, 2). Dies zeigt deutlich Abb. 74.

Im Falle eines gleichen Bindungstypus D . . . A ist auch in homologen Reihen verschiedener Donatoren bei gleichem Acceptor die EDA-Komplex-Konfiguration (Kap. X) und der *intermolekulare* Abstand annähernd gleich. Es muß beachtet werden, daß die n,σ-EDA-Komplexe mit

---

[1] Naphthalin zeigt je nach dem Acceptor gewisse Schwankungen in der Eingruppierung.

[2] L. J. ANDREWS: Chem. Rev. 54, 713 (1954).

Tabelle 69. *Relative Bildungskonstanten von EDA-Komplexen der Polymethylbenzole und Alkylbenzole* (p-Xylol = 1,00)

Substituenten	Acceptor								
	Ag^+[1,2,3,4]	Br_2[5]	J_2[6]	JCl[6]	SO_2[7]	TNM★[8]	PiS★★[9]	HCl[10]	HF⊡[11]
H	0,92	0,46	0,48	0,36	0,35	0,007	0,70	0,61	0,09
CH_3	1,00	0,64	0,52	0,58	0,59	0,14	0,84	0,92	0,63
o-$(CH_3)_2$ . .	1,20	1,01	0,87	0,82	1,23		1,03	1,13	1,1
m-$(CH_3)_2$ . .	1,25	0,96	1,00	0,91	1,11	1,00	0,98	1,26	26
p-$(CH_3)_2$ . .	1,00	1,00	1,00	1,00	1,00		1,00	1,00	1,00
1,2,4-$(CH_3)_3$.	—		—	—	—	—	—	1,36	63
1,2,3-$(CH_3)_3$.	—		—	—	—	—	—	1,46	69
1,3,5-$(CH_3)_3$.	0,68		2,65	3,04	1,57	3,27	1,12	1,59	13,000
1,2,4,5-$(CH_3)_4$	0,85		2,04	2,82		4,10	1,65	—	140
1,2,3,4-$(CH_3)_4$	—		—	—		—	—	1,63	400
1,2,3,5-$(CH_3)_4$	—		—	—		—	—	1,67	16,000
$(CH_3)_5$ . . .	—		2,84	4,21		5,60	—	—	29,000
$(CH_3)_6$ . . .	—		4,35	15,0		7,81	2,83	—	97,000
$(C_2H_5)_6$ . . .	—		0,42	0,82		—	—	—	
C_2H_5	1,12			0,58		0,18.	0,74	1,06	
n-C_3H_7 . . .	1,20			—		—	0,98		
n-C_4H_9 . . .	1,25			—		—	0,57		
i-C_3H_7 . . .	1,16			0,58		0,13	0,59	1,24	
sec-C_4H_9 . . .	0,91			—		—	0,56	—	
t-C_4H_9 . . .	0,87			0,58		0,24	0,51	1,36	
t-C_5H_{11} . . .	0,91			—		—	0,69	—	

★ Tetranitromethan.

★★ Pikrinsäure, siehe auch D. A. McGaulay u. A. P. Lien: J. Am. Chem. Soc. 73, 2013 (1951).

⊡ Die angeführten Daten beziehen sich auf Gleichgewichtskonstanten der Bildung von ArH^+ in 0,1 molaren Lösungen des Kohlenwasserstoffs in HF.

lokalisierter Bindung zwischen Donator und Acceptor eine besondere Kategorie darstellen (S. 6 u. 79, 132 u. 173). Es wäre daher bei einer Diskussion der Donatorstärke nicht zulässig, die Abstufung von ΔG und ΔH etwa von n,σ-EDA-Komplexen des J_2 mit Alkoholen oder mit Dioxan, Äthern, Aminen, oder Pyridin mit EDA-Komplexen von π,σ-Typus des J_2 mit aromatischen Kohlenwasserstoffen zu vergleichen.

Der Besonderheit des Wechselwirkungsmechanismus von J_2 z. B. mit Dioxan, Äthern und Pyridin entspricht es, daß trotz hoher $h\nu_{CT}$-Energie (Tab. 11) und entsprechend großer Ionisierungsenergie sich sehr

---

[1] L. J. Andrews u. R. M. Keefer: J. Am. Chem. Soc. 71, 3644 (1949).
[2] L. J. Andrews u. R. M. Keefer: J. Am. Chem. Soc. 72, 5034 (1950).
[3] L. J. Andrews u. R. M. Keefer: J. Am. Chem. Soc. 74, 4500 (1952).
[4] R. M. Keefer u. L. J. Andrews: J. Am. Chem. Soc. 74, 640 (1952).
[5] R. M. Keefer u. L. J. Andrews: J. Am. Chem. Soc. 72, 4677 (1950).
[6] L. J. Andrews u. R. M. Keefer: J. Am. Chem. Soc. 74, 4500 (1952).
[7] L. J. Andrews u. R. M. Keefer: J. Am. Chem. Soc. 73, 4169 (1951).
[8] D. Ll. Hammick u. R. P. Young: J. Chem. Soc. (London) 1936, 1463.
[9] H. D. Anderson u. D. Ll. Hammick: J. Chem. Soc. (London) 1950, 1089.
[10] H. C. Brown u. J. D. Brady: J. Am. Chem. Soc. 71, 3573 (1949). 74, 3570 (1952).
[11] M. Kilpatrick u. F. E. Luborsky: J. Am. Chem. Soc. 75, 577 (1953).

stabile EDA-Komplexverbindungen bilden (Tab. 60 und Abb. 59) mit relativ hohem Mesomeriemoment (Tab. 2).[1]

Tabelle 70

Bildungskonstanten und λ_{max} von EDA-Komplexen des s-TNB mit N-mono-n-Alkylaminen in Cyclohexan in Abhängigkeit von der Kettenlänge[3]

N-Substituenten in Anilin	K_c	λ_{max} (mμ)	N-Substituenten in Anilin	K_c	λ_{max} (mμ)
H	3,0	390	n-Heptyl	9,8	445
Methyl	7,7	435	n-Octyl.	9,0	445
Äthyl.	8,4	445	n-Nonyl.	10,7	445
n-Propyl	7,3	445	n-Decyl	11,3	445
n-Butyl	8,2	445	n-Undecyl	11,3	445
n-Pentyl	8,0	445	n-Dodecyl.	11,6	445
n-Hexyl.	9,1	445			

Bildungskonstanten und λ_{max} von EDA-Komplexen des s-Trinitrobenzols mit N,N-Di-n-Alkylanilinen und weiteren N-substituierten Anilinen in Cyclohexan

N-Substituenten in Anilin	K_c	λ_{max} (mμ)	N-Substituenten in Anilin	K_c	λ_{max} (mμ)
Dimethyl	9,6	475	Di-n-decyl-anilin	9,9	511
Diäthyl.	6,5	501	iso-Propyl-anilin	6,7	445
Di-n-propyl	6,5	504	tert-Butyl-anilin	5,5	440
Di-n-butyl	7,4	505	cyclo-Pentyl-anilin . . .	8,5	450
Di-n-pentyl	9,0	510	cyclo-Hexyl-anilin . . .	9,0	450
Di-n-hexyl	9,8	510	cyclo-Heptyl-anilin . .	9,2	450
Di-n-octyl.	10,0	510	Tetramethyl-p-phenyl-diamin	20,4	600

Tabelle 71. *Bildungskonstanten und λ_{max} von Komplexen des s-Trinitrotoluol mit N-mono und N-Di-Alkylanilinen in Cyclohexanlösung[3]*

N-Substituenten in Anilin	K_c	λ_{max} (mμ)	N-Substituenten in Anilin	K_c	λ_{max} (mμ)
Methyl	3,1		Di-n-butyl	2,5	464
Äthyl.	3,8	420	Di-n-pentyl	3,0	465
Dimethyl	5,8	430	Di-n-hexyl	3,5	467
Diäthyl.	2,4	440	iso-Propyl.	2,7	
Di-n-propyl	2,3	464	tert.-Butyl	2,2	

[1] Auch das Verhalten der EDA-Komplexe der Pikrinsäure mit Nitro substituierten aromatischen Kohlenwasserstoffen zeigt, daß nur Verbindungen gleichen Bindungstypus bei der Abschätzung der Donatoreigenschaften verglichen werden dürfen. Die Stabilität (nach Abstufung der K-Werte) bei den Molekülverbindungen der Pikrinsäure mit Nitroaromaten als *Donatoren* ist größer als bei den unsubstituierten Aromaten als Donatoren[2], obwohl die Nitrogruppen ausgesprochen elektrophiler Natur sind. Dies läßt darauf schließen, daß eine spezifische Wechselwirkung der Nitro-Gruppen und der OH-Gruppe der Pikrinsäure mit den Nitrogruppen der Nitroaromaten vorliegt[4].

[2] P. S. Moore, F. Shepherd u. E. Goodall: J. Chem. Soc. (London) **1931**, 1447.

[3] R. Foster u. D. Ll. Hammick: J. Chem. Soc. (London) **1954**, 2685; B. Dale, R. Foster u. D. Ll. Hammick: J. Chem. Soc. (London) **1954**, 3986.

[4] D. Ll. Hammick, L. W. Andrew u. J. Hampson: J. Chem. Soc. (London) **1932**, 171. — D. Ll. Hammick u. T. K. Hanson: J. Chem. Soc. (London) **1933**, 669.

Bei den EDA-Komplexen der mono-Methyl und -Äthyl-Aniline[1] mit Trinitrobenzol (Tab. 70) und Trinitrotoluol (Tab. 71) als Acceptor geht die Zunahme von λ_{max} d. h. die Abnahme der Elektronenüberführungsenergie $h\nu_{CT}$ mit einer entsprechenden Zunahme der Bildungskonstanten K, $(\varDelta G)$ parallel.

Bei weiterer Vergrößerung der Ketten steigt K noch etwas an, während die $h\nu_{CT}$-Energie (λ_{max}) praktisch konstant bleibt. Bei den disubstituierten Anilinen besteht dagegen schon in den ersten Gliedern keine Parallelität mehr zwischen K und λ_{max} $(h\nu_{CT})$ (vgl. Tab. 70 u. 71).

Dies zeigt auch sehr deutlich der Vergleich von K und $h\nu_{CT}$ von Di-n-propyl und Di-iso-propyl-anilin. Die K-Werte sind praktisch konstant, während dagegen λ_{max} abnimmt, d. h. die Elektronenüberführungsenergie zunimmt. Bei den EDA-Komplexen des Trinitrobenzols mit substituierten Anilinen scheint (nach Tab. 70) die Zunahme der Donatorstärke nach Maßgabe der durch K gemessenen Stabilität in der Reihenfolge: Anilin, N-Methyl-, N-Äthyl-, N,N,-Dimethyl-Anilin zu liegen.

Es werden sich mehrere Ursachen überlagern. Sterische Effekte und Packungseffekte werden bei längeren Ketten eine Rolle spielen.

ANDERSON und HAMMICK[2] finden bei den EDA-Komplexen der Pikrinsäure mit Alkylbenzolen eine Zunahme der Stabilität (K-Werte) in der Reihenfolge H, C_2H_5, n-C_3H_7, n-C_4H_9, n-C_5H_{11}, und zwar mit denselben Schwankungen in bezug auf eine alternierende Zu- und Abnahme, wie sie bei den Schmelzpunkten der Fettsäuren beobachtet wurde. Dasselbe gilt für die Molekülverbindungen der Pikrinsäure mit alkylierten Benzolen mit den Substituenten H, CH_3, C_2H_5, i-C_3H_7 und t-C_4H_9, deren K-Werte in gleicher Weise schwanken, wie die Schmelzpunkte der entsprechenden Fettsäuren. Daraus kann vermutet werden, daß bei der Stabilität der Molekülverbindungen in Abhängigkeit vom Donator gegebenenfalls in ähnlicher Weise sterische Effekte der Alkylgruppen eine Rolle spielen können wie bei der Stabilität von Gittern einfacher Fettsäuren.

Zunahme der K-Werte bei Kettenverlängerung kann auf eine Zunahme der van der Waalsschen Kräfte zurückzuführen sein — wenn man von Entropieeinflüssen absieht.

Sterische und konstitutionelle Einflüsse können auch die Ursache dafür sein, daß in gewissen Fällen trotz relativ kleiner Ionisierungsenergie des Donators die EDA-Komplexe nur eine relativ geringe Stabilität haben können.

Hexaäthylbenzol ist in bezug auf seine Ionisierungsenergie ein ausgesprochen guter Elektronendonator und hat daher eine kleinere Ionisierungsenergie I und Elektronenüberführungsenergie $h\nu_{CT}$ als Hexamethylbenzol. Dennoch ist die Bildungskonstante der Hexaäthyl-EDA-Komplexe ausnahmslos wesentlich kleiner als die des Hexamethylbenzols (Tab. 53, 60 u. 62).

---

[1] B. DALE, R. FOSTER u. D. LL. HAMMICK: J. Chem. Soc. (London) 1954, 3986.
[2] H. D. ANDERSON u. D. LL. HAMMICK: J. Chem. Soc. (London) 1950, 1089.

Oft ist die Konfiguration des D-Moleküls und die intramolekulare Konstellation verschiedener Molekülteile dafür maßgebend, ob sich in einem EDA-Komplex die für eine Wechselwirkung günstigste Konstellation A zu D einstellen kann[1].

KLEMM und SPRAGUE[2,3] messen spektroskopisch die Bildungskonstanten der Molekülverbindungs-Bildung des 2,4,7-Trinitrofluorenons mit substituierten Naphthalinen.

Die *wesentlich* höheren K-Werte von III und IV (64 u. 50) im Vergleich zu I und II (16,0 und 21,6) ist modellmäßig damit zu erklären (Kap. X), daß bei III und IV die für eine maximale EDA-Wechselwirkung erforderliche bestmögliche Überlagerung der Molekülebenen, d. h. Überlappung der π-Elektronen-Orbitals besser gewährleistet ist als bei I und II (Abb. 85 u. 86).

Soweit man die Donatorstärke unabhängig vom Acceptor betrachtet, schlechthin vom Standpunkt der Ionisierungsenergie eines Elektrons, wäre die Frage nach der Konstitutionsabhängigkeit der Donatorstärke gleichbedeutend mit der Frage nach der Konstitutionsabhängigkeit der Ionisierungsenergie I, die bereits wiederholt anhand umfangreicher Meßdaten diskutiert wurde. (Über diesbezügliche Literatur vgl. z. B. Kap. IX). Anstelle von I kann in sehr vielen Fällen (Kap. IX) auch die mit I im allgemeinen funktionell parallel gehende Elektronenüberführungsenergie $h\nu_{CT}$ herangezogen werden.

In großen Zügen läßt sich für die bei den EDA-Komplexen in Frage kommenden Donatoren etwa folgendes sagen: Die Ionisierungsenergie bzw. $h\nu_{CT}$ bei π-Donatoren nimmt ab, d. h. die Donatorstärke nimmt zu in homologen Reihen, z. B. der Polycyclen und der Diphenylpolyene mit wachsender Zahl der kondensierten Ringsysteme bzw. mit der Zahl der konjugierten Doppelbindungen. Substitution von CH_3-Gruppen und vor allem von NH_2-Gruppen, insbesondere wenn diese noch alkyliert sind, verringert die Ionisierungsenergie und damit auch die $h\nu_{CT}$-Energie. Halogensubstitution, OH- oder OR-Gruppen, besonders aber NO_2-Gruppen vergrößern wegen ihrer elektrophilen Eigenschaften die Ionisierungsenergie, bzw. die Elektronenüberführungsenergie $h\nu_{CT}$, verringern also die EDA-Komplex-Stabilität.

---

[1] Die von S. YAMASHITA: Bull. Chem. Soc. Japan **32**, 1212 (1959) gefundenen Stabilitätsunterschiede von EDA-Komplexen des J_2 mit cis- und trans-Stilben: J_2-cis Stilben: $\Delta H = -7,54$ und $\Delta G = -0,965$ kcal und J_2-trans-Stilben: $\Delta H = -2,5$ und $\Delta G = -0,403$ kcal sind theoretisch noch ungeklärt.

[2] L. H. KLEMM, J. W. SPRAGUE u. H. ZIFFER: J. org. Chem. **20**, 200 (1955).

[3] L. H. KLEMM u. J. W. SPRAGUE: J. Org. Chem. **19**, 1464 (1954).

Der Substituenteneinfluß auf die Ionisierungsenergie von Elektronen-donatoren und damit auf deren Komplexbildung mit Elektronen-acceptoren legt den Gedanken nahe, einen Zusammenhang zwischen der Hammettschen Substituentenkonstanten und der Komplexbildungs-energie ΔH zu vermuten[1]. Von YADA, TANAKA und NAGAKURA[2] wurde eine solche funktionelle Beziehung bei den Komplexen zwischen Jod und einer Reihe aliphatischer Amine nachgewiesen, wobei im Falle Triäthyl-amin, Tri-n-Propylamin und Tri-n-Butylamin sterische Effekte berück-sichtigt werden müssen.

Bei Betrachtungen der Donatorstärke vom Standpunkt der Ioni-sierungsenergie bzw. der dieser entsprechenden Elektronenüberführungs-energie $h\nu_{CT}$ (Kap. IX) in Abhängigkeit von der chemischen Konfigura-tion des Donators müssen in bestimmten Fällen auch solche sterische Effekte berücksichtigt werden, welche die freie Drehbarkeit einzelner Molekülteile gegeneinander behindern können, wodurch dann durch ent-sprechende Behinderung der Mesomeriestabilisierung des nach Abtrennung des Elektrons entstehenden Kations die Ionisierungsenergie und damit die Komplexbildungstendenz eines Donators herabgesetzt werden kann.

Dies ist z. B. von CASTRO und ANDREWS[3] an EDA-Komplexen des Trinitrobenzols mit Methyl substituierten Diphenylen als Elektronen-donatoren beobachtet worden (Tab. 72).

Tabelle 72. K_c, ΔH und λ_{max}-Werte von Molekülverbindungen des Trinitrobenzols mit methylsubstituierten Diphenylen $(t = 25°\ C)$

Donator	K_c	ΔH kcal	λ_{max} mμ
Diphenyl	1,0	2,38	305
p-Methyldiphenyl	1,6	1,96	360
m-Methyldiphenyl	1,2	1,03	350
o-Methyldiphenyl	0,7	—	310
p,p'-Ditolyl	2,3	2,82	380
m,m'-Ditolyl	2,0	2,34	365
o,o'-Ditolyl	0,4	1,98	315
3,3',5,5'-Tetramethyl-diphenyl	3,7	3,21	330
2,2',6,6'-Tetramethyl-diphenyl	$< 0,1$	$< 0,2$	320

Die Methylsubstitution verringert die Elektronenüberführungs-energie $h\nu_{CT}$ in der Reihenfolge o,m- und p-Methyldiphenyl. Dement-sprechend nehmen die K- und ΔH-Werte zu. Die Di-Substitution in m,m' und p,p' vergrößert K und ΔH weiterhin infolge einer entsprechen-den Verkleinerung von I bzw. von $h\nu_{CT}$. Dagegen haben o,o'-Ditolyl und 2,2', 6,6'-Tetramethyldiphenyl nur eine relativ kleine Bildungskonstante und Bildungswärme. Entsprechend sind die Ionisierungs- und die $h\nu_{CT}$-

---

[1] Ein solcher Zusammenhang wurde von R. W. TAFT ["Steric effects in organic chemistry"; New York: Wiley & Sons 1956] an den $Me_3B \cdot NR_3$-Komplexen diskutiert.

[2] H. YADA, J. TANAKA u. S. NAGAKURA: Techn. Report Instit. Solid State Physics, University Tokyo. 1960. Bull. Chem. Soc. Japan 33, 1660 (1960).

[3] C. E. CASTRO u. L. J. ANDREWS: J. Am. Chem. Soc. 77, 5189 (1955); C. E. CASTRO, L. J. ANDREWS u. R. M. KEEFER: J. Am. Chem. Soc. 80, 2322 (1958).

Energien größer als bei den m,m'- und p,p'-Homologen, infolge der Verdrillung der Phenylkerne durch die o-Substituenten und dadurch bedingte Behinderung der Konjugation. Die durch die Verdrillung bewirkte sterische Behinderung der für die EDA-Wechselwirkung notwendigen Parallelanlagerung des Trinitrobenzols an das Diphenyl liegt im gleichen Sinne wie der Einfluß der Zunahme der Ionisierungsenergie auf die Stabilität der EDA-Komplexe solcher intramolekular verdrillter π-Donatoren.

Die Bildungswärmen der EDA-Komplexe des J_2 mit N,N-Dimethylanilin und mit N,N-Dimethyl-p-toluidin sind relativ groß ($\Delta H = -8,2$ und 8,3 kcal/Mol). Dagegen sind die entsprechenden Bildungswärmen mit N,N-Dimethyl-o-toluidin und N,N-Dimethyl-2,6-xylidin nur 2,3 und 1,7 kcal/Mol[1]. Da die Bindung des Jods in diesen Komplexen am Aminstickstoff erfolgt (n,σ-Bindung), so kann aus dem Abfall der Bindungswärmen bei o-Substitution angenommen werden, daß durch die o-ständige Methylgruppe die N,N-Dimethyl-Gruppe so verdreht wird, daß keine oder nur noch eine verminderte Konjugation zwischen dem Elektronenpaar am Stickstoff und dem Phenylkern möglich ist, wodurch die Ionisierungsenergie des n-Elektrons erhöht wird. Außerdem kann bei o-Substitution rein sterisch auch die Annäherung des J_2 an die N,N-Dimethyl-Gruppe in einer für eine EDA-Wechselwirkung optimalen Lage (Kap. XIII) gehindert sein.

BRANDON, TAMRES und SEARLES[2] untersuchen den Einfluß der *Ringgröße* auf die Elektronendonatoreigenschaften cyclischer Äther. Tab. 73 gibt eine Zusammenstellung der gemessenen Bildungskonstanten und

Tabelle 73. *Bildungskonstanten und thermodynamische Reaktionswerte von EDA-Komplexen des J_2 mit cyclischen Äthern bei $t = 25°$ in Heptan als Lösungsmittel*[2]

	K_x	$-\Delta H_x$ kcal/Mol	$-\Delta G_x$ kcal/Mol	$-T \cdot \Delta S_x$ kcal/Mol
Trimethylenoxyd	26,0	6,4	1,9	4,47
Tetrahydrofuran	17,6	5,3	1,7	3,60
2-Methyltetrahydrofuran	22,3	6,2	1,89	4,36
Tetrahydropyran	16,4	4,9	1,66	3,24
Propylenoxyd	6,4	3,8	1,10	2,70
Äthyläther	6,6	4,2	1,12	3,08
1,4-Dioxan[3]	9,3	3,5	1,3	2,18

thermodynamischen Reaktionswerte der EDA-Komplexe einiger Äther mit J_2 als Acceptor. Es ergibt sich für alle thermodynamischen Daten eine von der Ringgröße abhängige Abstufung gemäß der Reihenfolge $4 > 5 > 6 > 3$. Interessanterweise ergibt das Verhalten der Äther in bezug auf ihre Fähigkeit zur Ausbildung einer Wasserstoffbrücken-

---

[1] H. TSUBOMURA: J. Am. Chem. Soc. **82**, 40 (1960).

[2] S. M. BRANDON, M. TAMRES u. S. SEARLES JR.: J. Am. Chem. Soc. **82**, 2129, 2134 (1960).

[3] J. A. A. KETELAAR, C. VAN DE STOLPE, A. GOUDSMIT u. W. DZCUBAS: Rec. trav. chim. **71**, 1104 (1952). Lösungsmittel in Hexan.

bindung[1] die gleiche Abstufung der Elektronendonatoreigenschaften in Abhängigkeit von der Ringgröße, dies auch im Einklang mit Ergebnissen kernmagnetischer Resonanz-Messungen[2,3].

In diesem Zusammenhang erscheint es bemerkenswert, daß nach Untersuchungen von TRAYNHAM und SEHNERT[4] die Stabilität der Ag^+-Komplexe mit cyclischen Olefinen um so größer ist, je stärker die Ringspannung ist. Im selben Sinne nimmt die Geschwindigkeit von Additionsreaktionen von Phenylazid[5], Diäthylaluminium-hydrid[6] und Hexachlorcyclopentadien[6] mit einer Reihe von Cycloalkenen zu.

Für die Diels-Alder-Reaktion konnte eine direkte Komplexbildung zwischen dem Dien und dem Olefin als Vorstufe zur eigentlichen Dienreaktion nachgewiesen werden[7].

Die bei Additionsreaktionen cyclischer Olefine postulierte Struktur intermediärer Zwischenzustände[8] ist in Analogie zu der Struktur der EDA-Komplexe z. B. des Ag^+ und des Jods mit cyclischen Olefinen.

Auch der Aggregatzustand wird von Einfluß sein auf die Abstufung der Donatorstärke in EDA-Komplexen. Messungen der Stabilitätsabstufungen fester Molekülverbindungen liegen kaum vor (vgl. S. 110). Es spielen Kristallgitter-Einflüsse eine maßgebliche Rolle (vgl. S. 111 und auch Kap. X).

SINOMIYA[9] schließt auf Grund von Schmelzpunktsregelmäßigkeiten auf folgende Stabilitätsabstufung von Molekülverbindungen des Trinitrobenzols mit α-substituierten Naphthalinen

$$NH_2 > CH_3 > OH > C_2H_5 > OCH_3 > Cl > Br > OC_2H_5 > H$$

Für die Gitterstabilität der kristallisierten EDA-Komplexe können aber sterische Einflüsse maßgebend sein.

---

[1] S. SEARLES u. M. TAMRES: J. Am. Chem. Soc. 73, 3704 (1951) und S. SEARLES, M. TAMRES und R. LIPPINCOTT: J. Am. Chem. Soc. 75, 2775 (1953); M. TAMRES, S. SEARLES, M. LEIGHLY u. W. MOHRMAN: J. Am. Chem. Soc. 76, 3983 (1954).

[2] H. S. GUTOWSKY, R. L. RUTLEDGE, M. TAMRES u. S. SEARLES: J. Am. Chem. Soc. 76, 4242 (1954).

[3] Die gleiche Basizitätsabstufung (Elektronendonatorstärke findet H. H. SISLER u. P. E. PERKINS [J. Am. Chem. Soc. 78, 1135 (1956)] an Molekülverbindungen des Distickstofftetroxyds mit cyclischen Äthern; vgl. auch die Untersuchungen von H. C. BROWN u. M. GERSTEIN [J. Am. Chem. Soc. 72, 2926 (1950) an Verbindungen des Bortrimethyls mit cyclischen Aminen.

[4] J. G. TRAYNHAM u. M. F. SEHNERT: J. Am. Chem. Soc. 78, 4024 (1956); 81, 571 (1959). Die Bildungskonstante von EDA-Komplexen des Jods mit Cycloolefinen ist weniger von der Ringgröße abhängig.

[5] K. ALDER u. G. STEIN: Ann. Chem. 485, 211 (1931); 501, 38 (1933).

[6] K. ZIEGELER u. H. FROITZHEIM-KUHLHORN: Ann. Chem. 589, 157 (1954).

[7] A. WASSERMANN: J. Chem. Soc. (London) 1935, 828; 1936, 1028. W. RUBIN u. A. WASSERMANN ebenda 1950, 2205; ferner L. J. ANDREWS u. R. M. KEEFER: J. Amer. Chem. Soc. 75, 3776 (1953); Zusammenfassendes M. C. KLOETZEL: "Organic Reactions" IV, pp. 8—9. New York: Wiley and Sons.

[8] R. W. TAFT u. Mitarb.: J. Am. Chem. Soc. 74, 5372 (1952); 77, 1584 (1955); 78, 5807, 5811, 5812 (1956).

[9] T. SINOMIYA: Bull. Chem. Soc. Japan 15, 92, 137, 281, 309 (1940).

ORCHIN[1] nimmt an, daß der tiefe Schmelzpunkt von Molekülverbindungen der Pikrinsäure mit 9-Methyl und 1'-Methyl-1,2-benzanthracen-Derivaten, der niedriger liegt als der Schmelzpunkt von Pikrinsäure, auf die sterische Überlappung der Wirkungssphären des Wasserstoff-Atoms und der 9-Methyl- bzw. 1'-Methyl-Gruppe zurückzuführen ist. Die Schmelzpunkte aller anderen von ORCHIN untersuchten Monomethyl-1,2-benzanthracene, in denen sterische Effekte der genannten Art nicht zu erwarten sind, liegen höher als der der Pikrinsäure. Auch bei den Molekülverbindungen der Pikrinsäure mit den cis-Isomeren des Stilbens und des 1,2-Dibenzoyläthylens werden ähnliche sterische Einflüsse auf den Schmelzpunkt der Molekülverbindungen beobachtet[2].

Die Abstufung der Donatorstärke kann unter Umständen auch lösungsmittelabhängig sein. Über den Lösungsmitteleinfluß auf Lage der CT-Banden und Stabilität der Molekülverbindungen ist in Kap. V,2 und IX,1 Näheres gesagt.

Es besteht auch die Möglichkeit, die Größe des Mesomeriemomentes von EDA-Komplexen des gleichen Acceptors mit verschiedenen Donatoren als ein Maß der Donatorstärke zu betrachten. Das Mesomeriemoment steht unmittelbar mit den Koeffizienten der Wellenfunktion (Gl. III, 8) und somit auch mit der Resonanzenergie R_N (Kap. IV, 2) im Zusammenhang. R_N ist ein Maß für die Donatorstärke verschiedener Donatoren in EDA-Komplexen des gleichen Acceptors, soweit der gleiche Bindungstypus vorliegt.

KAZAKOWA und SYRKIN[3] messen die Abweichung der experimentellen Molarpolarisation von der additiv berechneten Molarpolarisation in Lösungen von J_2 und Br_2 mit verschiedenen organischen tertiären Basen als Donatoren in Benzol als Lösungsmittel. Es wird auf Grund der Abweichungen der Molarpolarisation, die als Maß der Abstufung des Mesomeriemomentes betrachtet wird, eine Skala der Donatorstärke gegeben. Zum Beispiel Chinolin < Pyridin < Acridin < Triäthylamin.

Soweit n-Elektronendonatoren typische Basen sind im Sinne von *Protonenacceptoren* z. B. in wäßriger oder alkoholischer Lösung läßt sich z. B. bei N-Basen ein Zusammenhang erwarten zwischen der Ionisierungsenergie der Abtrennung eines der beiden n-Elektronen und der Basizitätskonstanten bzw. dem p_K-Wert der N-Base. Ein solcher Zusammenhang ergibt sich etwa auf Grund des Reaktionsschemas:

1. $BN \rightarrow BN^{\cdot+} + e^-$ und   1a. $ROH \rightarrow RO\cdot + H\cdot$

2. $BN^{\cdot+} + H\cdot \rightarrow BNH^+$ 2a. $RO\cdot + e^- \rightarrow RO^-$

---

[1] M. ORCHIN: J. Org. Chem. **16**, 1165 (1951).

[2] M. ORCHIN: loc. cit. und M. ORCHIN u. E. O. WOOLFOLK: J. Am. Chem. Soc. **68**, 1727 (1946).

[3] W. M. KAZAKOWA u. YA. K. SYRKIN: Nachr. Akad. Wiss. UdSSR Abt. Chem. Wiss. **1958**, 673.

Abb. 75[1,2] und 76[2] zeigen den Zusammenhang zwischen Ionisierungsenergie einiger N-Basen und deren p_K-Werten.

Bei den homologen Diazinen und Methylpyridinen ist ein Zusammenhang zwischen I und der Basizität p_{Kb} (bzw. p_{Ka}) unverkennbar. Jedoch

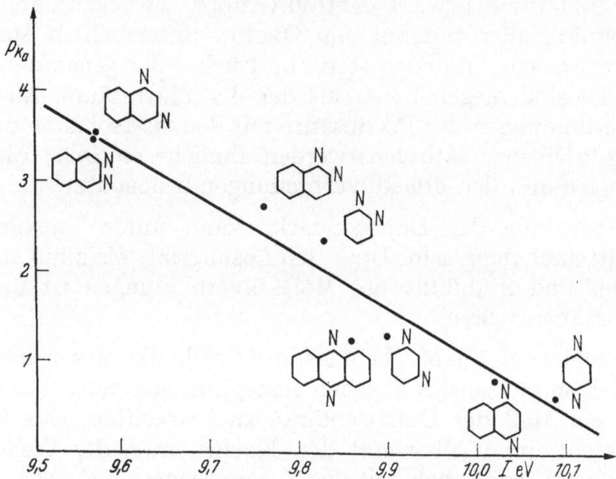

Abb. 75[1,2] a u. b. Basizitäten p_{Ka} in Abhängigkeit von den Ionisierungsenergien von Diazinen und
Methylpyridinen.   a) Diazine

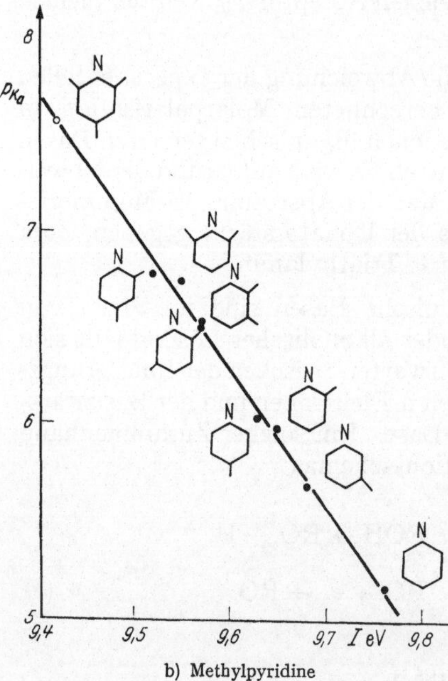

b) Methylpyridine

lassen sich jeweils die Reihen homologer Basen nicht miteinander
vergleichen. So entspricht z. B. bei
den Methylpyridinen eine Ionisierungsenergie von etwa 9,5—9,7 eV
einer Basizität p_{Ka} von 6—7.
Hingegen haben die Diazine im
gleichen Ionisierungsenergiebereich
nur eine Basizität von p_{Ka} zwischen
etwa 3—4.

Die Alkylamine zeigen in Anbetracht ihrer im Vergleich zu den
Pyridinen und Diazinen wesentlich
stärkeren Basizität — (p_{Ka} zwischen
10 und 12) — eine unverhältnismäßig hohe Ionisierungsenergie
zwischen 7—10 eV.

Dies zeigt deutlich, daß für die
Basenfunktion neben der Ionisierungsenergie bekanntlich noch eine
Reihe weiterer Größen maßgebend
ist. Immerhin dürfte innerhalb

---

[1] T. Nakajima u. A. Pullman: J. Chim. Phys. **55**, 793 (1958).

[2] p_{Ka} ist der negative log. der Säurekonstanten der Kationsäure, p_{Kb} bezieht sich
dagegen auf die Basenkonstante.

homologer Reihen in gewissen Fällen ein Zusammenhang zwischen der Basenstärke und der Ionisierungsenergie eines der n-Elektronen des N gegeben sein. Bei den Alkylaminen ist der Zusammenhang zwischen Basizität und Ionisierungsenergie der Basen nicht so überzeugend. Es spielen hier — wie bekannt — Einflüsse sterischer Art und der Entropie maßgeblich mit.

Da die Elektronenüberführungsenergie $h\nu_{CT}$ in Komplexen von N-Basen mit jeweils gleichen Elektronen-Acceptoren funktionell mit der Ionisierungsenergie I in Zusammenhang steht (Kap. VI) und diese auch mit der Komplex-Bildungskonstanten K (bzw. ΔG), so müßte eine Beziehung zwischen der Basizität p_{Kb} von N-Basen und deren $h\nu_{CT}$-Energien[1] oder auch deren Komplex-Bildungskonstanten K in Komplexen mit entsprechenden Acceptoren zu erwarten sein.

Es fehlt zu einer generellen Überprüfung solcher Zusammenhänge $(p_{Kb}, h\nu_{CT})$ bzw. (p_{Kb}, K) noch an systematischem Material.

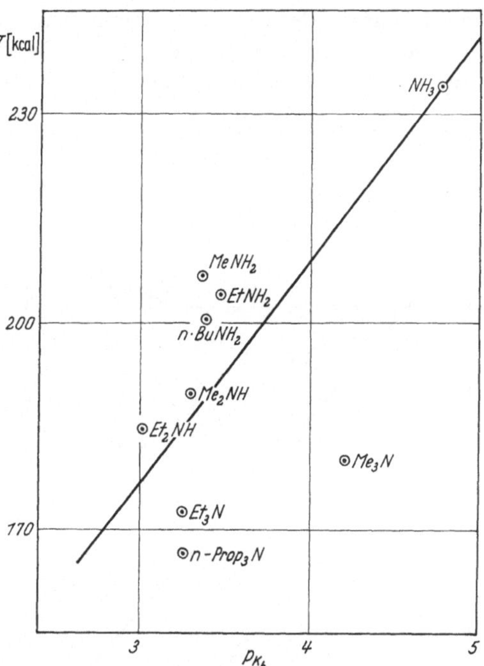

Abb. 76. Basizitäten p_{Kb} in Abhängigkeit von der Ionisierungsenergie von Alkylaminen

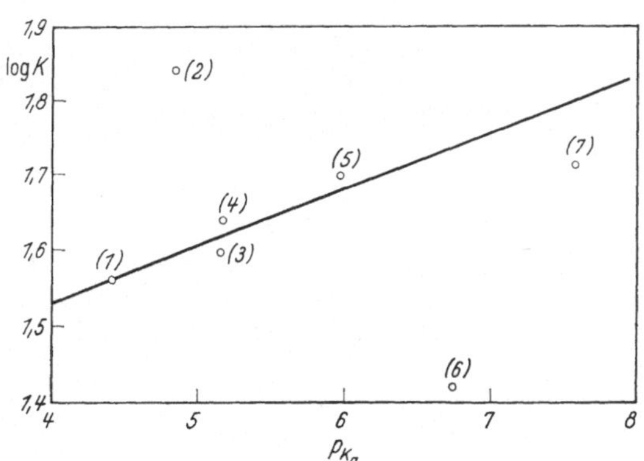

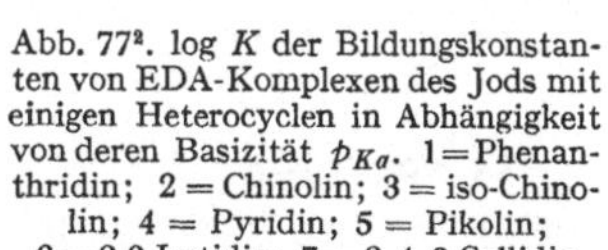

Abb. 77[2]. log K der Bildungskonstanten von EDA-Komplexen des Jods mit einigen Heterocyclen in Abhängigkeit von deren Basizität p_{Ka}. 1 = Phenanthridin; 2 = Chinolin; 3 = iso-Chinolin; 4 = Pyridin; 5 = Pikolin; 6 = 2,6-Lutidin; 7 = 2,4,6-Collidin

---

[1] Ein funktioneller Zusammenhang zwischen $h\nu_{CT}$ und p_{Kb} hat eine gewisse Analogie zu der von G. SCHEIBE und D. BRUCK, Z. Elektrochem. **54**, 403 (1950), gefundenen Gesetzmäßigkeit, wonach bei den Monomethin-Farbstoffen ein funktioneller Zusammenhang besteht zwischen der ersten Anregungsenergie des Methinfarbstoffes und der Änderung der freien Enthalpie bei Protonanlagerung. Vergleiche dazu den in Kap. V, S. 73, erwähnten Zusammenhang zwischen $h\nu_{CT}$ und der ersten Anregungsenergie des Donators in EDA-Komplexen.

[2] Siehe Anm. 1 Seite 158

In Abb. 77 ist nachUntersuchungen vonCHAUDHURI und BASU[1] log K gegen die Basizität p_{Ka} einiger N-Basen aufgetragen.

Man sieht in der Tat einen Anstieg der log K-Werte mit zunehmender Basenstärke (zunehmende p_{Ka}-Werte). Jedoch liegen die Schwankungen der Zunahme der log K nur wenig außerhalb der Fehler.

Die zu niedrigen K-Werte von 2,6-Lutidin und 2,4,6-Collidin können auf den sterischen Einfluß der Methylgruppen in 2-und 6-Position zurückgeführt werden. Dieser sterische Einfluß einer Abschirmung des N-Atoms wird im 2,4,6-Collidin teilweise kompensiert durch die Basizitätserhöhung infolge der Methylsubstitution in 4-Stellung (Verringerung der Ionisierungsenergie). Das Chinolin fällt heraus, weil es eventuell auch als π-Donator fungieren kann.

Deutlicher zeigt sich eine Zunahme der log K-Werte mit zunehmender Basizität bei den *Alkylamin*-Komplexen mit Jod als Acceptor (Abb. 78). Die K-Werte sind sehr groß und haben einen großen Variationsbereich. Trimethylamin hat eine relativ zu kleine Basizität.

Es gibt eine Reihe weiterer Methoden zur Ermittlung der „Basizitätsabstufung" von Elektronendonatoren im weiteren Sinn[3] (siehe Tab. 74).

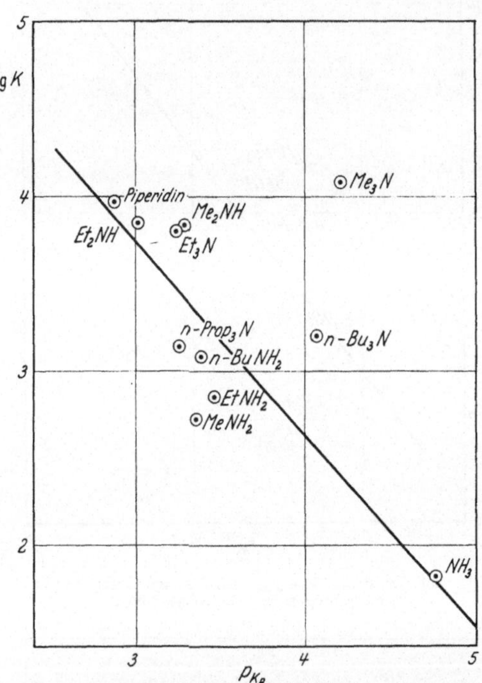

Abb. 78. Bildungskonstanten (log$K$) der EDA-Komplexe der Alkylamine mit Jod als Acceptor in Abhängigkeit von der Basenstärke p_{Kb}[2]

I. Messung des Dampfdruckes von HCl.

a) Messung des Dampfdruckes von HCl über dem System: Substanz $+$ HCl bei $T = 298{,}2°$ K. Daraus Berechnung der Henry-Konstante ($p =$ atm, $x =$ Molenbruch HCl)[4,5,6,7].

[1] J. N. CHAUDHURI u. S. BASU: Trans. Faraday Soc. **55**, 898 (1959).

[2] Meßwerte von H. YADA, J. TANAKA u. S. NAGAKURA: Technical Report Instit. Solid State Physics. Tokyo A, 7 (1960) (in 50% alkoholischer Lösung), Bull. Chem. Soc. Japan 33, 1660 (1960).

[3] Siehe bei L. J. ANDREWS: Chemical Rev. **54**, 713 (1954); G. KORTÜM u. W. M. VOGEL: Z. Elektrochem. **59**, 16 (1955); W. STROHMEIER u. A. ECHTE: Z. Elektrochem. **61**, 549 (1957) und neuerdings G. MAVEL: J. chim. phys. **58**, 545 (1961).

[4] S. J. O'BRIEN, CH. L. KENNY u. R. A. ZUERCHER: J. Am. Chem. Soc. **61**, 2504 (1939).

[5] S. J. O'BRIEN u. J. B. BYRNE: J. Am. Chem. Soc. **62**, 2063 (1940).

[6] S. J. O'BRIEN u. CH. L. KENNY: J. Am. Chem. Soc. **62**, 1189 (1940).

[7] S. J. O'BRIEN: J. Am. Chem. Soc. **64**, 951 (1942).

b) Messung des Dampfdruckes von HCl über dem System: 10 mMol Toluol + 1 mMol der Substanz + HCl bei $T = 194,7°$ K. Maß der Basenstärke ist die Henry-Konstante ($p = $ mm Hg; $x = $ Molenbruch)[1].

c) *Messung des Dampfdruckes von HCl* über dem System: 20 mMol Heptan + 1 mMol der Substanz + HCl bei $T = 194,7°$ K. Die Henry-Konstante k in $p = k \cdot x$ ($p = $ mm; $x = $ Molenbruch HCl) wird als Maß für die relative Basenstärke genommen[2].

d) Analog der Methode Ic, aber bei $T = 272,9°$ K; die Henry-Konstante k ist für den Molenbruch $x_{HCl} \to 0$ extrapoliert.

II. Messung der Konstanten K des Verteilungsgleichgewichtes der Substanz zwischen Heptan und einer Lösung von BF_3 in wasserfreiem HF[3].

III. Ultrarotmessungen.

a) Gemessen wurde die Änderung $\Delta \tilde{\nu}\,\mathrm{cm}^{-1}$ der Schwingungsbande von HCl, gelöst in der Substanz, im Vergleich zur Bande des gasförmigen HCl[4]. Die Änderung $\Delta \tilde{\nu}$ wird als relatives Maß für die Basenstärke der Verbindung genommen.

b) Messung der Änderung $\Delta \tilde{\nu}$ der O-D-Schwingungsbande von CH_3OD, gelöst in der Substanz, gegenüber der O-D-Bande von CH_3OD, gelöst in Benzol[5, 6].

c) Analog zu IIIb, jedoch ist die Vergleichslösung CH_3OD gelöst in CCl_4[7, 8, 9].

d) Messung der Wellenzahl ν der Schwingungsbande von HCl, gelöst in CCl_4-Lösungen der Substanzen. Zur Ausschaltung sekundärer Wechselwirkungen wurde ν als Funktion der Konzentration der Substanz gemessen und auf unendliche Verdünnung extrapoliert[10].

In Tab. 74 sind für einige Substanzen, die auch als Donatoren in EDA-Komplexen untersucht wurden, die nach den unter I. bis III. angegebenen Verfahren bestimmten Basizitätsabstufungen mit den aus den EDA-Komplexen des Jods auf Grund der ΔG-Werte sich ergebenden Elektronendonatoreigenschaften verglichen; und zwar in der Reihenfolge zunehmender Basizitätseigenschaften[11].

[1] H. C. BROWN u. J. D. BRADY: J. Am. Chem. Soc. **71**, 3573 (1949).

[2] H. C. BROWN u. J. D. BRADY: J. Am. Chem. Soc. **74**, 3570 (1952).

[3] D. A. McCAULAY u. A. P. LIEN: J. Am. Chem. Soc. **73**, 2013 (1951). KILPATRICK u. LUBORSKY: J. Am. Chem. Soc. **75**, 577 (1953); **76**, 5863 (1954) (siehe auch W. KLATT: Z. anorg. u. allgem. Chem. **234**, 189 (1937). J. H. SIMONS: J. Am. Chem. Soc. **53**, 83 (1931) über direkte Löslichkeit aromatischer Kohlenwasserstoffe in HF). Bei einfachen Löslichkeitsversuchen müssen zur Abstufung der Donatorstärke auf Grund verschiedener Löslichkeiten die molaren Löslichkeiten auf denselben Dampfdruck bezogen werden. J. H. HILDEBRAND: J. Phys. & Colloid. Chem. **53**, 973 (1949); R. L. BOHON u. W. F. CLAUSSEN: J. Am. Chem. Soc. **73**, 1571 (1951).

[4] W. GORDY: J. Chem. Phys. **7**, 93, 99 (1939); **9**, 215 (1941).

[5] W. GORDY u. S. C. STANFORD: J. Chem. Phys. **8**, 170 (1940); **9**, 204, 215 (1941).

[6] W. GORDY u. PH. C. MARTIN: J. Chem. Phys. **7**, 99 (1939).

[7] S. SEARLES u. M. TAMRES: J. Am. Chem. Soc. **73**, 3704 (1951).

[8] M. TAMRES: J. Am. Chem. Soc. **74**, 3375 (1952).

[9] M. L. JOSIEN u. G. SOURISSEAU: Bull. soc. chim. France **74**, 3572 (1952).

[10] D. COOK: J. Chem. Phys. **25**, 788 (1956).

[11] Siehe auch bei W. STROHMEIER u. A. ECHTE: Z. Elektrochem. **61**, 549 (1957).

Es ist überraschend, in welch analoger Weise die nach sehr verschieden-artigen Verfahren ermittelten Basizitätseigenschaften abgestuft sind. Allerdings ist die Zahl der für einen solchen Vergleich experimentell gemessenen Substanzen nur gering.

Tabelle 74. *Die nach den verschiedenen Methoden bestimmte relative Basenstärke von aromatischen Verbindungen*⊙

Substanz	Methode									
	Ia*	Ib*	Ic*	Id*	II▫	IIIa◇	IIIb◇	IIIc◇	IIId+	IV⊠
Jodbenzol . . .	72									
Chlorbenzol . .	39	318	4000			107		21		−0,24
Brombenzol . .	34					117		20		0,18
Benzol.	26	308	3500			136	0	24	2765	0,26
Toluol		299	3170		0,01	142		26	2735	0,48
p-Xylol		294			1	159				0,7
o-Xylol		286			3	163		30		0,64
m-Xylol		276	2980		9	163		29	2733	0,7
Durol					60				2725	1,1
Mesitylen . . .		254	2550		1400	174		34	2718	1,0
Dioxan				7500		421	97	111		1,32
Diäthyläther . .				4000		439	130	96		1,3

⊙ Wegen der Zahlenangaben vgl. den Text unter Ia bis IIId.
* Henry-Konstante.
▫ Verteilungsgleichgewichtskonstante.
◇ $\Delta \tilde{\nu}$ cm^{-1}
+ $\tilde{\nu}$ cm^{-1}
⊠ $- \Delta G_x = + RT \ln K_x$ der EDA-Komplexe mit J_2.

Es ist bei der Auslegung der Tab. 74 folgendes zu beachten: Eine Zunahme der Basizitätseigenschaften (Elektronendonator-Eigenschaften) der in Tab. 74 aufgeführten Substanzen bedeutet eine *Abnahme* der Henry-Konstanten (Ia bis d), eine Zunahme der Verteilungsgleichgewichtskonstanten (II), der Valenzschwingungsfrequenzverschiebungen (IIIa bis c) und der $-\Delta G$-Werte der J_2-EDA-Komplexe (IV), dagegen eine Abnahme der Wellenzahlen der HCl-Schwingungsbande (III, d).

Durch die Methoden I bis III werden intermolekulare Wechselwirkungen anderer Art getestet, als es der EDA-Wechselwirkung in EDA-Komplexen entspricht. In Lösungen von HCl oder von CH_3OH bzw. CH_3OD in der Basen-Substanz sind z. B. die für das Zustandekommen einer Wasserstoffbrückenbindung maßgebenden Vorgänge ausschlaggebend (vgl. dazu auch S. 97 u. f. und 168).

In Lösungen HF-BF_3 lagert sich ein Proton an den als Base (Elektronendonator) wirkende Elektronendonator

$$D + HBF_4 \overset{K}{\to} DH^+ + BF_4^- \tag{1}$$

GOLD, HAWES und TYE[1] zeigten, daß bei Anlagerung an aromatische Kohlenwasserstoffe sich das Proton an den reaktionsfähigsten Kohlenstoff

---

[1] GOLD, HAWES u. TYE: J. Chem. Soc. (London) **1952**, 2167. GOLD u. TYE: J. Chem. Soc. **1952**, 2173, 2181, 2184.

anlagert. $\log K$ des Gleichgewichtes (1) ist proportional der Energiedifferenz E_H aus der Energie von N-ungesättigten π-Elektronen von D und der Energie von (N-2) ungesättigten π-Elektronen der Kationsäure DH^+. Die Energiedifferenz ist theoretisch berechenbar[1]. Tabelle 75 gibt für einige aromatische Kohlenwasserstoffe, die typische Elektronendonatoren sind, nach MACKOR, HOFSTRA und VAN DER WAALS[2] eine Zusammenstellung der $\log K$ und der besagten Energiedifferenz E_H in Einheiten des Resonanzintegrals β nach HÜCKEL[1].

Ein unmittelbarer Zusammenhang zwischen $\log K$ und E_H/β und den Donatoreigenschaften der in Tab. 75 aufgeführten Kohlenwasserstoffe ist nicht ersichtlich. Allenfalls sind die stärker negativen $\log K$-Werte von Benzol, Naphthalin und Diphenyl im Vergleich zu den stärker positiven Werten von Anthracen, Naphthacen, Benzanthracen usw. im Einklang mit einer entsprechenden Abstufung der Ionisierungsenergien bzw. der $h\nu_{CT}$-Werte in Komplexen mit Elektronenacceptoren. Unverständlich erscheinen die negativen $\log K$ bei Triphenyl und insbesondere bei Chrysen.

Tabelle 75[2]. *Vergleich der Basizitätskonstanten aromatischer Kohlenwasserstoffe gemäß der Reaktionsgleichung (1)*

	$\log K$	E_H/β
1. Benzol	−9,4	−2,54
2. Naphthalin	−4,0	−2,30
3. Diphenyl	−5,5	−2,40
4. Phenanthren	−3,5	−2,30
5. Anthracen	3,8	−2,01
6. Naphthacen	5,8	−1,93
7. Triphenylen	−4,6	−2,38
8. Chrysen	−1,7	−2,24
9. 1:2-Benzanthracen	2,3	−2,05
10. 1:2-5:6-Dibenzanthracen	2,2	−2,13
11. Pyren	2,1	−2,19
12. 3:4-Benzopyren	6,5	−1,96
13. Perylen	4,4	−2,14

b) Acceptorstärke. Als unmittelbares Maß für die Acceptorstärke eines Elektronenacceptors dürfte wohl am besten dessen Elektronenaffinität zugrunde gelegt werden.

Leider gibt es keine genauen und allgemein anwendbaren Bestimmungsmethoden zur Ermittlung der Elektronenaffinität *organischer* Elektronenacceptor[3]-Moleküle. Daher sind von einer nur sehr geringen Zahl Acceptoren die Elektronenaffinitäten in relativer Abstufung näherungsweise bekannt.

Die $(h\nu, I)$-Beziehung (Kap. VI) gibt eine Möglichkeit, die Elektronenaffinität solcher Acceptoren abzuschätzen, von denen die $h\nu_{CT}$-Energie in Komplexen einer ausreichenden Zahl von Donatoren bekannt ist. Es

---

[1] E. HÜCKEL: Z. Phys. **60**, 423 (1930).

[2] E. L. MACKOR, A. HOFSTRA u. J. H. VAN DER WAALS: Trans. Faraday Soc. **54**, 66, 186 (1958).

[3] Ein von J. E. LOVELOCK u. S. R. LIPTSKY [J. Am. Chem. Soc. **82**, 431 (1960)] neuerdings angegebenes Verfahren zur Identifizierung funktioneller Gruppen in organischen Molekülen auf Grund ihrer Elektronenaffinität gibt zwar auch keine absoluten Elektronenaffinitäten, scheint aber geeignet, relative Abstufungen der Elektronenaffinitäten zu bestimmen.

ist dann die Konstante $C_1 = E_A - E_C + W_0$ der Gl. (VI,4) experimentell bestimmbar; der Energiebetrag $E_C + W_0$ kann unter Annahme plausibler intermolekularer Abstände abgeschätzt werden[1]. Die auf solche Weise mit den C_1-Konstanten (Tab. 31, S. 77) berechneten Elektronenaffinitäten sind in Tab. 83 (S. 183) aufgeführt. Den Absolutwerten ist kein Gewicht zuzuschreiben[2,5]. Die relativen Abstufungen der Elektronenaffinitäten in Tab. 83 dürften etwa dem wahren Sachverhalt entsprechen. Danach ist die Reihenfolge der Elektronenaffinitäten:

Tetracyanäthylen > Chloranil > J_2 > s-Trinitrobenzol >

Tetrachlorphthalsäureanhydrid $\cong$ Maleinsäureanhydrid $\geqq$ SO_2

Die „adiabatischen"[4] wahren Elektronenaffinitäten konnten bisher noch nicht irgendwie theoretisch berechnet werden.

Der Anteil der Elektronenaffinität an der allgemeinen Energiebilanz bei dem Vorgang: D ... A → D$^+$ ... A$^-$ bei Überführung eines Elektrons von D nach A ist nur gering, man kann daher auch keine strenge Beziehung zwischen der Elektronenaffinität E_A und $h\nu_{CT}$ erwarten — wie eine solche im Falle der Ionisierungsenergie beobachtet wird (Kap. VI).

Es liegt nahe, eine Reihenfolge der $h\nu_{CT}$-Energien oder auch der K-Werte für EDA-Komplexe des gleichen Donators mit verschiedenen Acceptoren aufzustellen, um auf diese Weise eine Vorstellung zu bekommen über die relative Abstufung der Acceptorstärke in Abhängigkeit vom Molekülbau. Dabei dürfen natürlich nur EDA-Komplexe vom gleichen Bindungstypus [π,π; π,σ; n,π (vgl. S. 6)] und entsprechend gleichartiger Konfiguration verglichen werden (vgl. dazu auch die entsprechenden Bemerkungen in Kap. IX, 2—4).

---

[1] G. Briegleb u. J. Czekalla: Z. Elektrochem. **63**, 6 (1959); Z. Angew. Chem. **72**, 401 (1960).

[2] Für Jod wird theoretisch eine "vertical"-Elektronenaffinität von $E_A = 1{,}8$ eV berechnet. R. S. Mulliken [J. Am. Chem. Soc. **72**, 600 (1950), **74**, 84 (1952)]. In einer neuesten Arbeit wird sogar ein noch höherer Wert angegeben, nämlich 2,5 eV. R. S. Mulliken [J. Am. Chem. Soc. **82**, 5966 (1960), Anm. 19]. Dem entspräche aber unter Verwendung des C_1-Wertes Tab. 31 ein um etwa 1,3 eV kleinerer Wert E_C, als bei der Berechnung der Elektronenaffinitäten Tab. 83 zugrunde gelegt wurde. Die „adiabatische" wahre Elektronenaffinität unter Berücksichtigung des Unterschiedes des Gleichgewichtsabstandes, im Grund- und im angeregten Zustand dürfte wesentlich kleiner sein[3] entspr. dem in Tab. 83 (S. 183) angegebenen ungefähren Wert (0,8 eV).

Für SO_2 wird von Piccardi [Z. Phys. **43**, 899 (1927)] $E_A = 2{,}8$ eV angegeben. Dieser Wert dürfte erheblich zu groß sein. Er würde einem $E_C = 1{,}6$ eV entsprechen, der viel zu klein ist, und zudem müßte dann SO_2 ein außergewöhnlich starker Elektronenacceptor sein (stärker als Tetracyanäthylen), was experimentellen Befunden widerspricht.

[3] M. A. Biondi u. R. E. Foz: Phys. Rev. **115**, 1225 (1959).

[4] Vgl. die entsprechenden Definitionen für die Ionisierungsenergie I. (S. 75).

[5] Starken Elektronendonatoren — Alkalimetallen — gegenüber können aromatische Kohlenwasserstoffe als Acceptoren wirken (vgl. S. 185). Die Elektronenaffinitäten der aromatischen Kohlenwasserstoffe sind von N. S. Hush u. J. A. Pople, Trans. Faraday Soc. **51**, 600 (1955), bestimmt worden. Dabei dürfte wohl nur die relative Abstufung von reeller Bedeutung sein.

In Tab. 76 und 77 sind die Acceptoren J_2, Br_2, JCl, Chloranil, Trinitrobenzol, Pikrinsäure, Tetrachlorphthalsäureanhydrid und Schwefeldioxyd nach abnehmenden Bildungskonstanten K bzw. zunehmenden Elektronenüberführungsenergien $h\nu_{CT}$ der EDA-Komplexe mit Benzol, Hexamethylbenzol, Naphthalin, Stilben und Xylol zusammengestellt.

Allgemein ist zu sagen, daß die Reihenfolge der Acceptorstärke unter Zugrundelegung der Komplexbildungskonstanten K nicht immer mit der Reihenfolge der $h\nu_{CT}$-Energien in Übereinstimmung ist. J_2 im (n,σ)-EDA-Komplex mit Pyridin wäre gemäß $h\nu_{CT} = 122$ kcal ein sehr schwacher, dagegen mit $K_x = 1980$ einer der stärksten Acceptoren. Auch besteht eine Abhängigkeit der Acceptorabstufung vom Donator.

Tabelle 76. *Acceptorstärke von Elektronenacceptoren auf Grund der Bildungskonstanten von EDA-Komplexen mit Benzol, Hexamethylbenzol, Naphthalin und Stilben als Donatoren**

Benzol	K_x	HMB	K_x	Naphthalin	K_x	Stilben	K_x
						TCPA	57
JCl	5,6	JCl	235	TNB	41,5	PiS	32,4
		TCPA	145	PiS	37,2	TNB	19,3
ClA	5,2	ClA	106,7	TCPA	29	ClA	14,7
				JCl	14,4		
TNB	2,4	TNB	73,6	ClA	14,0		
		PiS	50,4				
J_2	1,55	J_2	15,7	J_2	2,3	J_2	3,4
Br_2	1,04						
SO_2	0,47						

    * Lösungsmittel: Tetrachlorkohlenstoff. Bei J_2-Naphthalin: n-Hexan.
    ClA: Chloranil; TCPA: Tetrachlorphthalsäureanhydrid; PiS: Pikrinsäure; TNB: Trinitrobenzol; TCN: Tetracyanäthylen; HMB: Hexamethylbenzol.

Tabelle 77*. *Acceptorstärke von Elektronenacceptoren auf Grund der $h\nu_{CT}$-Energie von EDA-Komplexen mit Benzol, Hexamethylbenzol, Naphthalin, Stilben und o, m-Xylol**

Benzol	$h\nu_{CT}$ kcal	HMB	$h\nu_{CT}$ kcal	Naphthalin	$h\nu_{CT}$ kcal	Stilben	$h\nu_{CT}$ kcal	o,m-Xylol	$h\nu_{CT}$ kcal
TCN[2]	74,6	TCPA[2]	53,7	TCN[2]	52,0				
ClA	84,8	ClA	55,2	ClA	59,4	ClA	55,4	ClA	73
p-Chinon[1]	93,6	p-Chinon[1]	68,3	p-Chinon[1]	79,3			p-Chinon	89
J_2	96,8								
Br_2	97,8								
TNB	101	TNB	72,3	TNB	77,2	TNB	73,4	TNB	90
		TCPA	73,1	J_2	79,4	J_2	76,6	J_2	90
				TCPA	80,7				
		J_2	76,3	Br_2	82,6	TCPA	81,8	Br_2	91,5
JCl	101	JCl	85,4	JCl	83,7			JCl	96
SO_2	102							SO_2	96
Cl_2	103							Cl_2	98

    * Soweit nicht besonders vermerkt, ist das Lösungsmittel CCl_4.
    [1] In n-Heptan.
    [2] In CH_2Cl_2.

Auf Grund der K-Werte würde z. B. JCl mit Hexamethylbenzol der stärkste Acceptor sein, dagegen mit Naphthalin wäre JCl ein schwächerer Acceptor als Tetrachlorphthalsäureanhydrid. Mit Stilben als Donator wäre Pikrinsäure ein stärkerer Acceptor als Chloranil, während mit Naphthalin als Donator zwischen der Acceptorstärke von Trinitrobenzol und Pikrinsäure kaum unterschieden werden kann.

Gegen die Zugrundelegung der Komplexbildungskonstanten als Maß der Acceptorstärke gelten die bereits schon bei den entsprechenden Betrachtungen einer Abstufung der *Donatorstärke* gemachten Einwände (Kap. IX, 5, S. 144 u. f.) in noch *erhöhtem Maße*, da der Einfluß der Elektronenaffinität auf $h\nu_{CT}$ und damit auf die Resonanzenergie als Anteil von ΔH bzw. ΔG (Gl. I,2 und IX,3) noch wesentlich geringer ins Gewicht fällt als es bei der Ionisierungsenergie ohnehin schon der Fall ist. Es kann daher die Abstufung der Komplexbildungskonstanten K (bzw. ΔG) nur sehr näherungsweise als Skala der Elektronenaffinitäten von Elektronenacceptoren angesehen werden.

Bei *ausgesprochen homologen* Acceptoren wie z. B. den substituierten Benzochinonen ist die Reihenfolge nach ΔG und $h\nu_{CT}$ angenähert dieselbe (Tab. 78); allerdings wäre der $h\nu_{CT}$-Energie zur Folge Chloranil ein schwächerer Acceptor als Bromanil.

Tabelle 78. *Acceptorstärke des p-Chinons und substituierter Chinone auf Grund der freien Bildungsenthalpien ΔG und der Redox-Potentiale ε_{Redox} von EDA-Komplexen mit Hexamethylbenzol als Donator*[1]

	ΔG (kcal)	$h\nu_{CT}$ (kcal)	ε_{Redox}[2]
Chloranil	−1,345	55,2	0,72
Bromanil	−1,091	54,2	0,746
Jodanil	−0,742	55,9	—
2,6-Dichlor-p-benzochinon	−0,549	59,6	0,740
Chlor-p-benzochinon	0,180	64,6	0,743
p-Benzochinon	0,311	68,4	0,711
Methyl-p-benzochinon	0,418	69,8	0,653
2,6-Dimethyl-p-benzochinon	0,610	73,3	0,607
Durochinon	0,531	72,7	—

[1] R. Foster, D. Ll. Hammick u. P. J. Placito: J. Chem. Soc. (London) 1956, 3881.
[2] Relative Potentiale in Benzollösungen, W. H. Hunter u. D. E. Kvalnes: J. Am. Chem. Soc. **54**, 2869 (1932). D. E. Kvalnes: J. Am. Chem. Soc. **56**, 667, 670 (1934).

Tab. 78 enthält außerdem die Redoxpotentiale der Chinone. Die Redoxpotentiale sind Ausdruck der Oxydationswirkung der Chinone und können damit zugleich als ein Maß der Abstufung der Elektronenaffinität betrachtet werden. Der Gang der ΔG- und der $h\nu_{CT}$-Energien (Tab. 78) wird durch die Abstufung der Redoxpotentiale nicht wiedergegeben, einzig der Abfall der $|\Delta G|$ bei 2,6-Dimethyl-p-benzochinon und Methyl-p-benzochinon kommt in entsprechend kleinen ε_{Redox}-Werten zum Ausdruck.

Genaueres über einen Zusammenhang zwischen ε_{Redox} und der Bindungsstärke von EDA-Komplexen läßt sich vorerst mangels ausreichender Meßergebnisse nicht sagen.

Bei Zugrundelegung der $h\nu_{CT}$-Werte ist offenbar Tetracyanäthylen der stärkste Elektronenacceptor. Es folgen dann in der $h\nu_{CT}$-Skala und gemäß der in Tab. 83 aufgeführten Elektronenaffinitätswerte die halogenierten Chinone: Chloranil, Bromanil und Jodanil. Methylsubstitution verringert die Acceptorstärke des Chinons. Den Chinonen folgt Trinitrobenzol und Tetrachlorphthalsäureanhydrid. Die genannten Acceptoren sind π-Acceptoren in π,π-Bindung mit den entsprechenden π-Donatoren. Die Halogene bilden mit den in den Tab. 76 und 77 aufgeführten Donatoren π,σ-EDA-Komplexe (vgl. S. 6). Daher sind die Halogene in bezug auf ihre Acceptoreigenschaften nach der Skala der K- und $h\nu_{CT}$-Werte weder mit Tetracyanäthylen noch mit den Chinonen, Trinitrobenzol oder Tetrachlorphthalsäureanhydrid ohne weiteres vergleichbar. Offenbar sind aber die Halogene und JCl in den π,σ-EDA-Komplexen mit aromatischen Kohlenwasserstoffen schwächere Acceptoren als Tetracyanäthylen und die Chinone.

Über die Elektronenacceptoreigenschaften des J_2 im Vergleich zu TNB läßt sich infolge der verschiedenartigen Bindung in EDA-Komplexen mit aromatischen Kohlenwasserstoffen (π,σ und π,π-Bindung) nichts Genaueres aussagen. Es scheint aber Trinitrobenzol auf Grund der Abschätzung aus der Konstanten C_1 Gl. (VI,4), die kleinere Elektronenaffinität zu haben. Die Abstufung der $h\nu_{CT}$-Energien von J_2-EDA-Komplexen im Vergleich zu entsprechenden Trinitrobenzol-Komplexen hängt vom Donator ab.

Br_2 hat, soweit es sich nach den bisher vorliegenden Meßergebnissen übersehen läßt, nahezu die gleichen Acceptoreigenschaften wie J_2. Die Acceptorstärke von JCl muß je nachdem man die K- oder $h\nu_{CT}$-Skala zugrundelegt, sehr verschiedenartig beurteilt werden. In der K-Skala erscheint JCl als einer der stärksten Acceptoren und in der $h\nu_{CT}$-Skala nur als schwacher Acceptor, so wie SO_2 und Cl_2, die in *beiden* Skalen sich als schwache Donatoren dokumentieren.

Die Abstufung der Bildungsgleichgewichtskonstanten von EDA-Komplexen des Anilins und von substituierten Anilinen mit verschiedenen Nitro-benzolen[1] (Tab. 79) ist: Nitrobenzol < o-Dinitrobenzol $\cong$ m-Dinitrobenzol < p-Dinitrobenzol < s-Trinitro-m-Xylol < s-Trinitrotoluol < s-Trinitrobenzol.

Tabelle 79. *Bildungskonstanten der Molekülverbindungen von Nitro(I)-, o-Dinitro(II)-, m-Dinitro(III)- und p-Dinitro-Benzol(IV), ferner von s-Trinitrobenzol (V), s-Trinitrotoluol (VI) und s-Trinitro-m-xylol (VII) mit Alkylanilinen in Cyclohexan bei 18,5—20° C*

Anilinderivate	(I)	(III)	(II)	(IV)	(VII)	(VI)	(V)
(Anilin)	—	—	—	0,5	—	2,7	3,1
N-Methyl-	0,3	0,4	0,5	0,9	1,7	3,1	7,3
N-Äthyl-	0,3	0,7	0,8	1,2	2,0	3,8	8,4
N,N-Dimethyl	0,4	1,2	1,1	1,8	—	5,8	9,5
N,N-Diäthyl-	0,3	1,4	1,1	1,7	—	2,4	6,5

[1] B. DALE, R. FOSTER u. D. LL. HAMMICK: J. Chem. Soc. (London) **1954**, 3986.

Die Abstufung der Bildungsgleichgewichtskonstanten von EDA-Komplexen des Hexamethylbenzols mit 1,2,3-; 1,2,4-; 1,3,5- und 1,2,3,5-Tri- bzw. Tetra-Nitrobenzolen ist[1]: $K_{1,2,3}= 1,5$; $K_{1,2,4}= 2,0$; $K_{1,3,5}= 5,7$ und $K_{1,2,3,5}= 9,4$ (in CCl_4 als Lösungsmittel).

Bei der Beurteilung einer solchen Abstufung der Acceptorstärke in Abhängigkeit von der Konstitution des Acceptormoleküls müssen auch sterische Faktoren berücksichtigt werden.

Im Falle der MV des Anthracens mit 1-substituiertem 2,4,6-Trinitrobenzol[2] (Tab. 80) müßte beispielsweise zu erwarten sein, daß die Komplexbildungstendenz durch elektrophile Substituenten begünstigt wird, d. h. die Komplexbildungstendenz müßte zunehmen in der Reihenfolge CH_3, H,OCH_3, J, Cl. Tab. 80 zeigt aber, daß die K-Werte in einer anderen Reihenfolge zunehmen, und zwar zeigt sich offenbar eine Abnahme von K_c mit steigender *Größe* der Substituenten. Es besteht kein Zweifel, daß hier sterische Faktoren eine maßgebende Rolle spielen. Sterische Einflüsse können sich dahingehend auswirken, daß die Resonanz der Nitrogruppen mit dem Benzolkern teilweise aufgehoben ist, indem sich die NO_2-Gruppen infolge sterischer Wirkung der Substituenten aus der Ebene des Phenylkerns herausdrehen, wodurch sich die Elektrophilität des 1-substituierten Trinitrobenzols verringert.

Tabelle 80. *Gleichgewichtskonstanten der Komplexe von Anthracen mit 1-substituiertem 2,4,6-Trinitrobenzol in Chloroform bei 23,8° C*

Substituent	K_c
H	3,6
OH	2,53
OCH_3	2,32
CH_3	1,75
Cl	1,26
J	1,0

Entsprechend ist auch die oben genannte Abstufung der Stabilität von Polynitrokomplexen mit Hexamethylbenzol als Donator zu verstehen. Die EDA-Komplexe des 1,3,5-Trinitrobenzols sind stabiler als die des 1,2,3- und 1,2,4-Trinitrobenzols. Dies dürfte ebenfalls damit im Zusammenhang stehen, daß bei 1,2,3- und 1,2,4-Trinitrobenzol durch sterische Behinderung eine der NO_2-Gruppen aus der Ringebene herausgedreht ist. Dadurch wird die Resonanz mit den π-Elektronen des Phenylkerns vermindert und zudem eine der EDA-Wechselwirkung optimal angepaßte Konstellation des Trinitrobenzols zum Hexamethylbenzol behindert. Die Effekte sind bei 1,2,3-Trinitrobenzol ausgeprägter als bei 1,2,4-Trinitrobenzol.

Tabelle 81. *Vergleich der K, ΔH-Werte von Molekülverbindungen des s-Trinitrobenzols und des Dipikryls*

	K_c (25°)	ΔH kcal
s-Trinitrobenzol		
p-Toluidin.	0,56	1,4
Hexamethylbenzol .	0,80	1,56
Dipikryl		
p-Toluidin.	0,39	1,02
Hexamethylbenzol .	0,1	0

Tab. 81 zeigt, daß die Molekülverbindungen des Dipikryls instabiler sind als die entsprechenden Verbindungen des s-Trinitrobenzols. Dies ist

[1] R. FOSTER: J. Chem. Soc. (London) **1960**, 1075. Vergleiche auch Sinomiya: Bull. Chem. Soc. Japan **15**, 137 (1940).

[2] S. D. ROSS, M. BASSIN u. J. KUNTZ: J. Am. Chem. Soc. **76**, 4176 (1954).

wahrscheinlich die Folge einer sterisch bedingten Verdrillung der Phenyl-kerne. Dadurch wird sterisch der intermolekulare Abstand im EDA-Komplex vergrößert (vgl. auch S. 153).

X. Konfiguration der Elektronen-Donator-Acceptor-Komplexe

1. Allgemeines

Die Gesamtbindungsenergie setzt sich zusammen aus van der Waals-schen Bindungsanteilen W_0 und der Resonanz-Energie R_N (Kap. I, 2 u. II). Es müssen daher bei einer theoretischen Aussage über die mögliche Konfiguration eines EDA-Komplexes die Einflüsse beider Energieanteile berücksichtigt werden.

Weiterhin muß bedacht werden, daß die Konfiguration D ... A im Kristallgitter der festen Molekülverbindung anders sein kann als in Lösungen[1].

In Lösungen sind infolge von Solvatationseinflüssen stärkere Schwankungen um eine mittlere stabile Konfiguration möglich (S. 53, 45 und 88). Dabei besteht auch die Möglichkeit verschiedener Konfigurationsisomeren, ohne daß diese sich energetisch sehr voneinander unterscheiden brauchen (vgl. Kap. V, 6). Konfigurationsisomere sind unter Umständen zu erwarten bei Molekülen, die nicht ausschließlich als n- oder π-Donatoren betrachtet werden können. Dies ist der Fall, wenn n-Elektronendonatoren an oder in aromatische π-Donatoren substituiert sind, z. B. NH_2, R_2N oder $\diagdown N \diagup$ in Naphthylamin, Dimethylanilin, Tetramethylphenylendiamin, Pyridin, Acridin usw.

In Lösungen können sich auch je nach Konzentrationsbereich (S. 229) $1 : n$- oder $n : 1$-Komplexe bilden, deren jeweilige Konfiguration bisher in keinem Fall sicher geklärt werden konnte.

2. Einfluß der van der Waalsschen Kräfte und der quanten-mechanischen Resonanzenergie auf die Konfiguration

a) Einfluß der van der Waalsschen Energie

Wechselwirkung zwischen unpolaren DA-Molekülen. Die für die van der Waalssche Wechselwirkung maßgebenden Dispersionskräfte[2] sind stark vom gegenseitigen Abstand der sich störenden Elektronensysteme abhängig. Bei größeren Molekülen, deren gegenseitiger Abstand klein ist im Vergleich zur Länge des Moleküls, kann die Gesamtwechselwirkung

---

[1] G. BRIEGLEB: Zwischenmolekulare Kräfte. Karlsruhe: Verlag Braun 1949. Herausgegeben von H. FREKSA, B. RAJEWSKY u. M. SCHÖN. J. HAM: J. Am. Chem. Soc. 76, 3875 (1954); H. MURAKAMI: J. Chem. Phys. 23, 1957 (1955). L. E. ORGEL u. R. S. MULLIKEN: J. Am. Chem. Soc. 79, 4839 (1957). G. BRIEGLEB u. J. CZEKALLA: Z. angew. Chem. 72, 401 (1960). S. C. WALLWORK: J. Chem. Soc. (London) 1961, 494.
[2] F. LONDON: Z. Physik. 63, 245 (1930). Z. Phys. Chem. (B) 11, 222 (1931).

in die der Bindungs-Elektronen einzelner Molekülbezirke aufgeteilt werden. Unter Berücksichtigung der relativ starken Abstandsabhängigkeit des Dispersionseffektes (mit $1/r^6$) kann daher eine Konfiguration als wahrscheinlich angenommen werden, bei der im Mittel die miteinander wechselwirkenden Bindungs-Elektronensysteme möglichst kleinen Abstand haben. Das bedeutet eine bevorzugte Parallellagerung der Moleküle mit den Längsachsen bzw. Molekülebenen[1].

Wechselwirkung zwischen polarisierbaren Donatormolekülen und Acceptormolekülen mit stark polaren Gruppen. Dieser Fall ist gegeben z. B. bei den EDA-Komplexen der Polynitrokörper, der halogenierten Chinone oder des Tetracyanäthylens mit aromatischen Kohlenwasserstoffen. W_0 enthält dann neben Dispersionskräften vor allem Dipol-Polarisationskräfte[2]. Auch hier ergibt sich ein maximaler Betrag W_0 bei *Parallellagerung* der Molekülebenen von D und A[2].

Dipol-Dipol-Wechselwirkung und Wasserstoffbrückenbindung. Ist W_0 durch eine reine Dipol-Dipol-Wechselwirkung zwischen bestimmten polaren Gruppen von D und A bedingt, so ist der dadurch gegebene Einfluß auf die Konfiguration des Komplexes je nach Größe und Art des Einbaus der wechselwirkenden Dipolgruppen von Fall zu Fall verschieden. Für den Fall einer lokalisierten Wasserstoffbrücken-Bindung[3] zwischen D und A sind alle die für eine Wasserstoffbrücken-Bindung maßgebenden Faktoren auf die Konfiguration des EDA-Komplexes von Bedeutung (vgl. auch X, 5).

---

[1] G. BRIEGLEB: Z. physik. Chem. (B) **14**, 97 (1931); **16** 249 (1932). G. BRIEGLEB u. TH. SCHACHOWSKOY: Z. physik. Chem. (B) **19**, 255 (1932). W. DE BOER: Trans. Faraday Soc. **32**, 10 (1936); F. LONDON: J. Phys. Chem. **46**, 305 (1942); K. G. DENBIGH: Trans. Faraday Soc. **36**, 936 (1940). Über den Einfluß der Dispersionskräfte auf die gegenseitige Orientierung bei der Wechselwirkung ungesättigter Kettenmoleküle und aromatischer Ringsysteme siehe auch bei C. A. COULSON u. P. L. DAVIES: Trans. Faraday Soc. **48**, 777 (1952); E. F. HAUGH u. J. O. HIRSCH-FELDER: J. Chem. Phys. **23**, 1778 (1955). Ferner die Ergebnisse der Kristallstruktur-Untersuchungen von ROBERTSON and WHITE: J. Chem. Soc. (London) **1945**, 607; WHITE: J. Chem. Soc. (London) **1948**, 1398; DONALDSON and ROBERTSON: Proc. Roy. Soc., A **220**, 157 (1953); DONALDSON, ROBERTSON and WHITE: Proc. Roy. Soc., A **220**, 311 (1953); BROCKWAY and ROBERTSON: J. Chem. Soc. (London) **1939**, 1324. H. M. POWELL, G. HUSE and P. W. COOKE: J. Chem. Soc. (London) **1943**, 153; H. M. POWELL and G. HUSE: J. Chem. Soc. (London) **1943**, 435; T. T. HARDING and S. C. WALLWORK: Acta Cryst. **6**, 791 (1953); **8**, 787 (1955); siehe auch bei H. MATSUDA, K. OSAKI and I. NITTA: Bull. Chem. Soc. Japan **31**, 611 (1958); S. C. WALLWORK: J. Chem. Soc. (London) **1961**, 494.

[2] G. BRIEGLEB u. Mitarb.: Z. physik. Chem. (B) **19**, 255 (1932); **26**, 63 (1934). Zwischenmolekulare Kräfte. Karlsruhe: Verlag Braun 1949.

[3] Die von S. D. ROSS u. M. M. LABES, J. Am. Chem. Soc. **77**, 4916 (1955) bei s-Trinitrobenzol-Anilin gefundene relativ hohe Bildungsenthalpie $\Delta H = -5{,}1$ kcal selbst in einem polaren Lösungsmittel (Chloroform 75% und Alkohol 25%) läßt die Möglichkeit offen, ob nicht eine Konfiguration vorliegt, bei der zwar die Phenylkerne parallel orientiert sind, aber die NH_2-Gruppe so zwischen zwei NO_2-Gruppen gelagert ist, daß sich zusätzlich eine Wasserstoffbrückenbindung ausbildet (vgl. auch S. 9).

G. N. LEWIS u. G. T. SEABORG: J. Am. Chem. Soc. **62**, 2122 (1940), vgl. auch bei J. LANDAUER u. H. McCONNELL: J. Am. Chem. Soc. **74**, 1221 (1952).

b) Einfluß der quantenmechanischen Resonanzenergie

Nach Gl. (IV,2) ist

$$b = -\frac{a\,\beta_0}{W_1 - W_0} = -\frac{a\,(H_{01} - W_0 S)^2}{W_1 - W_N} \tag{X,1}$$

(β_0 ist negativ, Tab. 6).

Es ist $W_0 S \ll H_{01}$ (Tab. 6). Ferner kann man H_{01} proportional S setzen[1]. Vergleicht man außerdem die in Tab. 22 zusammengestellten a- und b-Werte, so sieht man, daß a in homologen Verbindungen nahezu konstant ist, man kann daher für (X,1) in guter Näherung schreiben:

$$b \cong \frac{k \cdot S}{W_1 - W_0}$$

wobei k eine Konstante ist.

Nach dem quantenmechanischen Prinzip „maximaler Überlappung" ("orientation overlap principle")[2], das dem oben erwähnten Prinzip maximaler Annäherung der mit Dispersions- und Dipolpolarisationskräften wechselwirkenden Moleküle entspricht, müßten D und A zueinander so orientiert sein, daß S ein Maximum wird. Das bedeutet eine optimale Überlappung des höchsten besetzten Orbitals des Donatormoleküls und des niedrigsten unbesetzten Orbitals des Acceptormoleküls. Wäre das Überlappungsintegral $S = 0$, so wäre $b = 0$ und $R_N = 0$ [3].

Der intermolekulare Abstand ist in π,π-Komplexen (Kap. I, 3) die Summe der van der Waalsschen Wirkungsradien (etwa 3,2—3,5 Å). Wegen des steil ansteigenden Abstoßungspotentials bei gegenseitiger Durchdringung der Elektronenwolken der wechselwirkenden Moleküle ist die Überlappung der Elektronenwolken im Grundzustand relativ gering. Das Überlappungs-Integral hat nur kleine Werte (Kap. II).

Im angeregten Zustand, in dem die ionare Grenzstruktur überwiegt (Kap. I, 2 und II) kann der Wirkungsradius des A^- größer sein als der von A, so daß eine größere Überlappung möglich ist (vgl. z. B. Kap. V,7, S. 57).

Bei den Molekülverbindungen mit van der Waalsscher Bindung und überlagerter Resonanz ist häufig der Fall gegeben, daß nur ein bestimmter Molekülbereich, ein bestimmtes Atom oder eine Atomgruppe des Donators mit eben einem solchen Molekülbereich des Acceptors in Wechselwirkung tritt („lokalisierte Bindung" (z. B. n,σ)). In einem solchen Fall ist der intermolekulare Abstand gegeben durch den Abstand der wechselwirkenden Atome oder Atomgruppen, also durch deren Wirkungsradien. Der Abstand kann dann unter Umständen kleiner sein als im Falle einer nicht lokalisierten intermolekularen π,π-Wechselwirkung (vgl. Kap. X,3). Beispiele lokalisierter Wechselwirkungen sind die Molekülverbindungen des J_2 mit Pyridin, Äther, Dioxan oder mit Alkoholen.

---

[1] R. S. MULLIKEN: Proceedings of the internat. Conference in Coordination, Compounds 1955.

[2] R. S. MULLIKEN: J. Am. Chem. Soc. **74**, 811 (1952); S. P. McGLYNN u. J. D. BOGGUS: J. Am. Chem. Soc. **80**, 5096 (1958).

[3] Siehe auch bei H. MURAKAMI: Bull. Chem. Soc. Japan **26**, 441 (1953); **27**, 268 (1954).

3. Konfiguration der Molekülkomplexe mit Halogenen als Acceptoren

Für die EDA-Komplexe der Halogene, z. B. mit Benzol oder Molekülen entsprechender Symmetrie (z. B. Mesitylen) können auf Grund quantenmechanischer gruppentheoretischer Symmetriebetrachtungen folgender Modelle erwartet werden[1].

Modell „R". Das Halogen-Molekül liegt mit seiner Figuren-z-Achse parallel zum Benzolkern. Die 6-zählige Achse des Benzolmoleküls geht durch das Zentrum des Halogenmoleküls, [Modell „R"(resting) der Symmetrie C_{2v}]. Je nachdem die Halogenachse parallel zur x- oder y-Achse[3] liegt, kann zwischen R_x und R_y unterschieden werden, ohne daß die R_x und R_y energetisch voneinander unterschieden sind. Für das „R"-Modell würden die auf S. 168 u. 169 aufgeführten Argumente sprechen.

Modell „E". Das J_2-Molekül steht mit seiner Figuren-z-Achse senkrecht zum Benzolkern in Richtung der z-Achse des Benzols, aber mit seinem Zentrum auf der x- bzw. y-Achse an einer Benzolkante (E_x- bzw. E_y-Modell).

Modell „A". Die 6-zählige Benzol-z-Achse und die Halogenfigurenachse fallen zusammen. ("axial model") Symmetrie C_{6v}.

Auch kann eine Konfiguration diskutiert werden, bei der im R-, E- oder A-Modell die Halogen-z-Achse etwas gegen die z-Achse des Benzols bzw. gegen die Benzolebene geneigt ist[2] ("oblique model O"). Solche Konfigurationen sind nach MULLIKEN[1] theoretisch denkbar unter Miteinbeziehung angeregter Zustände.

Auf Grund des *Mesomeriemomentes kann nicht zwischen bestimmten* Konfigurationen entschieden werden. Im Falle der EDA-Komplexe der Halogene mit Benzol könnte ein Mesomeriemoment auftreten, sowohl, wenn die z-Achse des Halogenmoleküls senkrecht als auch parallel zur Benzolebene liegt.

Das Auftreten der IR-Valenzschwingungsfrequenz des Halogens in EDA-Komplexen mit Benzol ist — entgegen früherer Ansichten — kein eindeutiges Argument gegen das Modell „R"[4], so daß auf Grund IR-spektroskopischer Befunde keine eindeutige Aussagen über die Konfiguration der EDA-Komplexe gemacht werden kann[5].

Auf Grund IR-spektroskopischer Untersuchungen über die Veränderungen bzw. über das Aktivwerden IR-inaktiver *Benzol*-Schwingungsfrequenzen in EDA-Komplexen der Halogene hält FERGUSON[6] die A-Modell-Konfiguration der Symmetrie C_{6v} für wahrscheinlich[7].

---

[1] R. S. MULLIKEN: J. Am. Chem. Soc. **74**, 811 (1952), vgl. auch bei S. P. McGLYNN: Chem. Rev. **58**, 1113 (1958).

[2] R. S. MULLIKEN: J. Chem. Phys. **23**, 397 (1955).

[3] Zur Achsenbezeichnung vgl. Abb. 14, Kap. V, 6.

[4] E. E. FERGUSON: J. Chem. Phys. **26**, 1357 (1957); Spectrochim. Acta **10**, 123 (1957); J. Am. Chem. Soc. **82**, 3268 (1960).

[5] Neuere theoretische Betrachtungen von J. MORCILLO u. E. GALLEGO: Anales soc. españ. fis. y quim. (Madrid) B **55**, 645 (1959) lassen es fraglich erscheinen, ob das Auftreten der Halogenschwingungsfrequenz überhaupt nicht bei allen Modellen zu erwarten ist, so daß dann auf Grund der IR-Spektren nicht zwischen den einzelnen Modellen entschieden werden kann.

[6] E. E. FERGUSON: J. Chem. Phys. **25**, 577 (1956); **26**, 1357 (1957).

[7] Es ist die Frage, wie der sterisch bedingte Abfall der Bildungsenergie des J_2-Hexaäthylbenzols im Vergleich zum J_2-Hexamethylbenzol (Tab. 60) modellmäßig

Auch auf Grund von theoretischen Überlegungen kommt AONO[1] zu dem Ergebnis, daß die Struktur des Benzol-Jod-Komplexes dem A-Modell der Symmetrie C_{6v} entspricht.

Es wird in Lösungen von Br_2 und J_2 in Benzol die 850 und 992 cm^{-1} Bande des Benzols beträchtlich an Intensität erhöht (vgl. auch S. 101). Die beiden Frequenzen entsprechen den beiden IR-inaktiven Grundfrequenzen E_{1g} und A_{1g}, die bei der Symmetrieverringerung von D_{6h} auf C_{6v} IR-aktiv werden. Die Messungen in Benzol werden bestätigt durch Messungen in Hexa-Deuterobenzol[2]. Eine dritte inaktive Grundfrequenz bleibt nach wie vor inaktiv. Im Falle des von MULLIKEN vorgeschlagenen "oblique model" würde die Symmetrie auf C_s erniedrigt werden, so daß auch die dritte inaktive Frequenz des Benzols im Halogen-Benzol-Komplex aktiv werden müßte.

Röntgenstrahlen-Strukturuntersuchungen von HASSEL[3] ergeben im Einklang mit der Annahme von FERGUSON[4] im *Gitter* der festen EDA-Komplexe des Benzols mit Br_2 und Cl_2 die Struktur C_{6v}, in der das Halogen mit seiner Figurenachse senkrecht zur Benzolkernebene in Richtung der 6-zähligen Achse steht.

Die Röntgen-Strukturuntersuchungen an den kristallisierten EDA-Komplexen 1,4-Dioxan Br_2[5] und Cl_2[6] ergaben folgende Struktur. Das Hal_2-Molekül liegt auf der Verbindungslinie zwischen zwei Sauerstoffen zweier Dioxanmoleküle, vgl. Abb. 79[7]. Je ein Halogen-Atom ist an je ein Dioxan-Sauerstoff gebunden. Der Abstand Hal . . . O ist bemerkenswert gering. Der Abstand Br . . . O beträgt 2,71 Å. Die $\begin{bmatrix} & & C- \\ & \diagup & \\ -O & & \\ & \diagdown & \\ & & C- \end{bmatrix}$-Ebene des Dioxans ist gegen die O . . . Hal—Hal . . . O-Achse etwas geneigt (Abb. 79). Der Hal—Hal-Abstand im Halogenmolekül ist im EDA-Komplex etwas aufgeweitet: $d_{Br-Br} = 2{,}31$ Å, statt 2,28 Å im freien Molekül.

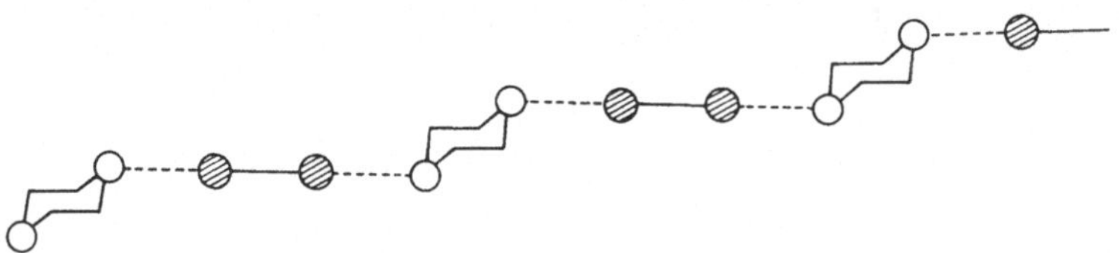

Abb. 79 . Dioxan-Br$_2$-Ketten Kristallgitter

---

zu verstehen ist, mit einer Konfiguration, bei dem das J_2 mit der Figurenachse in Richtung der C_6-Achse des Benzols ausgerichtet ist.

[1] S. AONO: Progr. Theoret. Phys. 22, 313 (1959) (Kyoto).

[2] In C_6D_6 werden die Frequenzen 662 cm^{-1} (E_{1g} und 944 cm^{-1} (A_{1g}) beobachtet.

[3] O. HASSEL u. K.O. STROMME: Acta Chem. Scand. 12, 1146 (1958); 13, 1781 (1959).

[4] E. E. FERGUSON: Z. Chem. Phys. 25, 577 (1956); 26, 1357 (1957).

[5] O. HASSEL u. J. HVOSLEF: Acta Chem. Scand. 8, 873 (1954).

[6] O. HASSEL u. K. O. STROMME: Acta Chem. Scand. 13, 1775 (1959).

[7] O. HASSEL: Svensk. Kemisk Tidskr. 72, 2, 88 (1960).

Theoretisch wären folgende Möglichkeiten zu erwarten[1]. Ist ein Elektron in der Struktur $D^+ \ldots A^-$ im Äther-Halogen-Komplex aus dem ersten Elektronenpaar des Sauerstoffs überführt (niedrigste Ionisieenergie), so würde die Achse des Halogenmoleküls in tetraedrischer Anordnung senkrecht zur $\left[\begin{matrix} & C- \\ -O & \\ & C- \end{matrix} \right]$ -Ebene stehen. Dagegen würde bei einer Ionisation aus einem energetisch nächst tieferen Elektronenpaar des Sauerstoffs das Halogenmolekül in der $\left[\begin{matrix} & C- \\ -O & \\ & C- \end{matrix} \right]$ -Ebene liegen. Im Fall, daß beide Sauerstoff-Elektronenpaare an der Bindung beteiligt sind, wäre eine Neigung der Halogenfigurenachse zur Dioxan-Ebene zu erwarten ("oblique structure"), so wie eine solche im Kristall beobachtet wurde.

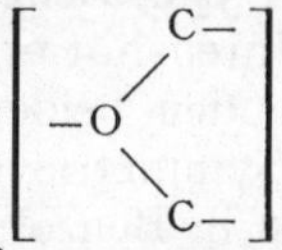

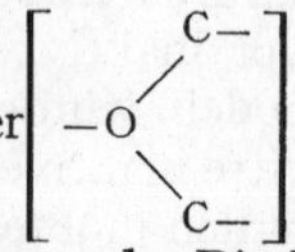

Dazu ist aber zu bemerken, daß die theoretischen Überlegungen sich auf das *freie* Molekül beziehen und der Einfluß der Wechselwirkung seitens benachbarter Moleküle im Gitter nicht mitberücksichtigt werden kann.

Im Falle Aceton-Halogen müßte wegen des doppelgebundenen Sauerstoffs das Halogenmolekül in der $\left[\begin{matrix} -C & \\ & C=O \\ -C & \end{matrix} \right]$ -Ebene liegen. Strukturuntersuchungen[2] geben z. B. für die Br_2-Aceton-Additionsverbindung folgendes Bild einer Anordnung in *ebenen* Ketten (Abb. 80).

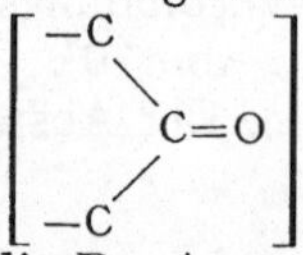

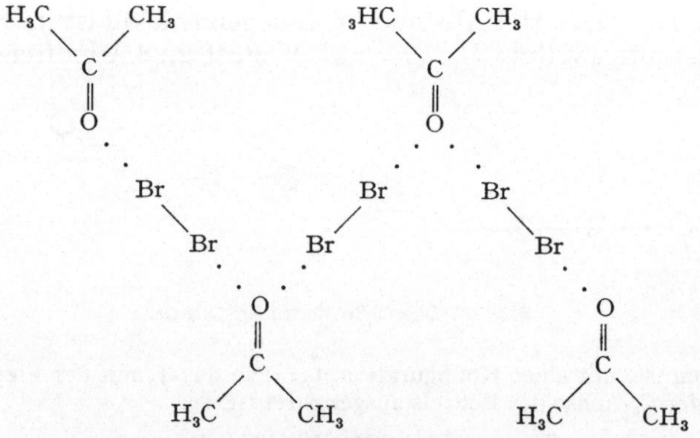

Abb. 80

Der $O \ldots Br$-Abstand ist nur 2,82 Å. Der Br—Br-Abstand beträgt 2,28 Å wie im freien Molekül, der Winkel zwischen zwei $O \ldots Br$—$Br \ldots O$-

[1] R. S. Mulliken: J. Chem. Phys. 23, 297 (1952).
[2] O. Hassel u. K. O. Stromme: Acta Chem. Scand. 13, 275 (1959).

Brücken beträgt 110° und ist durch die Lage der zwei O-Paarelektronen bedingt.

Bemerkenswert sind die Ergebnisse der Untersuchungen von HASSEL und HVOSLEFF[1] an 1:1-Komplexen des Jodmonochlorids mit Dioxan. Dar-

aus ergibt sich eine *lineare* Anordnung $\begin{matrix} C \\ \diagdown \\ O \\ \diagup \\ C \end{matrix} \ldots J-Cl \ldots Cl-J \ldots \begin{matrix} C \\ \diagup \\ O \\ \diagdown \\ C \end{matrix}$. Der

O ... J-Abstand ist wieder auffallend klein (2,6 Å), der Cl ... Cl-Abstand beträgt 3,38 Å, was für eine Bindung mit van der Waalsschen Kräften zwischen den Chloratomen spricht. Der kleine O—Hal-Abstand in den EDA-Komplexen des Dioxans und des Acetons zeigt, daß die Bindung zwischen dem Halogenatom und dem Sauerstoff solcher Art zu sein scheint, daß einfache Vorstellungen einer Bindung durch intermolekulare Mesomerie nur noch näherungsweise zutreffend sein können (S. 18, 76, 79, 81 u. 132).

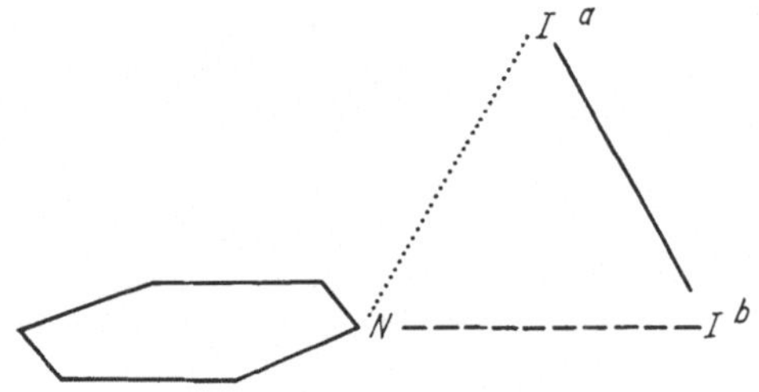

Abb. 81[2]. Konfiguration des EDA-Komplexes
J_2...Pyridin nach REID und MULLIKEN

Für die Molekülverbindung Pyridin ... J_2 schlagen REID und MULLIKEN[2] die in Abb. 81 gezeichnete Konstitution vor (oblique model O). Dabei ist angenommen, daß in Anbetracht der beachtlichen Stabilität der Py ... J_2-Molekülverbindung das J-Atom „*b*“ (Abb. 81) in der Ebene des Py-Ringes relativ nahe am N sich befindet und das J-Atom „*a*“ oberhalb der Py-Ebene. Dies entspricht theoretischen Symmetriebetrachtungen[3]. Außerdem ist berücksichtigt, daß das Dipolmoment der Molekülverbindung Py ... J_2 4,5 D und das des Py 2,28 D beträgt (vgl. S. 17). REID und MULLIKEN schätzen daraus einen Beitrag ionarer Strukturen von etwa 25%: mit $a^2 = 0,75$ und $b^2 = 0,25$.

HASSEL und ROMMING[4] können aber im Gitter des *festen* EDA-Komplexes Pyridin ... JCl diese theoretisch zu erwartende "oblique"-Struktur (Abb. 81) nicht bestätigen, sondern finden eine lineare Konfiguration, in der das N, J und Cl-Atom nahezu auf einer Linie liegen, die durch das C-Atom in p-Stellung zum N geht. Abb. 82 gibt die Elektronen-Dichteverteilung des Pyridin-JCl-(1:1-)Komplexes wieder.

Der JCl-Abstand ist etwas aufgeweitet, 2,51 Å statt 2,32 Å im freien Molekül. Der N ... J-Abstand ist auffallend klein, nämlich 2,30 Å[5].

Bei solch kleinen intermolekularen Abständen zwischen den in einer lokalisierten Bindung wechselwirkenden Atomen sind quantitative

[1] O. HASSEL u. J. HVOSLEF: Acta Chem. Scand. **10**, 138 (1956).
[2] C. REID u. R. S. MULLIKEN: J. Am. Chem. Soc. **76**, 3869 (1954).
[3] R. S. MULLIKEN: J. Am. Chem. Soc. **72**, 600 (1950); **74**, 811 (1952) u. J. Phys. Chem. **56**, 801 (1952).
[4] O. HASSEL u. CHR. ROMMING: Acta Chem. Scand. **10**, 696 (1956).
[5] O. HASSEL: Mol. Phys. **1**, 241 (1958).

Betrachtungen auf der Basis einer quantenmechanischen Theorie einer
Störung 2ter Ordnung nach MULLIKEN (Kap. I) nur noch mit großen
Einschränkungen möglich. Daher sind auch theoretische Vorhersagen

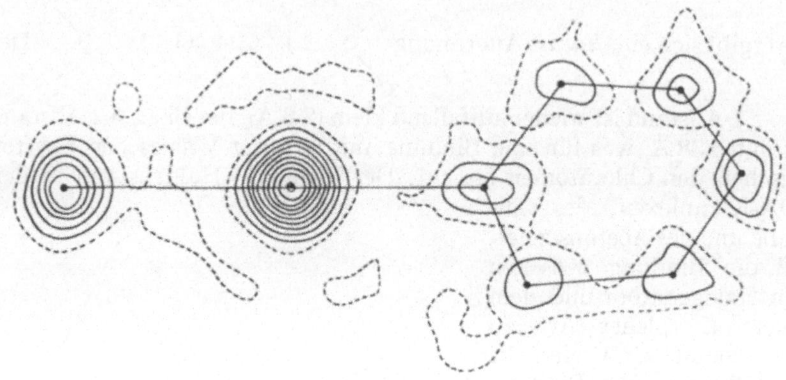

Abb. 82[1]. Elektronendichte-Diagramm des 1:1-Pyridin-JCl-Komplexes

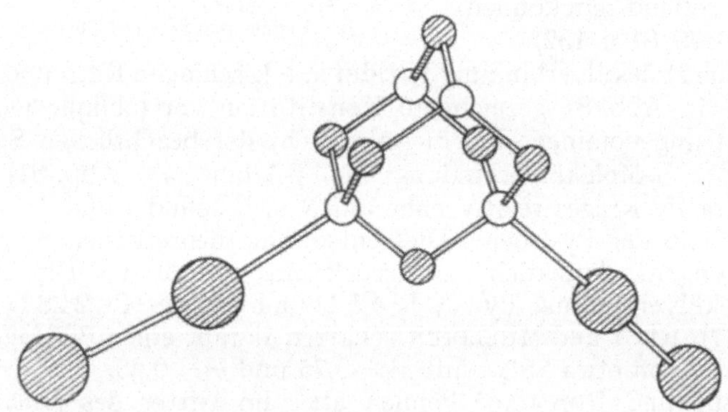

Abb. 83. Modell eines Molekülkomplexes Hexamethylentetramin...2 Br$_2$ nach EIA und HASSEL[2]

in bezug auf die Konfiguration solcher EDA-Komplexe mit lokalisierter
Bindung unsicher.

Untersuchungen der Konfiguration der EDA-Komplexe Trimethylamin ... J$_2$[1] geben auch eine lineare Struktur der N ... J—J-Bin-
dung mit einem ebenfalls relativ kleinem Abstand N ... J von nur 2,27 Å
und einem etwas aufgeweiteten J—J-Abstand von 2,83 Å statt 2,66 Å im
freien Molekül. Außerdem wurde noch der EDA-Komplex Hexamethylen-
Tetramin-2 Br$_2$[2] untersucht mit einer in Abb. 83 wiedergegebenen
linearen Bindungsanordnung N ... Br—Br.

[1] K. O. STROMME: Acta Chem. Scand. 13, 268 (1959).
[2] G. EIA u. O. HASSEL: Acta Chem. Scand. 10, 139 (1956).

4. Konfiguration der EDA-Komplexe organischer Nitroverbindungen und Halogenchinone mit aromatischen Kohlenwasserstoffen

Theoretisch ist sowohl vom Standpunkt der quantenmechanischen Resonanz[1] als auch auf Grund der dieser überlagerten Dipolpolarisations-Wechselwirkung[2] zu erwarten, daß das Acceptor- und Donatormolekül mit den Molekülebenen parallel zueinander gerichtet sind. Dafür sprechen die Ergebnisse der Untersuchungen von NAKAMOTO[3] über den Absorptionsdichroismus, denen zu Folge das Elektronen-Überführungs-Übergangsmoment senkrecht zu den Molekülebenen von D und A liegt, wie es bei Parallellagerung zu erwarten ist (S. 71). Ältere röntgenstrukturanalytische Untersuchungen von HERTEL und Mitarbeitern[4] an Molekülverbindungen organischer Nitroverbindungen und vor allem neuere Untersuchungen von POWELL[5,6] und von WALLWORK und HARDING[7] bestätigen die theoretische Vorhersage (vgl. z. B. Abb. 84). Dabei können durch den Einfluß van der Waalsscher Kräfte im Kristallgitter zwar die Molekülebenen parallel liegen, dagegen aber die Figurenachsen z. B. des Trinitrobenzols und die der aromatischen Kohlenwasserstoffe in spezifischer Weise gegeneinander verdreht oder verschoben sein[8] — in Abweichung von quantenmechanisch[9] zu erwartenden Symmetrien.

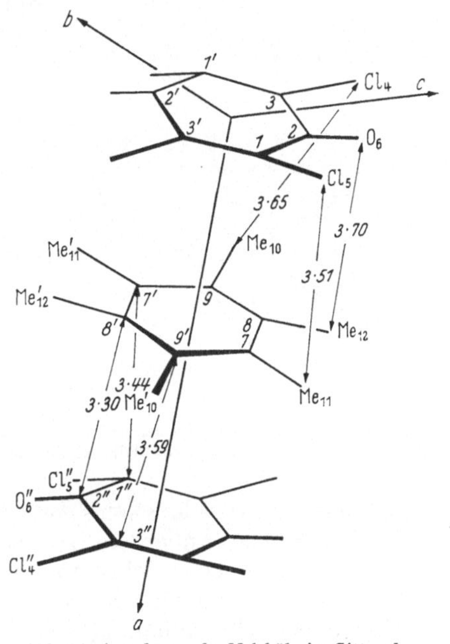

Abb. 84. Anordnung der Moleküle im Gitter des Komplexes Chloranil-Hexamethylbenzol längs der a-Achse[7]

Von dem Ausmaß der sterisch und durch den Kristallgitterbau bedingten Realisierungsmöglichkeiten einer bestmöglichen gleichmäßigen

---

[1] R. S. MULLIKEN: J. Am. Chem. Soc. **74**, 811 (1952); S. P. McGLYNN u. J. D. BOGGUS: J. Am. Chem. Soc. **80**, 5096 (1958).

[2] G. BRIEGLEB: Z. physik. Chem. Abt. B **26**, 63 (1934).

[3] K. NAKAMOTO: J. Am. Chem. Soc. **74**, 1739 (1952); Bull. Chem. Soc. Japan **26**, 70 (1953).

[4] E. HERTEL u. H. KLEU: Z. physik. Chem. Abt. B **11**, 59 (1931); E. HERTEL u. G. H. RÖMER: Z. physik. Chem. **11**, 77, 90 (1931); **22**, 280 (1933); E. HERTEL u. K. SCHNEIDER: Z. physik. Chem. **13**, 387 (1931); **15**, 79 (1932); E. HERTEL u. H. W. BERGK Z. physik. Chem. **33**, 319 (1936).

[5] H. M. POWELL. G. HUSE u. P. W. COOKE: J. Chem. Soc. (London) **1943**, 153.

[6] H. M. POWELL u. G. HUSE: J. Chem. Soc. (London) **1943**, 435.

[7] T. T. HARDING u. S. C. WALLWORK: Acta Cryst. **6**, 791 (1953); **8**, 787 (1955) siehe auch bei H. MATSUDA, K. OSAKI u. I. NITTA: Bull Chem. Soc. Japan 31, 611 (1958); S. C. WALLWORK: J. Chem. Soc. (London) **1961**, 494.

[8] S. C. WALLWORK: J. Chem. Soc. (London) **1961**, 494.

[9] S. P. McGLYNN u. J. D. BOGGUS: J. Am. Chem. Soc. **80**, 5096 (1958).

Wechselwirkung zwischen den für die EDA-Bindung maßgebenden molecular orbitals der komplexen Komponenten wird auch die Stabilität der
EDA-Komplexe abhängig sein.

In dem in Abb. 85 und Abb. 86 gezeichneten Schema einer mutmaßlichen Konfiguration der Komplexe des Trinitrofluorenons (TNF) einerseits mit 1-(1'-Naphthyl)-1-cyclohexen (I) und 1-(1'-Naphthyl)-1-cyclo-
penten(II) (vgl. S. 151) oder mit 1-(2'-
Naphthyl)-1-cyclopenten(III) und 1-(2'-
Naphthyl)-1-cyclohexen(IV) ist im Falle

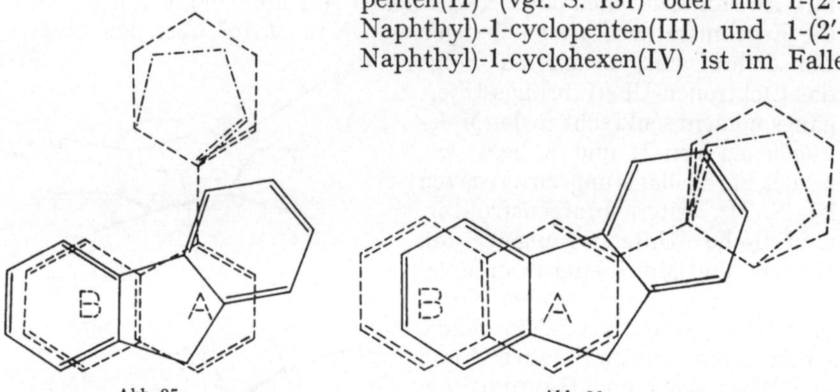

Abb. 85　　　　　　　　　　　　　　Abb. 86

Abb. 85 . Schema einer mutmaßlichen Konfiguration des 1:1-Komplex TNF mit 1-(1'-Naphthyl)-1-cyclo-
hexen oder 1-(1'-Naphthyl)-1-cyclopenten. Das ausgezogene Formelbild ist TNF und das gestrichelte
Formelbild I und II (siehe Text)

Abb. 86. Schema einer mutmaßlichen Konfiguration des 1:1-Komplex von TNF mit
1-(2'-Naphthyl)-1-cyclopenten und 1-(2'-Naphthyl)-1-cyclohexen

III und IV ein Cyclohexen- bzw. Cyclopenten-Ring mit dem Naphthylring
in einer Ebene. Außerdem ist die Längsrichtung des TNF und die durch
III und IV gehende Achse annähernd parallel. Dies ist aber bei I und II
nicht der Fall. Es wird der Cyclohexyl- bzw. Cyclopentyl-Ring gegen die
Ebene des Molekülkomplexes drehbar sein und das Gesamtmolekül
braucht nicht eben zu sein. Die Molekülverbindung TNF mit III und
IV wird somit wesentlich stabiler sein als die mit I und II, was in den
S. 151 angegebenen Bildungskonstanten K_x auch zum Ausdruck kommt[1].

Nicht bei allen Molekülverbindungen zwischen organischen Nitroverbindungen und aromatischen ungesättigten Kohlenwasserstoffen ist
der Fall einer spezifischen Donator-Acceptor-Wechselwirkung gegeben,
sondern es können gittermorphologische Einflüsse dominieren. Eine
Sonderstellung[2] in dieser Hinsicht nehmen die Molekülverbindungen des
4,4'-Dinitrodiphenyl (DND) mit Diphenyl und dessen Derivaten[3] ein.

In idealisierter Art läßt sich die Struktur z. B. der 1 : 3-Molekül-
verbindung des Diphenyls mit DND in der Abb. 87 wiedergegebenen
Weise darstellen.

---

[1] L. H. KLEMM u. J. W. SPRAGUE: J. Org. Chem. **19**, 1464 (1954).

[2] S. SEKI u. K. SUZUKI: Bull. Chem. Soc. Japan **26**, 209 (1953).

[3] W. S. RAPSON, D. H. SAUNDER u. E. T. STEWART: J. Chem. Soc. (London)
1946, 1110; D. H. SAUNDER: Proc. Roy. Soc. (London) A **190**, 508 (1947); J. N. VAN
NIEKERK u. D. H. SAUNDER: Acta Cryst. **1**, 44 (1948); R. W. JAMES u. D. H.
SAUNDER: Proc. Roy. Soc. (London) A **190**, 518 (1947).

Die DND-Moleküle haben eine flächenzentrierte Anordnung mit einer Lücke bei B, so daß bei Übereinanderlagerung der Schichtflächen Kanäle sich ausbilden, in die die Diphenylmoleküle eingeordnet werden können, dementsprechend steht bemerkenswerterweise die Längsachse des Diphenyls senkrecht zu den Gitterschichtebenen der DND-Moleküle. Bei einer für die Molekülverbindungen aromatischer Nitrokörper mit aromatischen Kohlenwasserstoffen üblichen Bindungsart wäre zu erwarten, daß die Molekülebenen des Diphenyls und des DND angenähert parallel zueinander orientiert sind. Das Diphenyl ist wie SEKI und SUZUKI[1, 2]

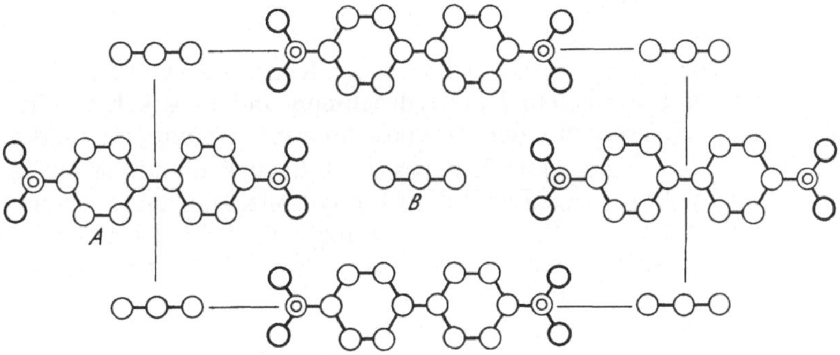

Abb. 87. Idealisierte Darstellung einer Kristallgitter-Schicht einer 1:3-Molekülverbindung Diphenyl-4,4'-Dinitrodiphenyl. A = DND-Moleküle. B = Diphenylmoleküle

gezeigt haben, aus der Molekülverbindung verdampfbar. Der Vergleich der Verdampfungsenthalpien ΔH der 1:3- und 1:6-Molekülverbindung mit den entsprechenden ΔH-Werten der Komponenten Diphenyl und DND zeigt unter Berücksichtigung der molaren Zusammensetzung der Molekülverbindung, daß die Wechselwirkung der Diphenyl-Moleküle und der DND-Moleküle in reinen Kristallen und im Molekülverbindungs-Kristall annähernd die gleiche ist. Das heißt die Molekülverbindungs-bildung ist mehr struktur-morphologisch bedingt, weniger durch intermolekulare Wechselwirkungen spezifischer Art. Auch das Komponentenverhältnis in der Molekülverbindung ist nicht eindeutig definiert. Damit erklärt sich auch, daß die Molekülverbindungen in einem weiten Bereich schmelzen[2].

5. Chinon-Hydrochinon-Komplexe

Die Formulierung I der „Chinhydron-Bindung" von WILLSTÄTTER und PICCARD[3] setzt eine völlige Gleichwertigkeit der beiden Komponenten voraus. Diese steht aber im Widerspruch zu den Ergebnissen der

[1] S. SEKI u. K. SUZUKI: Bull. Chem. Soc. Japan **26**, 209 (1952).
[2] K. SUZUKI u. S. SEKI: Bull. Chem. Soc. Japan **28**, 417 (1955).
[3] R. WILLSTÄTTER u. J. PICCARD: Ber. deut. chem. Ges. **41**, 1463 (1908).

Untersuchungen von GRAGEROV und MIKLUGHIN[1], denen zu Folge in einem Komplex zwischen Benzochinon und deuteriertem Hydrochinon auch über 24 Std. kein wesentlicher Austausch von H gegen D erfolgt.

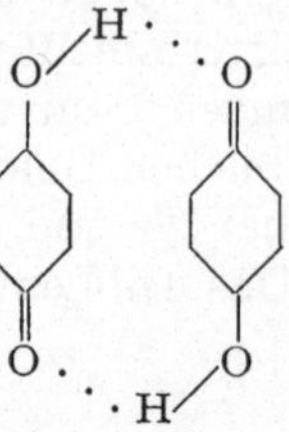

$$
\begin{array}{c}
\text{H} \\
\text{O} \diagdown \cdots \diagup \text{O} \\
\bigcirc \qquad \bigcirc \\
\text{O} \cdots \diagup \text{O} \\
\text{H} \\
\text{I}
\end{array}
$$

Entsprechend zeigt BOTHNER-BY[2], daß in Komplexen von 2,3,5,6-$^{14}CH_3$ Durochinon mit normalem Durohydrochinon und umgekehrt kein ^{14}C-Austausch nach Trennung der Komponenten im Vakuum stattfindet.

Die Annahme einer einfachen Wasserstoffbrückenbindung (MICHAELIS[3]) erklärt nicht die tiefe Farbe der Chinhydrone. Daß eine Wasserstoffbrückenbindung bei der Bindung mitbeteiligt ist, ergibt sich aus infrarotspektroskopischen Untersuchungen[4]. MURAKAMI[5] betrachtet die Wechselwirkung Chinon, Hydrochinon vom Standpunkt einer intermolekularen Koppelung *polarer* Resonanzstrukturen sowohl des Chinons als auch des Hydrochinons (S. 2).

Am besten ist die Vorstellung einer Bindung sowohl durch Wasserstoffbrücken als auch durch EDA-Resonanz[6] den experimentellen Befunden gerecht. Die starke Absorption der Chinhydrone entspricht dem Vorgang einer Elektronenüberführung durch hv-Energiezufuhr.

Bei der Frage nach der Konstitution ist zu unterscheiden zwischen den Komplexen in Lösungen und im kristallisierten Zustand.

Über die Konstitution der kristallisierten Chinhydrone geben Untersuchungen von HARDING und WALLWORK[7] Aufschluß.

Im Kristallgitter des Komplexes Phenol-Chinon (2:1) (Abb. 88) sind Gruppen von je drei Molekülen jeweils zusammengehörig. Jede solche

---

[1] I. P. GRAGEROV u. G. P. MIKLUGHIN: Doklady Akad. Nauk. S.S.S.R. **62**, 79 (1948).

[2] L. A. BOTHNER-BY: J. Am. Chem. Soc. **73**, 4228 (1951).

[3] L. MICHAELIS u. S. GRANICK: J. Am. Chem. Soc. **66**, 1023 (1944).

[4] M. M. DAVIES: J. Chem. Phys. **8**, 577 (1940). Die von H. SCHÜLER u. A. WOLDIKE, Physik. Z. **43**, 520 (1942), gefundenen Veränderungen des Emissionsspektrums des Chinons durch Stoßanregung bei Gegenwart von Phenol und Kresol kann auch die Folge einer EDA-Wechselwirkung — (im Stoßkomplex S. 68 und 230) — sein und braucht nicht die Folge einer vorwiegenden Wasserstoffbrückenbindung sein.

[5] H. MURAKAMI: Sci. Papers Osaka Univ. **18**, 18 (1949).

[6] S. C. WALLWORK u. T. T. HARDING. Nature (London) **171**, 40 (1953). Acta Chryst. **6**, 791 (1953); S. G. WALLWORK: J. Chem. Soc. (London) **1961**, 494; H. TSUBOMURA: Bull. Chem. Soc. Japan **26**, 304 (1953); A. KUBOYAMA u. S. NAGAKURA: J. Am. Chem. Soc. **77**, 2644 (1955); vgl. auch bei E. WEITZ: Z. Elektrochem. **34**, 538 (1928).

[7] S. C. WALLWORK u. T. T. HARDING: Nature **171**, 40 (1953); Acta Christ. **6**, 791 (1953). Vgl. auch PALACIOS u. FOZ: Analez fis. quim. (Madrid) **34**, 779 (1936).

Gruppe setzt sich zusammen aus einem Chinonmolekül, das zentralsymmetrisch — bezogen auf die A-Achse (Abb. 88) — zwischen zwei Phenolmoleküle eingeschoben ist. Die Chinon-Molekülebene ist parallel zu der des Phenols mit einem intermolekularen Abstand von 3,33 Å. Jede Phenolhydroxylgruppe bildet mit einem Chinon-Molekül eine Wasserstoffbrückenbindung mit einem Abstand von 2,64 Å. (Die Wasserstoffbrückenbindung ist in Abb. 88 als punktierte Linie angedeutet.) Danach hat offenbar im Falle von Phenol-p-Chinon die Wasserstoffbrückenbindung im Gitter eine gewisse Bedeutung[1,2]. Dies scheint auch bei der Komplexbildung in Lösungen der Fall zu sein (vgl. dazu näheres weiter unten).

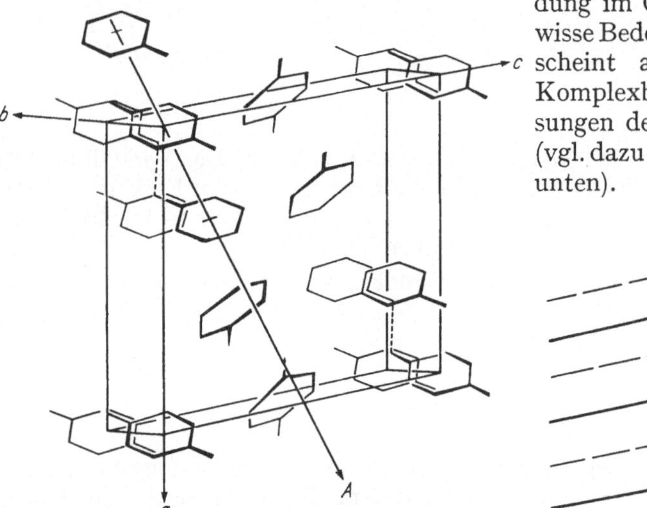

Abb. 88. Elementarzelle im Gitter des Komplexes Phenol-Chinon[1]   Abb. 89

Die Struktur des Chinhydrons entspricht der des Phenol-Chinon-Komplexes. Die mit den Molekülebenen parallelen Chinon- und Hydrochinon-Moleküle sind in unendlichen, zueinander parallelen Reihen alternierend angeordnet, ohne, daß besondere Bereiche von Nahorientierungen abgegrenzt werden können[3,4] (Abb. 89).

Ein Beweis für die Parallellagerung der Molekülebene des Chinons und Hydrochinons und einer EDA-Wechselwirkung ist die Anisotropie der Lichtabsorption (Kap. V, 2)[5].

Es ist möglich, daß in *Lösungen* die *freien* voneinander unabhängigen Molekülkomplexe eine andere Konstitution haben, als es der Anordnung

---

[1] S. C. WALLWORK u. T. T. HARDING: Nature 171, 40 (1953); Acta Cryst. 6, 791 (1953). Vgl. auch PALACIOS u. FOZ: Anales fis. quim. (Madrid) 34, 779 (1936).

[2] Auf den Einfluß der Wasserstoffbrückenbindung dürfte wohl auch das von der Norm abweichende Komponentenverhältnis 2:1 zurückzuführen sein.

[3] S. C. WALLWORK u. T. T. HARDING: Nature 171, 40 (1953): Acta Cryst. 6, 791 (1953).

[4] H. TSUBOMURA: Bull. Chem. Soc. Japan 26, 304 (1953); H. MATSUDA, K. OSAKI u. J. NITTA: Bull. Chem. Soc. Japan 31, 611 (1958).

[5] K. NAKAMOTO: J. Am. Chem. Soc. 74, 1739 (1952); Bull. Chem. Soc. Japan 26, 70 (1953); R. TSUCHIDA, M. KOBAYASHI u. K. NAKAMOTO: Nature (Lond.) 167, 726 (1951).

der Komponenten im Kristallgitter entspricht. Eine Konfiguration entsprechend Formel II mit einander parallelen Ringebenen schließt eine *stärkere* zusätzliche Wasserstoffbrückenbindung aus, wenn man bedenkt,

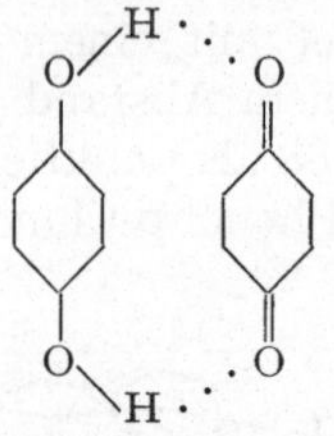

II

daß der O...O-Abstand etwa 3,2 Å beträgt. Die Vorstellung übereinander parallel gelagerter Ringsysteme ist aber im Einklang mit einer EDA-Wechselwirkung und ermöglicht eine maximale Wechselwirkung mit zusätzlichen van der Waalschen Kräften.

Daß die Wasserstoffbrückenbindung für die Bindung im Chinhydron nicht ausschlaggebend ist, ergibt sich schon daraus, daß Chinon auch mit Dimethylhydrochinon stabile Komplexe bildet und ohnehin auch mit aromatischen Kohlenwasserstoffen, dies etwa mit der gleichen Bindungsenergie wie mit Hydrochinon-Dimethyläther (vgl. Tab. 82 u. Tab. 55, Kap. IX,1) entsprechen.

Es ist aber auch nicht ausgeschlossen, daß in *Lösungen* — nach Art einer Komplexisomerie — neben dem Typus II noch ein Molekülkomplextypus III vorhanden ist, bei dem eine Bindung durch Wasserstoffbrücken dominiert.

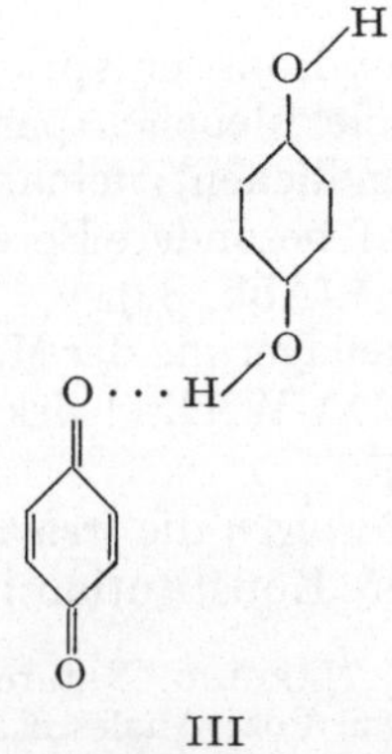

III

Die Anteiligkeit einer Wasserstoffbrückenbindung in einer intermolekularen Bindung im Molekülkomplex des Phenols mit Chinon geht aus dem Abfall der Bildungsenthalpie ΔH beim Übergang von Phenol zu Anisol hervor (Tab. 82). Eine Wasserstoffbrückenbindung beim Chinhydron würde IR-spektroskopisch nachweisbar sein. Jedoch ist die Löslichkeit des Chinhydrons in dafür geeigneten Lösungsmitteln sehr gering.

Tabelle 82. *Bindungsenergien von EDA-Komplexen vom Chinhydrontypus*

Elektronendonator	Lösungsmittel	ΔH kcal[1]	ΔH kcal
Hydrochinon	Wasser (0,06 Mol HCl)	2,9	2,4[2]
	Wasser (0,05 Mol HCl)	—	5,2[3]
Hydrochinon-Dimethyl-äther	Cyclohexan	1,8	3,5[3]
	Tetrachlorkohlenstoff	2,1	—
Phenol	Cyclohexan	6,6	4,8[3]
	Wasser (0,06 Mol HCl)	1,3	—
	Tetrachlorkohlenstoff	4,3	—
Anisol	n-Heptan	1,3	—
	Tetrachlorkohlenstoff	1,2	—

Die in Tab. 82 angegebenen ΔH sind unter Berücksichtigung der großen Unterschiede der von verschiedenen Autoren gemessenen Werte recht unsicher. Dazu kommt noch der Lösungsmitteleinfluß, Chinhydron wurde nur in Wasser als Lösungsmittel gemessen. Phenol-Chinon zeigte eine starke Lösungsmittelabhängigkeit. Den Gang der in verschiedenen Lösungsmitteln gemessenen Bildungsenthalpien ΔH des Phenol-Chinon-Komplexes läßt sich nicht auf Chinhydron übertragen, um etwa daraus den ΔH-Wert des Chinhydrons in Heptan als Lösungsmittel zu extrapolieren. Bei Phenol-Chinon besteht die Möglichkeit einer in Lösungen überlagerten Eigenassoziation des Phenols, die nicht berücksichtigt wurde.

XI. Elektronen-Donator-Acceptor-Komplexe und ionenbildende Vorgänge

1. Bildung von Salzen durch direkten Elektronenaustausch zwischen einem Elektronen-Donator und einem Elektronen-Acceptormolekül

In der *anorganischen* Chemie ist die Ionenbildung (Salzbildung) durch einfachen Elektronenaustausch ein ebenso häufiger wie glatt verlaufender Vorgang. In der *organischen* Chemie ist die Bildung eines Kations und Anions durch einen direkten Elektronenübergang von einem Elektronen-Donator zu einem Acceptor-Molekül ein nur in ganz vereinzelten, seltenen Fällen beobachteter Prozeß.

Die Energie der unendlich weit voneinander befindlichen Donator- und Acceptor-Moleküle wird als Null-Niveau angenommen (siehe Abb. 90).

Das Energieschema Abb. 90 zeigt die Energiebilanz einer Ionenbildung durch Elektronenübergang von D nach A. Es ist dabei berücksichtigt worden, daß die Ionisierungsenergie I des Donators ausnahmslos erheblich größer ist als die Elektronenaffinität A des Acceptors (vgl. z. B. die Angaben Tab. 83).

[1] A. Kuboyama u. S. Nagakura: J. Am. Chem. Soc. **77**, 2644 (1955).
[2] A. Berthold u. S. Kunz: Helv. Chim. Acta **21**, 17 (1938).
[3] H. Tsubomura: Bull. Chim. Soc. Japan **26**, 304 (1953).

Treten die Ionen D^+ und A^- zum Gitter zusammen, so wird die Gitterenergie (E_G) frei[1].

Die Gitterenergie enthält neben der Coulombschen Anziehungsenergie auch die Abstoßungsenergie und die Anteile der Polarisationsenergie und der quantenmechanischen Störungsenergien zweiter Ordnung („Dispersionskräfte").

Aus Abb. 90 geht hervor, daß nur dann stabile kristallisierte Verbindungen sich bilden können, wenn $|E_G| > I - E_A$ ist[2].

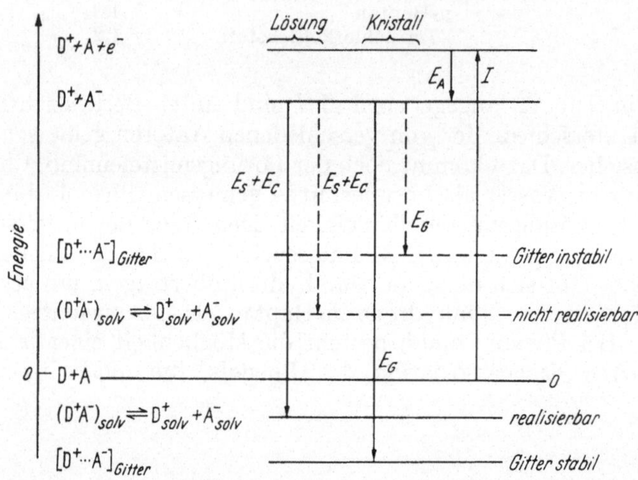

Abb. 90. Energieniveauschema der Ionenbildung zwischen einem Elektronen-Donator- und Acceptor-Molekül

In Lösungen tritt an Stelle der Gitterenergie die Solvatationsenergiedifferenz zwischen D und A einerseits und D^+ und A^- andererseits, die mit E_S bezeichnet werden soll. Dabei ist vorauszusetzen, daß das Lösungsmittel eine genügend hohe Dielektrizitätskonstante hat, damit alle Ionen als freie Ionen vorliegen. In Lösungsmitteln mittlerer oder kleiner Dielektrizitätskonstanten treten die Ionen teilweise zu Ionenpaaren zusammen. Es enthält dann E_S die Solvatationsenergie der freien Ionen und der Ionenpaare, außerdem ist die Couloumbsche Ionenpaarbildungsenergie E_C (Abb. 90) zu berücksichtigen:

Damit sich in einem Lösungsmittel Ionen durch Elektronenaustausch zwischen D und A bilden können, muß

$$|E_S + \beta E_C| > I - |E_A|$$

sein. β gibt die Anteiligkeit der Ionenpaare an, bezogen auf insgesamt *ein* Mol[3].

---

[1] Der interionare Abstand muß dabei groß genug sein — (etwa zwischen 2,8 und 3,4 Å) — damit eine echte chemische Austauschbindung (Hauptvalenz oder semipolare Bindung) nicht nennenswert in Erscheinung tritt (Näheres Kap. I u. II).

[2] Bei diesen mehr qualitativen Betrachtungen ist der Entropieeinfluß unberücksichtigt gelassen.

[3] Es wäre prinzipiell denkbar, daß wohl der Fall $|E_G| > I - |E_A|$ realisierbar ist, nicht aber der Fall $|E_S + \beta E_C| > I - |E_A|$, so daß sich in einem solchen Fall zwar Ionenverbindungen im kristallisierten Zustand, nicht aber in Lösungen bilden können.

Der Vergleich von I und E_A einiger typischer *anorganischer* Kation- und Anionbildner mit entsprechenden *organischen* Elektronen-Donatoren und -Acceptoren (Tab. 83) zeigt, daß I bei organischen Donatoren im allgemeinen nicht unbeträchtlich größer ist als bei den anorganischen Kationbildnern, ebenso ist die Elektronenaffinität der organischen Acceptoren und auch die von J_2 kleiner als die typischer anorganischer Anion-Bildner.

Tabelle 83. *Ionisierungsenergien und Elektronenaffinitäten einiger organischer Donator- und Acceptormoleküle und einiger anorganischer Kation- und Anionbildner**

Donator	I (eV)	Acceptor	E_A (eV)
Benzol[1]	9,24	Tetracyan-äthylen[4]	1,6
Naphthalin[1]	8,12	Chloranil[4]	1,35
Anthracen[2]	7,4	Jod (J_2)[4]	0,8
Tetracen[2]	7,0	Trinitrobenzol[4]	0,6
Toluol[1]	8,82	Tetrachlorphthalsäure-	
Mesitylen[1]	8,39	anhydrid	(0,50)
Durol[2]	8,3	Maleinsäure-	
Hexamethylbenzol[2]	7,95	anhydrid[4]	(0,5)
Anilin[1]	7,70	Schwefeldioxyd	(0,2—0,3)
Dimethylanilin[2]	7,3	Sauerstoff (O_2)[5]	0,15
Tetramethyl-p-phenylen-		Chlor-Atom[3, 6]	3,8
diamin	6,5	Jod-Atom[3, 6]	3,15
Pyridin[1]	9,23	Sauerstoff-Atom	2,4[6], 1,5[7]
Trimethylamin[1]	7,82	OH-Radikal[3, 6]	2,1
Kalium[3]	4,34		
Natrium[3]	5,14		
Kupfer[3]	7,72		

* Näheres über die Berechnung der Elektronenaffinitäten organischer Acceptoren vgl. S. 161 u. f.

Die Donator- und Acceptoreigenschaften sind im allgemeinen im ursächlichen Zusammenhang mit einer Mesomeriestabilisierung des nach Abgabe bzw. Aufnahme eines Elektrons entstehenden Ions, wodurch die Ionisierungsenergie verringert und die Elektronenaffinität erhöht wird (siehe Formel S. 184, oben).

Demnach verteilt sich die Ladung über größere Molekülbereiche. Daher sind infolge der dadurch bedingten größeren interionaren Abstände im allgemeinen die Solvatationsenergien und Coulombschen Anziehungsenergien radikalischer organischer Ionen vergleichsweise kleiner als die der anorganischen Ionen mit Kugelsymmetrie.

---

[1] K. WATANABE: J. Chem. Phys. **26**, 542 (1957).

[2] G. BRIEGLEB u. J. CZEKALLA: Z. Elektrochem. **63**, 6 (1959).

[3] LANDOLT-BÖRNSTEIN: Physikalisch-chemische Tabellen. 6. Aufl., Band I, 1. Berlin-Göttingen-Heidelberg: Springer-Verlag 1950.

[4] G. BRIEGLEB u. J. CZEKALLA: Z. Elektrochem. **63**, 6 (1959); Z. angew. Chem. **72**, 401 (1960).

[5] R. S. MULLIKEN: Phys. Rev. **115**, 1225 (1959).

[6] H. O. PRITCHARD: Chem. Rev. **52**, 529 (1953).

[7] F. M. PAGE: Trans. Faraday Soc. **57**, 359 (1961).

Infolge der durch Mesomeriestabilisierung des Kations bedingten relativ geringen Ionisierungsenergie sind Tetramethyl-phenylendiamin und auch Diphenyl-dipyridyl ausgesprochene Kationbildner[1].

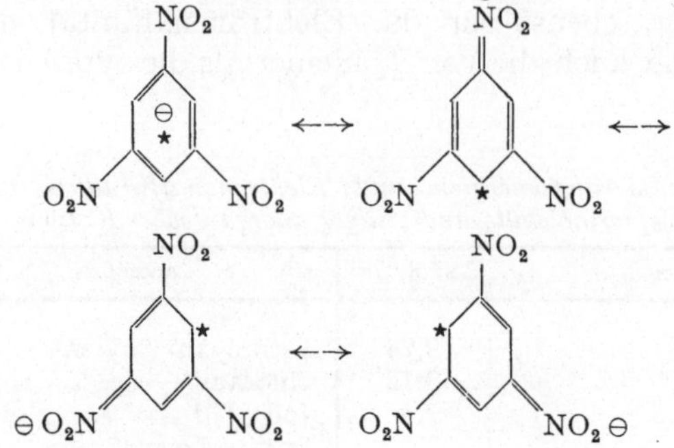

oder

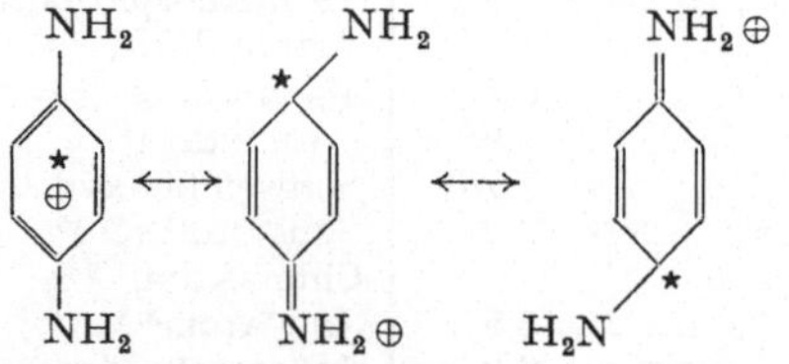

Das Phenyldiimonium-Radikal ist in den Wursterschen Salzen enthalten, die durch partielle Oxydation z. B. mit Halogen sich aus den Phenylendiaminen bilden. Ganz entsprechend bilden auch die Dipyridyle kationische Radikale[1]. Der Radikalcharakter der genannten Verbindungen ist erwiesen, durch Nachweis von Paramagnetismus[2].

In stark oxydierenden Medien bzw. bei Gegenwart starker Elektronenacceptoren (Trifluoressigsäure + BF_3 + O_2 oder in HF bei Gegenwart von O_2 bzw. in H_2SO_4) bilden sich Kationen der aromatischen Kohlenwasserstoffe[3], was durch Elektronenspinresonanz[4] bewiesen werden konnte.

Anionische organische Radikale, die durch Aufnahme eines Elektrons aus einem organischen Acceptor-Molekül entstehen, sind nach den Angaben der Tab. 83 am ehesten beim Chinon und vor allem bei den halogenierten Chinonen, und vor allem beim Tetracyanäthylen zu erwarten. Die genannten Acceptoren haben eine relativ große Elektronenaffinität, also ein besonderes Oxydationsvermögen.

---

[1] E. WEITZ: Z. angew. Chem. 66, 658 (1954).

[2] G. M. SCHWAB, E. SCHWAB-AGALLIDIS u. N. AGLIARDI: Ber. deut. chem. Ges. 73, 279 (1940).

[3] W. L. AALBERSBERG, G. J. HOIJTINK, E. L. MACKOR u. W. P. WEIJLAND: J. Chem. Soc. (London) 1959, 3049 u. 3055; W. L. AALBERSBERG, J. GAAF u. E. L. MACKOR: J. Chem. Soc. (London) 1961, 205.

[4] Y. YOKOZAWA u. I. MIYASHITA: J. Chem. Phys. 25 796, (1956); S. I. WEISSMAN, E. DE BOER u. J. CONRADI: J. Chem. Phys. 26, 963 (1957); E. DE BOER u. S. I. WEISSMAN: J. Am. Chem. Soc. 80, 4549 (1958); H. KON u. M. S. BLOIS, jr.: J. Chem. Phys. 28, 743 (1958).

In Anbetracht der kleinen Ionisierungsenergie der Alkalien ist eine Ionenbildung durch Elektronenübergang zu organischen Elektronenacceptoren immerhin möglich: Chinon-Na[1], Trinitrobenzol-Na[2], Chloranil-Na[3], Tetracyanäthylen-Na[4] und Tetracyanchinondimethan-Li[5] und in solvatisierenden Lösungsmitteln wie Dioxan oder Tetrahydrofuran sogar z. B. Naphthalin-Na[6], obwohl die Elektronenaffinität der aromatischen Kohlenwasserstoffe nur sehr viel kleiner ist als die der typischen Acceptoren[7].

Was die Möglichkeit einer Ionenbildung zwischen *organischen* Acceptormolekülen und *organischen* Donatormolekülen betrifft, so konnte eine solche erwartungsgemäß (Tab. 83) bei den Halogenchinonen, bei Tetracyanäthylen und bei 7,7,8,8-Tetracyanchinondimethan[5] in Wechselwirkung mit Tetramethyl-p-phenylendiamin nachgewiesen werden.

KAINER konnte insbesonders für die Molekülverbindung aus Tetramethyl-p-phenylendiamin mit halogenierten Chinonen zeigen, daß diese Molekülkomplexe para-magnetische Anteile haben[8] und daß außerdem in Lösungsmitteln höherer DK starke Leitfähigkeiten auftreten[9]. Das IR-Spektrum der Verbindungen des Tetramethyl-p-phenylendiamins mit halogenierten p-Chinonen zeigt charakteristische Abweichungen von dem IR-Spektrum der Komponenten[10], die weit ausgeprägter sind, als es bei den normalen Molekülverbindungen zwischen organischen Elektronendonatoren und Acceptoren der Fall ist (S. 104)[11]. Das Elektronenabsorptionsspektrum ist eine Überlagerung der Spektren des Wursterschen Blau einerseits und z. B. des Chloranil-Na andererseits[10].

Ein entsprechendes Beispiel einer Ionenbildung durch einfachen Elektronenübertritt wurde an der Verbindung des Tetracyanäthylens mit

---

[1] ST. GOLDSCHMID: Ber. deut. chem. Ges. **57**, 714 (1924).

[2] T. L. CHU, G. E. PAKE, D. E. PAUL, J. TOWNSEND u. S. I. WEISSMAN: J. Phys. Chem. **57**, 504 (1953).

[3] H. KAINER u. A. ÜBERLE: Ber. deut. chem. Ges. **88**, 1147 (1955).

[4] W. D. PHILLIPPS u. J. C. ROWELL: J. Chem. Phys. **33**, 626 (1960); O. W. WEBSTER, W. MAHLER u. R. E. BENSON: Angew. Chem. **72**, 873 (1960).

[5] D. S. ACKER, R. J. HARDER, W. R. HERTLER, W. MAHLER, L. R. MELBY, R. E. BENSON u. W. E. MOCHEL: J. Am. Chem. Soc. **82**, 6408 (1960); Chem. Eng. News **1961**, 42.

[6] G. J. HOIJTINK u. P. H. VAN DER MEIJ: Z. physik. Chem. N. F. (Frankfurt) **20**, 1 (1959). Die Absorptionsspektren der Aromaten-Anionen und -Kationen stimmen praktisch überein[11].

[7] R. M. HEDGES u. F. A. MATSEN: J. Chem. Phys. **28**, 950 (1958).

[8] D. BIJL, H. KAINER u. A. C. ROSE-INNES: Naturwiss. **41**, 303 (1954); J. Chem. Phys. **30**, 765 (1959).

[9] H. KAINER u. A. ÜBERLE: Ber. deut. chem. Ges. **88**, 1147 (1954).

[10] H. KAINER u. W. OTTING: Ber. deut. chem. Ges. **88**, 1921 (1954).

[11] Die untersuchten Verbindungen sind relativ schnell zersetzlich, so daß bei Einbeziehung der Vorbereitungszeit bei Herstellung der IR-spektroskopisch zur Messung kommenden Proben gewisse, durch chemische Reaktionen bedingte Unsicherheiten auftreten.

Tetramethyl-p-phenylendiamin[1] und des 7,7,8,8-Tetracyanchinondimethan mit Aminen[2] gefunden. (Vgl. auch Kap. XIII u. XIV). Der Ionenbildung durch Elektronenaustausch ist eine EDA-Komplexbildung vorgelagert[1].

Die genannten Fälle sind die einzigen der bisher bekannten Ionenverbindungen, die durch Elektronenübertritt zwischen organischen Donator- und organischen Acceptormolekülen entstehen.

2. Teilweise Ionenbildung im Gleichgewicht mit EDA-Komplexen

Prinzipiell muß angenommen werden, daß die EDA-Molekülkomplexe im Gleichgewicht stehen mit Ionenpaaren. Das Ionenpaar ist dann zu einem gewissen Anteil in freie Ionen zerfallen, die z. B. durch Leitfähigkeitsmessungen nachgewiesen werden könnten. Die Lage des Gleichgewichtes ist sehr verschieden je nach dem DA-System und je nach dem Lösungsmittel.

$$
D + A \underset{}{\overset{K_I}{\rightleftharpoons}} [D \ldots A \leftrightarrow D^+ \ldots A^-]
$$
$$
\underset{\text{Molekülkomplex}}{}
$$
$$
\underset{\text{Ionen-Paar}}{\overset{K_{II}}{\rightleftharpoons}} (D^+ A^-)_{Solv} \underset{\text{freie Ionen}}{\overset{K_{III}}{\rightleftharpoons}} D^+_{Solv} + A^-_{Solv}
$$

$$(XI,1)$$

Nur bei den oben erwähnten Verbindungen mit Halogenchinonen, mit Tetracyanäthylen oder mit Tetracyanchinondimethan überwiegt in *polaren* Lösungsmitteln K_{II} bzw. K_{III} im Vergleich zu K_I. In allen anderen bisher bekannten Fällen einer Wechselwirkung zwischen Donator und Acceptormolekülen ist K_{II} bzw. K_{III} außerordentlich viel kleiner als K_I, so daß freie Ionen nur in entsprechend geringer Konzentration auftreten und daher meist experimentell nur schwer nachweisbar sind. Systematische Untersuchungen über die Größe von K_{II} bzw. K_{III} im Vergleich zu K_I sind bisher nur bei dem System Tetracyanäthylen-Tetramethyl-p-phenylendiamin durchgeführt worden[1].

Die nichtionaren EDA-Molekülkomplexe, bei denen $K_I \gg K_{II}$ ist, die häufig auch in kristallisierter Form darstellbar sind, bilden sich im allgemeinen nur in unpolaren Lösungsmitteln geringer Dielektrizitätskonstante in nennenswerter Konzentration. Bei Erhöhung der Dielektrizitätskonstante des Lösungsmittels wird nicht etwa das Gleichgewicht zugunsten der Ionenbildung verschoben, sondern die Molekülverbindung zerfällt in ihre Komponenten D + A. Die Lösung entfärbt sich.

Die *ionaren* Verbindungen z. B. des Tetramethylphenylendiamins mit Chinonen und mit Tetracyanäthylen zeigen einen ganz anderen Lösungsmittel-Einfluß. In Lösungsmitteln kleiner Dielektrizitätskonstanten

---

[1] W. Liptay, G. Briegleb u. K. Schindler: Z. Phys. Chem. N. F. (Frankfurt) 1961, im Druck.
[2] Loc. cit. Anm. 5, S. 185.

bilden sich zunächst die nichtionaren EDA-Komplexe mit schwacher Farbvertiefung. Wird die Dielektrizitätskonstante des Lösungsmittels erhöht, so erscheint die intensive rot-violette Farbe der Ionenradikale, bei gleichzeitiger Erhöhung der Leitfähigkeit[1].

In einigen Fällen sind ionenbildende Vorgänge der Art:

$$D \ldots A_2 \leftrightharpoons DA^+ \ldots A^- \leftrightharpoons DA^+ + A^-$$

z. B. im Falle der Halogene als Acceptoren festgestellt worden.

Die Leitfähigkeit der Lösungen von Jod in Pyridin[2] ist darauf zurückzuführen, daß ein gewisser Anteil der Komplex-Moleküle $Py \ldots J_2$ als Ionenpaare vorliegen, die zum Teil in freie Ionen zerfallen sind[3,4].

$$Py \ldots J_2 \leftrightharpoons PyJ^+ \ldots J^- \leftrightharpoons PyJ^+ + J^-$$

Dabei wirkt das Pyridin als Lösungsmittel und zugleich auch als polares Medium, in welchem eine Ionisation überhaupt erst ermöglicht wird. Außerdem sind sowohl die Ionenpaare als auch die freien Ionen mit den Lösungsmittelmolekülen (Pyridin) solvatisiert, was für die Energiebilanz des Ionisierungsvorganges von Wichtigkeit ist.

In sehr verdünnten Lösungen von J_2 in Pyridin 10^{-3}—10^{-5} Mol/Lit sind von REID und MULLIKEN[4] noch weitere Ionisationsgleichgewichte beobachtet worden

$$Py \ldots J_2 + J^- \leftrightharpoons J_3^- + Py$$

und in verdünnten Lösungen eine Redissoziation des J_3^--Ions

$$J_3^- + Py \rightarrow (PyJ)^+ + 2\,J^-$$

Möglicherweise auch:

$$Py + PyJ^+ \rightarrow 2\,Py^+ + J^-$$

$$Py^+ + Py \rightarrow Py^+Py$$

Das J_3^--Ion ist durch seine charakteristische Absorption bei 3680 Å (3650 Å in wäßriger Lösung) nachgewiesen und die Redissoziation in sehr verdünnten Lösungen durch eine entsprechende Abnahme dieser Absorptions-Bande.

---

[1] Vgl. dazu auch Kap. XIII.

[2] L. F. AUDRIETH u. E. J. BIRR: J. Am. Chem. Soc. **55**, 668 (1933). R. S. MULLIKEN: J. Phys. Chem. **56**, 801 (1952). Vgl. G. KORTÜM u. H. WILSKI[3] und ferner C. REID u. R. S. MULLIKEN[4]:

Nach spektroskopischen Untersuchungen von R. A. ZINGARO, C. A. VAN DER WERF u. J. KLEINBERG: J. Am. Chem. Soc. **73**, 88 (1951) und J. KLEINBERG, E. COLTON, J. SATTIZAHN u. C. A. VAN DER WERF: J. Am. Chem. Soc. **75**, 442 (1953) tritt auch eine geringe Jodsubstitution im Ring ein, der zufolge freies Jod entsteht, so daß sich J^--Ionen zu einem gewissen Anteil bilden. Es handelt sich dabei um eine Zeitreaktion. Siehe dazu auch KORTÜM und VOGEL, loc. cit. Über die Ionisation von JCl-Pyridin-Komplexen in Acetonitril vgl. A. I. POPOV u. R. T. PFLAUM: J. Am. Chem. Soc. **79**, 570 (1957).

[3] G. KORTÜM u. H. WILSKI: Z. Phys. Chem. **202**, 35 (1953).

[4] C. REID u. R. S. MULLIKEN: J. Am. Chem. Soc. **76**, 3869 (1954).

Br_2 gibt mit Tetraphenyläthylenen (TPÄ) und substituierten unsymmetrischen Diphenyläthylenen stark gefärbte Komplexe mit mehr oder weniger ionarem Verhalten[1].

Es werden Gleichgewichte folgender Art diskutiert:

$$TPÄ\ldots Br_2 \rightleftharpoons TPÄ\ Br^+\ldots Br^- \rightleftharpoons TPÄBr^+ + Br^-$$

$$TPÄBr^+\ldots Br^- + Br_2 \rightleftharpoons TPÄBr^+\ldots Br_3^-$$

$$Ar_2.C{=}CH_2\ldots Br_2 \rightleftharpoons Ar_2C{=}CH_2Br^+\ldots Br^- \rightleftharpoons Ar_2C{=}CH_2Br^+ + Br^-$$

Der Zerfallsgrad in die freie Ionen ist abhängig vom Lösungsmittel, der Konzentration und der Temperatur. Sowohl die Konzentration als auch die Temperatur-Einflüsse sind reversibel.

1,2-Bis-(p-Dimethylaminophenyl)-1,2-Diphenyläthylen gibt mit Br_2 aus CCl_4-Lösungen orangerote Kristalle mit fünf Bromatomen pro Äthylen, die sich in Wasser blutrot lösen mit einer starken, Elektrolyten entsprechenden Leitfähigkeit.

Leitfähigkeitsmessungen an einer Reihe weiterer p-substituierter Tetraphenyläthylene in Methylenchlorid bei —78° zeigen übereinstimmend eine Zunahme der Leitfähigkeit mit steigendem Brom-Gehalt. Die erste zugesetzte Menge Brom gibt einen besonders starken Anstieg der Leitfähigkeit. Gleichgewichte wurden nicht bestimmt. Diese müßten in Kombination mit optischen Messungen ausgeführt werden. Es muß sowohl die Möglichkeit verschiedenartig zusammengesetzter Komplexe als auch die Bildung von Ionenpaaren und von höheren Ionenaggregaten berücksichtigt werden.

Die Möglichkeit einer Ionen-Bildung aus EDA-Komplexen des Br_2 mit Benzochinolinen (ArN) etwa gemäß

$$ArN\ldots Br_2 \rightleftharpoons ArN^+\ldots Br_2^- \rightleftharpoons ArNBr^+\ldots Br^- \rightleftharpoons ArNBr^+ + Br^-$$

wird von SLOUGH und UBBELOHDE[2] und ACHESON, HOULT und BERNARD[3] diskutiert, jedoch ohne daß Leitfähigkeitsmessungen in Verbindung mit Absorptionsmessungen ausgeführt werden.

Eine besondere Art Ionenbildung aus Elektronen-Donator-Acceptor-Komplexen wurde von BRIEGLEB und LIPTAY[4] an Komplexen aromatischer Nitroverbindungen mit aliphatischen Aminen nachgewiesen.

Es bilden sich z. B. mit Trinitrobenzol (T) und Piperidin (PH) — insbesondere in Lösungsmitteln kleinerer Dielektrizitätskonstanten[5] — EDA-Komplexe: T . . . PH. Daneben bildet sich ein Anion aus einem

---

[1] R. E. BUCKLES u. N. A. MEINHARDT: J. Am. Chem. Soc. **74**, 1171 (1952); R. E. BUCKLES, E. A. HAUSMANN u. N. G. WHEELER, ebenda **72**, 2494 (1950); vgl. auch R. WIZIGER u. J. FONTAINE Ber. deut. chem. Ges. **60**, 1377 (1927); P. PFEIFFER u. R. WIZINGER: Ann. **461**, 132 (1928); P. PFEIFFER u. P. SCHNEIDER: J. prakt. Chem. **129**, 132 (1931). Auf Komplexbildung von Brom mit in p-Stellung substituierten Tetraphenyläthylenen wird von W. BOCKEMÜLLER und R. JANSEN [Ann. Chem. Liebigs **542**, 166 (1939)] auf Grund der bei —80° auftretenden Farbe geschlossen.

[2] W. SLOUGH u. A. R. UBBELOHDE: J. Chem. Soc. (London) **1957**, 911, 982.

[3] R. M. ACHESON, T. G. HOULT u. K. A. BERNARD: J. Chem. Soc. (London) **1954**, 4142.

[4] G. BRIEGLEB u. W. LIPTAY u. M. CANTNER: Z. physik. Chem. N. F. **26**, 55 (1960).

[5] Dazu auch neuere Untersuchungen von W. LIPTAY, u. N. TAMBERG: Zs. f. Elektrochemie. Ber. Bunsen Ges. Phys. Chem. 1961, demnächst.

Trinitrobenzol- und einem Piperidin-Molekül unter Abspaltung eines
Protons, das mit einem weiteren Piperidin zu einem Piperidinium-Ion
reagiert.

$$T + PH \rightleftharpoons T \cdots PH$$

$$T \cdots PH + PH \rightleftharpoons TP^- + PH_2 \qquad (XI,2)$$

Das Anion bewirkt eine charakteristische optische Absorption im sichtbaren Bereich. Das Piperidinium-Ion assoziiert in konzentrierteren
Lösungen mit einem Piperidin-Molekül:

$$PH_2^+ + PH \rightleftharpoons P_2H_3^+$$

Die Ionenbildungsvorgänge in Acetonitril als Lösungsmittel wurden
durch Überführungsmessungen und durch systematische quantitative
Leitfähigkeitsmessungen in Kombination mit optischen absorptions-
spektroskopischen Untersuchungen bei verschiedenen Konzentrationen
und Temperaturen sichergestellt. Die Gleichgewichtskonstanten und die
thermodynamischen Reaktionswerte wurden ermittelt. Für das Anion
wird die von FARR, BARD u. WHELAND[1] als möglich betrachtete Struktur

$$\left[\begin{array}{c} O_2N \overset{H \quad NR_2}{\underset{NO_2}{\bigvee}} NO_2 \end{array}\right]^- \quad \overset{+}{N}H_2R_2$$

bestätigt.

Von ALLEN, BROOK und CALDIN[2] wurde die Kinetik der Reaktion von
Trinitrobenzol mit verschiedenen Aminen bei tiefen Temperaturen unter-
sucht. Die Ergebnisse dieser Messungen sind unter der Annahme einer
schnellen EDA-Komplexbildung und einer nachfolgenden *langsamen*
Reaktion des EDA-Komplexes mit einem weiteren Aminmolekül nach
Reaktionsgleichung (XI,2) zu deuten[3].

Die in Acetonitril nachgewiesenen Gleichgewichte einer Wechselwirkung von T und PH dürften wohl allgemein in allen ionisierenden
Lösungsmitteln höherer Dielektrizitätskonstanten vorhanden sein,
soweit Reaktionen mit dem Lösungsmittel ausgeschlossen werden können. In Lösungsmitteln wie z. B. Wasser und Alkohol sind protolytische
Reaktionen mit zu berücksichtigen.

Die beschriebenen EDA-Komplex- und Ionenbildungs-Reaktionen
zwischen T und PH sind nach Ergebnissen von Absorptions- und Leitfähigkeitsmessungen[4] bei der Reaktion von primären und sekundären
aliphatischen Aminen und von Ammoniak und Hydrazin mit Nitro-
benzolen in ionisierenden Lösungsmitteln allgemein anzunehmen.

In bisherigen Arbeiten auch aus jüngster Zeit, wurden eine Reihe
von Deutungsmöglichkeiten über die Struktur der Reaktionsprodukte

---

[1] J. D. FARR, C. C. BARD u. G. W. WHELAND: J. Am. Chem. Soc. **71**, 2013
(1949).

[2] C. R. ALLEN, A. J. BROOK u. E. F. CALDIN: J. Chem. Soc. (London) **1961**, 2171.

[3] E. F. CALDIN: persönliche Mitteilung.

[4] G. BRIEGLEB, W. LIPTAY u. M. CANTNER: Z. physik. Chem. N. F. **26**, 55 (1960).

einer Wechselwirkung von Trinitrobenzol (T) mit Aminen gegeben, die unter (I) bis (VI) formuliert sind*. Von diesen Strukturen ist aber nach den Ergebnissen der von BRIEGLEB und LIPTAY[1] durchgeführten kombinierten, *quantitativen* Absorptions- und Leitfähigkeitsmessungen der Formel VI der Vorzug zu geben.

$$\text{(I)} \qquad \text{(IIa)} \qquad \text{(IIb)}$$

$$\text{(IIc)} \qquad \text{(IIIa)} \qquad \text{(IIIb)}$$

$$\text{(IV)} \qquad \text{(V)}$$

$$\text{(VI)}$$

(I). Ausbildung einer kovalenten N—N-Bindung zwischen dem Amin und einer Nitrogruppe. Dieses wurde von BREWIN und TURNER[2] und von BENNETT und WILLIS[3] in Analogie zu älteren Vorstellungen über Additionsprodukte aus aromatischen Nitroverbindungen und Alkoholaten nach HANTZSCH[4] angenommen.

---

* Es wurde jeweils nur eine der mesomeren Grenzformen dargestellt.
[1] G. BRIEGLEB, W. LIPTAY u. M. CANTNER: loc. cit.
[2] A. BREWIN u. E. E. TURNER: J. Chem. Soc. (London) **1928**, 332, 334.
[3] G. M. BENNETT u. G. H. WILLIS: J. Chem. Soc. (London) **1929**, 256.
[4] A. HANTZSCH u. H. KISSEL: Ber. deut. chem. Ges. **32**, 3137 (1899).

(II). Ausbildung einer kovalenten N—C-Bindung zwischen dem C-Atom des Amins und einem der 2,4,6-C-Atome des T. Diese Bindung wird durch das einsame Elektronenpaar des Amins bewirkt, das an den Stellen verringerter Elektronendichte in 2-, 3- oder 6-Stellung des T angreift. Eine solche Struktur (IIa) wurde von BRIEGLEB und ANGERER[1] in Analogie zu den Additionsprodukten von Alkoholaten an Pikrinsäureestern oder Trinitrobenzol[2] vermutet. LEWIS und SEABORG[3], die zusätzlich auch die Strukturen (I) und (V) diskutieren, halten die Ausbildung einer Chelatbindung zwischen N—H und den o-ständigen Nitrogruppen für wahrscheinlich (IIb). Nach FOSTER, HAMMICK und WARDLEY[4] bildet Dimethylamin und T in Dioxan einen 4 : 1-Komplex. Nach LABES und ROSS[5] ist diese Deutung unwahrscheinlich. Auf Grund mehr oder weniger willkürlicher Voraussetzungen werden die Meßdaten[5] durch Annahme einer gleichzeitigen Ausbildung von 1 : 1-, 2 : 1- und 3 : 1-Komplexen mit einer Struktur analog (IIb) gedeutet. In einer neueren Arbeit nimmt FOSTER[6] in Lösungen von aliphatischen Aminen und TNB in $CHCl_3$ und Dioxan eine sekundäre Bildung eines 3 : 1-Komplexes des Typs (IIc) an[7].

(III). Ausbildung eines Elektronen-Donator-Acceptor-Komplexes. Die Bindung zwischen T und dem aliphatischen Amin wird nach Art der Molekülverbindungen des T mit aromatischen Kohlenwasserstoffen oder mit *aromatischen* Aminen durch Dipol-, Polarisations- und Dispersionskräfte und durch EDA-Resonanz bewirkt. Nach FOSTER[6] sollen die in Lösungen von aliphatischen Aminen und T in $CHCl_3$ und Dioxan primär, d. h. praktisch momentan auftretenden 3 : 1-Komplexe nach (IIIb) zu formulieren sein. MILLER und WYNNE-JONES[8] finden in Lösungsmitteln kleiner Dielektrizitätskonstante (DK) einen 1 : 1-Komplex, der ein EDA-Komplex (IIIa) sein soll.

(IV). Direkte Elektronenübertragung von einem Amin zum T unter Bildung eines Anions des Typs (IV) und eines Kations R_2HN^+. Diesen Mechanismus nehmen GARNER u. Mitarb[9]. bei der Wechselwirkung von NH_3 und m-Dinitrobenzol in flüssigem Ammoniak unter Bildung von zweifach negativ geladenen Anionen an. Nach WALDEN[10] reagiert T in

---

[1] G. BRIEGLEB u. G. ANGERER: Naturwiss. **40**, 107 (1953).

[2] J. MEISENHEIMER: Ann. Chem. Liebigs **323**, 205 (1902); C. L. JACKSON u. R. B. EARLE: Am. Chem. J. **29**, 89 (1903); R. FOSTER u. D. LL. HAMMICK: J. Chem. Soc. (London) **1954**, 2153; H. BROCKMANN u. E. MEYER: Chem. Ber. **87**, 81 (1954); R. FOSTER: Nature (Lond.) **176**, 746 (1955); J. B. AINSCOUGH and E. F. CALDIN: J. Chem. Soc. (London) **1956**, 2528, 2540. Siehe dazu neuerdings auch W. SLOUGH: Trans. Far. Soc. **57**, 366 (1961) und T. ABE: Bull. Chem. Soc. Japan **34**, 21 (1961).

[3] G. N. LEWIS u. G. T. SEABORG: J. Am. Chem. Soc. **62**, 2122 (1940).

[4] R. FOSTER, D. Ll. HAMMICK u. A. A. WARDLEY: J. Chem. Soc. (London) **1953**, 3817.

[5] M. M. LABES u. S. D. ROSS: J. Org. Chem. **21**, 1049 (1956).

[6] R. FOSTER: J. Chem. Soc. (London) **1959**, 3508.

[7] Siehe dazu die Bemerkungen bei G. BRIEGLEB, W. LIPTAY und M. CANTNER, loc. cit.

[8] R. E. MILLER u. W. F. K. WYNNE-JONES: J. Chem. Soc. (London) **1959**, 2375; Nature **186**, 149 (1960).

[9] M. J. FIELD, W. E. GARNER u. C. C. SMITH: J. Chem. Soc. (London) **127**, 1227 (1925); W. E. GARNER u. H. F. GILLBE: J. Chem. Soc. (London) **1928**, 2889.

[10] P. WALDEN: Z. physik. Chem. Abt. A **168**, 419 (1934).

Hydrazin zu T^-, T^{2-} und T^{3-}. Bei der Wechselwirkung von verschiedenen Aminen mit T in Äthanol sollen sich nach MILLER und WYNNE-JONES[1] primär die Anionen T^- bilden. Bei einer Sekundärreaktion könnte dagegen eine Protonenübertragung beteiligt sein; über die Struktur dieses Produktes werden keine Aussagen gemacht.

(V). Übertragung eines Protons vom T zu einem Aminmolekül unter Bildung des Anions (V) und eines Ammoniumions $R_2H_2N^+$. Dieser Mechanismus wird von RADULESCU u. Mitarb.[2] angenommen, ist jedoch nach KETELAAR, BIER und VLAAR[3] unwahrscheinlich, da in Lösungen von T in schwerem Wasser, selbst bei Gegenwart von Hydroxylionen, kein H—D-Austausch stattfindet.

(VI). Abspaltung eines Protons vom N-Atom eines primären oder sekundären Amins und Übertragung des Protons auf ein weiteres Aminmolekül; Ausbildung einer C—N-Bindung zwischen dem negativen Amin und einem der NO_2-freien C-Atome des T unter Bildung des Anions (VI). Dieser Mechanismus wurde von FARR, BARD und WHELAND[4] für die Reaktion von m-Dinitrobenzol und T in flüssigem Ammoniak als möglich erachtet. Eine ähnliche Formulierung wurde von BRADY und CROPPER[5] gewählt und wurde durch quantitative Untersuchungen von BRIEGLEB und LIPTAY[6, 7] neuerdings bestätigt.

Eine elektrische Leitfähigkeit der Lösungen von Aminen und T oder m-Dinitrobenzol in ionisierenden Lösungsmitteln[1, 4, 8, 9, 10] ist natürlich nur mit den Formulierungen (IV), (V) oder (VI) vereinbar.[7]

MILLER und WYNNE-JONES[11] beobachteten an Mischungen von Piperidin oder Diäthylamin und s-Trinitrobenzol oder an konzentrierten Lösungen dieser Komponenten in Aceton etwa eine Stunde nach Mischen eine schwache Elektronenspin-Resonanz-Absorption und betrachten dieses als Stütze für die Formulierung der Reaktionsprodukte nach (IV). Die Bildung der Ionen $TA^- + AH_2^+$ aus T und 2 AH erfolgt aber praktisch momentan, so daß die durch TA^- verursachte optische Absorption und die elektrische Leitfähigkeit sofort nach Mischen der Komponenten zu beobachten ist. Die Konzentration von TA^- nimmt infolge von verschiedenen, nicht untersuchten Reaktionen langsam mit

[1] R. E. MILLER u. W. F. K. WYNNE-JONES: loc. cit. Anm. 8, S. 191.

[2] D. RADULESCU u. V. ALEXA: Z. physik. Chem. Abt. B 8, 395 (1930); D. RADULESCU u. O. JULA: Z. physik. Chem. Abt. B 26, 395 (1934); D. RADULESCU u. S. POPA: Bul. Soc. Chim. Romania 17, 85 (1935); D. RADULESCU: Bul. Soc. Stiinte Cluj, Romania 9, 215 (1939); Chem. Abstr. 33, 9298 (1939).

[3] J. A. A. KETELAAR, A. BIER u. H. T. VLAAR: Rec. trav. chim. 73, 37 (1954).

[4] J. D. FARR, C. C. BARD u. G. W. WHELAND: J. Am. Chem. Soc. 71, 2013 (1949).

[5] O. L. BRADY u. F. R. CROPPER: J. Chem. Soc. (London) 1950, 507.

[6] G. BRIEGLEB u. W. LIPTAY u. M. CANTNER: loc. cit.

[7] Bemerkungen zu Ergebnissen von Untersuchungen von R. FOSTER: J. Chem. Soc. (London) 1959, 3508, siehe bei G. BRIEGLEB, W. LIPTAY und M. CANTNER: loc. cit.

[8] M. J. FIELD, W. E. GARNER u. C. C. SMITH: J. Chem. Soc. (London) 127, 1227 (1925); W. E. GARNER u. H. F. GILLBE: J. Chem. Soc. (London) 1928, 2889.

[9] P. WALDEN: Z. physik. Chem. Abt. A 168, 419 (1934).

[10] E. C. FRANKLIN u. C. A. KRAUS: J. Am. Chem. 23, 277 (1900); E. C. FRANKLIN: Z. physik. Chem. 69, 272 (1909); C. A. KRAUS u. W. C. BREY: J. Am. Chem. Soc. 35, 1343 (1931).

[11] R. E. MILLER u. W. F. K. WYNNE-JONES: Nature 186, 149 (1960).

der Zeit ab. Die Elektronenspin-Resonanz-Absorption könnte nur durch eines der langsam entstehenden chemischen Reaktionsprodukte verursacht sein.

Bei der Wechselwirkung von s-Trinitrobenzol mit wäßriger Ammoniaklösung in Wasser oder in Äthanol tritt eine optische Absorption im Bereich um 480 mμ auf, die nach ABE[1] in Analogie zu der Reaktion von Hydroxylionen mit s-Trinitrobenzol durch das Anion $T \cdot OH^-$ verursacht sein soll. Möglicherweise ist die optische Absorption auch durch $T \cdot NH_2^-$ oder durch eine Überlagerung der Absorption beider Anionen bedingt.

3. EDA-Komplexe und Salzbildung durch Protonenaustausch. (Komplexisomerie)

Pikrinsäure (PiOH) gibt mit starken aliphatischen Basen (Piperidin, Äthylamin) aber auch mit weniger starken aromatischen Basen (Anilin, m-Bromanilin) Pikrat-*Salze*. Sehr schwache Basen wie Indol und Carbazol geben mit Pikrinsäure *Molekülverbindungen*. Die Pikrate sind gelb gefärbt, die Molekülverbindungen sind meist tieferfarbig (gelborange bis rot).

Es gelang HERTEL[2] bei den Verbindungen der Pikrinsäure (PiOH) mit aromatischen Aminen durch Veränderung der Basizität der Aminkomponente Komplexisomere darzustellen. Schwache aber nicht zu schwache Basen z. B. 1-Br-2-Naphthylamin oder 1,6-Dibrom-2-naphthylamin geben, je nach dem bei der Umkristallisation angewandten Lösungsmittel, entweder gelbe Salze

$$(O_2N)_3-C_6H_2O^-\ldots{}^+H_3N-C_{10}H_6-Br$$

oder rote Molekülverbindungen

$$HO-(O_2N)_3-C_6H_2\ldots C_{10}H_6-Br.NH_2$$

Die Salze können durch Erhitzen enantiotrop in die Molekülverbindungen übergeführt werden.

Als Unterscheidungsmöglichkeit für das Vorliegen eines Salzes oder einer Molekülverbindung — je nach der verwendeten Base — führt HERTEL Farb- und Schmelzpunktsregeln an. Die als Salze bezeichneten Verbindungen der PiOH mit aromatischen Aminen zeigen in Farbe und Schmelzpunkt ähnliche Eigenschaften wie die Pikrate ausgesprochen starker aliphatischer Basen. Dagegen sind die dunkelfarbigen Verbindungen aromatischer Amine mit Pikrinsäure ihrer Farbe und ihrem Schmelzpunkt nach den Molekülverbindungen des s-Trinitrobenzols vergleichbar.

Die Mannigfaltigkeit der Bindungsmöglichkeiten in den Verbindungen der Pikrinsäure mit aromatischen Aminen geht aber über die Schlüssigkeit allein auf Grund von Farbe und Schmelzpunkt hinaus.

---

[1] T. ABE: Bull. Chem. Soc. Japan **32**, 997 (1959); **33**, 41 (1960).
[2] E. HERTEL: Ann. Chem. Liebigs **451**, 179 (1926).

Es sind folgende Bindungsmöglichkeiten denkbar:

$$\text{PiO}^- \ldots \overset{\overset{+}{|}}{\underset{\underset{\text{H}_2}{\|}}{\text{N}}} \!\!\!\!\begin{array}{c}\\\text{H}-\quad-\text{Ar}\end{array}; \quad \text{PiOH} \ldots \text{H}_2\text{N}-\text{Ar} \quad \text{und} \quad \text{HOPi} \ldots \text{Ar}-\text{NH}_2$$

| (a) | (b) | (c) |

(a) entspricht einer Salzbildung unter Miteinbeziehung einer Wasserstoffbrückenbindung (WBB), (b) ist eine einfache Wasserstoffbrückenbindung zwischen der OH- und NH_2-Gruppe, während (c) eine EDA-Komplexbildung darstellt.

Die verschiedenen Bindungsmöglichkeiten können in Lösungsmitteln abgestufter Dielektrizitätskonstanten zu folgenden Gleichgewichten Anlaß geben.

$$
\begin{array}{ccccc}
\text{PiOH} + \text{Ar}-\text{NH}_2 & \xrightleftharpoons{\ \ \text{I}\ \ } & \text{HO.Pi} \ldots \text{Ar}-\text{NH}_2 & & \\
& & \text{Molekülverbindung} & & \\
\updownarrow \text{II} & & \text{III} & & \\
\text{PiOH} \ldots \text{H}_2\text{N}-\text{Ar} & \xrightleftharpoons{\ \ \text{IV}\ \ } & \text{PiO}^- \ldots \text{H}-\overset{+}{\underset{\|}{\text{N}}}-\text{Ar} & \xrightleftharpoons{\ \ \text{V}\ \ } & \text{PiO}^- + \overset{+}{\text{H}_3\text{N}}-\text{Ar} \\
& & \text{H}_2 & & \\
\text{Wasserstoff-} & & \text{Ionenpaare} & & \text{Freie Ionen} \\
\text{brückenbindung} & & & &
\end{array}
$$

In Lösungsmitteln kleiner Dielektrizitätskonstanten (DK) (CCl_4, Heptan usw.) erfolgt bevorzugt Molekülverbindungsbildung (I) und die Bildung von Assoziaten mit einer Wasserstoffbrückenbindung (II). In Lösungsmitteln mittlerer Dielektrizitätskonstanten sind, soweit nicht sehr konzentrierte Lösungen verwendet werden, die Molekülverbindungen (MV) und WBB-Komplexe in die Komponenten dissoziiert, so daß bei nicht zu geringer Basizität des aromatischen Amins nur noch die Gleichgewichte III und V vorliegen. Außerdem ist die Pikrinsäure als solche teilweise dissoziiert, so daß Pikrationen sowohl infolge der Salzbildung (III, V) als auch infolge einer Dissoziation der PiOH entstehen können. In Lösungsmitteln hoher Dielektrizitätskonstanten treten praktisch nur noch freie Ionen auf.

Zur quantitativen Klärung der verschiedenen Gleichgewichte I—V in Lösungen wären elektronenabsorptionsspektroskopische Untersuchungen in Verbindung mit Leitfähigkeitsmessungen erforderlich. Elektronenabsorptionsspektroskopische Untersuchungen können aber über mögliche überlagerte Gleichgewichte zwischen Molekülverbindungen und Pikratsalzen nur wenig Aufschluß geben. Es ergab sich[1], daß die Molekülverbindungen der Pikrinsäure auch mit aromatischen Kohlenwasserstoffen z. B. in CCl_4 als Lösungsmittel eine beträchtliche Absorption im Bereich der für das Pikration typischen Absorption bei etwa 420 mμ zeigen (vgl. S. 58). Diese Bande kann daher sowohl durch Molekülverbindungsbildung als auch durch Pikrationbildung hervorgerufen werden. Weiterhin sind die Untersuchungen in Lösungsmitteln kleiner Dielektrizitäts-

[1] G. Briegleb, J. Czekalla u. A. Hauser: Z. physik. Chem. N. F. 21, 99 (1959).

konstanten dadurch sehr erschwert, daß die Löslichkeit der hier interessierenden — vor allem der komplexisomeren Verbindungen — in solchen Lösungsmitteln sehr gering ist.

Geeigneter als elektronenabsorptionsspektroskopische Untersuchungen haben sich ultrarotspektroskopische Messungen insbesondere zur Klärung der Bindungszustände in den *kristallisierten* Verbindungen erwiesen[1]. An festen Verbindungen wurden auch Reflexionsspektren gemessen[2].

Nach den Ergebnissen der ultrarotspektroskopischen Messungen[1] lassen sich die Verbindungen der Pikrinsäure mit aromatischen Aminen im Kristallgitter in zwei Bindungstypen einordnen, nämlich in die auf S. 194 unter a) und c) genannten Typen.

Umwandlungen vom Salz-WBB-Bindungstyp (a) in den Molekülverbindungstyp (c) sind UR-spektroskopisch nachweisbar durch das Verschwinden der für (a) typischen „Salzbanden" bei 3,45 und 3,9 á und das Auftreten der für die Molekülverbindung charakteristischen NH-Valenzschwingungsfrequenzen bei 2,9—3 μ[1].

Der Salzbildung durch Protonenübergang ist in Lösungen wahrscheinlich ein Wasserstoffbrückenassoziat N . . . HX vorgelagert. Zwischen einer solchen einfachen Wasserstoffbrückenbindung und einer Ionenpaarbildung N^+H . . . X^- gibt es Übergänge, in denen die XH-Bindung je nach Stärke der Base mehr oder weniger polaren Charakter hat und aufgeweitet ist.

XII. Methoden zur Bestimmung von EDA-Komplexgleichgewichten in inerten Lösungsmitteln

A. Absorptionsspektrophotometrische Methoden

In einem inerten Lösungsmittel können sich aus einem Donator (D) und einem Acceptor (A) in reversibler Reaktion EDA-Komplexe (D_mA_n) bilden. Zur vollständigen Beschreibung des Systems sind zu bestimmen:

1. die Anzahl der gebildeten Komplexe verschiedener Zusammensetzung,

2. die stöchiometrische Zusammensetzung der Komplexe,

3. der molare Extinktionskoeffizient und die integrale Extinktion der Komplexe,

4. die Konstanten der vorliegenden chemischen Gleichgewichte,

5. die thermodynamischen Reaktionseffekte $(\Delta H°, \Delta G°, \Delta S°)$.

Die für die EDA-Komplexe charakteristische Elektronenüberführungs-(CT-)Absorptionsbande ermöglicht im allgemeinen die Bestimmung der obigen Größen aus der Konzentrations- und Temperaturabhängigkeit der optischen Absorption im sichtbaren und UV-Gebiet.

---

[1] G. BRIEGLEB u. H. DELLE: Z. Elektrochem. **64**, 347 (1960).
[2] G. BRIEGLEB u. H. DELLE: Z. physik. Chem. N. F. **24**, 359 (1960).

1. Bestimmung der Anzahl der gebildeten Komplexe

In einer Lösung mögen r Gleichgewichte

$$m_i\mathrm{D} + n_i\mathrm{A} \rightleftharpoons \mathrm{D}_{m_i}\mathrm{A}_{n_i} \quad (i = 1, \ldots, r) \tag{XII,1}$$

vorliegen. Es seien x_2 und x_3 die Gleichgewichtskonzentrationen von D und A und x_4, x_5, ... die Gleichgewichtskonzentrationen der gebildeten Komplexe in Molenbrucheinheiten. x_1 ist der Molenbruch des Lösungsmittels. Analog seien c_2, c_3, c_4, c_5, ... die Gleichgewichtskonzentrationen in Molaritätseinheiten (mol/l). Die Einwaagekonzentrationen der Komponenten D und A sind x_{02} und x_{03} bzw. c_{02} und c_{03}. Es gilt:

$$x_{02} = x_2 + m_1 x_4 + m_2 x_5 + \cdots, \qquad x_{03} = x_3 + n_1 x_4 + n_2 x_5 + \cdots, \tag{XII,2}$$

$$c_{02} = c_2 + m_1 c_4 + m_2 c_5 + \cdots, \qquad c_{03} = c_3 + n_1 c_4 + n_2 c_5 + \cdots. \tag{XII,3}$$

Das Molvolumen des Lösungsmittels sei V_{01}, das der Lösung ist $\overline{V} = V / \sum_j z_j$ mit V dem Volumen der Lösung und z_j der Molzahl des Stoffes j. Damit wird

$$x_j = c_j \overline{V} . \tag{XII,4}$$

s sei die Schichtdicke der Küvette, I_0 und I seien die Intensitäten des einfallenden bzw. austretenden Lichtes und ε_j die molaren dekadischen Extinktionskoeffizienten der mit Index „j" gekennzeichneten Stoffe[1]. In einem Spektralbereich, in welchem das Lösungsmittel nicht absorbiert, ist dann die optische Dichte:

$$D = \frac{1}{s} \log \frac{I_0}{I} = \varepsilon_2 c_2 + \varepsilon_3 c_3 + \varepsilon_4 c_4 + \varepsilon_5 c_5 + \cdots. \tag{XII,5}$$

Mit (XII,3) folgt

$$D = \varepsilon_2 c_{02} + \varepsilon_3 c_{03} + (\varepsilon_4 - m_1 \varepsilon_2 - n_1 \varepsilon_3)\, c_4 + (\varepsilon_5 - m_2 \varepsilon_2 - n_2 \varepsilon_3)\, c_5 + \cdots \tag{XII,6}$$

Diese Gleichung enthält die Annahme, daß die ε_j von der Konzentration unabhängig sind. Dieses kann für die Komponenten D und A im verwendeten Lösungsmittel direkt geprüft werden. Mit den Definitionen[2]

$$^c D = D - \varepsilon_2 c_{02} - \varepsilon_3 c_{03}, \qquad ^c\varepsilon_4 = \varepsilon_4 - m_1 \varepsilon_2 - n_1 \varepsilon_3, \tag{XII,7}$$

$$^c\varepsilon_5 = \varepsilon_5 - m_2 \varepsilon_2 - n_2 \varepsilon_3, \ldots$$

folgt

$$^c D = {}^c\varepsilon_4 c_4 + {}^c\varepsilon_5 c_5 + \cdots. \tag{XII,8}$$

---

[1] Über die Grundlagen der Absorptionsspektrophotometrie s. z. B. G. KORTÜM: Kolorimetrie, Photometrie und Spektrometrie. Berlin 1955.

[2] Für die experimentelle Auswertung dieser Gleichungen sind die Konzentrationen und Extinktionskoeffizienten der Komponenten und die optische Dichte der Lösung (also die Extinktion und die Schichtdicke der Küvette) zu bestimmen. Bei der Messung der Extinktion ist als Vergleichslösung im allgemeinen reines Lösungsmittel zu verwenden. Zeigt im interessierenden Frequenzbereich nur eine der Komponenten D oder A eine optische Absorption, so wird gelegentlich als Vergleichslösung eine Lösung dieser absorbierenden Komponente, mit gleicher Konzentration wie in der Meßlösung, verwendet. In diesem Fall ist die aus Extinktion und Schichtdicke bestimmte optische Dichte direkt mit der in (XII,7) definierten Größe $^c D$ identisch. Dieses Verfahren ist nicht allgemein zu empfehlen, da insbesondere bei größeren Extinktionen, große Fehler infolge von Streulichteffekten auftreten können[3].

[3] W. LUCK: Z. Elektrochem. **64**, 676 (1960).

Es sei $^{c}D_{ik}$ der Wert von ^{c}D bei einer Frequenz i für eine bestimmte Lösung k. Die von q Lösungen mit verschiedenen Konzentrationen c_{02} und c_{03} bei p Frequenzen bestimmten Werte $^{c}D_{ik}$ können in Form einer Matrix $(^{c}D_{ik})$ zusammengestellt werden[1], (s. Beispiel S. 212, Tab. 85):

$$(^{c}D_{ik}) = \begin{pmatrix} ^{c}D_{11} \ ^{c}D_{12} \ldots ^{c}D_{1q} \\ \cdots\cdots\cdots\cdots\cdots \\ ^{c}D_{p1} \ ^{c}D_{p2} \ldots ^{c}D_{pq} \end{pmatrix}. \tag{XII,9}$$

Der Rang dieser Matrix ist gleich der Anzahl der in bezug auf $^{c}\varepsilon_j$ bzw. c_j linear unabhängigen Terme in (XII,8)[2]. In den meisten Fällen liegt neben den Komponenten D und A nur *ein* EDA-Komplex $D_{m_1}A_{n_1}$ vor. Dann ist der Rang der Matrix $(^{c}D_{ik})$ gleich eins und sämtliche Spalten (und auch Zeilen) müssen zueinander proportional sein. Normiert man die Matrix (XII,9) auf eine bestimmte Frequenz m[4], setzt also

$$^{c}D_{mk} = 1 \text{ , für alle Lösungen } k \text{ ,} \tag{XII,10}$$

und berechnet die Werte

$$\zeta_{ik} = \frac{^{c}D_{ik}}{^{c}D_{mk}} \text{ , für alle Lösungen } k \text{ und Frequenzen } i \text{ ,} \tag{XII,11}$$

dann ergibt sich eine neue Matrix (s. Beispiel S. 212, Tab. 86)

$$(\zeta_{ik}) = \begin{pmatrix} \zeta_{11} \ \zeta_{12} \cdots \zeta_{1q} \\ \cdots\cdots\cdots\cdots \\ \zeta_{p1} \ \zeta_{p2} \cdots \zeta_{pq} \end{pmatrix}. \tag{XII,12}$$

Ist der Rang der Matrix (XII,9) gleich eins, dann müssen in (XII,12) alle Spalten innerhalb der experimentellen Genauigkeit gleich sein, also

$$\zeta_{i1} = \zeta_{i2} = \cdots = \zeta_{iq} \text{ , für alle Frequenzen } i \text{ .} \tag{XII,13}$$

Ist umgekehrt experimentell die Beziehung (XII,13) erfüllt, dann liegt in der Lösung *im allgemeinen nur ein Komplex* vor, dessen Absorption sich von der der Komponenten im untersuchten Frequenzbereich unterscheidet.

Die Beziehung (XII,13) wäre weiterhin erfüllt, wenn zwei oder mehrere isomere Komplexe gleicher Zusammensetzung vorliegen (s. S. 229) oder wenn zwei Komplexe verschiedene Zusammensetzung hätten, aber die $^{c}\varepsilon_j$ der beiden Komplexe zueinander proportional wären oder eines der $^{c}\varepsilon_j = 0$ ist. Die beiden letzten Fälle dürften bei Wahl eines genügend großen Frequenzbereichs bei einer EDA-Komplexbildung auszuschließen

---

[1] W. Liptay: Z. Elektrochem. **65**, 375 (1961).

[2] Der Rang der Matrix kann direkt durch Berechnung der Unterdeterminanten bestimmt werden, was im allgemeinen aber einen ziemlichen Rechenaufwand erfordert. Ein entsprechendes Verfahren zur Bestimmung der Anzahl der Komplexe wurde von R. M. Wallace[3] entwickelt.

[3] R. M. Wallace: J. Am. Chem. Soc. **82**, 899 (1960).

[4] Im allgemeinen normiert man auf eine Frequenz, bei der mit größter Genauigkeit zu Messen ist, also z. B. bei einem Absorptionsmaximum (siehe auch Beispiel S. 216).

sein und sind nur in Spezialfällen, z. B. bei gleichzeitiger Ionen- und Ionenpaarbildung[1] zu erwarten.

Ist die Voraussetzung der Konzentrationsunabhängigkeit der ε_j nicht erfüllt, dann wird auch bei nur einem Gleichgewicht die Beziehung (XII,13) nicht erfüllt. Somit ist (XII,13) gleichzeitig ein Charakteristikum für die Gültigkeit dieser Voraussetzung.

Die Größen ζ_{ik} ermöglichen eine Mittelung für die Bestimmung der Extinktionskoeffizienten und der Gleichgewichtskonstanten (s. XII, A, 3e).

Ist die Beziehung (XII,13) bei Konzentrationsunabhängigkeit der ε_j nicht erfüllt, dann liegen zwei oder mehrere Komplexe nebeneinander vor[2]. Aus (XII,12) können durch Differenzbildung aller Spalten mit einer beliebigen Spalte ($k = l$) neue Matrizen gebildet werden:

$$\begin{pmatrix} \zeta_{11}-\zeta_{1l} & \zeta_{12}-\zeta_{1l}\cdots\zeta_{1q}-\zeta_{1l} \\ \cdots\cdots\cdots\cdots\cdots\cdots\cdots \\ \zeta_{p1}-\zeta_{pl} & \zeta_{p2}-\zeta_{pl}\cdots\zeta_{pq}-\zeta_{pl} \end{pmatrix}. \tag{XII,14}$$

War der Rang von (XII,9) gleich zwei, liegen also zwei Komplexe nebeneinander vor, dann wird der Rang von (XII,14) gleich eins, und die Spalten müssen zueinander proportional sein. Durch eine geeignete Normierung kann analog zu (XII,12) eine neue Matrix gebildet werden, deren Spalten gleich sein müssen. Dieses Verfahren kann man bei drei oder mehreren Komplexen fortsetzen. Infolge der unvermeidbaren Meßfehler der $^cD_{ik}$ werden aber die Aussagen bei mehreren gleichzeitig vorliegenden Komplexen sehr unsicher, wie überhaupt die Bestimmung von zwei oder noch mehr Komplexen im allgemeinen schwierig und nur bei Messungen in großen Konzentrationsbereichen möglich wird.

Häufig gibt es aber Konzentrationsbereiche in denen *überwiegend* nur einer der Komplexe vorliegt. In diesen Bereichen gilt dann wieder in Näherung (XII,13) und diese Beziehung ermöglicht so eine Auswahl von Konzentrationsbereichen, in denen in 1. Näherung nur mit *einem* Gleichgewicht zu rechnen ist. Eine schrittweise Erweiterung kann die Ermittlung aller vorhandenen Komplexe erlauben.

Mit der Gl. (XII,8) entsprechenden Definition

$$^xD = \overline{V}^cD = {}^c\varepsilon_4 x_4 + {}^c\varepsilon_5 x_5 + \cdots \tag{XII,15}$$

ist eine zu ($^cD_{ik}$) analoge Matrix ($^xD_{ik}$) in Molenbrucheinheiten aufzustellen, die die gleichen Eigenschaften wie (XII,9) hat.

Eine ähnliche Methode zur Bestimmung der Anzahl der Komplexe geht auf DARMOIS[3] zurück. Im allgemeinen scheint uns die hier beschriebene Methode vorteilhafter in der Anwendung.

Ein weiteres Kriterium für das Vorliegen eines einfachen Gleichgewichtes ist das Auftreten eines isosbestischen Punktes[4]. Es mögen im

---

[1] G. BRIEGLEB, W. LIPTAY u. M. CANTNER: Z. physik. Chem. N. F. **26**, 55 (1960).

[2] W. LIPTAY, G. BRIEGLEB u. K. SCHINDLER: Z. Elektrochem. **65**, (1961) im Druck.

[3] E. DARMOIS: Ann. chim. phys. [8] **22** (1911) 241; R. LUCAS: Ann. phys. **9**, 381 (1928).

[4] H. L. SCHLÄFER u. O. KLING: Angew. Chem. **68**, 667 (1956).

untersuchten Frequenzbereich die Komplexe $D_{m_i}A_{n_i}$ und *nur eine* der Komponenten, z. B. A, Licht absorbieren. Dann folgt aus (XII,6)

$$\frac{D}{c_{03}} = \varepsilon_3 + (\varepsilon_4 - n_1\varepsilon_3)\,\frac{c_4}{c_{03}} + (\varepsilon_5 - n_2\varepsilon_3)\,\frac{c_5}{c_{03}} + \cdots. \qquad (XII,16)$$

Für mehrere Lösungen mit verschiedenen Einwaagekonzentrationen werde D/c_{03} als Funktion der Frequenz $\tilde{\nu}$ dargestellt. Schneiden sich diese Kurven alle in einem Punkte bei einer bestimmten Frequenz, dann ist D/c_{03} bei dieser Frequenz unabhängig von den Einwaagekonzentrationen. Dieses kann nur der Fall sein, wenn jeweils einer der Faktoren der Produkte in (XII,16) gleich null ist, also z. B. $\varepsilon_4 = n_1\varepsilon_3$ und $c_5 = c_6 = \cdots = 0$, d. h., es liegt nur ein Komplex vor. Das Auftreten eines isosbestischen Punktes bei zwei Komplexen würde voraussetzen, daß bei einer bestimmten Frequenz gilt: $\varepsilon_4 = n_1\varepsilon_3$ *und* $\varepsilon_5 = n_2\varepsilon_3$. Dieses dürfte im allgemeinen unwahrscheinlich sein. Die Anwendbarkeit obiger Methode setzt voraus, daß in einem Teilbereich des untersuchten Frequenzbereichs $\varepsilon_4 > n_1\varepsilon_3$ und einem anderen Teilbereich $\varepsilon_4 < n_1\varepsilon_3$ ist. Dieses ist bei EDA-Komplexen nur selten erfüllt.

2. Bestimmung der stöchiometrischen Zusammensetzung

In Lösungen von D und A sei die Beziehung (XII,13) erfüllt. Es liege also nur *ein* Gleichgewicht

$$m\,D + n\,A \rightleftharpoons D_m A_n$$

vor. Die Gleichgewichtskonstante ist bei Vernachlässigung der Aktivitätskoeffizienten in Molaritätseinheiten näherungsweise

$$^cK = \frac{c_4}{c_2^m\,c_3^n} = \frac{c_4}{(c_{02} - m\,c_4)^m\,(c_{03} - n\,c_4)^n}. \qquad (XII,17)$$

Für eine Meßreihe mit einer konstanten Gesamtkonzentration $c_0 = c_{02} + c_{03}$ und variablen Konzentrationen c_{02}, c_{03} wird c_4 und damit ^cD einen Extremalwert erreichen, wenn

$$n\,c_{02} = m\,c_{03} \qquad (XII,18)$$

wird[1].

Dieses Verfahren der kontinuierlichen Variation nach JOB[2] ermöglicht die Bestimmung des Verhältnisses m/n der stöchiometrischen Koeffizienten. Es ist jedoch nur sicher, wenn *nur ein Komplex* gebildet wird. Im allgemeinen liegen aber neben höheren auch niedrigere Komplexe in gekoppelten chemischen Gleichgewichten vor; dann kann das Verfahren nur bei bestimmten günstigen Verhältnissen der Gleichgewichtskonstanten und der Extinktionskoeffizienten angewendet werden [3—6], andernfalls kann es zu falschen Ergebnissen führen.

---

[1] Beim Extremalwert wird $\dfrac{d\,c_4}{d\,c_{02}} = \dfrac{d^cD}{d\,c_{02}} = 0$. Damit wird (XII,17) zu

$$m\,(c_{02} - m\,c_4)^{m-1}\,(c_{03} - n\,c_4)^n = n\,(c_{02} - m\,c_4)^m\,(c_{03} - n\,c_4)^{n-1},$$

woraus direkt (XII,18) folgt.

[2] P. JOB: Compt. rend. **180**, 928 (1925); Ann. Chim. Phys. [10] **9**, 113 (1928).
[3] W. C. VOSBURGH u. G. R. COOPER: J. Am. Chem. Soc. **63**, 437 (1941).
[4] E. R. GARRETT u. R. L. GUILE: J. Am. Chem. Soc. **75**, 3958 (1953).
[5] H. L. SCHLÄFER: Komplexbildung in Lösung. Heidelberg: Springer 1961.
[6] F. WOLDBYE: Acta chem. Scand. **9**, 299 (1955).

Ist für einen Komplex ^cK nicht zu groß, dann wird in genügend verdünnten Lösungen $c_{02} \approx c_2$ und $c_{03} \approx c_3$. Aus (XII,17) folgt mit (XII,8)

$$^cD = {^cK}{^c\varepsilon_4} c_{02}^m c_{03}^n \,. \tag{XII,19}$$

Ist $^c\varepsilon_4$ genügend groß, dann ermöglicht (XII,19) die Bestimmung von m und n. Für eine Meßreihe mit konstanter Konzentration c_{03} ist ^cD eine lineare Funktion von c_{02}^m, für eine Meßreihe mit konstanter Konzentration c_{02} ist ^cD eine lineare Funktion von c_{03}^n.

Gibt es im System neben einem 1 : 1-Komplex DA (Index 4) mit der Gleichgewichtskonstante $^cK_1$ einen $m : n$-Komplex D_mA_n (Index 5) mit der Gleichgewichtskonstante $^cK_2$, dann wird (XII,8) mit (XII,17) zu

$$^cD = {^c\varepsilon_4}{^cK_1} c_2 c_3 + {^c\varepsilon_5}{^cK_2} c_2^m c_3^n \,. \tag{XII,20}$$

Bei einer schwachen Komplexbildung wird in genügend verdünnten Lösungen $c_2 \approx c_{02}$, $c_3 \approx c_{03}$ und es folgt

$$\frac{^cD}{c_{02} c_{03}} = {^c\varepsilon_4}{^cK_1} + {^c\varepsilon_5}{^cK_2} c_{02}^{m-1} c_{03}^{n-1} \,. \tag{XII,21}$$

Für eine Meßreihe mit konstanter Konzentration c_{03} ist $^cD/c_{02}c_{03}$ eine lineare Funktion von c_{02}^{m-1} und für eine Meßreihe mit konstanter Konzentration c_{02} eine lineare Funktion von c_{03}^{n-1}. Dieses Verfahren wurde in etwas modifizierter Form von GARRETT und GUILE[1] zum Nachweis und zur Bestimmung eines höheren Komplexes D_mA_n neben DA verwendet. Jedoch ist diese Methode nur sicher, wenn bestimmte Beziehungen zwischen den Gleichgewichtskonstanten und den Extinktionskoeffizienten erfüllt sind.

Liegen z. B. die Komplexe AD und AD_2 nebeneinander vor, dann wird mit (XII,3)

$$c_2 = \frac{c_{02}}{1 + {^cK_1} c_3 + 2 {^cK_2} c_2 c_3}\,, \quad c_3 = \frac{c_{03}}{1 + {^cK_1} c_2 + {^cK_2} c_2^2}\,. \tag{XII,22}$$

In genügend verdünnten Lösungen wird $^cK_1 c_2$, $^cK_1 c_3$, $^cK_2 c_2^2$, $^cK_2 c_2 c_3 < 1$, dann folgt durch Reihenentwicklung

$$\frac{^cD}{c_{02} c_{03}} = {^c\varepsilon_4}{^cK_1}\left(1 - {^cK_1} c_{03}\right) +$$
$$+ c_{02}\left\{{^cK_2}\left[{^c\varepsilon_5} - 2\,{^cK_1} c_{03}({^c\varepsilon_4} + {^c\varepsilon_5})\right] - {^c\varepsilon_4}{^cK_1^2}(1 - 3\,{^cK_1} c_{03})\right\} \tag{XII,23}$$
$$+ {^c\varepsilon_4}{^cK_1^3} c_{03}^2 + \left[{^c\varepsilon_4}{^cK_1^3} - {^cK_1}{^cK_2}({^c\varepsilon_4} + {^c\varepsilon_5})\right] c_{02}^2 + F\left(c_{02},\, c_{03}\right) \,.$$

Die Funktion $F\left(c_{02},\, c_{03}\right)$ ist in bezug auf die Konzentrationen von dritter Potenz und höherer Ordnung und bei kleinen Konzentrationen zu vernachlässigen. Bei genügend kleinen Konzentrationen sind die in c_{02} und c_{03} quadratischen Glieder der Gl. (XII,23) ebenfalls zu vernachlässigen. Dann zeigt der Vergleich von (XII,23) mit (XII,21), daß zur sicheren Anwendung des Verfahrens nach GARRETT und GUILE erfüllt sein muß: $^cK_1 c_{03} \ll 1$, $^c\varepsilon_5 \gtrsim {^c\varepsilon_4}$, $^c\varepsilon_5{^cK_2} > {^c\varepsilon_4}{^cK_1^2}$. Im allgemeinen sind aber keine Vorhersagen über die Gültigkeit der letzten beiden Beziehungen möglich. Insbesondere

---

[1] loc. cit. Anm. 4, S. 199.

zum Nachweis, daß kein zweiter Komplex in der Lösung vorliegt, ist das vorher beschriebene Verfahren — Konstanz der ζ_{iq} nach (XII,13) — günstiger, da, ein genügend großer Frequenzbereich vorausgesetzt, kaum Fehlaussagen zu erwarten sind.

Das Verfahren von GARRETT und GUILE wurde von KORTÜM und WEBER[1] durch Hinzunahme des in c_{02} quadratischen Gliedes in (XII,23) erweitert. Für eine Meßreihe mit konstanter Konzentration c_{03} und variabler Konzentration c_{02} wird $^cD/c_{02}c_{03}$ als Funktion von c_{02} bei genügend geringen Konzentrationen eine Gerade. Bei höheren Konzentrationen tritt infolge des in c_{02} quadratischen Gliedes eine Abweichung auf. Ist diese Abweichung negativ, dann liegt sicher neben dem 1 : 1-Gleichgewicht ein weiteres Gleichgew cht vor. Die Abweichung ist aber nur dann negativ, wenn $^cK_2(^c\varepsilon_4 + {}^c\varepsilon_5) > {}^cK_1^2 \cdot {}^c\varepsilon_4$ ist. Also bedeutet dieses Verfahren nur in seltenen Fällen $({}^c\varepsilon_4 \gg {}^c\varepsilon_5)$ eine Verbesserung der Garrett-Guileschen Methode.

Gibt es im System mehrere Komplexe mit verschiedener Zusammensetzung, dann kann nach (XII,19), falls $^c\varepsilon_4$ genügend groß ist, aus der optischen Dichte sehr verdünnter Lösungen die Zusammensetzung des Komplexes mit den kleinsten stöchiometrischen Koeffizienten bestimmt werden.

Ist für einen Komplex ^cK genügend groß, so wird bei einer genügend großen Konzentration $c_{03} \gg c_{02}$ sich D mit A praktisch vollständig zu $D_m A_n$ umsetzen $(m\,c_4 = c_{02})$, und (XII,17) wird mit (XII,8) zu

$$\frac{c_{02}}{m} = \frac{^cD\,(c_{03} \gg c_{02})}{^c\varepsilon_4}. \qquad (XII,24)$$

Bei einer genügend großen Konzentration $c_{02} \gg c_{03}$ wird analog

$$\frac{c_{03}}{n} = \frac{^cD\,(c_{02} \gg c_{03})}{^c\varepsilon_4}. \qquad (XII,25)$$

Es folgt das Verhältnis der stöchiometrischen Koeffizienten nach

$$\frac{^cD\,(c_{03} \gg c_{02})}{^cD\,(c_{02} \gg c_{03})} = \frac{n}{m}\,\frac{c_{02}}{c_{03}}. \qquad (XII,26)$$

Zur Kontrolle der (XII,26) zugrunde liegenden Annahmen ist im Falle $c_{03} \gg c_{02}$ die Konzentration c_{03} und im Falle $c_{02} \gg c_{03}$ die Konzentration c_{02} zu variieren. Dabei muß ^cD konstant bleiben. Gibt es im System mehrere Komplexe mit verschiedener Zusammensetzung, dann liefert diese Methode im allgemeinen die Zusammensetzung des Komplexes mit den größten stöchiometrischen Koeffizienten.

Die Wechselwirkung zwischen Elektronendonatoren und -Acceptoren führt in den meisten Fällen nur zu 1 : 1-Komplexen. Sind die Beziehungen (XII,13) erfüllt, dann kann direkt versucht werden, die Gleichgewichtskonstante unter der Annahme eines 1 : 1-Komplexes zu berechnen. Nur wenn dieses nicht zu konstanten Werten führt, ist es notwendig, eine der Methoden zur Bestimmung der stöchiometrischen Koeffizienten anzuwenden.

---

[1] G. KORTÜM u. G. WEBER: Z. Elektrochem. **64**, 642 (1960).

3. Bestimmung des molaren Extinktionskoeffizienten und der Gleichgewichtskonstanten für eine 1:1-Komplexbildung

In einer Lösung möge *nur ein* 1 : 1-Komplex vorliegen:

$$D + A \rightleftharpoons DA.$$

Die Gleichgewichtskonstante ist in Molenbruch- bzw. Molaritätseinheiten

$$^xK = \frac{x_4}{x_2 x_3} \frac{^xf_4}{^xf_2 \, ^xf_3}, \quad ^cK = \frac{c_4}{c_2 c_3} \frac{^cf_4}{^cf_2 \, ^cf_3}. \tag{XII,27}$$

^xf_j bzw. ^cf_j sind die Aktivitätskoeffizienten, definiert durch

$$\lim_{x_1 \to 1} {}^xf_j = \lim_{x_1 \to 1} {}^cf_j = 1. \tag{XII,28}$$

Mit (XII,4) und

$$^cf_j = \frac{\overline{V}}{V_{01}} {}^xf_j \tag{XII,29}$$

folgt

$$^cK = {}^xK V_{01}. \tag{XII,30}$$

a) Berechnung ohne Berücksichtigung der Aktivitätskoeffizienten

In genügend verdünnten Lösungen wird im allgemeinen angenommen, daß die Aktivitätskoeffizienten der neutralen Teilchen in guter Näherung gleich eins zu setzen sind[1]. Dann folgt aus (XII,27) mit (XII,2), (XII,15), (XII,8) und $^c\varepsilon_4 = \varepsilon$ in Molenbrucheinheiten

$$\frac{x_{02} x_{03}}{^xD} + \frac{^xD}{\varepsilon^2} = \frac{1}{^xK\varepsilon} + \frac{1}{\varepsilon}(x_{02} + x_{03}) \tag{XII,31}$$

und analog in Molaritätseinheiten

$$\frac{c_{02} c_{03}}{^cD} + \frac{^cD}{\varepsilon^2} = \frac{1}{^cK\varepsilon} + \frac{1}{\varepsilon}(c_{02} + c_{03}). \tag{XII,32}$$

Aus (XII,31) folgt mit (XII,4) und (XII,15)[2]

$$\frac{x_{02} c_{03}}{^cD} + \frac{^cD\,\overline{V}}{\varepsilon^2} = \frac{1}{^xK\varepsilon} + \frac{1}{\varepsilon}(x_{02} + x_{03}). \tag{XII,33}$$

α) Es sei für alle Lösungen einer Meßreihe $x_{02} \gg x_4$, aber x_{03} und x_4 von vergleichbarer Größenordnung, also $x_{02} > x_{03}$, dann vereinfacht sich (XII,31) zu

$$\frac{x_{02} x_{03}}{^xD} = \frac{1}{^xK\varepsilon} + \frac{1}{\varepsilon} x_{02}. \tag{XII,34}$$

Dieses ist die Benesi-Hildebrand-Gleichung[3-5]. Eine Meßreihe mit variabler Konzentration x_{02} (und x_{03}) ermöglicht die graphische oder

---

[1] Vgl. aber S. 203 u. f. und S. 205 u. f.

[2] Beispiel einer numerischen Auswertung S. 212.

[3] H. A. BENESI u. J. H. HILDEBRAND: J. Am. Chem. Soc. 71, 2703 (1949).

[4] J. A. A. KETELAAR, C. VAN DE STOLPE, A. GOUDSMIT u. W. DZCUBAS: Rec. trav. chim. 71, 1104 (1952).

[5] R. M. KEEFER u. L. J. ANDREWS: J. Am. Chem. Soc. 74, 1891 (1952).

numerische Bestimmung von ^xK und ε. Eine analoge Vereinfachung unter der gleichen Voraussetzung ist für (XII,32) und (XII,33) möglich[1]:

$$\frac{c_{02}c_{03}}{^cD} = \frac{1}{^cK\varepsilon} + \frac{1}{\varepsilon}\,c_{02}\,, \qquad\qquad\qquad \text{(XII,35)}$$

$$\frac{x_{02}c_{03}}{^cD} = \frac{1}{^xK\varepsilon} + \frac{1}{\varepsilon}\,x_{02}\,. \qquad\qquad\qquad \text{(XII,36)}$$

Für den Fall $x_{03} > x_{02}$ ergeben sich analoge Gleichungen mit vertauschten Indices.

β) Es sei für alle Lösungen einer Meßreihe $x_{02} = x_{03} = x_0$, dann wird (XII,31) zu

$$\frac{x_0}{\sqrt{^xD}} = \frac{1}{\sqrt{^xK\varepsilon}} + \frac{1}{\varepsilon}\,\sqrt{^xD}\,. \qquad\qquad\qquad \text{(XII,37)}$$

Analog wird (XII,32) mit $c_{02} = c_{03} = c_0$ zu

$$\frac{c_{02}}{\sqrt{^cD}} = \frac{1}{\sqrt{^cK\varepsilon}} + \frac{1}{\varepsilon}\,\sqrt{^cD}\,. \qquad\qquad\qquad \text{(XII,38)}$$

Diese Methode ist nur zur graphischen Auswertung geeignet. Die numerische Auswertung und insbesondere die Bestimmung der Fehler führt zu unhandlichen Gleichungen. Im allgemeinen ist auch in diesem Falle die numerische Auswertung der Messungen nach γ) günstiger.

γ) Es sei x_{02} von der gleichen Größenordnung wie x_{03}, so daß die der Methode α) zugrunde liegenden Annahmen ($x_{02} \gg x_4$ bzw. $x_{03} \gg x_4$) nicht mehr erfüllt sind. Dann muß die Gl. (XII,31, (XII,32) oder (XII,33) direkt gelöst werden. Ein entsprechendes Verfahren wird auf S. 208ff. beschrieben.

δ) Bei einer sehr schwachen Komplexbildung $x_{02},\ x_{03} \gg x_4$ wird (XII,31) zu

$$\frac{x_{02}\,x_{03}}{^xD} = \frac{1}{^xK\varepsilon}\,. \qquad\qquad\qquad \text{(XII,39)}$$

Es ist dann keine getrennte Bestimmung von ε und ^xK, sondern nur noch die Bestimmung von $\varepsilon \cdot {}^xK$ möglich. Jedoch kann häufig durch Verwendung eines sehr großen Überschusses der einen Komponente, im allgemeinen des Donators, wieder der Fall α) erhalten werden. Besonders in diesem Falle ist aber die Annahme $^xf_4/^xf_2{}^xf_3 = 1$ nicht mehr unbedingt gerechtfertigt.

ε) Bei einer sehr starken Komplexbildung $x_4 \approx x_{03}$, $x_{02} > x_{03}$ wird (XII,31) zu

$$\frac{x_{02}\,x_{03}}{^xD} = \frac{1}{\varepsilon}\,x_{02}\,. \qquad\qquad\qquad \text{(XII,40)}$$

Diese Gl. ermöglicht nur noch die Bestimmung von ε. Im allgemeinen ist aber in entsprechend verdünnteren Lösungen ε und ^xK nach α) oder γ) zu bestimmen.

b) Berücksichtigung der Aktivitätskoeffizienten

Für neutrale Teilchenarten sind bei gegebener Temperatur und gegebenem Druck die Logarithmen der Aktivitätskoeffizienten $^xf_1$

---

[1] Beispiel einer Auswertung S. 216.

näherungsweise als Potenzreihen mit nicht-negativen ganzen Exponenten bezüglich der unabhängigen Variablen x_{02} und x_{03} darzustellen, also

$$\ln{}^x\!f_j = A_{j2}\,x_{02} + A_{j3}\,x_{03} + \cdots . \tag{XII,41}$$

Sind in der Entwicklung der Aktivitätskoeffizienten die Glieder höherer Ordnung zu vernachlässigen, so folgt mit

$$\Delta A_r = A_{4r} - A_{2r} - A_{3r} \quad (r = 2,\, 3) \tag{XII,42}$$

$$\frac{{}^x\!f_4}{{}^x\!f_2\,{}^x\!f_3} = \exp\left(\Delta A_2\,x_{02} + \Delta A_3\,x_{03}\right) \approx 1 + \Delta A_2\,x_{02} + \Delta A_3\,x_{03} . \tag{XII,43}$$

Ist das Molvolumen der Lösung durch eine Potenzreihe bezüglich der unabhängigen Variablen x_{02}, x_{03} darzustellen und kann die Reihe nach dem ersten Glied abgebrochen werden

$$\overline{V} = V_{01} - a_2\,x_{02} - a_3\,x_{03} = V_{01} - a_2\,\overline{V}\,c_{02} - a_3\,\overline{V}\,c_{03} \tag{XII,44}$$

dann wird mit

$$\Delta B_r = \Delta A_r\,V_{01} + a_r \tag{XII,45}$$

und (XII,4), (XII,29) und (XII,44) in Molaritätseinheiten

$$\frac{{}^c\!f_4}{{}^c\!f_2\,{}^c\!f_3} = 1 + \Delta B_2\,c_{02} + \Delta B_3\,c_{03} . \tag{XII,46}$$

Mit (XII,43) wird (XII,27) zu

$$^x\!K = \frac{x_4}{x_2\,x_3}\left(1 + \Delta A_2\,x_{02} + \Delta A_3\,x_{03}\right) \tag{XII,47}$$

und an Stelle von (XII,31) folgt bei Berücksichtigung der Aktivitätskoeffizienten

$$\frac{x_{02}\,x_{03}}{{}^x\!D} + \frac{{}^x\!D}{\varepsilon^2} = \frac{1}{{}^x\!K\,\varepsilon} + \frac{1}{\varepsilon}\left[\left(1 + \frac{\Delta A_2}{{}^x\!K}\right)x_{02} + \left(1 + \frac{\Delta A_3}{{}^x\!K}\right)x_{03}\right]. \tag{XII,48}$$

Analog folgt in Molaritätseinheiten aus (XII,27) und (XII,45) anstelle von (XII,32)

$$\frac{c_{02}\,c_{03}}{{}^c\!D} + \frac{{}^c\!D}{\varepsilon^2} = \frac{1}{{}^c\!K\,\varepsilon} + \frac{1}{\varepsilon}\left[\left(1 + \frac{\Delta B_2}{{}^c\!K}\right)c_{02} + \left(1 + \frac{\Delta B_3}{{}^c\!K}\right)c_{03}\right]. \tag{XII,49}$$

Bei den in der Praxis am häufigsten vorkommenden Fall großer Donatorkonzentrationen und genügend kleiner Acceptorkonzentrationen, $x_{02} \gg x_{03}$, wird (XII,34), (XII,35) und (XII,36) in guter Näherung zu

$$\frac{x_{02}\,x_{03}}{{}^c\!D} = \frac{1}{{}^x\!K\,\varepsilon} + \frac{1}{\varepsilon}\left(1 + \frac{\Delta A_2}{{}^x\!K}\right)x_{02} , \tag{XII,50}$$

$$\frac{c_{02}\,c_{03}}{{}^c\!D} = \frac{1}{{}^c\!K\,\varepsilon} + \frac{1}{\varepsilon}\left(1 + \frac{\Delta B_2}{{}^c\!K}\right)c_{02} , \tag{XII,51}$$

$$\frac{x_{02}\,c_{03}}{{}^c\!D} = \frac{1}{{}^x\!K\,\varepsilon} + \frac{1}{\varepsilon}\left(1 + \frac{\Delta A_2}{{}^x\!K}\right)x_{02} . \tag{XII,52}$$

Analog folgt für den Fall $x_{02} \ll x_{03}$

$$\frac{x_{02}\,c_{03}}{{}^x\!D} = \frac{1}{{}^x\!K\,\varepsilon} + \frac{1}{\varepsilon}\left(1 + \frac{\Delta A_3}{{}^x\!K}\right)x_{03} \tag{XII,53}$$

und für den Fall $x_{02} = x_{03} = x_0$

$$\frac{x_0^2}{{}^xD} + \frac{{}^xD}{\varepsilon^2} = \frac{1}{{}^xK\varepsilon} + \frac{2}{\varepsilon}\left(1 + \frac{\Delta A_2 + \Delta A_3}{2\,{}^xK}\right)x_0. \qquad \text{(XII,54)}$$

Die (XII,53) und XII,54) entsprechenden Gleichungen in Molaritätseinheiten und gemischten Einheiten können analog zu (XII,51) und (XII,52) formuliert werden.

Die Gln. (XII,50), (XII,51) und (XII,52) sind die von SCOTT[1] erweiterten Benesi-Hildebrand-Gleichungen.

c) Diskussion der Benesi-Hildebrand-Scott-Gleichungen

Die Bestimmung von ε und ${}^xK$ von EDA-Komplexen erfolgt wegen der im allgemeinen geringen Löslichkeit des Acceptors überwiegend aus der Konzentrationsabhängigkeit der optischen Dichte von Lösungen mit Donatorüberschuß.

Die Auswertung wird durch eine geeignete lineare Beziehung, z. B. nach (XII,34) oder (XII,36) ermöglicht. Unter der Voraussetzung ${}^xf_4/{}^xf_2\,{}^xf_3 = 1$ werden direkt die wirklichen Werte ε und ${}^xK$ erhalten. Der Vergleich mit (XII,50) und (XII,52) zeigt aber, daß eine lineare Beziehung nicht zu den wirklichen Werten ε und ${}^xK$ führen muß, denn für die Linearität der Funktionen ist hinreichend, wenn die Aktivitätskoeffizienten als lineare Funktionen von x_{02} darzustellen sind. Dieses ist für verdünnte Lösungen mit einem Donatorüberschuß näherungsweise zu erwarten und scheint in mehreren Fällen auch bei höheren Konzentrationen noch erfüllt zu sein[2]. Die Beziehungen zwischen den wirklichen Werten ε und ${}^xK$ und den scheinbaren Werten $(\varepsilon^*)_{x_{02} \gg x_{03}}$ und $({}^xK^*)_{x_{02} \gg x_{03}}$ bestimmt aus Lösungen mit Donatorüberschuß in Molenbrucheinheiten, sind nach (XII,34) bzw. (XII,36) und (XII,50) bzw. (XII,52)

$$\varepsilon = (\varepsilon^*)_{x_{02} \gg x_{03}}\left(1 + \frac{\Delta A_2}{{}^xK}\right), \quad {}^xK = ({}^xK^*)_{x_{02} \gg x_{03}} - \Delta A_2. \qquad \text{(XII,55)}$$

Die Aktivitätseffekte verschwinden auch bei beliebig kleinen Konzentrationen nicht, da sie in der betrachteten Näherung genau wie die Meßeffekte lineare Funktionen der Konzentration sind. Zur Berechnung der wirklichen Werte müßten die Aktivitätskoeffizienten oder die Konzentration des EDA-Komplexes mittels einer unabhängigen Methode

[1] R. L. SCOTT: Rec. trav. chim. **75**, 787 (1956).

[2] In einigen Fällen ergibt eine Darstellung z. B. nach (XII,36) eine Linearität über den gesamten Donatorkonzentrationsbereich $x_{02} \approx 0{,}002$ bis 1, z. B. beim System Benzol-Jod in Tetrachlorkohlenstoff und in n-Heptan[3] und Methanol-Jod und Äthanol-Jod in Tetrachlorkohlenstoff[4]. Häufig treten aber bei $x_{02} > 0{,}1$ Abweichungen vom linearen Verlauf auf. Zur Deutung der Konzentrationsunabhängigkeit der Gleichgewichtskonstanten und zur Deutung einiger weiterer Effekte wird von DE MAINE[5] eine Gitterdurchdringungstheorie der Lösungen zu Hilfe genommen. Dieses erscheint nach dem vorliegenden experimentellen Material nicht notwendig.

[3] loc. cit. Anm. 3, S. 202.

[4] P. A. D. DE MAINE: J. Chem. Phys. **26**, 1193 (1957).

[5] P. A. D. DE MAINE: J. Chem. Phys. **26**, 1199 (1957).

bestimmt werden. Solange dieses nicht möglich ist, bleibt, insbesondere bei kleinen ^xK, eine erhebliche experimentelle Unsicherheit.

Mittels einer Meßreihe mit Acceptorüberschuß werden analog die scheinbaren Werte $(\varepsilon^*)_{x_{02} \ll x_{03}}$ und $(^xK^*)_{x_{02} \ll x_{03}}$ und mittels einer Meßreihe mit $x_{02} = x_{03}$ die scheinbaren Werte $(\varepsilon^*)_{x_{02} = x_{03}}$ und $(^xK^*)_{x_{02} = x_{03}}$ erhalten. Die Beziehungen zu den wirklichen Werten sind nach (XII,31) und (XII,53) bzw. (XII,54)

$$\varepsilon = (\varepsilon^*)_{x_{02} \ll x_{03}} \left(1 + \frac{\Delta A_3}{^xK}\right), \quad ^xK = (^xK^*)_{x_{02} \ll x_{03}} - \Delta A_3 , \qquad \text{(XII,56)}$$

$$\varepsilon = (\varepsilon^*)_{x_{02} = x_{03}} \left(1 + \frac{\Delta A_2 + \Delta A_3}{2\,^xK}\right),$$

$$^xK = (^xK^*)_{x_{02} = x_{03}} - \frac{\Delta A_2 + \Delta A_3}{2} . \qquad \text{(XII,57)}$$

Die Bestimmung der Gleichgewichtskonstante und des Extinktionskoeffizienten ist in Molaritätseinheiten nach (XII,32) oder einer vereinfachten Gleichung, z. B. (XII,35) durchzuführen. Für die Linearität der Funktionen ist nach (XII,45) und (XII,49) bzw. (XII,51) zusätzlich erforderlich, daß V als lineare Funktion von x_{02}, x_{03} bzw. $x_0 = x_{02} = x_{03}$ darzustellen ist. Die Beziehungen zwischen den wirklichen Werten ε und ^cK und den scheinbaren, experimentell bestimmten Werten werden analog zu (XII,55), (XII,56) und (XII,57)

$$\varepsilon = (\varepsilon^{**})_{c_{02} \gg c_{03}} \left(1 + \frac{\Delta A_2 V_{01} + a_2}{^cK}\right),$$

$$^cK = (^cK^{**})_{c_{02} \gg c_{03}} - (\Delta A_2 V_{01} + a_2) , \qquad \text{(XII,58)}$$

$$\varepsilon = (\varepsilon^{**})_{c_{02} \ll c_{03}} \left(1 + \frac{\Delta A_3 V_{01} + a_3}{^cK}\right),$$

$$^cK = (^cK^{**})_{c_{02} \ll c_{03}} - (\Delta A_3 V_{01} + a_3) , \qquad \text{(XII,59)}$$

$$\varepsilon = (\varepsilon^{**})_{c_{02} = c_{03}} \left[1 + \frac{(\Delta A_2 + \Delta A_3)\, V_{01} + a_2 + a_3}{2\,^cK}\right],$$

$$^cK = (^cK^{**})_{c_{02} = c_{03}} - \frac{(\Delta A_2 + \Delta A_3)\, V_{01} + a_2 + a_3}{2} . \qquad \text{(XII,60)}$$

Die scheinbaren Werte ε^{**} und $^cK^{**}$ weichen also auch von den wirklichen Werten ε und ^cK ab, wenn $\Delta A_2 = \Delta A_3 = 0$, also $^x\!f_4/^x\!f_2\,^x\!f_3 = 1$, ist. Näherungsweise ist $a_2 \approx V_{01} - V_{02}$, also der Größenordnung nach $|a_2| \approx 0{,}01\ \text{l/mol}$; damit können bei Gleichgewichtskonstanten $^cK < 1$ l/mol die Abweichungen zwischen den experimentellen Werten ε^{**} und $^cK^{**}$und den wirklichen Werten ε und ^cK wesentlich und insbesondere bei sehr kleinen ^cK-Werten von vergleichbarer Größenordnung werden. Diese Volumeffekte verschwinden genau wie die Aktivitätseffekte auch bei beliebig kleinen Konzentrationen nicht.

Die Verwendung von Molenbrucheinheiten anstelle von Molaritätseinheiten ist auch wegen dieser Volumeffekte zu bevorzugen.

Durch Messung von $^xK^*$ und ε^* nach den verschiedenen Methoden $(x_{02} \gg x_{03},\ x_{02} \ll x_{03},\ x_{02} = x_{03})$ könnte die Größenordnung der Aktivitätseffekte untersucht werden. Dieses würde nur versagen, wenn $\Delta A_2 \approx \Delta A_3$ ist, was aber wegen der im allgemeinen wesentlich verschiedenen Struktur und Polarität der Donator- und Acceptormoleküle nicht zu erwarten ist. Ein Beispiel ist die nach verschiedenen Methoden bestimmte Gleichgewichtskonstante des EDA-Komplexes Pikrinsäure-Naphthalin in Chloroform:

$$(^cK^{**})_{c_{02} \gg c_{03}} = 0{,}99^a,\ 1{,}1^b\ \text{l/mol};$$

$$(^cK^{**})_{c_{02} = c_{03}} = 2{,}4^c,\ 3{,}6 \pm 30\%\ (\text{oder schlechter})^d\ \text{l/mol};$$

$$^cK_V^{**} \qquad\quad = 2{,}17^e,\ 1{,}60^f,\ 2{,}31^g\ \text{l/mol}.$$

a) Ross und Kuntz[1]; b) Foster[2]; c) graphische Bestimmung nach Foster[2]; d) numerische Bestimmung aus den Meßdaten von Foster[2]; e) Moore usw.[3]; f) Gardner und Stump[4] nach (XII,141) s. S. 235; g) Gardner und Stump[4] mit Berücksichtigung der Löslichkeitserniedrigungskonstante k und $c_2 = c_{02} - c_4$ (vgl. S. 235).

$^cK_V^{**}$ ist nach der Methode des Verteilungsgleichgewichts bestimmt (vgl. S. 234). Die Gleichgewichtskonstanten sind ohne Fehlerangabe veröffentlicht und daher teilweise für einen Vergleich etwas unsicher. Weiterhin beziehen sich alle Werte auf Molaritätseinheiten; daher ist die Differenz zwischen den Gleichgewichtskonstanten auch durch die Volumeffekte bedingt, aber sicherlich nur zu einem kleinen Anteil.

Offensichtlich scheint die Vernachlässigung der Aktivitätskoeffizienten bei weitem nicht so gerechtfertigt zu sein, wie es im allgemeinen angenommen wird. Würde für eine Lösung mit $x_{02} = 10^{-2}$ das Verhältnis $^x\!f_4/^x\!f_2\,^x\!f_3 = 1{,}01$, ist also der Faktor der Aktivitätskoeffizienten bei dieser relativ großen Donatorkonzentration nur um 1% von eins abweichend, so wird $\Delta A_2 = 1$. Daher müssen tatsächlich relativ große Aktivitätseffekte als möglich erachtet werden.

d) Graphische Auswertung der Benesi-Hildebrand-Gleichungen

Für eine graphische Auswertung der Meßergebnisse wird häufig $c_{03}/^cD$ als Funktion von $1/x_{02}$ (bzw. von $1/c_{02}$) nach

$$\frac{c_{03}}{^cD} = \frac{1}{\varepsilon} + \frac{1}{{}^xK\varepsilon} \frac{1}{x_{02}} \tag{XII,61}$$

(aus Gl. XII,36) aufgetragen. Günstiger ist im allgemeinen eine Darstellung von $x_{02}c_{03}/^cD$ als Funktion von x_{02} nach Gl. (XII,36) oder eine analoge Darstellung der Gl. (XII,34) oder (XII,35) (s. Beispiel S. 216 u. f.).

Im Falle einer sehr geringen EDA-Komplexbildung (δ, S. 203) wird nach (XII,39)

$$\frac{c_{03}}{^cD} = \frac{1}{{}^xK\varepsilon} \cdot \frac{1}{x_{02}}. \tag{XII,62}$$

[1] S. D. Ross u. I. Kuntz: J. Am. Chem. Soc. **76**, 74 (1954).
[2] R. Foster: J. Chem. Soc. (London) **1957**, 5098.
[3] Moore, Shepherd u. Goodall: J. Chem. Soc. (London) **1931**, 1447.
[4] P. D. Gardner u. W. E. Stump: J. Am. Chem. Soc. **79**, 2759 (1957).

Die Darstellung von $c_{03}/{}^cD$ als Funktion von $1/x_{02}$ liefert dann eine Gerade mit der Steigung $1/\varepsilon\,{}^xK$. Jedoch können Meßfehler innerhalb der üblichen Ungenauigkeit einen endlichen Ordinatenabschnitt und damit die Möglichkeit der Bestimmung von ε vortäuschen. So wurden von BHATTACHARYA und BASU[1] die Gleichgewichtskonstanten und Extinktionskoeffizienten von sechs Molekülverbindungen von Jod mit aromatischen Kohlenwasserstoffen bestimmt, jedoch ist mit den veröffentlichten Meßdaten tatsächlich nur in einem Falle (Pyren) die getrennte Bestimmung von ε und ${}^cK$ möglich, bei den fünf weiteren Kohlenwasserstoffen liefert der Anstieg nur $\varepsilon \cdot {}^cK$. Dagegen gibt die Darstellung von $x_{02}c_{03}/{}^cD$ als Funktion von x_{02} nach (XII,39) einen von x_{02} unabhängigen konstanten Wert $1/\varepsilon^xK$, so daß die Unmöglichkeit der getrennten Bestimmung von ε und ${}^xK$ sofort zu erkennen ist.

Nur im seltenen Falle einer sehr starken Komplexbildung ist in sehr konzentrierten Lösungen [Fall (ε), S. 203)] eine Darstellung von $c_{03}/{}^cD$ als Funktion von $1/x_{02}$ günstiger, denn bei praktisch vollständigem Umsatz, wird $c_{03}/{}^cD = \varepsilon$ unabhängig von der Konzentration x_{02}.

Wegen der unvermeidbaren Streuung der einzelnen Meßpunkte ergibt die graphische Bestimmung von ε und ${}^xK$ bzw. ${}^cK$ nicht immer und unbedingt eine ausreichende Genauigkeit; insbesondere ist keine Aussage über die Fehler der Resultate möglich. Besser sollten daher die Meßdaten immer numerisch ausgewertet werden.

e) Numerische Bestimmung von ε und ${}^xK$ (bzw. ${}^cK$) für einen 1:1-Komplex. Auswertung der vollständigen Gleichungen (XII,31), (XII,32) und (XII,33). Numerische Auswertung der Benesi-Hildebrand-Gleichungen[2]

Experimentell können für jede Lösung k $(k = 1, \ldots, q)$ die Einwaagekonzentrationen $(c_{02})_k$, $(c_{03})_k$ und die optischen Dichten D_{ik}, definiert durch Gl. (XII,5), bei den Frequenzen i $(i = 1, \ldots, p)$ bestimmt werden. Zeigen die Donator- und die Acceptorkomponente im interessierenden Frequenzbereich ebenfalls eine optische Absorption, dann sind weiterhin die Extinktionskoeffizienten ε_{2i} bzw. ε_{3i} bei den Frequenzen i zu bestimmen.

Der relative Fehler d der optischen Dichte ist bei Verwendung der üblichen Spektralphotometer im günstigen Meßbereich (Extinktion 0,3 bis 1,2) bei sorgfältigen Messungen etwa konstant: $d \approx 0{,}01 - 0{,}02$. Die relativen Fehler der Einwaagekonzentrationen können bei Herstellung der Lösungen durch Einwiegen von Komponenten und Lösungsmittel im allgemeinen so klein gehalten werden, daß man sie praktisch gegenüber den Fehlern der optischen Dichten vernachlässigen kann. Dementsprechend ist der relative Fehler der Extinktionskoeffizienten der Komponenten ebenfalls etwa gleich d.

Sind die Extinktionskoeffizienten von D und A konzentrationsunabhängig, so können nach (XII,7) die Größen ${}^cD_{ik}$ für alle Lösungen k und Frequenzen i bestimmt werden. Der relative Fehler e_{ik} von ${}^cD_{ik}$ wird

---

[1] R. BHATTACHARYA u. S. BASU: Trans. Faraday Soc. **54**, 1286 (1958).
[2] W. LIPTAY: Z. Elektrochem. **65**, 375 (1961).

nach dem Fehlerfortpflanzungsgesetz[1]

$$e_{ik} = \frac{\sqrt{D_{ik}^2 + \varepsilon_{2i}^2 (c_{02})_k^2 + \varepsilon_{3i}^2 (c_{03})_k^2}}{{}^cD_{ik}}\, d\ .$$ (XII,63)

Aus den Werten ${}^cD_{ik}$ werden nach (XII,11) die Werte ζ_{ik} berechnet. Der relative Fehler f_{ik} der Größen ζ_{ik} ist

$$f_{ik} = \sqrt{e_{ik}^2 + e_{mk}^2}.$$ (XII,64)

Liegt in der Lösung nur ein Komplex vor, dann muß die Beziehung (XII,13) innerhalb des Fehlers f_{ik} erfüllt sein. Stehen Messungen über einen genügend großen Frequenzbereich zur Verfügung und ist die Streuung der ζ_{ik}, für jede der Frequenzen i, nicht größer als f_{ik}, dann ist die Konzentrationsunabhängigkeit der Extinktionskoeffizienten und die Bildung eines einzigen Komplexes im allgemeinen bestätigt (vgl. S. 197 und Ausnahme bei isomeren Komplexen, S. 229). Aus den Werten ζ_{ik} kann man für jede Frequenz i einen arithmetischer Mittelwert $\bar\zeta_i$ über alle Lösungen k bilden (s. Beispiel S. 212 u. 216). Sind die relativen Fehler f_{ik} der ζ_{ik} wesentlich verschieden, so können bei der Mittelwertbildung entsprechende Gewichte eingeführt werden, was aber nur selten erforderlich ist. Die $\bar\zeta_i$ ermöglichen die Berechnung von ${}^cD_{mk}$ bei der Frequenz m aus jedem ${}^cD_{ik}$ bei der Frequenz i nach

$$^cD_{mk} = \frac{{}^cD_{ik}}{\bar\zeta_i}.$$ (XII,65)

Aus den Werten ${}^cD_{mk}$ kann für jede Lösung ein arithmetischer Mittelwert $\overline{{}^cD}_k$ gebildet werden (wobei unter Umständen statistische Gewichte eingeführt werden können).

Die relativen Fehler e_{ik} der ${}^cD_{ik}$ werden nur zu einem kleinen Anteil durch statistische Streuungen bedingt, im wesentlichen dagegen durch systematische Fehler verursacht. Daher wird bei obiger Mittelwertsbildung der relative Fehler h_k der Mittelwerte $\overline{{}^cD}_k$ nicht wesentlich besser als der relative Fehler e_{ik} der ${}^cD_{ik}$. Für die weitere Ausgleichs- und Fehlerrechnung ist eine ausreichende Näherung h_k gleich dem kleinsten der e_{ik} für jede Lösung k zu setzen.

Die Mittelwertsbildung ergibt also keine wesentlichen Verbesserungen der Meßergebnisse. Jedoch können einzelne Meßpunkte, die aus irgendeinem Grunde falsch liegen, an der Abweichung vom Mittelwert erkannt werden und bei der Rechnung unberücksichtigt bleiben. Wurde für ein System bereits die Konzentrationsunabhängigkeit der Extinktionskoeffizienten und das Vorliegen nur eines Komplexes bestätigt, dann ist es nicht notwendig, die optische Dichte bei einer großen Anzahl von Frequenzen zu bestimmen. Es genügt dann bei einigen Frequenzen, die so gewählt werden, daß e_{ik} minimal wird, zu messen und auszuwerten, ohne daß ein nennenswerter Verlust an Genauigkeit eintritt.

---

[1] Für Ausgleichs- und Fehlrechnung siehe z. B.: B. BAULE: Die Mathematik des Naturforschers und Ingenieurs, Bd. II. Leipzig 1959.

Unter Verwendung des Mittelwertes $\overline{{}^cD}_k$ wird Gl. (XII,33) zu

$$\left(\frac{x_{02}c_{03}}{\overline{{}^cD}}\right)_k + \frac{1}{\varepsilon^2}\,({}^c\overline{D}\,\overline{V})_k = \frac{1}{{}^xK\varepsilon} + \frac{1}{\varepsilon}\,(x_{02} + x_{03})_k \qquad \text{(XII,66)}$$

oder

$$y_k + \frac{1}{\varepsilon^2}\,z_k = a + b\,x_k\,.$$

Der relative Fehler der linken Seite von (XII,66) ist praktisch gleich dem relativen Fehler von $\overline{{}^cD}_k$, also gleich h_k. Es ist immer $x_{02}\,x_{03} > x_4^2$, also auch $(x_{02}c_{03}/\overline{{}^cD})_k > ({}^c\overline{D}\,V)_k/\varepsilon^2$, d. h. der zweite Term der linken Seite von (XII,66) ist bei allen praktisch auftretenden Fällen wesentlich kleiner als der erste Term (jedoch ist der Größenunterschied nicht immer so groß, daß eine Vernachlässigung berechtigt ist). Demnach wird der absolute Fehler der linken Seite von (XII,66) für eine Lösung k in guter Näherung $H_k = h_k\,(x_{02}c_{03}/\overline{{}^cD})_k$ und der Meßpunkt ist bei einer Ausgleichsrechnung mit dem Gewicht H_k^{-2} zu belegen.

Wegen der gegebenen Voraussetzung $(x_{02}c_{03}/\overline{{}^cD})_k > ({}^c\overline{D}\,V_k)/\varepsilon^2$, ist es bei der Ausgleichsrechnung möglich, die Variation des Koeffizienten $1/\varepsilon^2$ zu vernachlässigen. Mit der Bedingung für die Berechnung der besten Werte a und b nach der Methode der kleinsten Fehlerquadrate:

$$\sum_k H_k^{-2}\left(a + b\,x_k - y_k - \frac{1}{\varepsilon^2}\,z_k\right)^2 = \text{Min!}$$

folgt

$$a\,[H^{-2}] + b\,[x\,H^{-2}] = [y\,H^{-2}] + \frac{1}{\varepsilon^2}\,[z\,H^{-2}]\,,$$

$$a\,[x\,H^{-2}] = b\,[x^2\,H^{-2}] + [x\,y\,H^{-2}] + \frac{1}{\varepsilon^2}\,[x\,z\,H^{-2}]\,, \qquad \text{(XII,67)}$$

mit

$$S_1 = [y\,H^{-2}] = \sum_k \frac{1}{h_k^2}\left(\frac{\overline{{}^cD}}{x_{02}c_{03}}\right)_k,$$

$$S_2 = [H^{-2}] = \sum_k \frac{1}{h_k^2}\left(\frac{\overline{{}^cD}}{x_{02}c_{03}}\right)_k^2,$$

$$S_3 = [x\,y\,H^{-2}] = \sum_k \frac{1}{h_k^2}\,(x_{02} + x_{03})_k\left(\frac{\overline{{}^cD}}{x_{02}c_{03}}\right)_k,$$

$$S_4 = [x\,H^{-2}] = \sum_k \frac{1}{h_k^2}\,(x_{02} + x_{03})_k\left(\frac{\overline{{}^cD}}{x_{02}c_{03}}\right)_k^2, \qquad \text{(XII,68)}$$

$$S_5 = [x^2\,H^{-2}] = \sum_k \frac{1}{h_k^2}\,(x_{02} + x_{03})_k^2\left(\frac{{}^cD}{x_{02}c_{03}}\right)_k^2,$$

$$S_6 = [z\,H^{-2}] = \sum_k \frac{1}{h_k^2}\,({}^c\overline{D}\,\overline{V})_k\left(\frac{\overline{{}^cD}}{x_{02}c_{03}}\right)_k^2,$$

$$S_7 = [x\,z\,H^{-2}] = \sum_k \frac{1}{h_k^2}\,({}^c\overline{D}\,\overline{V})_k\,(x_{02} + x_{03})_k\left(\frac{\overline{{}^cD}}{x_{02}c_{03}}\right)_k^2.$$

Die Summation erfolgt über alle Meßpunkte ($k = 1$ bis $k = q$).

Mit

$$\Delta_a = \begin{vmatrix} S_2 & S_1 \\ S_4 & S_3 \end{vmatrix}, \quad \Delta_b = \begin{vmatrix} S_1 & S_4 \\ S_3 & S_5 \end{vmatrix},$$

$$\Delta_c = \begin{vmatrix} S_2 & S_6 \\ S_4 & S_7 \end{vmatrix}, \quad \Delta_d = \begin{vmatrix} S_6 & S_4 \\ S_7 & S_5 \end{vmatrix}, \qquad \text{(XII,69)}$$

$$\Delta = \begin{vmatrix} S_2 & S_4 \\ S_4 & S_5 \end{vmatrix}$$

wird[1]

$$\varepsilon = \frac{\Delta}{\Delta_a + \dfrac{1}{\varepsilon^2}\,\Delta_c} = \frac{\Delta}{2\Delta_a} + \sqrt{\left(\frac{\Delta}{2\Delta_a}\right)^2 - \frac{\Delta_c}{\Delta_a}}\,,$$

$$^xK\varepsilon = \frac{\Delta}{\Delta_b + \dfrac{1}{\varepsilon^2}\,\Delta_d}\,, \quad ^xK = \frac{\Delta_a + \dfrac{1}{\varepsilon^2}\,\Delta_c}{\Delta_b + \dfrac{1}{\varepsilon^2}\,\Delta_d}\,. \qquad \text{(XII,70)}$$

Der relative mittlere Fehler von ε, $^xK\varepsilon$, und ^xK: m_ε, $m_{K\varepsilon}$ und m_K wird nach dem Fehlerfortpflanzungsgesetz

$$m_\varepsilon = \varepsilon \sqrt{\frac{S_2}{\Delta}}\,, \quad m_{K\varepsilon} = {^xK\varepsilon}\sqrt{\frac{S_5}{\Delta}}\,, \quad m_K = \sqrt{m_\varepsilon^2 + m_{K\varepsilon}^2}\,. \qquad \text{(XII,71)}$$

Die relative Abweichung eines einzelnen Meßpunktes ist

$$w_k = \left[\frac{1}{^xK\varepsilon} + \frac{1}{\varepsilon}\,(x_{02} + x_{03})_k - \frac{1}{\varepsilon^2}\,(^cD\overline{V})_k\right]\left(\frac{^cD}{x_{02}c_{03}}\right)_k - 1\,. \qquad \text{(XII,72)}$$

Ist bei einem Meßpunkt $|w_k| > h_k$, so weist dieses auf einen Meßfehler, insbesondere auf eine fehlerfreie Einwaage, hin. Dieser Meßpunkt sollte bei der Auswertung unberücksichtigt bleiben. Besitzen die w_k einen Gang, d. h. durchlaufen die w_k als Funktion von $(x_{02} + x_{03})_k$ zweimal den Wert Null, so bedeutet dieses, daß ^xK nicht konzentrationsunabhängig ist, oder aber überhaupt ein falsches Gleichgewicht der Rechnung zugrunde liegt, also kein 1 : 1-Gleichgewicht vorliegt.

Diese Methode ermöglicht also eine relativ einfache Auswertung der Gl. (XII,33) praktisch ohne jede Vernachlässigung. Entsprechende Gleichungen für die Auswertung von (XII,31) und (XII,32) können vollkommen analog entwickelt werden [bei der Auswertung von (XII,31) ist in obigen Gln. $(c_{03})_k$ durch $(x_{03}/\overline{V})_k$ und bei der Auswertung von (XII,32) ist $(x_{02})_k$ durch $(c_{02})_k$, $(x_{03})_k$ durch $(c_{03})_k$ und $(^cD\overline{V})_k$ durch ^cD_k zu ersetzen].

Häufig sind noch einige Vereinfachungen möglich. Ist der relative Fehler h_k der ^cD_k für alle Lösungen praktisch konstant $h_k = h$, dann kann die Größe h_k^{-2} aus den Summen (XII,68) herausgezogen werden und kürzt sich bei der Berechnung von ε, $^xK\varepsilon$ und ^xK nach (XII,70). Die Summen können also in diesem Falle ohne die Größe h_k^{-2} gebildet werden, jedoch sind dann für die Berechnung der relativen mittleren Fehler nach (XII,71) die Wurzelausdrücke mit h zu multiplizieren (s. Beispiel Naphthalin-s-Trinitrobenzol).

---

[1] Über die weitere Berechnung des Extinktionskoeffizienten des Komplexes s. S. 219.

Im Falle α), S. 202, $x_{02} \gg x_{03}$, ist für die Auswertung der Benesi-Hildebrand-Gleichung (XII,36) in den Summen S_3, S_4 und S_5 die Größe $(x_{02} + x_{03})_k$ durch $(x_{02})_k$ zu ersetzen; die Summen S_6 und S_7 und die Determinanten $\varDelta_c$ und $\varDelta_d$ werden gleich null. Also müssen nur fünf statt sieben Summen gebildet werden. Bei der Bestimmung der relativen Abweichung eines einzelnen Meßpunktes nach (XII,72) ist das Glied $(\overline{{}^cD\,V})_k/\varepsilon^2$ zu vernachlässigen. Bei Anwendung dieser Approximation sollte immer $(x_4)_k$ aus $(\overline{{}^cD\,V})_k/\varepsilon = (x_4)_k$ berechnet und die zugrunde liegende Voraussetzung $(x_4)_k \ll (x_{02})_k$ überprüft werden. Mittels den oben angegebenen Substitutionen sind die Gln. (XII,34) und (XII,35) analog auszuwerten (s. Beispiel Benzol-s-Trinitrobenzol).

1. Beispiel: EDA-Komplex von Naphthalin mit s-Trinitrobenzol. Als erstes Beispiel einer numerischen Auswertung betrachten wir die Bildung des EDA-Komplexes von Naphthalin mit s-Trinitrobenzol in Tetrachlorkohlenstoff[1]. In Tab. 84 sind für sechs Lösungen ($k = 1$ bis 6) und 19 Frequenzen ($i = 1$ bis 19) die optischen Dichten und der molare Extinktionskoeffizient ε_3 von s-Trinitrobenzol in Tetrachlorkohlenstoff angegeben. Das Lösungsmittel und der Donator, Naphthalin, zeigen im untersuchten Frequenzbereich keine Absorption. Die Einwaagekonzentrationen der Lösungen sind aus Tab. 88 zu ersehen. Nach der Gl.(XII,7) werden die Werte ${}^cD_{ik}$ berechnet [Tab. 85; diese Tabelle entspricht der Matrix (XII,9)]. Der relative Fehler e_{ik} der ${}^cD_{ik}$ nach (XII,63) variiert etwa von 0,02—0,035 ($d = 0,02$).

Unter Verwendung der maximalen Werte von ${}^cD_{ik}$ (also bei $m = 15$, $\tilde{\nu} = 27,03 \cdot 10^3$ cm^{-1}) werden nach (XII,11) die Werte ζ_{ik} berechnet [Tab. 86; diese Tabelle entspricht der Matrix (XII,12)]. Der relative Fehler f_{ik} der ζ_{ik} ist nach (XII,64) etwa 0,03—0,05. Tatsächlich ist die Beziehung (XII,13) innerhalb dieses Fehlers gut erfüllt, also sind die Extinktionskoeffizienten konzentrationsunabhängig und es liegt sicherlich nur ein Gleichgewicht vor. In Tab. 75 sind die arithmetischen Mittelwerte $\bar{\zeta}_i$ der ζ_{ik} angeführt. Mit diesen Werten wird nach (XII,65) $\overline{{}^cD}_{mk}$ berechnet (Tab. 87) und der Mittelwert $\overline{{}^cD}_k$ gebildet.

Die Einwaagekonzentrationen x_{02} und x_{03} sind von vergleichbarer Größenordnung (Tab. 87). Also ist die Auswertung nach (XII,66) ohne Vernachlässigung durchzuführen. Der relative Fehler h_k der $\overline{{}^cD}_k$ ist bei dem betrachteten Beispiel konstant $h_k = h = 0,02$. Daher sind die Summen (XII,68) ohne Berücksichtigung der relativen Fehler h_k zu bilden (Tab. 88). Damit werden die Determinanten (XII,69):

$$\varDelta_a = 3,7625 \cdot 10^{12}, \qquad \varDelta_b = 9,2643 \cdot 10^{10}, \qquad \varDelta = 5,5402 \cdot 10^{15},$$
$$\varDelta_c = 14,4416 \cdot 10^{16}, \qquad \varDelta_d = 6,4908 \cdot 10^{13}.$$

Die Berechnung nach (XII,70) führt schließlich zu

$$\varepsilon = 1,446 \cdot 10^3, \quad {}^xK\varepsilon = 5,98 \cdot 10^4, \quad {}^xK = 41,3.$$

---

[1] G. Briegleb u. J. Czekalla: Z. Elektrochem. **59**, 184 (1955).

Die Summen (XII,68), Tab. 88, wurden ohne Berücksichtigung der relativen Fehler h_k gebildet; daher sind bei der Berechnung der mittleren relativen Fehler von ε, $^xK\varepsilon$ und ^xK nach (XII,71) die Wurzelausdrücke mit h zu multiplizieren und es wird im betrachteten Beispiel

$$m_\varepsilon = 1,6 \cdot h \sim 3\%, \quad m_{K\varepsilon} = 1,4 \cdot h \sim 3\%, \quad m_K = 2 \cdot h \sim 4\%.$$

Tabelle 84. *Optische Dichte D der Lösungen von Naphthalin und s-Trinitrobenzol in Tetrachlorkohlenstoff bei 20° C*

i	k $\tilde{\nu} \cdot 10^{-3}$ (cm^{-1})	1 D_{i1} (cm^{-1})	2 D_{i2} (cm^{-1})	3 D_{i3} (cm^{-1})	4 D_{i4} (cm^{-1})	5 D_{i5} (cm^{-1})	6 D_{i6} (cm^{-1})	ε_3 (cm^{-1} mol^{-1} l)
1	22,73	0,068	0,065	0,184	0,217	0,316	0,266	
2	22,83	0,087	0,084	0,230	0,274	0,394	0,336	
3	22,94	0,109	0,105	0,290	0,342	0,493	0,419	
4	23,04	0,137	0,132	0,359	0,430	0,614	0,518	0,1
5	23,15	0,169	0,164	0,448	0,524	0,746	0,639	0,2
6	23,26	0,212	0,205	0,555	0,652	0,916	0,782	0,4
7	23,36	0,260	0,252	0,675	0,794	1,124	0,927	0,52
8	23,47	0,322	0,311	0,817	0,963	1,362		0,86
9	23,58	0,387	0,376	0,983	1,175	1,627		1,24
10	23,81	0,545	0,527	1,377	1,619	2,29	1,962	2,35
11	24,39	1,096	1,077	2,74	3,23	4,43	3,83	7,61
12	25,00	1,716	1,683	4,29	5,03	6,97	6,01	17,7
13	25,64	2,31	2,26	5,76	6,74	9,29	7,94	36,1
14	26,32	2,82	2,74	6,90	8,09	11,18	9,71	61,7
15	27,03	3,15	3,07	7,58	8,88	12,25	10,61	96,4
16	27,78	3,30	3,21	7,71	9,04	12,22	10,76	135,5
17	28,57	3,33	3,23	7,52	8,73	11,84	10,32	175,2
18	29,41	3,41	3,30	7,43	8,66	11,58	10,08	204,7
19	30,30	3,67	3,55	7,90	9,25	12,27	10,44	225,7

Tabelle 85. $^cD_{ik}$ *berechnet nach Gl.* (XII,7)

i	k 1 $^cD_{i1}$	2 $^cD_{i2}$	3 $^cD_{i3}$	4 $^cD_{i4}$	5 $^cD_{i5}$	6 $^cD_{i6}$
1	0,068	0,065	0,184	0,217	0,316	0,266
2	0,087	0,084	0,230	0,274	0,394	0,336
3	0,109	0,105	0,290	0,342	0,493	0,419
4	0,136	0,131	0,358	0,429	0,613	0,517
5	0,168	0,163	0,446	0,522	0,744	0,637
6	0,209	0,202	0,551	0,647	0,911	0,778
7	0,257	0,249	0,670	0,788	1,118	0,921
8	0,316	0,306	0,809	0,953	1,351	
9	0,379	0,368	0,971	1,161	1,612	
10	0,259	0,512	1,345	1,593	2,26	1,937
11	1,045	1,029	2,67	3,14	4,34	3,75
12	1,598	1,572	4,12	4,83	6,75	5,82
13	2,07	2,03	5,41	6,33	8,84	7,55
14	2,41	2,35	6,30	7,39	10,42	9,05
15	2,51	2,46	6,65	7,79	11,06	9,57
16	2,39	2,36	6,40	7,51	10,54	9,30
17	2,16	2,13	5,82	6,75	9,67	8,44
18	2,04	2,01	5,45	6,35	9,05	7,88
19	2,16	2,13	5,72	6,71	9,48	8,01

Die relativen Abweichungen der einzelnen Meßpunkte w_k (XII,72), Tab. 88, sind alle unter 1%. Also ist ^xK im untersuchten Meßbereich tatsächlich konstant, und das System genügt quantitativ dem angenommenen 1 : 1-Gleichgewicht.

Die Auswertung des betrachteten Beispiels nach der vereinfachten Benesi-Hildebrand-Gleichung (XII,36) mittels der gleichen Methode,

Tabelle 86. ζ_{ik} *berechnet nach Gl.* (XII,11)

$i \backslash k$	1 ζ_{i1}	2 ζ_{i2}	3 ζ_{i3}	4 ζ_{i4}	5 ζ_{i5}	6 ζ_{i6}	$\bar\zeta_i$
1	0,0271	0,0264	0,0277	0,0279	0,0286	0,0278	0,0276
2	0,0347	0,0342	0,0346	0,0352	0,0356	0,0351	0,0349
3	0,0434	0,0427	0,0436	0,0439	0,0446	0,0438	0,0437
4	0,0542	0,0532	0,0538	0,0551	0,0554	0,0540	0,0543
5	0,0669	0,0663	0,0671	0,0670	0,0673	0,0666	0,0669
6	0,0833	0,0821	0,0828	0,0831	0,0824	0,0813	0,0825
7	0,1024	0,1012	0,1007	0,1011	0,1010	(0,0963)	0,1013
8	0,1259	0,1244	0,1216	0,1223	0,1221		0,1232
9	0,1510	0,1496	0,1460	0,1490	0,1456		0,1482
10	(0,211)	(0,208)	0,204	0,204	0,204	0,203	0,204
11	(0,416)	(0,418)	0,402	0,403	0,392	0,392	0,398
12	0,637	0,639	0,620	0,620	0,610	0,608	0,623
13	0,825	0,825	0,814	0,812	0,799	0,789	0,811
14	0,961	0,956	0,948	0,949	0,942	0,946	0,951
15	1,000	1,000	1,000	1,000	1,000	1,000	1,000
16	0,952	0,959	0,963	0,964	0,952	0,972	0,960
17	0,861	0,866	0,875	0,866	0,874	0,882	0,871
18	0,813	0,817	0,820	0,815	0,818	0,824	0,818
19	0,857	0,866	0,860	0,862	0,857	(0,837)	0,860

Tabelle 87. $^cD_{mk}$ *berechnet nach Gl.* (XII,65)

$i \backslash k$	1	2	3	4	5	6
1	(2,46)	(2,36)	6,67	7,86	(11,45)	9,64
2	2,49	2,41	6,59	7,85	11,29	9,62
3	2,49	2,40	6,54	7,83	11,28	9,59
4	2,50	2,41	6,59	7,90	11,28	9,52
5	2,51	2,44	6,66	7,80	11,12	9,52
6	2,53	2,45	6,68	7,84	11,04	9,43
7	2,54	2,46	6,61	7,78	11,03	
8	2,57	2,48	6,56	7,74	10,96	
9	2,56	2,48	6,55	7,84	10,88	
10			6,64	7,81	11,08	9,50
11			6,71	7,89	10,91	9,42
12	2,57	2,52	6,61	7,75	10,83	9,34
13	2,55	2,50	6,67	7,80	10,89	9,30
14	2,53	2,47	6,62	7,77	10,95	9,51
15	2,51	2,46	6,65	7,79	11,06	9,57
16	2,49	2,46	6,67	7,82	10,97	9,69
17	2,48	2,44	6,68	7,75	11,09	9,69
18	2,49	2,46	6,66	7,76	11,06	9,63
19	2,51	2,48	6,65	7,80	11,02	
$\overline{^cD}_k$	2,52	2,46	6,63	7,81	11,04	9,53

aber unter Vernachlässigung des Gliedes $(\overline{{}^cD}\,\overline{V}_k)/\varepsilon^2$, würde ergeben:

$$\varepsilon = 1{,}473 \cdot 10^3, \quad {}^xK\varepsilon = 5{,}98 \cdot 10^4, \quad {}^xK = 40{,}6 \,.$$

Die Verbesserung, die bei der Auswertung der vollständigen Gleichung (XII,66) erreicht wird, ist also von der gleichen Größenordnung wie die Genauigkeit der Ergebnisse. Bei anderen Beispielen, insbesondere im Falle $x_{02} \approx x_{03}$ und großen ${}^xK$, kann die Verbesserung wesentlich größer sein.

Tabelle 88. Berechnung von ε und ^xK

k	$(x_{02})_k \cdot 10^2$	$(x_{03})_k \cdot 10^3$	$(c_{02})_k \cdot 10^3$ (mol/l)	$(c_{03})_k \cdot 10^3$ (mol/l)	$\overline{V}_k \cdot 10^1$ (l/mol)	$\overline{{}^cD}_k$ (cm^{-1})	$\overline{{}^xD}_k \cdot 10^1$ (cm^{-1} mol^{-1} l)
1	0,874	0,646	9,04	6,68	0,967	2,52	2,44
2	0,910	0,608	9,41	6,29	0,968	2,46	2,38
3	2,208	0,940	22,73	9,68	0,971	6,63	6,44
4	2,300	1,194	23,69	11,27	0,971	7,81	7,58
5	3,928	1,207	40,27	12,38	0,976	11,04	10,78
6	3,937	1,049	40,36	10,75	0,976	9,53	9,30

k	$\left(\dfrac{\overline{{}^cD}}{x_{02}c_{03}}\right)_k \cdot 10^{-4}$	$\left(\dfrac{\overline{{}^cD}}{x_{02}c_{03}}\right)^2_k \cdot 10^{-9}$	$(x_{02}+x_{03})_k\,x\!\left(\dfrac{\overline{{}^cD}}{x_{02}c_{03}}\right)_k \cdot 10^{-2}$	$\left[(x_{02}+x_{03})\,x\!\left(\dfrac{\overline{{}^cD}}{x_{02}c_{03}}\right)\right]^2_k \cdot 10^{-5}$	$(x_{02}+x_{03})_k\,x\!\left(\dfrac{\overline{{}^cD}}{x_{02}c_{03}}\right)^2_k \cdot 10^{-7}$	$\dfrac{\overline{{}^xD}_k}{\overline{{}^cD}}\,x\!\left(\dfrac{}{x_{02}c_{03}}\right)^2_k \cdot 10^{-8}$	$\dfrac{\overline{{}^xD}_k}{\overline{{}^cD}}(x_{02}x_{03})_k\,x\!\left(\dfrac{}{x_{02}c_{03}}\right)_k \cdot 10^{-6}$	$w_k \cdot 10^3$
1	4,3165	1,8632	4,0532	1,6428	1,7495	4,541	4,264	−2,7
2	4,2977	1,8470	4,1731	1,7415	1,7934	4,398	4,270	+1,5
3	3,1020	0,9622	7,1408	5,0991	2,2150	6,195	14,260	+3,0
4	3,0130	0,9078	7,2884	5,3121	2,1960	6,885	16,654	−3,1
5	2,2703	0,5154	9,1924	8,4500	2,0869	5,553	22,486	+3,4
6	2,2517	0,5070	9,1014	8,2835	2,0493	4,761	19,061	−4,3
$\displaystyle\sum_{k=1}^{6}$	19,2512	6,6026	40,949	30,529	12,090	32,288	80,995	
	$S_1 \cdot h^2$	$S_2 \cdot h^2$	$S_3 \cdot h^2$	$S_5 \cdot h^2$	$S_4 \cdot h^2$	$S_6 \cdot h^2$	$S_7 \cdot h^2$	

Die Größen wurden in Molenbrucheinheiten ohne Berücksichtigung der Aktivitätskoeffizienten bestimmt, also sind es die scheinbaren Größen (XII,55)

$$(\varepsilon^*)_{x_{02} \gg x_{03}} = 1{,}45 \cdot 10^3 \;\text{cm}^{-1}\,\text{mol}^{-1}\,\text{l}, \quad ({}^xK^*)_{x_{02} \gg x_{03}} = 41{,}3 \,.$$

Eine Bestimmung in Molaritätseinheiten würde nach (XII,58) ergeben (mit $a_2 = -26{,}7 \cdot 10^{-3}$ l/mol):

$$({}^cK^{**})_{c_{02} \gg c_{03}} = ({}^xK^*)_{x_{02} \gg x_{03}} \cdot V_{01} + a_2 = 3{,}99 - 0{,}03 = 3{,}96 \;\text{l/mol} \,,$$

$$(\varepsilon^{**})_{c_{02} \gg c_{03}} = (\varepsilon^*)_{x_{03} \gg x_{03}}({}^xK^*)_{x_{02} \gg x_{03}} V_{01}/({}^cK^{**})_{c_{02} \gg c_{03}} = 1{,}44 \cdot 10^3 \;\text{cm}^{-1}\,\text{mol}^{-1}\,\text{l} \,.$$

Im vorliegenden Rechenbeispiel liegt also die Abweichung zwischen den Werten gemessen in Molenbruch- bzw. in Molaritätseinheiten noch innerhalb der Meßfehler.

2. Beispiel: EDA-Komplex von Benzol mit s-Trinitrobenzol. Als zweites Beispiel einer Auswertung betrachten wir die Bildung des EDA-Komplexes von Benzol mit s-Trinitrobenzol in Tetrachlorkohlenstoff[1]. In der Tab. 89 sind für fünf Lösungen ($k = 1$ bis 5) und elf Frequenzen ($i = 1$ bis 11) die Werte[2] $D_{ik} \cdot s$ und der molare Extinktionskoeffizient ε_3 von

Tabelle 89. *Optische Dichte der Lösungen von Benzol und s-Trinitrobenzol in Tetrachlorkohlenstoff bei 20° C*

Schichtdicke der Cuvette $s = 0{,}1043$ cm

i	$\tilde{\nu} \cdot 10^{-3}$ (cm^{-1})	1 $D_{i1} \cdot s$	2 $D_{i2} \cdot s$	3 $D_{i3} \cdot s$	4 $D_{i4} \cdot s$	5 $D_{i5} \cdot s$	ε_3 (cm^{-1} mol^{-1} l)
1	31,25	0,340	0,356	0,400	0,456	0,547	269
2	31,75	0,362	0,383	0,449	0,527	0,647	274
3	32,26	0,405	0,432	0,513	0,615	0,768	296
4	32,79	0,449	0,485	0,583	0,702	0,886	325
5	33,33	0,535	0,575	0,681	0,815	1,027	394
6	33,90	0,614	0,656	0,774	0,918	1,156	461
7	34,48	0,677	0,752	0,844	1,016	1,265	513
8	35,09	0,736	0,783	0,917	1,090	1,347	560
9	35,71	0,757	0,803	0,938	1,111	1,371	583
10	36,36	0,831	0,872	1,011	1,171	1,422	655
11	37,04	1,093	1,120	1,236	1,370	1,535	904

Tabelle 90. $^{c}D_{ik}s$ *berechnet nach Gl.* (XII,7)

(Relativer Fehler $e_{ik} \cdot 10^2$ berechnet nach (XII,63))

i	1 $^{c}D_{i1} \cdot s \;(e_{i1} \cdot 10^2)$	2 $^{c}D_{i2} \cdot s \;(e_{i2} \cdot 10^2)$	3 $^{c}D_{i3} \cdot s \;(e_{i3} \cdot 10^2)$	4 $^{c}D_{i4} \cdot s \;(e_{i4} \cdot 10^2)$	5 $^{c}D_{i5} \cdot s \;(e_{i5} \cdot 10^2)$
1	0,048 (19)	0,076 (12)	0,118 (8)	0,173 (6)	0,264 (5)
2	0,064 (15)	0,095 (10)	0,162 (7)	0,239 (5)	0,359 (4)
3	0,083 (12)	0,121 (9)	0,203 (6)	0,304 (5)	0,457 (4)
4	0,096 (12)	0,143 (8)	0,242 (6)	0,360 (4)	0,544 (3)
5	0,107 (13)	0,161 (9)	0,268 (6)	0,401 (5)	0,613 (4)
6	0,113 (14)	0,171 (10)	0,291 (6)	0,433 (5)	0,671 (4)
7	0,119 (15)	0,185 (10)	0,306 (7)	0,476 (5)	0,725 (4)
8	0,127 (15)	0,194 (10)	0,330 (7)	0,501 (5)	0,758 (4)
9	0,123 (16)	0,190 (11)	0,327 (7)	0,498 (5)	0,758 (4)
10	0,119 (18)	0,183 (12)	0,325 (8)	0,482 (6)	0,733 (4)
11	0,110 (27)	0,169 (17)	0,288 (11)	0,419 (8)	0,584 (6)

s-Trinitrobenzol in Tetrachlorkohlenstoff angegeben. Das Lösungsmittel und der Donator zeigen im untersuchten Frequenzbereich praktisch keine optische Absorption. Die Einwaagekonzentrationen der Lösungen sind aus Tab. 93 zu ersehen. Nach der Gl. (XII,7) werden die Werte $^{c}D_{ik} \cdot s$ ausgerechnet (Tab. 90). Neben jedem Wert $^{c}D_{ik} \cdot s$ steht der relative Fehler e_{ik} berechnet nach (XII,63) (mit $d = 0{,}02$). Die besten Werte

---

[1] loc. cit. Anm. 1, S. 212.

[2] Es wurden alle Messungen bei einer konstanten Schichtdicke s der Küvette durchgeführt. Daher ist es rechnerisch bequemer, vorerst mit den Werten $D_{ik} \cdot s$ usw. zu arbeiten.

$^cD_{ik}$ sind die bei der Frequenz $i = 4$ ($\tilde{\nu} = 32{,}79 \cdot 10^3$ cm^{-1}). Daher werden unter Verwendung dieser Werte, die ζ_{ik} nach (XII,11) berechnet ($m = 4$) und in Tab. 91 aufgeführt. Die Streuung der ζ_{ik} liegt durchwegs innerhalb der durch (XII,64) gegebenen relativen Fehler f_{ik}. Also sind innerhalb der gegebenen Genauigkeit die Extinktionskoeffizienten konzentrationsunabhängig und es liegt nur ein Komplex in der Lösung vor. Aus den ζ_{ik} wird für jede Frequenz i ein Mittelwert $\bar{\zeta}_i$ gebildet und nach (XII,65) $^cD_{mk} \cdot s$ berechnet (Tab. 92). Daraus werden die Mittelwerte $\overline{^cD}_k \cdot s$ und schließlich die Werte ^cD_k für alle Lösungen k ermittelt. Die relativen Fehler h_k der $\overline{^cD}_k$ sind etwa gleich dem minimalen relativen Fehler e_{ik} der $^cD_{ik}$ für jede Lösung k (vgl. S. 209).

Tabelle 91. *ζ_{ik} berechnet nach Gl.* (XII,11)

i \ k	1	2	3	4	5	$\bar{\zeta}_i$
1	0,500	0,532	0,488	0,480	0,485	(0,484)
2	0,667	0,664	0,669	0,664	0,660	0,664
3	0,865	0,846	0,839	0,844	0,840	0,842
4	1,000	1,000	1,000	1,000	1,000	1,000
5	1,115	1,126	1,108	1,114	1,126	1,12
6	1,177	1,196	1,202	1,202	1,233	1,21
7	1,240	1,294	1,264	1,321	1,332	1,31
8	1,323	1,356	1,364	1,391	1,394	1,38
9	1,281	1,329	1,351	1,383	1,394	1,37
10	1,240	1,280	1,344	1,339	1,341	(1,34)
11	1,146	1,181	1,190	1,164	1,073	(1,1)

Tabelle 92. *$^cD_{mk}s$ berechnet nach Gl.* (XII,65)

k	1	2	4	3	5
2	0,096	0,143	0,244	0,360	0,541
3	0,099	0,144	0,241	0,361	0,543
4	0,096	0,143	0,242	0,360	0,544
5	0,096	0,144	0,238	0,358	0,547
6	0,093	0,141	0,241	0,358	0,555
7	0,091	0,141	(0,234)	0,363	0,553
8	0,092	0,141	0,239	0,363	0,549
9	(0,090)	(0,139)	0,239	0,363	0,553
$\overline{^cD}_k \cdot s$	0,094	0,143	0,241	0,361	0,546
$\overline{^cD}_k$	0,90	1,37	2,31	3,46	5,23
$h_k \cdot 10^2$	12	8	6	4	3

Tabelle 93. *Berechnung von ε und ^cK*

k	$(c_{02})_k \cdot 10^1$ [mol/l]	$(c_{03})_k \cdot 10^2$ [mol/l]	$\overline{^cD}_k$ [cm^{-1}]	$h_k \cdot 10^{-2}$	$w_k \cdot 10^2$	$(c_4)_k \cdot 10^4$ [mol/l]
1	0,882	1,042	0,90	12	$-0{,}09$	2,80
2	1,426	1,008	1,37	8	$-1{,}19$	4,27
3	2,453	1,005	2,31	6	$+0{,}14$	7,20
4	3,790	1,008	3,46	4	$+0{,}56$	10,8
5	6,154	1,008	5,23	3	$-0{,}19$	16,3

Wie durch das Ergebnis zu beweisen sein wird, ist die Annahme $c_{02} \gg c_4$ berechtigt. Da die Konzentrationen nur in Molaritätseinheiten zur Verfügung stehen, ist für die Auswertung der Messungen Gl. (XII,35) zugrunde zu legen. In Abb. 91 wurden die Werte $c_{03}/{}^c\overline{D}$ als Funktion von $1/c_{02}$ graphisch dargestellt und in Abb. 92 die Werte $c_{02}c_{03}/{}^c\overline{D}$ als Funktion von c_{02} (vgl. S. 207).

Aus der ersten graphischen Darstellung ergibt sich

$$\varepsilon = 3{,}1 \cdot 10^3 \text{ cm}^{-1}\text{mol}^{-1}\,l\,,$$
$${}^cK\varepsilon = 1{,}06 \cdot 10^3 \text{cm}^{-1}\text{mol}^{-2}l^2,$$
$${}^cK = 0{,}34 \; l/\text{mol}.$$

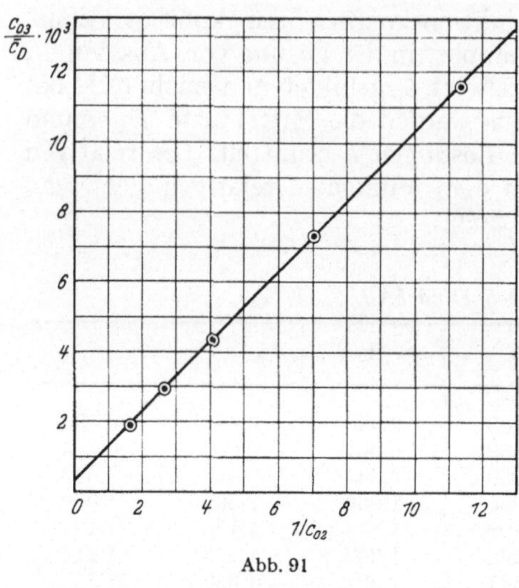

Abb. 91

Aus der zweiten graphischen Darstellung ergibt sich

$$\varepsilon = 3{,}17 \cdot 10^3 \text{cm}^{-1}\text{mol}^{-1}l,$$
$${}^cK\varepsilon = 1{,}008 \cdot 10^3 \text{cm}^{-1}\text{mol}^{-2}l^2,$$
$$K = 0{,}318 \; l/\text{mol}\,.$$

Die Meßpunkte liegen bei der ersten Darstellung so gut auf einer Geraden, daß eine Streuung nicht zu erkennen ist. Bei der zweiten Darstellung dagegen ist deutlich zu erkennen, daß eine Streuung vorliegt. Jedoch ist keine Aussage über die Genauigkeit der Ergebnisse zu machen.

Die numerische Berechnung erfolgt analog zum vorhergehenden Beispiel. Die einzelnen Meßpunkte besitzen verschiedene relative Fehler h_k (Tab. 93), daher müssen die Größen $1/h_k^2$ mit in die Summen (XII,68) genommen werden. Da die Annahme $(c_{02})_k \gg (c_4)_k$ gemacht wird und in Molaritätseinheiten zu rechnen ist, ist in den Summen (XII,68) $(x_{02})_k$

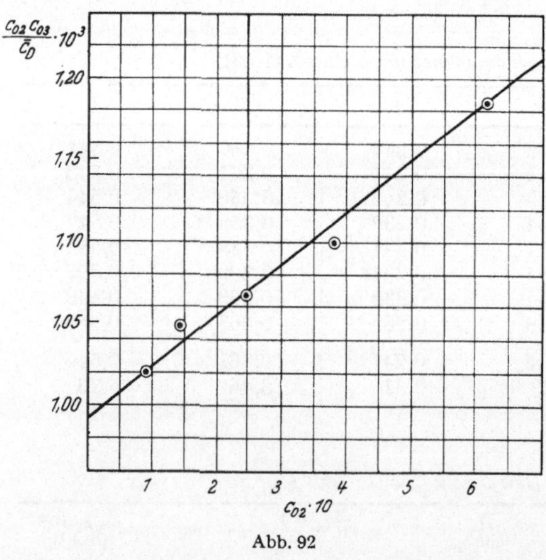

Abb. 92

durch $(c_{02})_k$ und $(x_{02} + x_{03})_k$ durch $(x_{02})_k$ zu ersetzen, und die Summen S_6 und S_7 werden (ebenso wie die Determinanten Δ_c und Δ_d) gleich null. Mit den Werten der Tab. 93 wird mit (XII, 68), (XII,69) und (XII,70)

$$\varepsilon = 3{,}2 \cdot 10^3 \text{cm}^{-1}\text{mol}^{-1}\,l, \quad {}^cK\varepsilon = 1{,}01 \cdot 10^3 \text{cm}^{-1}\text{mol}^{-2}\,l^2, \quad {}^cK = 0{,}31 \; l/\text{mol}.$$

Die relativen mittleren Fehler werden nach (XII,71)

$$m_\varepsilon = 43 \cdot 10^{-2}, \quad m_{K\varepsilon} = 6 \cdot 10^{-2}, \quad m_K = 43 \cdot 10^{-2}.$$

Die relativen Abweichungen der einzelnen Meßpunkte w_k werden nach (XII,72) berechnet, wobei das Glied $(^cD\overline{V})_k/\varepsilon^2$ gleich null gesetzt wird, und sind in Tab. 93 aufgeführt. Bei allen Lösungen ist $|w_k| < h_k$, also genügt das System innerhalb der Meßgenauigkeit quantitativ dem angenommenen $1:1$-Gleichgewicht. Die Konzentration des Komplexes wird nach $(c_4)_k = {}^c\overline{D}_k/\varepsilon$ für alle Lösungen k berechnet (Tab. 93); durch Vergleich mit $(c_{02})_k$ ist die der Auswertung zugrunde liegende Annahme $(c_{02})_k \gg (c_4)_k$, zu bestätigen.

Die nach der numerischen Methode erhaltenen Werte ε und ^cK stimmen, wie zu erwarten ist, mit den graphischen Werten überein. Zusätzlich ergibt sich aber eine Aussage über die Genauigkeit der Ergebnisse. Ein Vergleich verschiedener Systeme, insbesondere für theoretische Betrachtungen, ist aber nur möglich, wenn auch die Genauigkeit der experimentellen Werte berücksichtigt werden kann. Daher ist eine numerische Methode einer graphischen immer vorzuziehen.

Die Konstanten ^cK und ε werden bei dem zuletzt betrachteten Beispiel in Molaritätseinheiten ermittelt. Daher sind es die scheinbaren Werte $(^cK^{**})_{c_{02} \gg c_{03}}$ und $(\varepsilon^{**})_{c_{02} \gg c_{03}}$ [vgl. S. 206 (XII,58)]. Bei der Bestimmung in Molenbrucheinheiten würden etwa 5% davon abweichende Werte berechnet werden. Die Genauigkeit der Messungen könnte verbessert werden, wenn der Meßbereich auf höhere Donatorkonzentrationen ausgedehnt würde; außerdem würde es günstiger sein, die Acceptorkonzentrationen kleiner zu halten und anstelle von Molaritätseinheiten Molenbrucheinheiten zu verwenden.

f) Berechnung des molaren Extinktionskoeffizienten des EDA-Komplexes

Nach Gl. (XII,70) kann $\varepsilon = \varepsilon_m$ bei *einer bestimmten* Frequenz $i = m$ bestimmt werden. Mittels der Mittelwerte $\bar\zeta_i$ der ζ_{ik}, Gl. (XII,11), kann dann ε_i für die einzelnen gemessenen Frequenzen i berechnet werden nach

$$\varepsilon_i = \varepsilon_m \bar\zeta_i \, . \tag{XII,73}$$

Aus den ε_i ergibt sich der molare dekadische Extinktionskoeffizient des EDA-Komplexes nach Gl. (XII,7) (mit $^c\varepsilon_{4i} = \varepsilon_i$ bei der Frequenz i)

$$\varepsilon_{4i} = \varepsilon_i + \varepsilon_{2i} + \varepsilon_{3i} \, . \tag{XII,74}$$

Ein Maß für die Intensität einer Absorptionsbande ist die integrale molare dekadische Extinktion

$$\mathcal{E} = \int \varepsilon_{4i} \, d\tilde\nu_i \, . \tag{XII,75}$$

Im Prinzip ist das Integral über die Grenzen $-\infty$ bis $+\infty$ zu erstrecken. Praktisch kann jedoch mit beliebig klein zu haltenden Fehler in endlichen Grenzen integriert werden.

Es ist nicht möglich den Verlauf der ε_{4i}-Funktion mathematisch in einer geschlossenen allgemeingültige Form darzustellen. Häufig wird versucht, den molaren Extinktionskoeffizienten durch eine Resonanzkurve (Lorentz-Kurve) zu approximieren:

$$\varepsilon_{4i} = \frac{a}{(\tilde{v}_i - \tilde{v}_{max})^2 + b^2}. \tag{XII,76}$$

a und b sind Konstanten die durch den maximalen Extinktionskoeffizienten bei der Frequenz $\tilde{v}_{max}$

$$\varepsilon_{v max} = \frac{a}{b^2}$$

und der Halbwertsbreite $\Delta \tilde{v}_{1/2} = 2\,b$ bestimmt sind. Mit dieser Annahme wird

$$\mathcal{E} = \int\limits_{-\infty}^{+\infty} \frac{a\,d\tilde{v}_i}{(\tilde{v}_i - \tilde{v}_{max})^2 + b^2} = \frac{\pi\,a}{b} = \frac{\pi}{2}\,\varepsilon_{v max}\,\Delta \tilde{v}_{1/2}. \tag{XII,77}$$

Unter der Voraussetzung einer Resonanzkurve wird also $\mathcal{E}$ durch den maximalen Extinktionskoeffizienten und der Halbwertsbreite bestimmt.

Ist die CT-Bande des EDA-Komplexes von einer der Banden der Komponenten überlagert, dann kann $\mathcal{E}$ nur noch unter Zugrundelegung gewisser Annahmen bestimmt werden. Mit der Annahme, daß die optische Absorption der Komponenten bei der EDA-Komplexbildung nicht verändert wird, ist ε_i als der Anteil des Extinktionskoeffizienten anzusehen, der durch die CT-Absorptionsbande verursacht wird. Dann ist $\mathcal{E}$ unter Verwendung von ε_i anstelle von ε_{4i} wie oben zu ermitteln.

g) Bestimmung der Gleichgewichtskonstanten von 1:1-EDA-Komplexen nach R. FOSTER

Häufig liegt eine Absorptionsbande einer der Komponenten des EDA-Komplexes im Absorptionsbereich der CT-Bande. Dann kann der Fall eintreten, daß in allen experimentell zugänglichen Konzentrations- und Frequenzbereichen, infolge der Überlagerung der Absorptionsbanden, ^cD (XII,7) klein gegen D wird und daher nach (XII,63) ^cD mit großen Fehlern behaftet ist. Dann ist natürlich auch die Gleichgewichtskonstante nur sehr ungenau oder überhaupt nicht zu bestimmen.

Eine genauere Bestimmung ist nach einer von FOSTER, CORKILL und HAMMICK[1] angegebenen *Konkurrenz*-Methode möglich.

In einem inerten Lösungsmittel seien ein Acceptor A (Index 3) und zwei Donatoren D (2) und B (5) gelöst. Es bilden sich zwei EDA-Komplexe AD (4) und AB (6) nach den Gleichgewichten

$$A + D \underset{}{\overset{^cK_1}{\rightleftharpoons}} AD \quad \text{und} \quad A + B \underset{}{\overset{^cK_2}{\rightleftharpoons}} AB$$

mit den Gleichgewichtskonstanten

$$^cK_1 = \frac{c_4}{c_2 c_3}, \quad ^cK_2 = \frac{c_6}{c_5 c_3}. \tag{XII,78}$$

Der Frequenzbereich der optischen Absorption des Komplexes AB sei von dem der anderen Komponenten so weit getrennt, daß in einem be-

---

[1] R. FOSTER: Nature **173**, 222 (1954); J. M. CORKILL, R. FOSTER u. D. LL. HAMMICK: J. Chem. Soc. **1955**, 1202.

stimmten Bereich (im allgemeinen bei kleineren Frequenzen) in Lösungen von A, B und D nur AB absorbiert. Es gilt dann:

$$D = {}^cD = \varepsilon_6 c_6 \, . \tag{XII,79}$$

Für eine Lösung „1" von nur A und B gilt im Falle $c_{05} \gg c_6$

$$c_{03} = c_3 + c_6, \quad c_{05} = c_5$$

und es wird in diesem Frequenzbereich

$${}^1c_6 = \frac{{}^1D}{\varepsilon_6} = \frac{{}^cK_2 c_{05} c_{03}}{1 + {}^cK_2 c_{05}} \, . \tag{XII,80}$$

Für eine Lösung „2" mit A, B und D gilt im Falle $c_{05} \gg c_6$, $c_{02} \gg c_4$

$$c_{03} = c_3 + c_4 + c_6 \, , \quad c_{02} = c_2 \, , \quad c_{05} = c_5$$

und es wird

$${}^2c_6 = \frac{{}^2D}{\varepsilon_6} = \frac{{}^cK_2 c_{05} c_{03}}{1 + {}^cK_1 c_{02} + {}^cK_2 c_{05}} \, . \tag{XII,81}$$

Haben beide Lösungen „1" und „2" die gleichen Konzentrationen c_{03} und c_{05} so folgt aus (XII,80) und (XII,81)

$$\frac{{}^1D}{{}^2D} = 1 + \frac{{}^cK_1 c_{02}}{1 + {}^cK_2 c_{05}} \tag{XII,82}$$

und es wird

$${}^cK_1 = \left(\frac{{}^1D}{{}^2D} - 1\right) \frac{{}^cK_2 c_{05} + 1}{c_{02}} \, . \tag{XII,83}$$

Die Gleichgewichtskonstante ${}^cK_2$ ist in Lösungen von A und B nach den üblichen Methoden zu bestimmen. Bei Kenntnis von ${}^cK_2$ ist ${}^cK_1$ graphisch nach (XII,82) oder rechnerisch nach (XII,83) zu ermitteln. Unter der Annahme eines genügend genau bekannten Wertes ${}^cK_2$, wird der relative Fehler von ${}^cK_1$

$$m_K = \frac{\sqrt{2} \, d}{1 - {}^2D/{}^1D} \tag{XII,84}$$

mit d dem relativen Fehler von ${}^1D$ und ${}^2D$. In der Tab. 94 sind die relativen Fehler (in %) für einige Werte von ${}^2D/{}^1D$ angeführt $(d = 0,02)$. Die Methode gibt also gute Ergebnisse, wenn durch Zusatz der Komponente

Tabelle 94. *Abhängigkeit des relativen Fehlers m_K von ${}^2D/{}^1D$ nach (XII,84)*

${}^2D/{}^1D$	0,9	0,8	0,7	0,6	0,5
m_K (in %)	30	15	10	7,5	6

D zu Lösungen von A und B die optische Dichte *genügend stark* erniedrigt wird. Dieses ist dann der Fall, wenn ${}^cK_2 c_{05}$ möglichst klein gegen ${}^cK_1 c_{02}$ ist (XII,82). Es ist daher vorteilhaft für das konkurrierende Hilfsgleichgewicht eine EDA-Komplexbildung mit kleinem ${}^cK_2$-Wert und großen ε_6 zu wählen und die Konzentration c_{05} klein zu halten, wobei aber immer noch $c_{05} \gg c_6$ erfüllt sein muß.

Die Konzentration c_{02} dagegen muß genügend groß sein. Ist schließlich $^cK_2 c_{05} \ll 1$, dann wird aus (XII,82)

$$\frac{^1D}{^2D} = 1 + {^cK_1} c_{02} \qquad\qquad (XII,85)$$

und $^1D/^2D$ muß eine lineare Funktion von c_{02} sein. Eine graphische Darstellung oder numerische Rechnung ermöglicht die Bestimmung von $^cK_1$ ohne Kenntnis von $^cK_2$. Eine Kontrolle der Annahme $^cK_2 c_{05} \ll 1$ ist möglich durch Variation von c_{05} bei konstanter Konzentration c_{02}. Es muß $^1D/^2D$ konstant bleiben.

Analoge Gleichungen sind unter Verwendung von Molenbrucheinheiten und den Gleichgewichtskonstanten $^xK_1$ und $^xK_2$ zu formulieren. Da bei dieser Methode im allgemeinen höhere Konzentrationen c_{02} erforderlich sind, ist die Verwendung von Molenbrucheinheiten vorteilhafter (s. S. 206). Die Methode nach FOSTER berücksichtigt, ebenso wie die nach BENESI-HILDEBRAND, keine Aktivitätskoeffizienten und ist daher insbesondere bei kleinen $^xK_1$ bzw. $^cK_1$ mit den gleichen Unsicherheiten behaftet (s. S. 205).

Von CORKILL, FOSTER und HAMMICK[1] wurde die Gleichgewichtskonstante $^cK_1$ der EDA-Komplexbildung von Benzol mit s-Trinitrobenzol in Cyclohexan nach der Konkurrenzmethode bestimmt. Als Konkurrenzgleichgewicht wurde die Bildung eines Komplexes aus N,N-Diäthylanilin und s-Trinitrobenzol verwendet ($^cK_2 = 6{,}5$ l/mol). In der Tab. 95 sind die Einwaagekonzentrationen und optische Dichten (bei $\tilde{\nu} = 20 \cdot 10^3$ cm^{-1}) und die nach (XII,83) berechneten Werte $^cK_1$ angegeben. Weiterhin sind die relativen Fehler m_K der Konstanten $^cK_1$ berechnet nach (XII,84) aufgeführt. Dabei wurde für den relativen Fehler bei der Messung der optischen Dichte wieder $d = 0{,}02$ gesetzt. Ein Fehler in $^cK_2$ spielt im betrachteten Fall keine Rolle, solange er kleiner als etwa 5% ist, was ebenfalls angenommen wurde.

Tabelle 95. *Berechnung von $^cK_1$ nach der Methode von* FOSTER *Gl.* (XII,83)

c_{02} (mol/l)	$c_{03} \cdot 10^4$ [mol/l]	c_{05} [cm^{-1}]	^1D [cm^{-1}]	^2D [cm^{-1}]	$^cK_1$ [l/mol]	$m_K \cdot 10^2$
0,615	6	0,148	0,116	0,0938	0,76	16
0,942	6	0,148	0,116	0,0848	0,77	11
1,23	6	0,148	0,116	0,0765	0,82	9

h) Betrachtung von einigen weiteren Methoden

Eine Variation der Benesi-Hildebrand-Methode wird von NAGAKURA[2] angegeben, Nach dieser Methode wird die optische Dichte D_0 der Lösung eines Donators der Konzentration c_{02} und die optische Dichte D_1 und D_2 von zwei Lösungen mit gleicher Donatorkonzentration c_{02} und verschiedenen Acceptorkonzentrationen $^1c_{03}$ und $^2c_{03}$ bestimmt. Ist $\varepsilon_3 = 0$ und

[1] Siehe Anm. 1, S. 220.
[2] S. NAGAKURA: J. Am. Chem. Soc. **76**, 3071 (1954); **80**, 520 (1958).

$c_{02} \gg c_{03}$, dann wird nach (XII,6), (XII,7) und (XII,35) für einen 1 : 1-Komplex

$$^cK = \frac{^2c_{03}(D_1 - D_0) - {}^1c_{03}(D_2 - D_0)}{^1c_{03}\,{}^2c_{03}\,(D_2 - D_1)} = \frac{^2c_{03}\,{}^cD_1 - {}^1c_{03}\,{}^cD_2}{^1c_{03}\,{}^2c_{03}\,({}^cD_2 - {}^cD_1)}\,. \qquad \text{(XII,86)}$$

Für die Methode nach BENESI-HILDEBRAND und ihren Variationen werden im betrachteten Fall die experimentellen Werte von c_{02}, $^1c_{03}$, $^2c_{03}$, ε_2, D_1 und D_2 benötigt, für die Methode von NAGAKURA dagegen $^1c_{03}$, $^2c_{03}$, D_0, D_1 und D_2. Im allgemeinen ist c_{02} mit relativ sehr guter Genauigkeit zu bestimmen. ε_2 ist als Mittelwert aus mehreren Messungen ebenfalls relativ sicher zu ermitteln. Dagegen steht die Größe D_0 nur aus einer einzigen Messung zur Verfügung. Daher wird die direkte Bestimmung von D_0 im allgemeinen eher ungenauer als die Bestimmung nach $D_0 = \varepsilon_2 c_{02}$. Die von NAGAKURA verwendeten experimentellen Werte bringen also keine Verbesserung, außer in Ausnahmefällen, wenn ε_2 bzw. c_{02} nur unsicher zu bestimmen wäre.

Der Fehler des Wertes ^cK nach der Methode von BENESI-HILDEBRAND beruht primär nicht auf der Unsicherheit des Wertes von ε_4 bzw. $^c\varepsilon_4$ des EDA-Komplexes, sondern im wesentlichen auf Meßfehlern der optischen Dichten. Daher bringt die Auswertung nach NAGAKURA keine Verbesserung der Resultate, sondern verzichtet nur auf eine Bestimmung von ε_4.

Ein weiteres Extrapolationsverfahren wurde von KORTÜM und WEBER[1] entwickelt. Aus der Gl. (XII,32) folgt für $^cK(c_{02} + c_{03}) \ll 1$ und unter Vernachlässigung des Gliedes $^cD/^c\varepsilon_4^2$ durch Reihenentwicklung

$$\frac{^cD}{c_{02}c_{03}} = {}^c\varepsilon_4\,{}^cK - {}^c\varepsilon_4\,{}^cK^2(c_{02} + c_{03})\,. \qquad \text{(XII,87)}$$

Die Auswertung dieser linearen Gleichung ist analog zu den vorher beschriebenen Methoden möglich, jedoch ist die Methode (α) oder (γ), S. 202 günstiger, da die Bedingung $^cK(c_{02} + c_{03}) \ll 1$ nicht erfüllt sein muß.

Von ROSE und DRAGO[2] wurde eine „absolute" Methode der spektrophotometrischen Bestimmung von Gleichgewichtskonstanten beschrieben. Aus (XII,27) folgt bei Vernachlässigung der Aktivitätskoeffizienten mit (XII,2), (XII,6) und (XII,7) für eine 1 : 1-Komplexbildung

$$^cK^{-1} = \frac{^cD}{^c\varepsilon_4} - c_{02} - c_{03} + \frac{c_{02}c_{03}\,{}^c\varepsilon_4}{^cD}\,. \qquad \text{(XII,88)}$$

Für jede Donator-Acceptor-Lösung mit den Einwaagekonzentrationen c_{02} und c_{03} und dem Wert ^cD werden nach (XII,88) $^cK^{-1}$ unter Verwendung einer Reihe von willkürlichen Werten $^c\varepsilon_4$ berechnet. Die so erhaltenen Werte $^cK^{-1}$ werden graphisch als Funktion von $^c\varepsilon_4$ dargestellt. Die Kurven für die verschiedenen Donator-Acceptor-Lösungen schneiden sich im Falle einer 1 : 1-Komplexbildung in einem Punkt, bzw. infolge der Meßfehler der Einzelmessungen in einem bestimmten Bereich, woraus

---

[1] Siehe Anm. 1, S. 201.

[2] N. J. ROSE u. R. S. DRAGO: J. Am. Chem. Soc. **81**, 6138, 6141 (1959).

^cK und $^c\varepsilon_4$ direkt zu ermitteln sind. Ist $c_{02} \gg c_{03}$ dann wird (XII,88) vereinfacht zu

$$^cK^{-1} = -c_{02} + \frac{c_{02}\,c_{03}\,^c\varepsilon_4}{^cD}. \qquad\qquad (XII,89)$$

In diesem Fall ist die graphische Darstellung relativ einfach durchzuführen. Ist $^cD/^c\varepsilon_4$ in (XII,88) dagegen nicht mehr zu vernachlässigen, dann sind für jede Lösung viele Punkte für die graphische Darstellung zu berechnen und der Rechenaufwand kann recht groß werden. Diese Methode hat gegenüber der graphischen Darstellung nach (XII,61) den Vorteil, eine Abschätzung der Genauigkeit der Ergebnisse zu ermöglichen.

Jedoch dürften die vorher entwickelten numerischen Methoden (s. S. 208 ff.) mehrere Vorteile haben: a) Die Annahme der Bildung eines einzigen Komplexes und der Konzentrationsunabhängigkeit der $^c\varepsilon_4$ werden unabhängig von der Konstanz der Gleichgewichtskonstante durch die Konstanz der ζ_{iq} (XII,13) bestätigt. b) Ist die Annahme der Bildung eines *einzigen* 1:1-Komplexes mittels einer Methode, z. B. nach (XII,13) und (XII,19), zu bestätigen, dann ist ein systematischer Gang der w_k (XII,72) durch eine Konzentrationsunabhängigkeit der Gleichgewichtskonstante ^xK bzw. ^cK (oder besser der scheinbaren Gleichgewichtskonstante $^xK^*$ bzw. $^cK^{**}$, s. S. 205) zu deuten. Es ist also möglich, Konzentrationseffekte auf ^xK bzw. ^cK und $^c\varepsilon_4$ getrennt zu beurteilen. c) Über die Größen ζ_{iq} erfolgt eine Mitteilung der optischen Dichten über dem gesamten experimentellen Frequenzbereich (s. S. 212 und 216). Eine Ausgleichsrechnung zur Bestimmung von ^xK bzw. ^cK und $^c\varepsilon_4$ ist daher nur mit je einem optimalen Wert $^{\bar c}D$ für jede Donator-Acceptor-Lösung durchzuführen. d) Bei der Ausgleichsrechnung wird über alle Donator-Acceptor-Lösungen gemittelt. Stehen Einzelmessungen mit wesentlich verschiedener Genauigkeit zur Verfügung, dann können diese Fehler durch einfache und durchsichtige Einführung von Gewichten (s. S. 210) berücksichtigt werden. e) Fehlerhafte Einzelmessungen können häufig schon an den Größen ζ_{iq} (XII,13), bestimmt aber an den w_k (XII,72) erkannt werden. f) Die numerische Berechnung liefert nach (XII,71) direkt den mittleren relativen Fehler der zu bestimmenden Werte ^xK bzw. ^cK und $^c\varepsilon_4$.

Alles in allem dürfte nach diesen Methoden eine optimale Auswertung ermöglicht sein. Der Rechenaufwand ist kaum größer als bei anderen bekannten Methoden, da die Meßergebnisse jeder Donator-Acceptor-Lösung in die Ausgleichsrechnung nur einmal eingehen und die Rechnung nicht für jede der verschiedenen Meßfrequenzen einzeln durchgeführt werden muß.

Die Auswertemethoden wurden an einigen Beispielen erläutert, bei denen der EDA-Komplex eine Absorptionsbande im sichtbaren oder ultravioletten Bereich besitzt. Die gleichen Methoden zur Bestimmung der Gleichgewichtskonstante und der Extinktionskoeffizienten sind prinzipiell auch auf Absorptionsbanden im infraroten Bereich anzuwenden[1-4]. In den zur Auswertung verwendeten Gleichungen ist $^\varepsilon D$ durch die über die gesamte infrarote Absorptionsbande erstreckte integrale Größe zu ersetzen[5]. Infolge der relativ mangelhaften Monochromasie der üblichen Infrarot-Spektralphotometer und der schwachen Absorption der Komplexe im infraroten Bereich werden die Ergebnisse aus spektrophotometrischen Messungen im infraroten Bereich im allgemeinen ungenauer als aus Messungen im sichtbaren oder ultravioletten Bereich. Bei verschiedenen EDA-Komplexen wird, wegen einer Überlagerung der CT-Absorptionsbande und der Eigenabsorption von Donator und Acceptor, $^\varepsilon D$ nach (XII,63) mit einem großen Fehler behaftet sein. In diesen Fällen kann eine Auswertung der Infrarot-Absorption zu besseren Ergebnissen führen.

4. Bestimmung der Reaktionsenthalpie, der freien Reaktionsenthalpie und der Reaktionsentropie

In genügend verdünnten Lösungen wird für eine 1:1-*EDA-Komplexbildung*

$$\frac{d \ln{}^x K}{dT} = \frac{d}{dT} \ln \frac{x_4}{x_2 x_3} = \frac{\Delta H^0}{RT^2} \tag{XII,90}$$

T ist die absolute Temperatur, R die Gaskonstante und ΔH^0 die Reaktionsenthalpie pro Formelumsatz aus den Komponenten im Grundzustand (x_{02}, $x_{03} \to 0$). Mit (XII,30) folgt aus (XII,90)

$$\frac{d \ln{}^c K}{dT} = \frac{d \ln{}^x K}{dT} + \frac{d \ln V_{01}}{dT} = \frac{\Delta H^0}{RT^2} + \alpha_{01} . \tag{XII,91}$$

α_{01} ist der Ausdehnungskoeffizient des Lösungsmittels[6].

Ist in einem gewissen Temperaturintervall ΔH^0 und α_{01} temperaturunabhängig, dann folgt aus (XII,90) bzw. (XII,91) durch Integration

$$\ln {}^x K = - \frac{\Delta H^0}{RT} + \text{konst} , \quad \ln {}^c K - \alpha_{01} T = - \frac{\Delta H^0}{RT} + \text{konst}' . \tag{XII,92}$$

Ist $^x K$ (bzw. $^c K$) bei mehreren Temperaturen experimentell bestimmt, dann ergibt eine graphische Darstellung von $\ln{}^x K$ oder $\log{}^x K$ (bzw. $\ln{}^c K - \alpha_{01} T$) als Funktion von $1/T$ eine Gerade, aus deren Anstieg ΔH^0 zu berechnen ist. Ist $^x K$ bei nur zwei Temperaturen bestimmt, dann ist ΔH^0 (unter der Annahme der Temperaturunabhängigkeit) zu berechnen nach

$$\Delta H^0 = \frac{R T_1 T_2}{T_1 - T_2} \ln \frac{{}^x K_1}{{}^x K_2} \tag{XII,93}$$

---

[1] D. L. GLUSKER u. H. W. THOMPSON: J. Chem. Soc. **1955**, 471.

[2] A. I. POPOV, R. E. HUMPHREY u. W. B. PERSON: J. Am. Chem. Soc. **82**, 1580 (1960).

[3] H. YAMADA u. K. KOZIMA: J. Am. Chem. Soc. **82**, 1543 (1960).

[4] C. D. SCHMULBACH u. R. S. DRAGO: J. Am. Chem. Soc. **82**, 4484 (1960).

[5] Weitere Ausführungen über quantitative Infrarot-Absorptionsmessungen s. z. B. W. BRÜGEL, Einführung in die Ultrarotspektroskopie. S. 270 ff. Darmstadt 1957.

[6] Über die Berücksichtigung der Aktivitätskoeffizienten siehe H. MAUSER[7].

[7] H. MAUSER: Z. Naturforsch. **11 a**, 23 (1956).

bzw.

$$\Delta H^0 = \frac{R T_1 T_2}{T_1 - T_2}\left(\ln \frac{{}^x K_1}{{}^x K_2} + \ln \frac{\varrho_1}{\varrho_2}\right).$$ (XII,94)

${}^x K_1$ (bzw. ${}^c K_1$) und ${}^x K_2$ (bzw. ${}^c K_2$) sind die Gleichgewichtskonstanten und ϱ_1 und ϱ_2 die Dichten des Lösungsmittels bei den Temperaturen T_1 und T_2. Der relative Fehler von ΔH^0 bestimmt nach (XII,93) oder (XII,94) ist

$$m_H = \sqrt{2}\,\frac{R T_1 T_2}{|(T_1 - T_2)\,\Delta H^0|}\,m_K.$$ (XII,95)

m_K ist der relative Fehler von ${}^x K$ (bzw. ${}^c K$) nach Gl. (XII,71).

Bei den üblichen Untersuchungen der Temperaturabhängigkeit von EDA-Komplexgleichgewichten ist $T_2 - T_1 \approx 20°$. Mit $\Delta H^0 \approx -3$ kcal wird dann $m_H \approx 4 m_K$. Wird also die Reaktionsenthalpie ΔH^0 auf etwa 20% genau gewünscht, dann müssen die Gleichgewichtskonstanten bei zwei Temperaturen mit einem Fehler von nur 5% bestimmt werden. In vielen Fällen ist aber der Fehler der Gleichgewichtskonstanten wesentlich höher. Häufig ist dann $\varepsilon^x K$ (bzw. $\varepsilon^c K$) genauer zu bestimmen [s. Gl. (XII,71)]. Ist weiterhin im betrachteten Temperaturbereich ε praktisch temperaturunabhängig, dann ist

$$\frac{d \ln \varepsilon^x K}{d T} = \frac{d \ln^x K}{d T}$$ (XII,96)

und ΔH^0 ist aus der Temperaturunabhängigkeit von $\varepsilon^x K$ (bzw. $\varepsilon^c K$) nach (XII,91), (XII,92), (XII,93) oder (XII,94) zu bestimmen. Der relative Fehler wird dann analog zu (XII,95)

$$m_H = \sqrt{2}\,\frac{R T_1 T_2}{|(T_1 - T_2)\,\Delta H^0|}\,m_{\varepsilon K}.$$ (XII,97)

$m_{\varepsilon K}$ ist der relative Fehler der Werte $\varepsilon^x K$ (bzw. $\varepsilon^c K$) nach Gl. (XII,71).

Ein einfaches Kriterium für die Temperaturunabhängigkeit der ε ermöglichen die Werte $\bar\zeta_i$ [Mittelwerte der ζ_{ik} nach Gl. (XII,11), s. S. 197]. Sind die ε temperatur*un*abhängig, dann sind es auch die $\bar\zeta_i$. Praktisch gilt ebenfalls: sind die ε temperaturabhängig, dann sind es auch die $\bar\zeta_i$, denn mit der Temperaturabhängigkeit von ε ist im allgemeinen immer eine Veränderung der Bandenform verknüpft.

Insbesondere für Lösungen mit einer relativ geringen Komplexbildung steht eine weitere Methode zur Bestimmung von ΔH^0 zur Verfügung[1]. Unter der Voraussetzung der Bildung nur eines 1:1-*EDA-Komplexes* und $x_{02} \gg x_4$ folgt aus (XII,93)

$$\Delta H^0 = \frac{R T_1 T_2}{T_1 - T_2}\left(\ln \frac{x_{4T1}}{x_{4T2}} - \ln \frac{x_{03T1} - x_{4T1}}{x_{03T2} - x_{4T2}}\right).$$ (XII,98)

Ist ε temperaturunabhängig, dann folgt mit (XII,4) und (XII,15)

$$\Delta H^0 = \frac{R T_1 T_2}{T_1 - T_2}\left(\ln \frac{\overline{{}^c D}_{T1}}{\overline{{}^c D}_{T2}} - \ln \frac{c_{03T1} - \overline{{}^c D}_{T1}/\varepsilon}{c_{03T2} - \overline{{}^c D}_{T2}/\varepsilon}\right).$$ (XII,99)

---

[1] G. Briegleb u. Th. Schachowskoy: Z. physik. Chem. B **19**, 255 (1932).

$^c\overline{D}_{T1}$ ist der auf S. 209 definierte Mittelwert der $^cD_{mk}$ (XII,65) bei der Temperatur T_1, $^c\overline{D}_{T2}$ bei der Temperatur T_2. Der relative Fehler von ΔH^0 wird bei der Bestimmung nach (XII,99)

$$m_H = \sqrt{2}\,\frac{R\,T_1 T_2}{|(T_1 - T_2)\,\Delta H^0|}\left[h^2 + \frac{m_\varepsilon^2 + h^2}{1 - c_{03T1}\varepsilon/^c\overline{D}_{T1}}\right]^{1/2} \qquad \text{(XII,100)}$$

h ist der relative Fehler der $^c\overline{D}_{T1}$ und m_ε der relative Fehler von ε (XII,71).

In der Tab. 96 sind für verschiedene Bildungsgrade des EDA-Komplexes c_4/c_{03} die relativen Fehler m_H angegeben. Dabei wurden die gleichen Werte wie oben und für $h = 0{,}02$ und $m = 0{,}2$ bzw. $m_\varepsilon = 0{,}1$ eingesetzt[1]. Diese Methode führt also bei einem Bildungsgrad $c_4/c_{03} < 0{,}2$ bzw. $< 0{,}3$ zu guten Ergebnissen.

Tabelle 96. *Bildungsgrad und Fehler m_H nach* (XII,100)

c_4/c_{03}	$m_H \cdot 10^2$ ($m_\varepsilon = 0{,}2$)	$m_H \cdot 10^2$ ($m_\varepsilon = 0{,}1$)
0,5	80	40
0,3	36	20
0,2	22	12
0,1	12	9
0,05	9	8
0,02	8	8
0,01	8	8

Bei nicht zu großer Bildungskonstante wird in genügend verdünnten Lösungen der Bildungsgrad sehr klein, also $c_{02} \gg c_4$, $c_{03} \gg c_4$. Dann folgt aus (XII,99)

$$\Delta H^0 = \frac{R\,T_1 T_2}{T_1 - T_2}\left(\ln \frac{^c\overline{D}_{T1}}{^c\overline{D}_{T2}} - \ln \frac{\varrho_1}{\varrho_2}\right) \qquad \text{(XII,101)}$$

mit ϱ_1, ϱ_2 der Dichte der Lösung bei der Temperatur T_1, T_2. Der relative Fehler wird dann

$$m_H = \sqrt{2}\,\frac{R\,T_1 T_2}{|(T_1 - T_2)\,\Delta H^0|}\,h \qquad \text{(XII,102)}$$

oder mit den obigen Annahmen etwa 8%.

Die freie Reaktionsenthalpie ΔG^0 ist

$$\Delta G^0 = -R\,T \ln {}^x\!K\,. \qquad \text{(XII,103)}$$

Die Reaktionsentropie ΔS^0 ist

$$\Delta S^0 = \frac{\Delta H^0 - \Delta G^0}{T}\,. \qquad \text{(XII,104)}$$

Als Beispiel für die Berechnung der Reaktionsenthalpie ΔH^0 betrachten wir im Anschluß an das Beispiel S. 216 das System Benzol-s-Trinitrobenzol in Tetrachlorkohlenstoff[2]. Es wurden die selben Lösungen bei 40° C gemessen und durch analoge Rechnungen ξ_i, $^c\overline{D}$, ε, ^cK und

---

[1] Der relative Fehler h von $^c\overline{D}$ wurde auch hier mit 0,02 angenommen. Zur Bestimmung des Verhältnisses $^c\overline{D}_{T1}/^c\overline{D}_{T2}$ werden die Werte $^c\overline{D}_{T1}$ und $^c\overline{D}_{T2}$ im allgemeinen aus $\overline{D}_{T1}$ und $\overline{D}_{T2}$ einer Lösung in der gleichen Küvette ermittelt, wobei die Küvette nicht aus dem Absorptionsspektrophotometer herausgenommen wird. Häufig ist dann h kleiner, etwa 0,005—0,01, und der minimale Fehler m_H von ΔH^0 in genügend verdünnten Lösungen ($c_4/c_{03} < 0{,}05$) wird entsprechend kleiner.

[2] Loc. cit. Anm. 1, S. 212.

$\varepsilon^c K$ bestimmt. Die Werte bei beiden Temperaturen ($T_1 = 20°$, $T_2 = 40°$ C) sind in den Tab. 97—99 zusammengestellt.

Aus den Werten von $^c K$ folgt nach (XII,94) mit $\varrho_1/\varrho_2 = 1{,}024$ $\varDelta H^0 = -1{,}99$ kcal. Nach (XII,95) ist der relative Fehler 350%!

Aus den Werten von $\varepsilon^c K$ folgt nach (XII,96) und (XII,94) unter der Annahme der Temperaturunabhängigkeit von ε der Wert $\varDelta H^0 = -1{,}82$ kcal mit einem relativen Fehler nach (XII,97) von 50%.

Aus den Werten der Tab. 98 u. 99 folgt nach (XII,99), ebenfalls unter der Annahme der Temperaturunabhängigkeit von ε der Wert $\varDelta H^0 = -1{,}78$ kcal (Mittelwert der Lösungen 1—5) mit einem relativen Fehler nach (XII,100) von 25% (mittlerer Fehler des Mittels).

Es ergibt sich also, daß unter der Annahme der Temperaturunabhängigkeit von ε im betrachteten Beispiel das beste Ergebnis nach (XII,99) zu erhalten ist. Der nach (XII,94) erhaltene Wert dagegen hat, infolge des großen Fehlers, keinen Aussagewert. Nach Tab. 97 ist aber die Annahme der Temperaturunabhängigkeit von ε im Falle Benzol-s-Trinitrobenzol nur sehr beschränkt gültig, denn offensichtlich sind die ζ_i und damit auch die ε temperaturabhängig[1,2].

Es zeigt sich also, daß die $\varDelta H^0$-Werte, insbesondere bei absolut kleinen Beträgen, nur sehr ungenau zu bestimmen sind. Bei sämtlichen Methoden, die auf der Voraussetzung der Temperaturunabhängigkeit der Absorptionsbande beruhen, bewirkt die Temperaturabhängigkeit von ε eine zusätzliche Fehlerquelle, die auch bei kleinen Veränderungen mit der

Tabelle 97

i	$\tilde{v} \cdot 10^{-3}$ [cm⁻¹]	$(\zeta_i)_{T1}$	$(\zeta_i)_{T2}$
2	31,75	0,664	0,658
3	32,26	0,842	0,832
4	32,79	1,000	1,000
5	33,33	1,12	1,12
6	33,90	1,21	1,25
7	34,48	1,31	1,34
8	35,09	1,38	1,43
9	35,71	1,37	1,47
10	36,36	(1,34)	(1,41)

Tabelle 98

	T_1	T_2
$\varepsilon \cdot 10^{-3}$ . . .	3,21	3,28
$m_\varepsilon \cdot 10^2$ . . .	43	65
$\varepsilon \cdot {}^c K \cdot 10^{-3}$.	1,008	0,845
$m_{\varepsilon K} \cdot 10^2$ . .	6,3	7,4
$^c K$	0,314	0,258
$m_K \cdot 10^2$ . . .	43	65

Temperatur schon wesentlich werden kann. Die günstigste Methode wäre die direkte Berechnung von $\varDelta H^0$ aus $^x K$ (bzw. $^c K$) bei zwei oder mehreren Temperaturen. Jedoch ist diese nur durchzuführen, wenn die $^x K$-Werte genügend genau bekannt sind. Häufig ist eine ausreichende Genauigkeit aber nicht zu erreichen,

---

[1] Möglicherweise findet neben der EDA-Komplexbildung auch eine Kontakt-EDA-Wechselwirkung statt, vgl. S. 230.

[2] Nimmt man an, daß die integrale Extinktion $\mathscr{E}$ temperaturunabhängig ist und daß die Absorptionskurve durch eine Resonanzkurve zu beschreiben sei, dann wird $\varDelta H^0 \approx 0$ kcal. Mit den vorliegenden Messungen ist $\tilde{v}_{max}$ und die Halbwertsbreite nur ungenau bestimmt, so daß der absolute Fehler von $\varDelta H^0$ etwa 1,5 kcal wird. Nimmt man an, daß die Halbwertsbreite der Absorptionsbande bei beiden Temperaturen gleich ist, dann wird $\varDelta H^0 = -1{,}15$ kcal.

so daß ΔH^0 nach (XII,99) bzw. (XII,101) zu bestimmen ist, wobei nach (XII,100) verdünnte Lösungen günstig sind.

Tabelle 99

k	$(c_{02})_{T1} \cdot 10^1$ [mol/l]	$(c_{03})_{T2} \cdot 10^2$ [mol/l]	$(\overline{^cD})_{T1}$ [cm^{-1}]	$h_{T1} \cdot 10^2$	$(c_{02})_{T2} \cdot 10^1$ [mol/l]	$(c_{03})_{T2} \cdot 10^2$ [mol/l]	$(^cD)_{T2}$ [cm^{-1}]	$h_{T2} \cdot 10^2$
1	0,882	1,042	0,90	12	0,860	1,017	0,74	15
2	1,426	1,008	1,37	8	1,393	0,984	1,09	10
3	2,453	1,005	2,31	6	2,396	0,981	1,88	6
4	3,790	1,008	3,46	4	3,700	0,984	2,81	5
5	6,154	1,008	5,23	3	6,005	0,984	4,32	4

5. Simultane Bildung von zwei oder mehreren isomeren 1:1-EDA-Komplexen[1]

Bilden sich in einer Lösung s isomere 1:1-Komplexe aus den Komponenten D und A nach

$$D + A \rightleftharpoons (DA)_i, \quad i = 1, \ldots, s$$

mit den Gleichgewichtskonstanten (unter Vernachlässigung der Aktivitätskoeffizienten)

$$^xK_i = \frac{x_{3+i}}{x_2 x_3}, \tag{XII,105}$$

dann wird die Konzentration x_{3+i} des Komplexes $(DA)_i$ eine lineare Funktion der Konzentration x_4 des Komplexes $(DA)_1$

$$x_{3+i} = \frac{^xK_i}{^xK_1} x_4 . \tag{XII,106}$$

Damit folgt aus (XII,15)

$$^xD = x_4 \sum_{i=1}^{s} {}^c\varepsilon_{3+i} \frac{^xK_i}{^xK_1}. \tag{XII,107}$$

Es ist daher auch die Beziehung (XII,13) erfüllt, so daß nur ein einziges Gleichgewicht vorzuliegen scheint. Der experimentell nach den beschriebenen Methoden bestimmbare, scheinbare Wert ε^* ist eine Funktion der Größen $^c\varepsilon_{3+i}$ und der Gleichgewichtskonstanten ^xK_i:

$$\varepsilon^* = \frac{\sum\limits_{i=1}^{s} {}^xK_i {}^c\varepsilon_{3+i}}{\sum\limits_{i=1}^{s} {}^xK_i} . \tag{XII,108}$$

Die experimentell bestimmbare scheinbare Gleichgewichtskonstante ist

$$^xK^* = \sum_{i=1}^{s} {}^xK_i . \tag{XII,109}$$

Analoge Gleichungen gelten in Molaritätseinheiten.

---

[1] L. E. ORGEL u. R. S. MULLIKEN: J. Am. Chem. Soc. **79**, 4839 (1957).

Zwei oder mehrere 1:1-EDA-Komplexe lassen sich von nur einem 1:1-Komplex durch die Temperaturabhängigkeit von $^xK^*$, ε^* und $^xK^*\varepsilon^*$ unterscheiden. Nach (XII, 109) ist

$$\frac{d\ln{^xK^*}}{dT} = \frac{1}{^xK^*}\sum_{i=1}^{s}{^xK_i}\,\frac{d\ln{^xK_i}}{dT} = \frac{1}{RT^2}\,\frac{\displaystyle\sum_{i=1}^{s}{^xK_i}\,\varDelta H_i^0}{\displaystyle\sum_{i=1}^{s}{^xK_i}}. \qquad \text{(XII,110)}$$

Bei nur *einem* 1:1-Komplex ist $\ln{^xK}$ eine lineare Funktion von $1/T$; bei *zwei* oder *mehreren* 1:1-Komplexen ist dagegen im allgemeinen nach (XII,110) $\ln{^xK}$ keine lineare Funktion von $1/T$.

Weiterhin ist bei zwei oder mehreren Komplexen ε^* eine Funktion der Temperatur:

$$\frac{d\ln\varepsilon^*}{dT} = \frac{1}{RT^2}\left(\frac{\displaystyle\sum_{i=1}^{s}{^c\varepsilon_{3+i}}\,{^xK_i}\,\varDelta H_i^0}{\displaystyle\sum_{i=1}^{s}{^c\varepsilon_{3+i}}\,{^xK_i}} - \frac{\displaystyle\sum_{i=1}^{s}{^xK_i}\,\varDelta H_i^0}{\displaystyle\sum_{i=1}^{s}{^xK_i}} \right). \qquad \text{(XII,111)}$$

Entsprechend werden auch die ζ_i von der Temperatur abhängig.

Für die Temperaturabhängigkeit von $^xK^*\varepsilon^*$ folgt aus (XII,108) und (XII,109)

$$\frac{d\ln{^xK^*\varepsilon^*}}{dT} = \frac{1}{RT^2}\,\frac{\displaystyle\sum_{i=1}^{s}{^c\varepsilon_{3+i}}\,{^xK_i}\,\varDelta H_i^0}{\displaystyle\sum_{i=1}^{s}{^c\varepsilon_{3+i}}\,{^xK_i}}. \qquad \text{(XII,112)}$$

Sind im Falle von zwei 1:1-Komplexen die Absorptionsbanden näherungsweise getrennt, so daß in einem bestimmten Frequenzbereich gilt

$$^xD_1 \approx {^c\varepsilon_4}\,x_4\,, \quad {^c\varepsilon_5} \approx 0$$

und in einem anderen Bereich

$$^xD_2 \approx {^c\varepsilon_5}\,x_5\,, \quad {^c\varepsilon_4} \approx 0\,,$$

dann sind $\varDelta H_1^0$ und $\varDelta H_2^0$ mit (XII,112) analog zu (XII,96) zu bestimmen. Ist weiterhin $c_{02} \gg c_{03}$, dann kann $\varDelta H_1^0$ und $\varDelta H_2^0$ nach (XII,99) (mit ε^* an Stelle von ε) oder bei genügend verdünnten Lösungen ($c_{02}, c_{03} \gg c_4, c_5$) nach (XII,101) bestimmt werden.

6. Kontakt-EDA-Wechselwirkung[1]

Während einer statistisch bedingten Nachbarschaft eines Donator- und eines Acceptormoleküls kann eine Lichtabsorption durch eine Kontakt-Elektronenüberführung zwischen D und A bewirkt werden. Die Wahrscheinlichkeit der Bildung eines Kontaktpaares $(DA)_k$ ist nach Kap. V,3 proportional der Konzentration des Donators und des Acceptors:

$$w = \overline{\gamma'}\,x_2\,x_3\,. \qquad \text{(XII,113)}$$

---

[1] L. E. ORGEL u. R. S. MULLIKEN: Loc. cit. Anm. 1, S. 229.

Die optische Dichte der Lösung ist

$$^xD = \overline{\varepsilon_k \gamma}\, x_2\, x_3 \,. \qquad\qquad \text{(XII,114)}$$

Für den Fall der Bildung von nur Kontaktpaaren wird also

$$\frac{x_{02}\,x_{03}}{^xD} = \frac{1}{\overline{\varepsilon_k \gamma}} \,. \qquad\qquad \text{(XII,115)}$$

Häufig liegen in einer Lösung von D und A in einem inerten Lösungsmittel neben einem 1:1-Komplex DA (Index 4), mit der Gleichgewichtskonstanten ^xK, auch Kontaktpaare $(DA)_k$ vor, die im gleichen Frequenzbereich wie der EDA-Komplex DA eine optische Absorption verursachen (vgl. Kap. V, S. 68). Dann wird

$$^xD = {}^c\varepsilon_4\, x_4 + \overline{\varepsilon_k\gamma}\, x_2\, x_3 = \left({}^c\varepsilon_4 + \frac{\overline{\varepsilon_k\gamma}}{^xK}\right) x_4 \,. \qquad\qquad \text{(XII,116)}$$

Für dieses System ist ebenfalls die Beziehung (XII,13) erfüllt, so daß nur ein einziges Gleichgewicht vorzuliegen scheint. Die Bestimmung des Extinktionskoeffizienten mittels den beschriebenen Methoden führt zu einem scheinbaren Wert

$$\varepsilon^* = {}^c\varepsilon_4 + \frac{\overline{\varepsilon_k\gamma}}{^xK} \,. \qquad\qquad \text{(XII,117)}$$

Der nach diesen Verfahren erhaltene Wert ^xK ist mit dem effektiven Wert (ohne Berücksichtigung der Aktivitätskoeffizienten) identisch, so daß die aus optischen Absorptionsmessungen bestimmten ^xK-Werte durch Kontakt-EDA-Wechselwirkung nicht verfälscht werden.

Eine Kontakt-EDA-Wechselwirkung neben der Bildung stabiler EDA-Komplexe kann an der Temperaturabhängigkeit von ^xK und ε^* erkannt werden. Für die Temperaturabhängigkeit von ^xK gilt genau wie bei einem 1:1-Komplex eine lineare Beziehung zwischen $\ln{^xK}$ und $1/T$, aus der ΔH^0 bestimmt werden kann.

Dagegen ist ε^* von der Temperatur abhängig. Unter der Annahme einer praktischen Temperaturkonstanz von $^c\varepsilon_4$ folgt aus (XII,118)

$$\frac{d\varepsilon^*}{dT} = \frac{1}{^xK}\, \frac{\partial \overline{\varepsilon_k\gamma}}{\partial T} - \frac{\overline{\varepsilon_k\gamma}}{^xK}\, \frac{\Delta H^0}{R\,T^2} \,. \qquad\qquad \text{(XII,118)}$$

Es ist zu erwarten, daß die Temperaturabhängigkeit von $\overline{\varepsilon_k\gamma}$ klein ist. Da ΔH^0 im allgemeinen negativ ist, nimmt dann der scheinbare Wert ε^* mit zunehmender Temperatur zu.

7. Gleichzeitige Bildung von mehreren EDA-Komplexen

Sind die ζ_{ik} bei verschiedenen Konzentrationen und bei einer bestimmten Temperatur nicht konstant, ist also die Beziehung (XII,13) in einem genügend großen Frequenzbereich nicht erfüllt, dann liegen im betrachteten System mehrere Komplexe nebeneinander vor[1]. Dagegen ist eine Konzentrationsabhängigkeit der ^xK- bzw. ^cK-Werte, z. B. die

---

[1] Im allgemeinen dürfte eine Konzentrationsunabhängigkeit der ε_j anzunehmen sein.

Nichtlinearität einer Darstellung von $c_{02}\,x_{03}/{}^cD$ als Funktion von x_{02} nach (XII,36), allein noch kein Nachweis für die Bildung von mehreren EDA-Komplexen. Insbesondere bei höheren Konzentrationen kann die Näherung ${}^x\!f_4/{}^x\!f_2{}^x\!f_3 = 1 + \Delta A_2\,x_{02}$ (s. S. 204) ungenügend sein und es sollte die Reihe (XII,41) bis zu Gliedern höherer Ordnung in x_{02} entwickelt werden. Die Vernachlässigung dieser Glieder kann eine Nichtkonstanz von ${}^xK$ bzw. ${}^cK$ vortäuschen.

Liegen mehrere Komplexe nebeneinander vor, dann wird die Aufklärung des Systems zunehmend schwierig. Im allgemeinen ist eine große Anzahl von Messungen in einem großen Konzentrationsbereich erforderlich. Die günstigsten Auswertungsmethoden hängen von der Größe der ${}^xK$-Werte und der Größe der Extinktionskoeffizienten der einzelnen Komplexe ab.

Als Beispiel wird die gleichzeitige Bildung eines 1:1- und eines 1:2-Komplexes nach

$$D + A \rightleftharpoons DA, \quad 2\,D + A \rightleftharpoons D_2A$$

betrachtet. Die Gleichgewichtskonstanten werden bei Vernachlässigung der Aktivitätskoeffizienten

$$^xK_1 = \frac{x_4}{x_2\,x_3}, \quad {}^xK_2 = \frac{x_5}{x_2^2\,x_3}. \tag{XII,119}$$

Nach (XII,7) und (XII,15) ist

$$^xD = {}^cD\,\overline{V} = {}^c\varepsilon_4\,x_4 + {}^c\varepsilon_5\,x_5. \tag{XII,120}$$

Mit (XII,2) folgt aus (XII,119) und (XII,120)

$$\frac{x_2\,c_{03}}{^cD} = \frac{1 + {}^xK_1\,x_2 + {}^xK_2\,x_2^2}{{}^c\varepsilon_4\,{}^xK_1 + {}^c\varepsilon_5\,{}^xK_2\,x_2}. \tag{XII,121}$$

Häufig ist es möglich, aus der Konzentrationsabhängigkeit der optischen Absorption von sehr verdünnten Lösungen ${}^c\varepsilon_4$ und ${}^xK_1$ (bzw. ${}^c\varepsilon_4\,{}^xK_1$) zu bestimmen. Bei Kenntnis dieser Werte ist dann aus konzentrierteren Lösungen ${}^c\varepsilon_5$ und ${}^xK_2$ zu ermitteln.

In genügend verdünnten Lösungen wird ${}^xK_1 \gg {}^xK_2\,x_2$, d. h. nach (XII,119) $x_4 \gg x_5$. Gilt in einem geeigneten Frequenzbereich weiterhin ${}^c\varepsilon_4\,{}^xK_1 \gg {}^c\varepsilon_5\,{}^xK_2\,x_2$, dann folgt aus (XII,121)

$$\frac{x_2\,c_{03}}{^cD} = \frac{1}{{}^c\varepsilon_4\,{}^xK_1} + \frac{x_2}{{}^c\varepsilon_4}. \tag{XII,122}$$

Für diesen Konzentrationsbereich wird die Beziehung (XII,13) wieder näherungsweise gültig, so daß dieses als Kriterium für die eingeführten Annahmen bzw. zur Auswahl eines geeigneten Konzentrationsbereichs zu verwenden ist. Für verdünnte Lösungen mit Donatorüberschuß wird $x_{02} \gg x_4 + 2\,x_5$, also näherungsweise $x_2 \approx x_{02}$. Dann ist aus (XII, 122) ${}^c\varepsilon_4$ und ${}^xK_1$ nach den beschriebenen Methoden in erster Näherung zu bestimmen.

Aus (XII,121) folgt

$$\frac{^cD}{x_2^2\,c_{03}}\,(1 + {}^xK_1\,x_2) - \frac{{}^c\varepsilon_4\,{}^xK_1}{x_2} = {}^c\varepsilon_5\,{}^xK_2 - {}^xK_2\,\frac{^cD}{c_{03}}. \tag{XII,123}$$

Mit den nach (XII,122) bestimmten Werten $^c\varepsilon_4$ und $^xK_1$ und unter Annahme der Näherung $x_2 = x_{02}$ ermöglicht die Darstellung der linken Seite von (XII,123) als Funktion von $^cD/c_{03}$ die Ermittlung von $^x\varepsilon_5$ und $^xK_2$ in erster Näherung. Bei Kenntnis der Größen $^c\varepsilon_4$, $^c\varepsilon_5$, $^xK_1$ und $^xK_2$ kann x_2 berechnet und durch eine geeignete zweite Näherung das Ergebnis verbessert werden.

B. Bestimmung der Gleichgewichtskonstanten durch Löslichkeitsmessungen

Besitzt eine Komponente eines EDA-Komplexes (insbesondere der Acceptor) in einem inerten Lösungsmittel nur eine geringe Löslichkeit, dann ist die Gleichgewichtskonstante der Komplexbildung aus der Abhängigkeit der Löslichkeit bei variablem Donatorzusatz zu bestimmen.

Es liege die Lösung eines Acceptors (Index 3) in einem inerten Lösungsmittel im Gleichgewicht mit dem Acceptor als festem Bodenkörper vor. Bei einer bestimmten Temperatur und einem bestimmten Druck gilt

$$\mu_3'' = \mu_{3r}' = \mu_3' + RT \ln a_{3r} \,. \tag{XII,124}$$

μ_3'' ist das chemische Potential des Acceptors in der festen (reinen) Phase, und μ_{3r}' ist das chemische Potential des Acceptors in der Lösung. Die Aktivität a_{3r} des Acceptors in der Lösung ist

$$a_{3r} = x_{3r} f_{3r} \tag{XII,125}$$

mit dem Aktivitätskoeffizienten f_{3r} und dem Molenbruch $x_{3r} = x_{03r}$. Wird der Lösung eine Donator (2) zugesetzt, dann gilt im Zweiphasengleichgewicht:

$$\mu_3'' = \mu_3' = \mu_3' + RT \ln a_3 \,, \quad a_3 = x_3 f_3 \,, \tag{XII,126}$$

$$^xK = \frac{x_4}{x_2 x_3} \frac{f_4}{f_2 f_3} \,, \tag{XII,127}$$

$$x_{03} = x_3 + x_4 \,, \quad x_{02} = x_2 + x_4 \,. \tag{XII,128}$$

Aus (XII,124) bis (XII,128) folgt

$$^xK = \frac{x_{03} - x_{03r} f_{3r}/f_3}{[x_{02} - (x_{03} - x_{03r} f_{3r}/f_3)] \, x_{03r}} \frac{f_4}{f_2 f_3} \,. \tag{XII,129}$$

Werden die Aktivitätskoeffizienten analog zu (XII,41) durch eine Potenzreihe approximiert, dann wird (XII,129) zu

$$^xK = \frac{x_{03} - x_{03r}}{[x_{02} - (x_{03} - x_{03r})] \, x_{03r}} + A_{32} + F(x_{02}, x_{03r}, x_{03})$$
$$= {}^xK^* + A_{32} + F(x_{02}, x_{03r}, x_{03}) \,. \tag{XII,130}$$

Die Funktion $F(x_{02}, x_{03r}, x_{03})$ geht mit abnehmender Konzentration x_{02} gegen Null.

Mittels der Methode der Löslichkeitszunahme von A bei Gegenwert von D wurden von KORTÜM[1] die Bildungskonstanten $^xK^*$ (ohne Berücksichtigung der Aktivitätskoeffizienten) der EDA-Komplexe verschiedener aromatischer Kohlenwasserstoffe und von Dioxan mit Jod in Cyclohexan bestimmt.

C. Bestimmung der Gleichgewichtskonstanten mittels eines Verteilungsgleichgewichtes

Für das Verteilungsgleichgewicht eines Stoffes, speziell des Acceptors (Index 3) zwischen zwei Phasen A und B gilt

$$K_V = \frac{a_3}{a_{B3}}. \qquad (XII,131)$$

K_V ist die Verteilungsgleichgewichtskonstante, a_3 die Aktivität des Acceptors in der Phase A und a_{B3} die Aktivität in der Phase B. Liegt in der Phase A nur eine Molekülart neben dem Lösungsmittel vor, dann wird

$$a_3 = x_{3r}f_{3r} = x_{03r}f_{3r}. \qquad (XII,132)$$

x_{03r} ist die Gesamtkonzentration des Acceptors in der Phase A und f_{3r} der Aktivitätskoeffizient. Die Aktivität a_{B3} in der Phase B ist eine Funktion der Gesamtkonzentration x_{B03}:

$$a_{B3} = x_{B03}F(x_{B03}). \qquad (XII,133)$$

Aus (XII,132) und (XII,133) folgt

$$x_{03r} = x_{B03}\frac{F(x_{B03})}{f_{3r}}K_V. \qquad (XII,134)$$

Aus der Konzentrationsabhängigkeit von x_{03r} als Funktion von x_{B03} ist $K_V F(x_{B03})/f_{3r}$ zu bestimmen.

Wird der Phase A ein Donator (Index 2) zugesetzt, der in der Phase B praktisch unlöslich ist, dann stellt sich ein Gleichgewicht ein, unter Bildung eines EDA-Komplexes (Index 4) mit der Gleichgewichtskonstanten

$$^xK = \frac{x_4}{x_2 x_3}\frac{f_4}{f_2 f_3}. \qquad (XII,135)$$

Für die Gesamtkonzentration in der Phase A gilt

$$x_{03} = x_3 + x_4, \quad x_{02} = x_2 + x_4. \qquad (XII,136)$$

Nach (XII,131) und (XII,134) ist

$$x_3 \frac{f_3}{f_{3r}} = x_{B03}\frac{F(x_{B03})}{f_{3r}}K_V = Z. \qquad (XII,137)$$

Mit (XII,136) und (XII,137) wird (XII,135) zu

$$^xK = \frac{x_{03} - Zf_{3r}/f_3}{x_2 Z}\frac{f_4}{f_2 f_{3r}}. \qquad (XII,138)$$

---

[1] G. KORTÜM u. M. KORTÜM-SEILER: Z. Naturforsch. **5a**, 544 (1950). G. KORTÜM u. W. M. VOGEL: Z. Elektrochem. **59**, 17 (1955).

Die Aktivitätskoeffizienten können analog zu (XII,41) durch eine Potenzreihe approximiert werden. Für genügend kleine Konzentrationen wird näherungsweise

$$^xK = \frac{x_{03} - Z}{x_2 Z} + \left[A_{32} - (A_{42} - A_{22}) \left(\frac{x_{03}}{Z} - 1 \right) \right] \frac{x_{02}}{x_2} + \\ + A_{32}(A_{42} - A_{22}) \frac{x_{02}^2}{x_2}. \tag{XII,139}$$

Für den Fall $x_{02} \gg x_4$, also $x_2 \approx x_{02}$, vereinfacht sich (XII,139) zu

$$^xK = \frac{x_{03} - Z}{x_{02} Z} + A_{32} + (A_{42} - A_{22}) \frac{x_4}{Z}. \tag{XII,140}$$

Ist weiterhin $x_3 \gg x_4$, dann wird näherungsweise

$$^xK = \frac{x_{03} - Z}{x_{02} Z} + A_{32} = {}^xK^* + A_{32}. \tag{XII,141}$$

Eine ähnliche Gleichung für ^cK bzw. den scheinbaren Wert $^cK^*$ (ohne Berücksichtigung der Aktivitätskoeffizienten) resultiert bei Verwendung von Molaritätseinheiten.

Nach der Verteilungsgleichgewichtsmethode wurden von MOORE, SHEPHERD und GOODALL[1] aus dem Verteilungsgleichgewicht von Pikrinsäure zwischen Wasser und Chloroform bei Zusatz aromatischer Verbindungen die Werte ^cK der EDA-Komplexe bestimmt. Analoge Messungen wurden von ANDERSON und HAMMICK[2], GARDNER und STUMP[3] und von FOSTER, HAMMICK und PEARCE[4] durchgeführt. Erstere führten anstelle der Konstanten A_{32} eine Löslichkeitserniedrigungskonstante k ein. Diese Konstante k wurde aus dem partiellen Molvolumen der aromatischen Verbindungen berechnet, was etwas willkürlich sein dürfte.

D. Bestimmung der Gleichgewichtskonstanten aus kinetischen Messungen

In manchen Fällen findet zwischen einem Donator- und einem Acceptormolekül neben einer EDA-Komplexbildung eine weitere chemische Reaktion statt, z. B. bildet sich aus 2,4-Dinitrochlorbenzol (Index 3) und Anilin (2) ein EDA-Komplex (4), 2,4-Dinitrodiphenylamin (5) und Aniliniumchlorid (s. Formeln S. 236 oben).

Die Reaktion kann entweder als Parallelreaktion zur EDA-Komplexbildung nach Mechanismus (α) ablaufen oder als Folgereaktion der Komplexbildung nach Mechanismus (β). (αI) bzw. (βI) ist die reversible in beiden Richtungen sehr schnell ablaufende Reaktion der EDA-Komplexbildung. Die Reaktion (αII) ist eine bimolekulare und die Reaktion

---

[1] Loc. cit. Anm. 3, S. 207.

[2] H. D. ANDERSON u. D. LL. HAMMICK: J. Chem. Soc. (London) **1950**, 1089.

[3] Loc. cit. Anm. 4, S. 207.

[4] R. FOSTER, D. LL. HAMMICK u. S. F. PEARCE: J. Chem. Soc. (London) **1959**, 244.

$(\alpha\,\text{I}) \equiv (\beta\,\text{I})$ — Reaktionsschema mit ^cK (Gleichgewicht).

$(\alpha\,\text{II})$ — O_2N-Aren-$Cl + H_2N$-Aren $\xrightarrow{k_\alpha}$ O_2N-Aren-NH-Aren $+ HCl$,

$(\beta\,\text{II})$ — O_2N-Komplex $\xrightarrow{k_\beta}$ O_2N-Aren-NH-Aren $+ HCl$,

$(\alpha\,\text{III}) \equiv (\beta\,\text{III})$ — Aren-$NH_2 + HCl \longrightarrow$ Aren-$NH_3 + Cl^-$.

$(\beta\,\text{II})$ eine monomolekulare, langsam ablaufende Reaktion. Die Reaktion $(\alpha\,\text{III})$ bzw. $(\beta\,\text{III})$ ist eine schnelle Reaktion, deren Gleichgewicht praktisch vollständig auf der rechten Seite liegt.

Die Geschwindigkeit der Bildung von 2,4-Dinitrodiphenylamin wird durch den Reaktionsschritt $(\alpha\,\text{II})$ bzw. $(\beta\,\text{II})$ bestimmt. Im Falle (α) wird

$$\frac{dc_5}{dt} = k_\alpha c_2 c_3 = k_\alpha (c_{02} - c_4 - 2\,c_5)\,(c_{03} - c_4 - c_5) = \frac{k_\alpha}{{}^cK}\,c_4 \qquad (\text{XII},142)$$

und im Falle (β)

$$\frac{dc_5}{dt} = k_\beta c_4 = k_\beta {}^cK\,(c_{02} - c_4 - 2\,c_5)\,(c_{03} - c_4 - c_5)\,. \qquad (\text{XII},143)$$

Also genügen beide Mechanismen den gleichen kinetischen Gleichungen; auf Grund einfacher kinetischer Messungen kann zwischen beiden Mechanismen nicht unterschieden werden. Wir setzen daher im folgenden $k_\alpha = k_\beta {}^cK = k_x$.

Es sei $c_{02} > 2\,c_{03}$, dann gilt bei nicht zu großem ^cK in guter Näherung $c_2 = c_{02} - 2\,c_5$. Damit wird

$$\frac{dc_5}{dt} = k_x \frac{(c_{02} - 2\,c_5)\,(c_{03} - c_5)}{1 + {}^cK c_{02} - 2\,{}^cK c_5}\,. \qquad (\text{XII},144)$$

Die Integration führt zu

$$k_x t = \frac{1 + {}^cK(c_{02} - 2\,c_{03})}{c_{02} - 2\,c_{03}}\ln\frac{(c_{02} - 2\,c_5)\,c_{03}}{(c_{03} - c_5)\,c_{02}} + {}^cK \ln\frac{c_{02}}{c_{02} - 2\,c_5}\,. \qquad (\text{XII},145)$$

Die kinetische Untersuchung der betrachteten Reaktion wurde von SINGH und PEACOCK[1] und von ROSS und KUNTZ[2] in Äthanol und in 50%-Äthanol-50%-Äthylacetat-Mischung durchgeführt. Zur Auswertung

<hr>

[1] A. SINGH u. D. H. PEACOCK: J. Phys. Chem. **40**, 669 (1936).
[2] S. D. ROSS u. I. KUNTZ: J. Am. Chem. Soc. **76**, 3000 (1954); S. D. ROSS, M. BASSIN u. I. KUNTZ: J. Am. Chem. Soc. **76**, 4176 (1954).

der experimentellen Daten wurde eine Kinetik zweiter Ordnung ohne Berücksichtigung der EDA-Komplexbildung, also die Gleichung

$$k^*t = \frac{1}{c_{02} - 2c_{03}} \ln \frac{(c_{02} - 2\,c_5)\,c_{03}}{(c_{03} - c_5)\,c_{02}}, \qquad \text{(XII,146)}$$

zugrunde gelegt. Die Darstellung von $\ln\left[(c_{02}- 2\,c_5)\,c_{03}/(c_{03}- c_5)\,c_{02}\right]$ als Funktion der Zeit t ergibt für jede der untersuchten Lösungen ($c_{03}= 0{,}1$ mol/l, $c_{02}= 0{,}4$ und $0{,}8$ mol/l bzw. $c_{03}= 0{,}05$ mol/l, $c_{02}= 0{,}2$ bis $1{,}0$ mol/l) eine Gerade, jedoch sind die nach (XII,146) bestimmten Werte k^* nicht konstant, sondern nehmen mit zunehmender Anilinkonzentration ab ($k^*= 0{,}26$ bis $0{,}19$ l/mol $\cdot$ Std. bei $24{,}4°$ C).

Infolge der EDA-Komplexbildung ist nach (XII,145) eine lineare Beziehung zwischen $\ln\left[(c_{02}- 2\,c_5)\,c_{03}/(c_{03}- c_5)\,c_{02}\right]$ und t nur zu erwarten, wenn $c_{02}/2 \gg c_{03}$ ist oder zumindest das zweite Glied der rechten Seite von (XII,145) gegenüber dem ersten Glied praktisch zu vernachlässigen ist. Im Falle $c_{02}/2 \gg c_{03}$ wird nach (XII,145) und (XII,146)

$$\frac{1}{k^*} = \frac{1}{k_x} + \frac{{}^cK}{k_x}\,c_{02}, \qquad \text{(XII,147)}$$

und eine Darstellung der Größe $1/k^*$ als Funktion von c_{02} ermöglicht die Bestimmung von k_x und ${}^cK$.

Nach (XII,147) wurden von Ross und Kuntz[1] die Gleichgewichtskonstanten der EDA-Komplexbildung von Anilin mit 2,4-Dinitrochlorbenzol bestimmt (Tab. 100). Jedoch genügen die verwendeten Konzentrationen nicht der Voraussetzung $c_{02}/2 \gg c_{03}$, so daß die berechnete Gleichgewichtskonstante wesentlich von der wirklichen Gleichgewichtskonstante abweichen kann.

Unter der Voraussetzung $c_{02} > 2\,c_{03}$ ist immer $\ln\left[c_{02}/(c_{02}- 2\,c_5)\right] <$ $\ln\left[(c_{02} - 2\,c_5)\,c_{03}/(c_{03} - c_5)\,c_{02}\right]$, so daß bei genügend kleinen ${}^cK$ der zweite Term in (XII,145) gegenüber dem ersten vernachlässigt werden kann. In diesem Fall wird nach (XII,145) und (XII,146)

$$\frac{1}{k^*} = \frac{1}{k_x} + \frac{{}^cK}{k_x}\,(c_{02}- 2\,c_{03}). \qquad \text{(XII,148)}$$

Die dieser Gleichung zugrunde liegenden Annahmen scheinen bei den vorliegenden Messungen in grober Näherung erfüllt zu sein. Die Linearität von $\ln\left[(c_{02}- 2\,c_5)\,c_{03}/(c_{03}- c_5)\,c_{02}\right]$ als Funktion von t ist kein sicheres Kriterium für die Gültigkeit der Beziehung (XII,148), da $\ln\left[(c_{02}- 2\,c_5)\,c_{03}/(c_{03}- c_5)\,c_{02}\right]$ und $\ln(c_{02}/c_{02}- 2\,c_5)$ eine ähnliche zeitliche Abhängigkeit aufweisen und daher eine durch das zweite Glied verursachte Nichtlinearität durch experimentelle Fehler leicht verdeckt werden kann. Daher können auch die nach (XII,148) bestimmten ${}^cK$-Werte (Tab. 89) mit größeren Fehlern behaftet sein.

In der Tab. 100 sind weiterhin die absorptionsspektrophotometrisch bestimmten ${}^cK$-Werte mit aufgeführt, die von Ross und Kuntz durch Extrapolation der optischen Dichte der Lösungen auf die Zeit $t = 0$

[1] S. D. Ross u. I. Kuntz: J. Am. Chem. Soc. **76**, 3000 (1954); S. D. Ross, M. Bassin u. I. Kuntz: J. Am. Chem. Soc. **76**. 4176 (1954).

unter Verwendung einer modifizierten Benesi-Hildebrand-Gleichung erhalten wurden.

Tabelle 100. *Gleichgewichtskonstanten des EDA-Komplexes
Anilin-2,4-Dinitrochlorbenzol*

| Lösungsmittel | bestimmt nach (XII,147) | | nach (XII,148) | | spektrophoto-metrisch |
	k_x	$_cK$	k_x	$_cK$	$_cK$
Äthanol	$0,29 \pm 0,03$	$0,49 \pm 0,05$	$0,28$	$0,43$	$0,31 \pm 0,15$
50% Äthanol-50% Äthylacetat	$0,090 \pm 0,002$	$0,17 \pm 0,04$	$0,088$	$0,15$	$0,12 \pm 0,05$

Die Reaktion von Pikrylchlorid (Index 3) mit Triäthylamin (5) unter Bildung von Pikryl-triäthyl-ammoniumchlorid (6) in Chloroform

$$O_2N\text{—}\underset{NO_2}{\overset{NO_2}{\bigcirc}}\text{—}Cl + N(C_2H_5)_3 \xrightarrow{k} O_2N\text{—}\underset{NO_2}{\overset{NO_2}{\bigcirc}}\text{—}N(C_2H_5)_3{}^+ Cl^- \qquad (XII,149)$$

genügt einer Kinetik zweiter Ordnung. Die Bildungsgeschwindigkeit des Ammoniumchlorids ist also

$$\frac{dc_6}{dt} = k c_3 c_5 = k(c_{03} - c_6)(c_{05} - c_6) \qquad (XII,150)$$

oder nach Integration

$$kt = \frac{1}{c_{05} - c_{03}} \ln \frac{(c_{05} - c_6) c_{03}}{(c_{03} - c_6) c_{06}}. \qquad (XII,151)$$

Nach Ross u. Mitarb.[1] wird die nach (XII,151) bestimmte Geschwindigkeitskonstante durch Zusatz von Hexamethylbenzol (Index 2) zur Reaktionsmischung erniedrigt, z. B. bei $c_{02} = 1$ mol/l um fast 50%. Dieses kann durch die Bildung eines EDA-Komplexes Hexamethylbenzol-Pikrylchlorid (Index 4) und die damit gekoppelte Verringerung der Konzentration von freiem Pikrylchlorid verursacht werden.

Mit Berücksichtigung der Komplexbildung und unter Annahme der experimentell erfüllten Näherung $c_{02} = c_2$ wird (XII,150) zu

$$\frac{dc_6}{dt} = k(c_{05} - c_6)(c_{03} - c_6 - c_4) = \frac{k}{1 + {}^cK c_{02}}(c_{05} - c_6)(c_{03} - c_6) \qquad (XII,152)$$

$$= k^*(c_{05} - c_6)(c_{03} - c_6).$$

Die experimentell nach (XII,151) bestimmbaren Geschwindigkeitskonstanten k (ohne Hexamethylbenzol) und k^* (mit Hexamethylbenzol) ermöglichen die Berechnung der EDA-Komplex-Gleichgewichts-

---

[1] S. D. Ross, M. Bassin, M. Finkelstein u. W. A. Leach: J. Am. Chem. Soc. **76**, 69 (1954); S. D. Ross, M. M. Labes u. M. Schwarz: J. Am. Chem. Soc. **78**, 343 (1956).

konstante nach

$$^cK = \frac{k - k^*}{k^*} \cdot \frac{1}{c_{02}}.$$ (XII,153)

Die nach (XII,153) ermittelten Werte ^cK sind bei $c_{02}=$ 0,25 bis 1,0 mol/l etwa zehnmal so groß wie die absorptionsspektrophotometrisch erhaltenen Werte[1]. Tatsächlich sind die ^cK-Werte nicht konstant, sondern nehmen mit abnehmender Aminkonzentration und möglicherweise auch mit abnehmender Hexamethylbenzolkonzentration ab.

Nach Ross, Labes und Schwarz ergibt eine empirische Darstellung von ^cK (ermittelt aus Geschwindigkeitskonstanten) als Funktion von $(c_{05})^{0,397}$ bei konstanter Hexamethylbenzolkonzentration $c_{02}=$ 1,00 mol/l eine Gerade; die Extrapolation dieser Geraden auf $c_{05}=$ 0 ergibt einen ^cK-Wert, der mit der spektrophotometrisch bestimmten Größe praktisch identisch ist. Die Veränderung von ^cK (ermittelt aus Geschwindigkeitskonstanten) bei Variation der Aminkonzentration könnte durch eine Komplex- und Ionenpaarbildung, analog zu den Produkten der Wechselwirkung von s-Trinitrobenzol mit aliphatischen Aminen[2] bewirkt werden.

Die Geschwindigkeitskonstante der Reaktion (XII,149) wird auch durch Mediumeffekte stark beeinflußt; so bewirkt ein Zusatz von 1 Mol/l Hexadecan zur Reaktionsmischung eine Verringerung von k um 28%[3]. Bei der analogen Reaktion von n-Butylamin und Triäthylamin in Chloroform wird durch 1 Mol/l Hexadecan die Geschwindigkeitskonstante sogar um 42% erniedrigt, durch 1 Mol/l Hexamethylbenzol dagegen um 16% erhöht. Infolge dieser Mediumeffekte können die aus Geschwindigkeitskonstanten erhaltenen ^cK-Werte mit großen Fehlern behaftet sein. Eine den Mediumeffekten entsprechende Korrektur ist nur schwer abzuschätzen, da individuelle Eigenschaften der beteiligten Komponenten berücksichtigt werden müßten und selbst die Richtung der Beeinflussung nicht sicher vorherzusagen ist.

Bei mehreren weiteren Reaktionen unter Beteiligung von Donator- und Acceptormolekülen kann eine Konzentrationsabhängigkeit der Geschwindigkeitskonstante unter der Annahme von EDA-Komplexen gedeutet werden. So konnte die Konzentrationsabhängigkeit der Geschwindigkeitskonstante der Jodierung von m-Xylol mit Jodmonochlorid in Benzol, Toluol, o-, p- und m-Xylol von Neyens, Delmon und Jungers[4] unter der Annahme von EDA-Komplexen zwischen Jodmonochlorid und m-Xylol und dem Lösungsmittel quantitativ gedeutet werden. Die ^cK-Werte der Komplexe wurden nicht bestimmt.

---

[1] Von Ross u. Mitarb. wurde zur Bestimmung von ^cK eine etwas von (XII,153) abweichende Gleichung verwendet, die nicht ganz korrekt sein dürfte. Die Ergebnisse nach (XII,153) und nach der von Ross verwendeten Gleichung unterscheiden sich infolge der relativ großen experimentellen Ungenauigkeit nicht wesentlich voneinander.

[2] G. Briegleb, W. Liptay u. M. Cantner: Z. physik. Chem. N. F. **26**, 55 (1960).

[3] S. D. Ross u. Mitarb.: loc. cit. Anm. 1, S. 238.

[4] A. Neyens, B. Delmon u. J.-C. Jungers: Compt. rend. **250**, 2022 (1960).

XIII. Elektronische Halbleitungseigenschaften fester EDA-Molekülkomplexe

Polycyclische aromatische Kohlenwasserstoffe und viele organische Farbstoffe, wie Phthalocyanine und Triphenylmethylderivate, besitzen eine, wenn auch sehr geringe, elektrische Leitfähigkeit. Detaillierte Untersuchungen[1] ergaben in den meisten Fällen einen elektronischen Leitungsmechanismus. Die Temperaturabhängigkeit der spezifischen Leitfähigkeit $\varkappa$ ist im allgemeinen durch die Gleichung

$$\varkappa = \varkappa_0 \exp\left(-\frac{E_e}{2\,k\,T}\right) \qquad\qquad \text{(XIII,1)}$$

zu beschreiben. Unter Zugrundelegung des Bändermodells für elektronische Halbleiter und unter Annahme einer Eigenleitfähigkeit und einer vernachlässigbar kleinen Temperaturabhängigkeit der Trägerbeweglichkeiten kann E_e als der Energieabstand zwischen dem gefüllten Valenzband und dem leeren Leitungsband der Substanz betrachtet werden. Die spezifische Leitfähigkeit polycyclischer aromatischer Kohlenwasserstoffe ist bei Raumtemperatur etwa von der Größenordnung 10^{-10} bis $10^{-20}\ \Omega^{-1}\ \mathrm{cm^{-1}}$, E_e liegt zwischen 0,8 und 2 eV. Verbindungen mit chinoider Struktur scheinen eine etwas größere Leitfähigkeit als die entsprechenden Kohlenwasserstoffe zu besitzen. Durch Einbau eines Pyridinringes an Stelle eines Benzolringes kann die Leitfähigkeit noch weiter erhöht und E_e erniedrigt werden[2] (z. B. Indanthren-Schwarz $\varkappa$ (15° C) $= 4\cdot10^{-9}\,\Omega^{-1}\mathrm{cm^{-1}}$, $E_e = 0{,}56$ eV; Cyananthron $\varkappa$ (15°C) $= 8\cdot10^{-8}\,\Omega^{-1}\mathrm{cm^{-1}}$, $E_e = 0{,}20$ eV).

Die meisten polycyclischen aromatischen Kohlenwasserstoffe, deren Moleküle aus mehr als vier Benzolringen bestehen, bilden sehr leicht *feste* Komplexverbindungen mit Brom oder Jod[2,3]. Die Zusammensetzung dieser Komplexe ist nicht konstant, sondern hängt von der Darstellungsmethode und der Konzentration der dabei verwendeten Lösungen ab, z. B. Perylen-$\mathrm{Br_2} = 1:1{,}7$ bis $1:2{,}1$ und Violanthren-$\mathrm{J_2} = 1:0{,}7$ bis $1:3{,}5$. In den Brom-Komplexen ist eine chemische Substitutionsreaktion unter Entwicklung von Bromwasserstoff zu beobachten, die z. B. bei Perylen über Dibromperylen zu Tetrabromperylen führt. Dagegen sind die Jod-Komplexe, insbesondere die mit Violanthren, chemisch stabil.

Von AKAMATU, INOKUCHI und MATSUNAGA[2,3] wurde die elektrische Leitfähigkeit dieser Komplexe an Pulverproben unter Druck gemessen und eine bemerkenswert hohe Leitfähigkeit festgestellt. Die Temperatur-

---

[1] Zusammenfassende Darstellungen: D. D. ELEY: Research (London) **12**, 293 (1959); C. G. B. GARRETT, Semiconductors, N. B. HANNAY, editor (New York 1959) Chap. 15.

[2] H. AKAMATU u. H. INOKUCHI: Proceedings of the third biennial conference on carbon. S. 51. New York: Pergamon Press 1959.

[3] H. AKAMATU, H. INOKUCHI u. Y. MATSUNAGA: Nature **173**, 168 (1954); Bull. Chem. Soc. Japan **29**, 213 (1956).

abhängigkeit der Leitfähigkeit genügt Gl. (XIII,1) und ergibt sehr kleine Werte E_s. Einige dieser Werte sind in Tab. 101 zusammengestellt; zum Vergleich wurden die Werte der reinen Kohlenwasserstoffe mit aufgeführt. Bei den Brom-Komplexen nimmt die spezifische Leitfähigkeit mit der Zeit sehr stark ab, z. B. bei einem Perylen-Brom-Komplex von etwa $10^{-1}\,\Omega^{-1}\,cm^{-1}$, sofort nach Herstellung des Komplexes, bis auf etwa $10^{-3}\,\Omega^{-1}\,cm^{-1}$, nach einigen Wochen. Die Abnahme der Leitfähigkeit wird sehr wahrscheinlich durch die gleichzeitig ablaufenden Substitutionsreaktionen verursacht. Wegen solcher Reaktionen ist bei den Brom-Komplexen eine Unterscheidung zwischen Elektronen- und Ionenleitung nur schwer möglich. Tatsächlich ist an den Silber-Metallelektroden auch eine Zersetzung durch Elektrodenreaktionen zu beobachten.

Beim stabilen Violanthren-Jod-Komplex ist die Leitfähigkeit dagegen zeitlich konstant. Im Falle eines Stromtransports durch Ionen sollte die Leitfähigkeit, infolge der gekoppelten Elektrodenreaktionen, nach einem genügend großen Stromdurchgang abnehmen, was aber nicht zu beobachten ist; daher kann dieser Komplex als elektronischer Halbleiter angesehen werden. Über den Leitungstyp (n- oder p-Leiter) lassen die bisherigen Untersuchungen noch keine Schlüsse zu.

Die Leitfähigkeit ist von der Zusammensetzung des Violanthren-Jod-Komplexes abhängig und erreicht für Violanthren $2\,J_2$ einen Maximalwert mit etwa $\varkappa = 2{,}5\cdot10^{-2}\,\Omega^{-1}\,cm^{-1}$ (bei Raumtemperatur)[1].

Wie durch röntgenographische Untersuchungen nachgewiesen werden konnte[4], besitzen die meisten Jod- und Brom-Komplexe polycyclischer aromatischer Kohlenwasserstoffe eine mikrokristalline Struktur. Dagegen erwies sich der Violanthren-Komplex als amorph. Nach AKAMATU u. Mitarb.[4,5] ist der Violanthren-Jod-Komplex bei Raumtemperatur als eine feste Lösung zwischen einer nichtstöchiometrischen Molekülverbindung mit der idealisierten Formel Violanthren $\cdot\,2\,J_2$ und der überschüssigen Komponente Violanthren oder Jod zu betrachten. Die Jodmoleküle sind im festen Komplex nicht in Atome oder Ionen dissoziiert, aber der J—J-Abstand ist auf 2,85 A aufgeweitet (normaler Abstand in J_2 2,67 Å). Weiterhin war aus den röntgenographischen Untersuchungen zu erkennen, daß das Jod in kleinen zweidimensionalen Aggregaten mit

---

[1] Die magnetische Untersuchung des Violanthren-Jod-Systems[2] zeigt eine gegenüber der Summe beider Komponenten verringerte diamagnetische Suszeptibilität (Kap. XIV); die Abweichung von der Additivität ist maximal für Komplexe der Zusammensetzung Violanthren $\cdot\,2\,J_2$ und wird, wie durch Elektronen-Spin-Resonanz-Absorption erwiesen wurde[3], durch ungepaarte Elektronen verursacht. Ähnliche Abweichungen der Succeptibilität und das Vorliegen von ungepaarten Elektronen sind bei den Jod-Komplexen des Perylens und Pyranthrens und bei den Brom-Komplexen des Perylens und Violanthrens zu beobachten.

[2] Y. MATSUNAGA: Bull. Chem. Soc. Japan **28**, 475 (1955).

[3] Y. MATSUNAGA: J. Chem. Phys. **30**, 855 (1959).

[4] H. AKAMATU, Y. MATSUNAGA u. H. KURODA: Bull. Chem. Soc. Japan **30**, 618 (1957).

[5] Loc. cit. Anm. 2 und 3, S. 240.

Tabelle 101. *Spezifische Leitfähigkeit von Komplexverbindungen*

Komplexverbindung (Molverhältnis)	Komplex			reiner Kohlenwasserstoff		
	$\varkappa$ (Raumtemp.) $[\Omega^{-1}\,cm^{-1}]$	E_e [eV]	Lit.	$\varkappa$ $[\Omega^{-1}\,cm^{-1}]$	E_e [eV]	Lit.
Perylen-Br_2 (1:2,2)★	$1,3 \cdot 10^{-1}$	0,13	1	$3 \cdot 10^{-17}$	1,95	2
Pyranthren-Br_2 (1:1,7)★	$4,5 \cdot 10^{-3}$	0,20	1	$2 \cdot 10^{-17}$	1,07	3
Violanthren-Br_2 (1:2,3)★	$1,5 \cdot 10^{-2}$	0,20	1	$5 \cdot 10^{-15}$	0,85	3
Violanthren-J_2 (1:2,0)	$2,2 \cdot 10^{-2}$	0,15	1			
Pyren-J_2 (1:2,0)	$1,3 \cdot 10^{-2}$	0,28	4	$3 \cdot 10^{-19}$	2,02	2
Perylen-J_2 (2:3,0)	$1,2 \cdot 10^{-1}$	0,04	4			
2:3-Benzochinolin-Br_2 (1:0,23) .	$9,5 \cdot 10^{-16}$	4,78	5	$6 \cdot 10^{-19}$	5,04	5
2:3-Benzochinolin-Br_2 (1:4,90) .	$3,8 \cdot 10^{-16}$	4,18	5			
3:4-Benzochinolin-Br_2 (1:0,49) .	$5,6 \cdot 10^{-11}$	1,50	5			
3:4-Benzochinolin-Br_2 (1:1,19) .	$1,3 \cdot 10^{-7}$	0,90	5			
3:4-Benzochinolin-Br_2 (1:1,89) .	$1,8 \cdot 10^{-7}$	3,14	5			
3:4-Benzochinolin-Br_2 (1:2,43) .	$4,8 \cdot 10^{-7}$	1,00	5			
3:4-Benzochinolin-Br_2 (1:2,81) .	$2,5 \cdot 10^{-6}$	0,74	5			
5:6-Benzochinolin-Br_2 (1:3,39) .	$3,2 \cdot 10^{-8}$	1,70	5			
7:8-Benzochinolin-Br_2 (1:1,92) .	$7,5 \cdot 10^{-7}$	2,98	5			
p-Phenylendiamin-Chloranil . .	10^{-7}	1,15	6			
Dimethylanilin-Chloranil . . .	10^{-9}		7			
Dimethylanilin-Bromanil . . .	10^{-9}		7			
Dimethylanilin-Jodanil	10^{-8}		7			
Pyren-Chloranil	10^{-11}		8			
Perylen-Chloranil	10^{-8}		8			
Hexamethylbenzol-Chloranil . .	10^{-11}		8			
1,5-Diaminonaphthalin-Chloranil	10^{-11}		8			
1,8-Diaminonaphthalin-Chloranil	10^{-11}		8			
p-Aminodiphenylamin-Chloranil	10^{-11}		8			
Tetramethyl-p-phenylendiamin-Chloranil	10^{-9}		8			
3,8-Diaminopyren-Chloranil . .	10^{-4}		8			
3,10-Diaminopyren-Chloranil . .	10^{-6}		8			
p-Phenylendiamin-Bromanil . .	10^{-10}		8			
3,8-Diaminopyren-Bromanil . .	10^{-3}		8			
p-Phenylendiamin-Jodanil . . .	10^{-11}		8			
3,8-Diaminopyren-Jodanil . . .	10^{-6}		8			
Coronen-Jod	10^{-9}		8			
Acridin-Jod	10^{-13}		8			
Acridin-Jodmonochlorid	10^{-13}		8			

je vier oder fünf Jodmolekülen angeordnet ist; wahrscheinlich sind je vier Jodmoleküle zwischen den Ebenen von zwei Violanthrenmolekülen eingeschlossen.

★ Die angegebenen Werte $\varkappa$ und E_e beziehen sich auf frisch hergestellte Bromkomplexe.

[1] H. Akamatu, H. Inokuchi u. Y. Matsunaga: loc. cit. Anm. 3, S. 240.

[2] D. C. Northrop u. O. Simpson: Proc. Roy. Soc. (London) A **234**, 124 (1956).

[3] H. Akamatu u. H. Inokuchi: loc. cit. Anm. 2, S. 240.

[4] J. Kommandeur u. F. R. Hall: Bull. Am. Phys. Soc. **4**, 421 (1959); J. Chem. Phys. **34**, 129 (1961).

[5] W. Slough u. A. R. Ubbelohde: J. Chem. Soc. (London) **1957**, 982.

[6] M. M. Labes, R. Sehr u. M. Bose: J. Chem. Phys. **32**, 1570 (1960).

[7] D. D. Eley u. H. Inokuchi: Proceedings of the third biennial conference on carbon. p. 91. New York: Pergamon Press 1959.

[8] M. M. Labes, R. Sehr u. M. Bose: J. Chem. Phys. **33**, 868 (1960).

Die Leitfähigkeit der Jod-Komplexe von Pyren und Perylen wurde von KOMMANDEUR und HALL[1] untersucht und große spezifische Leitfähigkeiten und kleine Werte von E_e gefunden (Tab. 101). Beim Pyren-Jod-Komplex (1:1) ergibt eine Darstellung der Meßergebnisse an Pulverproben nach (XIII,1) bei Temperaturen kleiner als etwa 200° K einen Wert $E_e = 0,136$ eV und bei höheren Temperaturen $E_e = 0,28$ eV. Beim Perylen-Jod-Komplex (2:3) ist die Darstellung von $\log \varkappa$ als Funktion von $1/T$ von 90 bis 300° K linear und ergibt für Einkristalle und Pulverproben $E_e = 0,038$ eV. An diesen Komplexen wurde ohne Erfolg versucht, einen Hall-Effekt nachzuweisen. Die Spinkonzentration, gemessen mittels Elektronenspinresonanz-Absorption[2], ist bei den Pyren- und Perylen-Jod-Komplexen temperaturabhängig; die korrespondierende Aktivierungsenergie entspricht beim Perylen-Komplex von 100 bis 300° K und beim Pyren-Komplex bei Temperaturen größer als 200° K den Werten E_e der elektrischen Leitfähigkeit. Dagegen ist bei Temperaturen kleiner als 200° K beim Pyren-Komplex eine temperaturunabhängige Spinkonzentration zu beobachten (vgl. auch S. 251 u. f.).

Auch bei den Brom-Komplexen von 2:3-, 3:4-, 5:6- und 7:8-Benzochinolin wurde von SLOUGH und UBBELOHDE[3] eine Zunahme der elektrischen Leitfähigkeit im Vergleich zu den reinen Benzochinolinen gefunden. Die Zusammensetzung dieser Verbindungen ist ebenfalls von der Darstellungsmethode abhängig (etwa 0,2—4,9 Moleküle Brom pro Molekül Benzochinolin). Die Leitfähigkeit bei Raumtemperatur steigt mit zunehmendem Bromgehalt an (Tab. 101). Die Werte von E_e liegen zwischen 0,7 und 4,8 eV, also wesentlich höher als im allgemeinen bei den Halogenkomplexen beobachtet wird und zum Teil sogar höher als bei reinen aromatischen Kohlenwasserstoffen. Eine Überprüfung der quantitativen Ergebnisse dürfte daher günstig sein.

Nach KAINER und Mitarbeitern[4] entstehen bei der Wechselwirkung von aromatischen Aminen mit Tetrahalogenchinonen Verbindungen, die in mehreren Fällen eine Elektronenspinresonanz-Absorption aufweisen. Bei dem kristallisierten p-Phenylendiamin-Chloranil-Komplex (vgl. S. 185 und S. 249) konnte eine spezifische Leitfähigkeit von etwa $\varkappa = 2 \cdot 10^{-6}\,\Omega^{-1}\,\mathrm{cm}^{-1}$ gemessen werden[5], was durch LABES, SEHR und BOSE[6] näherungsweise bestätigt werden konnte (Tab. 101). Der Seebeck-Koeffizient dieser Verbindungen ist $1,1 \cdot 10^{-3}$ V/grad. Das kalte Ende ist immer positiv, so daß eine überwiegend p-Typ-(Löcher-)Leitung angenommen werden kann. Eine ähnlich große Leitfähigkeit besitzen die Komplexe aus Dimethylanilin und Tetrahalogen-p-benzochinon[7]. Durch

---

[1] J. KOMMANDEUR u. F. R. HALL: Bull. Am. Phys. Soc. 4, 421 (1959); J. Chem. Phys. 34, 129 (1961).

[2] L. S. SINGER u. J. KOMMANDEUR: J. Chem. Phys. 34, 133 (1961).

[3] W. SLOUGH u. A. R. UBBELOHDE: J. Chem. Soc. (London) 1957, 982.

[4] H. KAINER, D. BIJL u. A. C. ROSE-INNES: Naturwiss. 41, 303 (1954); H. KAINER u. A. ÜBERLE: Ber. deut. chem. Ges. 88, 1147 (1955).

[5] D. BIJL, H. KAINER u. A. C. ROSE-INNES: J. Chem. Phys. 30, 765 (1959).

[6] M. M. LABES, R. SEHR u. M. BOSE: J. Chem. Phys. 32, 1570 (1960).

[7] D. D. ELEY u. H. INOKUCHI: Proceedings of the third biennial conference on carbon. p. 91. New York: Pergamon Press 1959.

oberflächenkatalytische Ortho-Para-Wasserstoff-Umlagerung konnten bei diesen Komplexen ungepaarte Elektronen nachgewiesen werden.

Von LABES, SEHR und BOSE[1] wurde die elektrische Leitfähigkeit von 30 organischen Komplexen an Pulverproben unter Druck bestimmt. Die Komplexe von Tetracyanäthylen mit Pyren, Perylen, Hexamethylbenzol und Dimethoxybenzol, von 1,3,5-Trinitrobenzol mit N,N-Dimethylanilin und Coronen und von Chinhydron und Octojod-p-benzchinhydron haben eine spezifische Leitfähigkeit von etwa 10^{-11} bis 10^{-13} Ω^{-1} cm^{-1}. Die spezifische Leitfähigkeit einiger weiterer Komplexe ist in Tab. 101 aufgeführt. Die Temperaturabhängigkeiten der Leitfähigkeiten dieser Komplexe sind noch nicht bekannt.

Von KEARNS, TOLLIN und CALVIN[2] wurde auf gepreßten Scheiben von Phthalocyanin, Tetracen, Coronen und Decacylen ein Elektronenacceptor, wie o-Chloranil, p-Chloranil oder Phenanthrenchinon, aufgesprüht und die elektrischen und photoelektrischen Effekte in einer Oberflächenzelle gemessen. Die stärksten Effekte treten beim System Phthalocyanin-o-Chloranil auf. Die Dunkelleitfähigkeit bei Raumtemperatur steigt mit zugesetzter Menge o-Chloranil an, bis zu einem Grenzwert, der etwa 10^7 mal so groß ist wie die elektrische Leitfähigkeit des reinen Phthalocyanins unter gleichen Bedingungen. Für Phthalocyanin-Einkristalle ist $\varkappa = 6 \cdot 10^{-14}$ Ω^{-1} cm^{-1} (Raumtemperatur) und $E_e = 1{,}71$ eV[3], für gepreßte Scheiben ist etwa $\varkappa = 10^{-9}$ Ω^{-1} cm^{-1} und wird beim Aufsprühen von o-Chloranil vergrößert auf etwa $\varkappa = 10^{-2}$ Ω^{-1} cm^{-1} und $E_e = 0{,}2$ eV. Ähnlich steigt die Photoleitfähigkeit bei dotierten Proben etwa um den Faktor 10^5 an. Die Aktivierungsenergie $A_\varkappa$ der Photoleitfähigkeit, berechnet nach $\varkappa_{\text{stationär}} \sim \exp(-A_\varkappa/kT)$, ist für dotierte und nichtdotierte Proben etwa 0,2 eV.

Die spektrale Empfindlichkeit nur wenig mit o-Chloranil dotierter Proben von Phthalocyanin entspricht der des reinen Phthalocyanins; bei starker Dotierung kann bei verschiedenen Wellenlängen eine photoinduzierte Abnahme der Leitfähigkeit beobachtet werden.

Die Untersuchung der Kinetik[2,4] der Photoleitfähigkeit zeigt, daß Anstiegs- und Abfallkurven der Photoleitfähigkeit von mit o-Chloranil dotierten Proben aus zwei Komponenten bestehen. Eine Komponente verläuft etwa wie im reinen Phthalocyanin und entspricht einer sehr schnellen Reaktion. Die zweite Komponente entspricht einer monomolekularen Reaktion mit einer Zeitkonstante von etwa 60 sec. Es ist anzunehmen, daß die sehr schnelle Reaktion mit einem Singulett-Singulett-Übergang verknüpft ist, die langsame Reaktion könnte dagegen einem Triplett-Singulett-Übergang zuzuordnen sein. Die Dunkelleitfähigkeit dieser Proben wird unter der Annahme einer vollständigen Übertragung eines Elektrons vom Phthalocyanin zum o-Chloranil gedeutet. Die entstehenden Phthalocyanin-Radikalkationen können ein

<hr>

[1] M. M. LABES, R. SEHR u. M. BOSE: J. Chem. Phys. **33**, 868 (1960).
[2] D. R. KEARNS u. M. CALVIN: J. Chem. Phys. **29**, 950 (1958). D. R. KEARNS, G. TOLLIN u. M. CALVIN: J. Chem. Phys. **32**, 1020 (1960).
[3] P. E. FIELDING u. F. GUTMAN: J. Chem. Phys. **26**, 411 (1957).
[4] G. TOLLIN, D. R. KEARNS u. M. CALVIN: J. Chem. Phys. **32**, 1013 (1960).

Elektron von einem benachbarten neutralen Phthalocyaninmolekül aufnehmen, so daß in einem elektrischen Feld eine p-Typ-Leitfähigkeit resultiert.

Auch in mit o-Chloranil dotierten Proben von Phthalocyanin ist eine Elektronenspinresonanz-Absorption zu beobachten. Die Konzentration der ungepaarten Elektronen nimmt mit steigender Dotierung zu und ist *unabhängig von der Temperatur* (bis mindestens —100° C). Das Verhältnis der ungepaarten Elektronen zur Gesamtzahl der zugesetzten Chloranilmoleküle ist etwa 0,01. Bei einer stark dotierten Probe nimmt bei Belichtung die Konzentration der ungepaarten Elektronen ab; die Kinetik der Abnahme und der Zunahme nach Abschalten der Belichtung entspricht einer monomolekularen Reaktion mit einer Zeitkonstante von ebenfalls etwa 60 sec.

Ähnliche Einflüsse auf die Photo- und Halbleitfähigkeit von Phthalocyaninen[1,2] und auch Anthracen[3,4] werden durch O_2, Cl_2 oder NO_2 bewirkt. Wahrscheinlich findet eine Komplexbildung an der Oberfläche statt.

Die bisher vorliegenden Untersuchungen über die elektrische Leitfähigkeit von festen Komplexverbindungen wurden fast ausschließlich an Pulverproben unter Druck vorgenommen. Mit zunehmendem Druck steigt die Leitfähigkeit im allgemeinen erst stark an, bei höheren Drucken wird sie eine nur noch langsam zunehmende Funktion des Druckes[5], so daß nur bei Messungen in diesem Bereich reproduzierbare und vergleichbare Ergebnisse zu erwarten sind. Aus einer großen Anzahl bisheriger Untersuchungen an Halbleitern ist bekannt, daß geringe Verunreinigungen große Effekte auf die Leitfähigkeitseigenschaften bewirken können[6]; daher sind alle Ergebnisse an Pulverproben von Komplexen mit geringer Leitfähigkeit kritisch zu betrachten, und sie bedürften möglichst einer Überprüfung unter Verwendung hochgereinigter Einkristalle, wodurch weiterhin mögliche Grenzflächeneffekte verringert und eine Unterscheidung von Volum- und Oberflächen-Leitfähigkeit ermöglicht würde. Eine meßbare Zunahme der Leitfähigkeit bei EDA-Komplexbildung gegenüber der Leitfähigkeit der reinen Komponenten scheint aber ein allgemeiner und durchaus reeller Effekt der Komplexbildung zu sein.

Eine Vergrößerung der Leitfähigkeit könnte durch eine Erhöhung der Anzahl der beweglichen Ladungsträger oder durch eine Vergrößerung der Beweglichkeit der Ladungsträger bewirkt werden.

In Lösungen ist die intermolekulare Wechselwirkung durch eine EDA-Resonanz $D \cdots A \leftrightarrow D^+ \cdots A^-$ im allgemeinen auf ein Donator-Acceptor-Molekül*paar* beschränkt. Im festen Zustand ist es infolge der

[1] J. K. Puzeiko u. A. N. Terenin: Zhur. Fiz. Khim. **30**, 1019 (1956).

[2] A. T. Wartanjan u. I. A. Karpowitsch: Doklady Akad. Nauk. S.S.S.R. **111**, 561 (1956).

[3] W. G. Schneider u. T. C. Waddington: J. Chem. Phys. **25**, 358 (1956).

[4] D. M. J. Compton u. T. C. Waddington: J. Chem. Phys. **25**, 1075 (1956).

[5] H. Inokuchi: Bull. Chem. Soc. Japan **28**, 570 (1955).

[6] H. Inokuchi: Bull. Chem. Soc. Japan **29**, 131 (1956).

dichten Packung der Moleküle möglich, daß eine Überlappung der π-Molekülorbitals mehrerer benachbarter Moleküle vorliegt und es damit eine CT-Wechselwirkung mit mehreren Nachbarn geben kann. Dadurch könnte auch die Bildung der nichtstöchiometrischen Molekülverbin-. dungen, z. B. Violanthren-Jod verursacht sein[1]. In bestimmten angeregten Zuständen kann die Überlappung zwischen benachbarten Molekülorbitals größer werden, und damit können die π-Elektronen noch weitgehender delokalisiert werden; im Grenzfall würde die Elektronenstruktur dann etwa der des Graphits entsprechen.

Bei polycyclischen aromatischen Kohlenwasserstoffen wird nach HUSH und POPLE[2] mit zunehmender Molekülgröße die Ionisierungsenergie kleiner und die Elektronenaffinität größer, also könnten genügend große polycyclische Moleküle sowohl als Elektronendonatoren als auch als Elektronenacceptoren fungieren. Nach AKAMATU und INOKUCHI[1] nimmt die elektrische Leitfähigkeit dieser Kohlenwasserstoffe mit zunehmender Molekülgröße zu. Es erscheint daher möglich, daß die elektrische Leitfähigkeit in organischen Verbindungen in einer gewissen Beziehung zu dem CT-Vorgang der intermolekularen Wechselwirkung zwischen einem Donator- und einem Acceptormolekül steht. Mit dieser Modellvorstellung erklärt sich auch die relativ hohe Leitfähigkeit einiger aza-aromatischer Verbindungen mit einer chinoiden Gruppe[3], z. B. Cyananthron, die auf Grund der aza-aromatischen Struktur als Elektronen*donatoren* und auf Grund der chinoiden Struktur als Elektronen*acceptoren* wirken können.

Die Verbindungen mit einer relativ großen elektrischen Leitfähigkeit besitzen durchwegs eine gewisse Konzentration an ungepaarten Elektronen, was z .B. mittels Elektronen-Spin-Resonanz-Absorption nachgewiesen werden kann, so daß ein ursächlicher Zusammenhang zwischen beiden Phänomenen möglich erscheint. Die durch Elektronen-Spin-Resonanz-Absorption gemessene Konzentration der ungepaarten Elektronen (vgl. Kap. XIV) ist in fast allen bisher untersuchten Fällen praktisch temperaturunabhängig; die elektrische Leitfähigkeit ist dagegen temperaturabhängig. Die korrespondierende Aktivierungsenergie ist in den meisten Fällen wesentlich kleiner als die der Leitfähigkeit der *reinen* Kohlenwasserstoffe und von der Größenordnung der Aktivierungsenergie der Photoleitfähigkeit. Wird angenommen, daß die Aktivierungsenergie der Photoleitfähigkeit mit dem Wanderungsmechanismus der Ladungsträger gekoppelt ist[1,4], dann würde die geringe Temperaturabhängigkeit der Leitfähigkeit verschiedener Komplexe mit relativ großer Leitfähigkeit ebenfalls als eine Aktivierungsenergie des Wanderungsmechanismus zu deuten sein. Die *Konzentration* der Ladungsträger wäre näherungsweise temperatur*unabhängig*, in Übereinstimmung mit den Ergebnissen der Elektronen-Spin-Resonanz-Absorption.

---

[1] H. AKAMATU u. H. INOKUCHI: loc. cit. Anm. 2, S. 240.

[2] N. S. HUSH u. J. A. POPLE: Trans. Faraday Soc. **51**, 601 (1955).

[3] H. INOKUCHI: Bull. Chem. Soc. Japan **25**, 28 (1952).

[4] J. KOMMANDEUR, G. J. KORINEK u. W. G. SCHNEIDER: Can. J. Chem. **35**, 998 (1957).

Wird ein Kristall eines neutralen freien Radikals mittels des Bändermodells beschrieben, dann ergibt sich, daß das energetisch höchste belegte Band unvollständig besetzt ist; also würde der Festkörper vom Standpunkt der Bändermodell-Vorstellung einem Metall entsprechen. Andererseits besitzt ein Kristall mit Radikalen nur eine geringe elektrische Leitfähigkeit und noch einige weitere Halbleitereigenschaften, z. B. positive Temperaturabhängigkeit der Leitfähigkeit; daher sind freie Radikale in die Klasse der Offenbandhalbleiter einzuordnen. Die Überlappung der Eigenfunktionen der ungepaarten Elektronen benachbarter Moleküle ist nur sehr schwach, als Folge davon wird die Übergangswahrscheinlichkeit eines ungepaarten Elektrons zu einem Nachbarmolekül klein sein. Dieses Nachbarmolekül ist im reinen Radikalgitter mit der gleichen Elektronenanzahl besetzt wie die des Moleküls, an dem das Elektron ursprünglich gebunden war, so daß das Elektron bevorzugt zum ursprünglichen Molekül zurückkehren und in einem elektrischen Feld eine nur geringe Leitfähigkeit resultieren wird.

Befindet sich in der Umgebung z. B. eines positiven Radikalions, wie es durch eine Elektronenübertragung zwischen einem Donator- und einem Acceptormolekül entstehen kann, ein neutrales Donatormolekül, dann könnte bei entsprechender Überlappung der Wellenfunktionen des Radikalions und des neutralen Moleküls ein Elektron vom Donator zum Radikalion übertragen werden. Diese Übertragung könnte sich über größere Strecken über Donatormoleküle durch das Gitter fortpflanzen und im elektrischen Feld zu einer p-Typ-Leitung führen. Dieser Mechanismus könnte die relativ große Leitfähigkeit der Molekülverbindungen bewirken, die ungepaarte Elektronen enthalten.

Bei der Bildung von Radikalionen durch eine Übertragung eines Elektrons von einem Donator- zu einem Acceptormolekül $D + A \rightleftharpoons D^+ + A^-$ ist zu erwarten, daß das Gleichgewicht praktisch vollständig auf der rechten Seite liegt, oder daß die Konzentration der Radikalionen temperaturabhängig ist. Dieses steht im Widerspruch zu fast allen experimentellen Ergebnissen der Elektronen-Spin-Resonanz-Absorption. Eine Deutung der kleinen, temperaturabhängigen Konzentration der ungepaarten Elektronen steht noch offen (vgl. S. 251 u. f.).

XIV. Magnetisches Verhalten von EDA-Komplexen

In einem EDA-Komplex sind die Elektronensysteme beider Moleküle an der Bindung beteiligt; daher ist eine Veränderung der molaren Suszeptibilität des Komplexes gegenüber der Summe der Suszeptibilitäten der Komponenten zu erwarten[1]. Die Differenz $\Delta \chi_m$ zwischen der

---

[1] Die molaren diamagnetischen Suszeptibilitäten beliebiger Verbindungen können nach PASCAL[2] näherungsweise additiv aus den konstanten atomaren Suszeptibilitäten der einzelnen Atome berechnet werden. Besondere Strukturelemente, wie Doppelbindungen und aromatische π-Elektronensysteme sind durch Inkremente zu berücksichtigen.

[2] P. PASCAL: Ann. chim. phys. **19**, 5 (1910); **25**, 289 (1912); **29**, 218 (1913; Compt. rend. **181**, 656 (1925). — P. W. SELWOOD: Magnetochemistry. London: Interscience Publishers 1956. — J. BAUDET: J. chim. phys. **58**, 228 (1961), dort ausführliche Literaturangaben und ebenso bei A. PACAULT, J. HOARAU u. A. MARCHAND: Advances in Chemical Physics. III, 1961, S. 171.

molaren Suszeptibilität des EDA-Komplexes und der Summe der molaren Suszeptibilitäten der Komponenten könnte eine für die Komplexbildung charakteristische Größe sein.

In verdünnten Lösungen von EDA-Komplexen in inerten Lösungsmitteln liegen im wesentlichen die freien Komponenten des Komplexes vor, die Suszeptibilität ist dementsprechend gleich der Summe der Suszeptibilitäten der Komponenten[1]. In Lösungen von Acceptoren in Lösungsmitteln mit Donatoreigenschaften, wie Benzol, Toluol, Äthanol und Aceton tritt eine teilweise EDA-Komplexbildung mit den Lösungsmittelmolekülen ein, so daß eine Veränderung der Suszeptibilität meßbar sein sollte. Tatsächlich ist in Lösungen von Jod in Lösungsmitteln mit Donatoreigenschaften eine Abnahme der Suszeptibilität zu beobachten[2, 3], während in Hexan die Suszeptibilität des Jods praktisch unverändert gleich der des festen Jods ist.

Größere Effekte als in Lösungen sind bei den festen EDA-Komplexen zu erwarten.

Die ersten Messungen der Suszeptibilität fester EDA-Komplexe von BHATNAGAR u. Mitarb.[4] ergaben durchweg eine Zunahme der diamagnetischen Suszeptibilität bei der Komplexbildung (Tab. 102). In späteren Untersuchungen[5, 6, 7, 8] wurden dagegen sowohl positive als auch negative Werte für $\Delta \chi_m$ gefunden (Tab. 102), so daß eine einfache Korrelation zwischen der Veränderung der Suszeptibilität und der Komplexbindung nicht zu erkennen ist.

Die magnetische Anisotropie von Kristallen aromatischer Verbindungen wurde von BANERJEE[9] zur näherungsweisen Bestimmung der Struktur der Kristalle verwendet. Nach den Ergebnissen am EDA-Komplex Perylen-s-Trinitrobenzol liegen die Ebenen beider Komponenten näherungsweise parallel zu der (100)-Ebene des Kristalls.

Bei den meisten EDA-Komplexen ist nur eine kleine Veränderung der Suszeptibilität bei der Komplexbildung zu beobachten. Dagegen können bei der Wechselwirkung von Donatoren mit sehr kleiner Ionisierungsenergie und Acceptoren mit großer Elektronenaffinität feste Produkte entstehen, deren Suszeptibilität einen paramagnetischen Anteil

---

[1] S. S. BHATNAGAR, N. B. NEVGI u. G. TULI: Indian J. Phys. **9**, 311 (1934).

[2] C. COURTY: Compt. rend. **204**, 1248 (1937).

[3] M. KONDO, M. KISHITA, M. KIMURA u. M. KUBO: Bull. Chem. Soc. Japan **29**, 305 (1956).

[4] S. S. BHATNAGAR, M. R. VERMA u. P. L. KAPUR: Indian J. Phys. **9**, 131, (1934).

[5] H. MIKHAIL u. F. G. BADDAR: J. Chem. Soc. (London) **1944**, 590.

[6] R. C. SAHNEY, S. L. AGGARWAL u. M. SINGH: J. Indian Chem. Soc. **23**, 335 (1946).

[7] B. PURI, R. C. SAHNEY, M. SINGH u. S. SINGH: J. Indian Chem. Soc. **24**, 409 (1947).

[8] S. B. KHATAVKAR, M. G. DATAR u. D. D. KHANOLKAR: J. Univ. Bombay **27**, 17 (1958).

[9] S. BANERJEE: Z. Krist. A **100**, 316 (1938).

Tabelle 102. *Molare Suszeptibilität einiger fester EDA-Komplexe*

Komplexe	$-\chi_m \cdot 10^6$	$\Delta\chi_m \cdot 10^6$	Literatur
m-Dinitrobenzol-Naphthalin	169,6	—10,4	1
m-Dinitrobenzol-Benzidin	185,1	— 7,7	1
m-Dinitrobenzol-α-Naphthylamin	167,4	— 8,0	1
Pikrinsäure-Naphthalin	187,4	—14,0	1
Pikrinsäure-Anthracen	225,5	—12,1	1
Pikrinsäure-Phenanthren	220,9	—11,7	1
Pikrinsäure-α-Naphthylamin	193,3	—10,9	1
Chinhydron	105,0	— 2,1	2
s-Trinitrobenzol-Naphthalin	163,0	+ 3,6	3
s-Trinitrobenzol-β-Methylnaphthalin	171,5	+ 5,7	3
s-Trinitrobenzol-α-Nitronaphthalin	167,2	+ 5,3	3
s-Trinitrobenzol-Anthracen	186,6	+16,8	3
s-Trinitrobenzol-Phenanthren	192,2	+10,3	3
s-Trinitrobenzol-α-Naphthol	163,0	+ 8,1	3
2,4-Dinitrophenol-Naphthalin	170,4	— 6,1	4
2,4-Dinitrophenol-α-Naphthylamin	174,0	— 3,0	4
2,4-Dinitrophenol-Anilin	133,8	+ 2,8	4
2,4-Dinitro-1-chlorbenzol-Naphthalin	181,3	— 5,0	4
2,4-Dinitro-1-chlorbenzol-α-Naphthylamin	141,6	+ 7,1	4
2,4-Dinitro-1-chlorbenzol-Anilin	153,3	+17,9	4

aufweist. So bilden sich nach KAINER u. Mitarb.[5] aus halogenierten Chinonen, insbesondere Chloranil, Bromanil, Jodanil und Tetrabromo-chinon, mit mehreren aromatischen Aminen, wie p-Phenylendiamin und N,N,N',N'-Tetramethyl-p-phenylendiamin, in geeigneten Lösungsmitteln kristallisierte Komplexe, bei denen sich mittels der Methode der Elektronen-Spin-Resonanz-(ESR-)Absorption ungepaarte Elektronen nachweisen lassen. Bei den Komplexen von s-Trinitrobenzol mit den genannten Aminen und bei den Komplexen von Dimethylanilin mit den halogenierten Chinonen konnte keine ESR-Absorption beobachtet werden. Nach neueren Untersuchungen von INOKUCHI, IKEDA und AKAMATU[6] zeigen dagegen die Produkte aus Dimethylanilin und den halogenierten Chinonen eine ESR-Absorption von ähnlicher Intensität wie die analogen Produkte aus Tetramethyl-p-phenylendiamin.

Ein Paramagnetismus der Dimethylanilin-Tetrahalogen-p-benzo-chinon-Komplexe kann weiterhin durch katalytische Ortho-Para-Wasserstoffumwandlung nachgewiesen werden[7].

[1] S. S. BHATNAGAR, M. R. VERMA u. P. L. KAPUR: Indian J. Phys. **9**, 131 (1934).

[2] H. MIKHAIL u. F. G. BADDAR: J. Chem. Soc. (London) **1944**, 590.

[3] R. C. SAHNEY, S. L. AGGARWAL u. M. SINGH: J. Indian Chem. Soc. **23**, 335 (1946).

[4] B. PURI, R. C. SAHNEY, M. SINGH u. S. SINGH: J. Indian Chem. Soc. **24**, 409 (1947).

[5] H. KAINER, D. BIJL u. A. C. ROSE-INNES: Naturwiss. **41**, 303 (1954); H. KAINER u. A. ÜBERLE: Ber. Dtsch. Chem. Ges. **88**, 1147 (1955); H. KAINER u. W. OTTING: Ber. Dtsch. Chem. Ges. **88**, 1921 (1955); D. BIJL, H. KAINER u. A. C. ROSE-INNES: J. Chem. Phys. **30**, 765 (1959).

[6] H. INOKUCHI, K. IKEDA u. H. AKAMATU: Bull. Chem. Soc. Japan **33**, 1622 (1960).

[7] D. D. ELEY u. H. INOKUCHI: Proceedings of the third biennial conference on carbon, S. 91. New York: Pergamon Press 1959.

Von LABES, SEHR und BOSE[1] wurden die Produkte aus p-Phenylendiamin und Chloranil analysiert und festgestellt, daß sie keine einfache stöchiometrische Zusammensetzung aufweisen und je nach Darstellung von etwa Amin:Chinon = 3:2 bis 5:3 variieren. Die Produkte sind zum Teil recht unbeständig; die Konzentration an ungepaarten Elektronen nimmt mit der Zeit ab[1], wobei vorher ein Maximum durchlaufen werden kann[2]. Die Konzentration der ungepaarten Elektronen nimmt etwa mit abnehmender Ionisierungsenergie der Donatorkomponente und zunehmender Elektronenaffinität der Acceptorkomponente zu und entspricht nach KAINER bei Tetramethyl-p-phenylendiamin-Chloranil einer freien Radikalkonzentration von etwa 0,4% und bei Tetramethyl-p-phenylendiamin-Tetrabrom-o-chinon von etwa 80%[3]. In beiden Fällen ist die paramagnetische Anteiligkeit von 6 bis 260° K praktisch temperaturunabhängig.

Die magnetische Suszeptibilität der festen Komplexe verschiedener polycyclischer aromatischer Kohlenwasserstoffe mit Brom und Jod zeigt gegenüber der Suszeptibilität der Komponenten eine positive Abweichung, also einen gewissen paramagnetischen Anteil[4]. Die stöchiometrische Zusammensetzung auch dieser festen Komplexe ist nicht konstant und hängt von der Darstellungsmethode ab. Beim Violanthren-Jod-Komplex ist die Abweichung der Suszeptibilität des festen Komplexes von der Summe der Suszeptibilitäten der Komponenten maximal bei einer Zusammensetzung 1:2. Durch ESR-Absorption konnte MATSUNAGA[5] eine geringe Anteiligkeit ungepaarter Elektronen in diesen festen Komplexen sicherstellen. Die relative Konzentration an ungepaarten Elektronen, bezogen auf die Anzahl der Kohlenwasserstoffmoleküle ist bei Perylen-I_2 (2:3) 7%, bei Pyranthren-I_2 (1:2) 9% und bei Violanthren-I_2 (1:2) 14%.

SINGER und KOMMANDEUR[6] untersuchten mittels der Methode der ESR-Absorption die Spinkonzentration von Perylen-I_2 (2:3) und Pyren-I_2 (1:2) in Abhängigkeit von der Temperatur im Bereich von 100° bis 300° K und bei 77° und 4,2° K.

Beim festen Perylen-Jod-Komplex ist die Spinkonzentration bei Temperaturen kleiner als 200° K temperaturunabhängig (etwa 10^{-3} bezogen auf die Konzentration der Jodmoleküle). Zwischen 200 und 300° K steigt die Spinkonzentration mit zunehmender Temperatur an; eine Darstellung des Logarithmus der Spinkonzentration als Funktion von $1/T$ ist linear, und die Steigung entspricht einer Aktivierungs-

---

[1] M. M. LABES, R. SEHR u. M. BOSE: J. Chem. Soc. (London) 32, 1570 (1960).

[2] Siehe Anm. 6, S. 249.

[3] Für die Berechnung der freien Radikalkonzentration wurde von KAINER u. Mitarb., l. c., eine 1 : 1-Molekülverbindung mit je einem ungepaarten Elektron vorausgesetzt. Nach LABES, SEHR und BOSE[1] ist die Annahme einer 1 : 1-Molekülverbindung nicht erfüllt; weiterhin sollten bei einer vollständigen Elektronenübertragung zwischen Donator- und Acceptormolekül zwei ungepaarte Elektronen pro Komplexmolekül vorliegen. Daher können die Konzentrationsangaben nur als qualitative Vergleichsgrößen gewertet werden.

[4] Y. MATSUNAGA: Bull. Chem. Soc. Japan 28, 475 (1955).

[5] Y. MATSUNAGA: J. Chem. Phys. 30, 855 (1959).

[6] L. S. SINGER u. J. KOMMANDEUR: J. Chem. Phys. 34, 133 (1961).

energie von 0,14 eV[1]. Die Konzentration der Spins ist bezogen auf die Konzentration der Jodmoleküle bei Raumtemperatur etwa 0,01.

Beim festen Pyren-Jod-Komplex genügt die Spinkonzentration im gesamten Temperaturbereich von 100 bis 300° K einer dem Perylen-Jod-Komplex analogen Darstellung mit einer Aktivierungsenergie von 0,019 eV[1]. Die Spinkonzentration bei 300° K ist bezogen auf die Konzentration der Jodmoleküle etwa 0,03. Bei 4,2° K ist die Spinkonzentration wesentlich größer als nach der logarithmischen Funktion zu erwarten wäre. Möglicherweise gibt es auch bei diesem Komplex neben einer temperaturabhängigen Spinkonzentration eine temperaturunabhängige Konzentration, die aber erst bei kleineren Temperaturen als beim Perylen-Jod-Komplex wesentlich wird.

Eine Anzahl weiterer Molekülverbindungen wurde von BUCK, LUPINSKI und OOSTERHOFF[3] mittels der Methode der ESR-Absorption untersucht. Bei folgenden festen Komplexen konnte eine endliche Spinkonzentration gemessen werden: 4,4'-Dimethoxy-3,3'-dibrom-diphenyl-Br_2 (1:1), 4,4'-Diaminodiphenyl-Br_2 und -Tetranitromethan, 4,4'-Bisdimethyl-aminodiphenyl-Br_2 (2:1), -I_2 (1:2) und -Tetranitromethan, $\alpha,\alpha,\beta,\beta$-Tetra-(4-methoxyphenyl)-äthylen-Br_2. Dagegen konnte bei Komplexen des s-Trinitrobenzols und auch z. B. bei $\alpha,\alpha,\beta,\beta$-Tetra-(4-dimethyl-aminophenyl)-äthylen-I_2 und -Br_2 (1:3) keine ESR-Absorption beobachtet werden.

Werden gepreßte Scheiben von Phthalocyanin mit einer benzolischen Lösung von o-Chloranil besprüht, so sind mittels ESR-Absorption ungepaarte Elektronen in geringer Konzentration nachweisbar[4]. Die Konzentration der ungepaarten Elektronen nimmt mit steigendem o-Chloranil-Zusatz zu und ist unabhängig von der Temperatur. Die relative Konzentration an ungepaarten Elektronen ist, bezogen auf die zugesetzte o-Chloranilmenge, etwa 1%.

Für eine definitive Deutung der paramagnetischen Suszeptibilität bzw. der ESR-Absorption fester Komplexverbindungen ist das bisher vorliegende experimentelle Material noch zu gering. Es kann daher nur versucht werden, einige Möglichkeiten der Ursachen für das Auftreten paramagnetischer Zustände darzustellen.

Neben dem Grundzustand D ... A $\leftrightarrow$ D$^+$ ... A$^-$ des Komplexes gibt es gemäß der Approximation einer intermolekularen Resonanz (Mesomerie) (Kap. I u. II) einen angeregten Zustand, der in einen Singulett- und einen Triplettzustand aufgespalten ist[5]. Ist die Energiedifferenz zwischen dem Singulettgrundzustand und dem ersten Triplettzustand $\Delta E = {}^3E - {}^1E$ in der Größenordnung von kT, dann ist ein temperaturabhängiges Gleichgewicht zwischen dem Singulett- und Triplettzustand des Komplexes zu erwarten: ^{1}(DA) $\rightleftharpoons$ ^{3}(DA). Beide

---

[1] Die aus der ESR-Absorption bestimmte Aktivierungsenergie des Perylen-Jod-Komplexes und des Pyren-Jod-Komplexes entspricht der Aktivierungsenergie der elektrischen Leitfähigkeit dieser Komplexe[2] (vgl. auch S. 243).

[2] J. KOMMANDEUR u. F. R. HALL: J. Chem. Phys. 34, 129 (1961).

[3] H. M. BUCK, J. H. LUPINSKI u. L. J. OOSTERHOFF: Mol. Phys. 1, 196 (1958).

[4] D. R. KEARNS, G. TOLLIN u. M. CALVIN: J. Chem. Phys. 32, 1020 (1960).

[5] S. P. McGLYNN u. J. D. BOGGUS: J. Am. Chem. Soc. 80, 5096 (1958).

Formen liegen in Analogie zu organischen Radikalen im allgemeinen mit hoher Wahrscheinlichkeit im Σ-Zustand vor.

Im Zustand $^3\Sigma$ ist das Komplexmolekül ^{3}(DA) paramagnetisch mit einem magnetischen Moment vom Betrag

$$\mu_{trip} = g\,\mu_B \sqrt{S(S+1)} = \mu_B \sqrt{8} \;. \tag{XIV, 1}$$

Der g-Faktor ist für einen Σ-Zustand in guter Näherung gleich 2. μ_B ist das Bohrsche Magneton ($= e\hbar/2m_ec$). Der relative Anteil der Komplexmoleküle im $^3\Sigma$-Zustand wird nach der Quantenstatistik

$$w_{trip} = \frac{3}{3 + e^{\Delta E/kT}} \;. \tag{XIV, 2}$$

Die molare paramagnetische Suszeptibilität des Komplexes wird (außer für extrem kleine Temperaturen)

$$\chi_{para} = w_{trip}\,\frac{\mu_{trip}^2}{3kT}\,N_A = \frac{3}{3 + e^{\Delta E/kT}}\,\frac{8\mu_B^2}{3kT}\,N_A \;. \tag{XIV, 3}$$

Im Falle $\Delta E \gg kT$ ist, nach (XIV, 2) der Triplettzustand nicht besetzt, wie es bei normalen EDA-Komplexen üblich ist. Nach (XIV, 3) ist $\chi_{para} = 0$, d. h. der Komplex ist rein diamagnetisch.

Ist $\Delta E = 0$, dann wird

$$\chi_{para} = 2\,\frac{\mu_B^2}{kT}\,N_A \;. \tag{XIV, 4}$$

Die molare paramagnetische Suszeptibilität des Komplexes ist doppelt so groß wie die eines einfachen freien Radikals im $^2\Sigma$-Zustand. Ist schließlich $\Delta E \ll 0$, d. h. liegt das Triplettniveau genügend tief unter dem Singulettniveau, so ist ausschließlich der Triplettzustand realisiert; es wird

$$\chi_{para} = \frac{8}{3}\,\frac{\mu_B^2}{kT}\,N_A \;. \tag{XIV, 5}$$

Im Falle $\Delta E = 0$ und $\Delta E \ll kT$ ist die Temperaturabhängigkeit der paramagnetischen Suszeptibilität streng gleich der eines einfachen freien Radikals, d. h. es ist das Curiesche Gesetz erfüllt. Näherungsweise gilt dieses auch wenn $\Delta E < 0$ ist.

Experimentell wurde bei den meisten paramagnetischen *festen* Komplexen tatsächlich eine Curie-Temperaturabhängigkeit gefunden, jedoch sind die Absolutwerte der molaren Suszeptibilität wesentlich kleiner als nach obigen Gleichungen zu erwarten wäre. Die kleinen Suszeptibilitäten entsprächen dem Fall $\Delta E > kT$ (Gl. XIV, 3). Es müßte dann aber eine wesentlich andere Temperaturabhängigkeit zu messen sein. Bei Annahme eines Triplett-Zustandes müssen also noch weitere Einflüsse zur Deutung des paramagnetischen Verhaltens fester Komplexe mit herangezogen werden.

In Lösungen eines Donators mit kleiner Ionisierungsenergie, z. B. Tetramethyl-p-phenylendiamin und eines Acceptors mit großer Elektronenaffinität, z. B. Jodanil oder Tetracyanäthylen, in Lösungsmitteln mittlerer oder großer Dielektrizitätskonstante findet eine Elektronenübertragung unter Bildung von Radikalionen nach $D + A \rightleftharpoons$ $\rightleftharpoons D^+ + A^-$ statt (vgl. Kap. XI).

Angenommen, das Gitter wäre aus Radikalionen D^+ und A^- aufgebaut und es könnten Austauschwechselwirkungen zwischen den einsamen Elektronen benachbarter Radikalionen praktisch ausgeschlossen werden, so ist die molare paramagnetische Suszeptibilität durch eine der Gl. (XIV, 4) entsprechende Beziehung zu beschreiben. Die an solchen ionaren Komplexverbindungen gemessene Temperaturabhängigkeit der Suszeptibilität entspricht in der Tat Gl. (XIV, 4), jedoch ist der beobachtete Absolutwert der Suszeptibilität wesentlich zu klein[1].

Eine kleinere Suszeptibilität könnte z. B. durch die Annahme eines chemischen Gleichgewichtes im festen Zustand vom Typ $DA \rightleftharpoons D^+ + A^-$ erklärt werden.

Eine andersartige mögliche Ursache für ein paramagnetisches Verhalten von EDA-Komplexen im kristallisierten Zustand wäre die Existenz von quasi-freien Gitterelektronen im festen Komplex. Dieses wird möglich, wenn infolge der Wechselwirkung benachbarter Komplexmoleküle Elektronenzustände erzeugt werden, deren Energieniveaus thermisch anregbar sind. Mit einer solchen Vorstellung quasi-freier Gitterelektronen würde die bei allen paramagnetischen festen Komplexen gefundene relativ große elektronische Halbleitfähigkeit verständlich (Kap. XIII). Zur Deutung der in den meisten Fällen gefundenen kleinen paramagnetischen Suszeptibilität müßte aber wieder eine relativ große Energiedifferenz zwischen Elektronengrundzustand und dem Zustand eines quasi-freien Elektrons angenommen werden, was dann ähnlich wie bei den vorher diskutierten Fällen eine Abweichung der Temperaturabhängigkeit des Paramagnetismus vom Curieschen Gesetz bedingen würde.

Bei den Jodkomplexen von Pyren und Perylen ist nach KOMMANDEUR u. Mitarb.[2] die aus der Temperaturabhängigkeit der Spinkonzentration bestimmte Aktivierungsenergie mit der aus der elektrischen Leitfähigkeit erhaltenen Aktivierungsenergie gleich. Dieser experimentelle Befund spräche für die Annahme quasi-freier Gitterelektronen.

Möglicherweise ist aber die Ursache des Paramagnetismus von festen Komplexverbindungen nicht in der *homogenen* Phase zu suchen, sondern durch Fehlstellen oder durch besondere strukturelle Anordnungen bedingt. Eine Veränderung der Anzahl der Fehlstellen würde mit einer Umordnung der Moleküle in der Umgebung dieser Fehlstellen gekoppelt sein. Ist die der Umordnung entsprechende Aktivierungsenergie ausreichend groß, so wird bei tiefen bis gewöhnlichen Temperaturen kein thermodynamischer Gleichgewichtszustand erreicht, sondern die bei der Kristallisation der EDA-Komplexe ursprünglich entstandenen Fehlstellen bleiben in weiten Temperaturbereichen erhalten[3]. In einer Fehlstelle kann durch Abdissoziation eines Elektrons aus einem Donatormolekül ein Radikalkation gebildet werden und durch Elektronenzufuhr

---

[1] Siehe Anm. 5, S. 249.

[2] Siehe S. 243, Fußnote 1 und 2.

[3] Eine Veränderung der Fehlstellenanzahl wäre erst bei höheren Temperaturen zu erwarten, die aber wegen der Zersetzlichkeit der Komplexe experimentell nicht zugänglich sind.

aus einem Acceptormolekül ein Radikalanion. Ist die Energieänderung bei der an den Störstellen erfolgenden Radikalionenbildung stark negativ, so liegen an den Störstellen praktisch ausschließlich Radikalionen vor. Die Anzahl der ungepaarten Elektronen wäre von der Temperatur unabhängig und die paramagnetische Suszeptibilität würde dem Curieschen Gesetz genügen. Ist dagegen die Energieänderung bei der Elektronenübertragung in einer Fehlstelle positiv oder negativ und dem Betrag nach vergleichbar mit kT, so würde die Temperaturabhängigkeit der Spinkonzentration durch ein Exponentialgesetz zu beschreiben sein und die paramagnetische Suszeptibilität nicht dem Curie-Gesetz entsprechen.

In den festen EDA-Komplexen mit einer nur sehr geringen Anzahl von ungepaarten Elektronen könnten Fehlstellen in der Oberfläche zur Bildung der Radikalionen ausreichend sein.

Bei Komplexen mit größerem Paramagnetismus (z. B. Bromanil-Tetramethyl-p-phenylendiamin) kann die Annahme einer Ionen-Radikalbildung an Oberflächenfehlstellen nicht die relativ große Anzahl von ungepaarten Elektronen erklären.

Bei allen bisher beschriebenen Komplexen mit größerem Paramagnetismus ist aber die stöchiometrische Zusammensetzung der Komplexe nicht konstant, sondern hängt von den Darstellungsbedingungen ab. Offensichtlich können im Komplexgitter (oder in amorphen Phasen) Acceptormoleküle teilweise durch Donatormoleküle bzw. umgekehrt ersetzt werden. Ein mögliches Modell ist in Abb. 93 dargestellt.

Durch den Übertritt eines Elektrons von einem EDA-Komplexmolekül zu einem benachbarten Acceptorpaar werden Radikalionen erzeugt (vgl. Abb. 93). Das einzelne Elektron im einfach besetzten MO des Acceptoranions könnte mit dem entsprechenden unbesetzten MO eines benachbarten neutralen Acceptormoleküls überlappen, was eine Resonanzstabilisierung des Acceptoranions $AA^- \leftrightarrow A^-A$ zur Folge hätte. Eine solche Resonanzbindung scheint bei den sehr stabilen Radikalsalzen des 7, 7, 8, 8-Tetracyanchinodimethans (TCNQ), z. B. bei $(C_2H_5)_3NH^+TCNQ^-TCNQ$, vorzuliegen[1,2]. Allerdings werden dabei auch klassische Ionen-, Dipol- und Polarisationskräfte maßgeblich beteiligt sein.

Das Komplexkation kann ebenfalls durch klassische Ionen-, Dipol- und Polarisationskräfte stabilisiert werden; zusätzlich wäre eine Resonanzwechselwirkung z. B. zwischen dem Donatorkation und einem benachbarten neutralen Donatormolekül $DD^+ \leftrightarrow D^+D$ möglich.

---

[1] D. S. Acker, R. J. Harder, W. R. Hertler, W. Mahler, L. R. Melby, R. E. Benson u. W. E. Mochel: J. Am. Chem. Soc. **82**, 6408 (1960).

[2] Nach neueren Untersuchungen von Chesnut, Foster und Phillips[3] kann die Temperaturabhängigkeit der festen paramagnetischen Salze des 7,7,8,8-Tetracyanchinodimethans mittels der Gleichung (XIV, 3), also unter der Annahme eines Singulett-Triplett-Gleichgewichtes beschrieben werden. Demnach soll im Kristallgitter eine Spinwechselwirkung zwischen zwei $TCNQ^-$- bzw. $(TCNQ)_2^-$-Radikalionen existieren.

[3] D. B. Chesnut, H. Foster u. W. D. Phillips: J. Chem. Phys. **34**, 684 (1961).

Bei genügend kleiner Ionisierungsenergie des Donators und großer Elektronenaffinität des Acceptors kann die beschriebene Elektronenüberführung eines Elektrons in einer geeigneten strukturellen Anordnung des Gitters mit einer eventuell sogar negativen Energieänderung gekoppelt sein[1]. Eine solche Fehlstelle bewirkt eine Radikalkonzentration, die temperaturunabhängig sein kann, wenn die Energiedifferenz gekoppelt mit Elektronenüberführung stark negativ ist oder die T-Abhängigkeit der Radikalkonzentration genügt einem Exponentialgesetz, wenn die Energie der Elektronenüberführung an einer Störstelle von der Größenordnung kT ist.

$$
\begin{array}{lll}
\mathrm{D:A\ D:A\ D:A\ D:A} & \mathrm{D:A\ D:A\ D:A\ D:A} & \mathrm{D:A\ D:A\ D:A\ D:A} \\
\mathrm{D:A\ D:A\ D:A\ D:A} & \mathrm{D:A\ D:A\ A\ A\ D:A} & \mathrm{D:A\ D^{\oplus}A\ A^{\ominus}A\ D:A} \\
\mathrm{D:A\ D:A\ D:A\ D:A} & \mathrm{D:A\ D:A\ D:A\ D:A} & \mathrm{D:A\ D:A\ D:A\ D:A} \\
\mathrm{D:A\ D:A\ D:A\ D:A} & \mathrm{D:A\ D\ D\ A\ A\ D:A} & \mathrm{D:A\ D^{\oplus}D\ A^{\ominus}A\ D:A}
\end{array}
$$

a   b   c

Abb. 93. a) Ideales Komplexgitter; b) Substitution eines Donatormoleküls durch ein Acceptormolekül bzw. Vertauschung eines Donator- und Acceptormoleküls; c) Elektronenübertritt zwischen einem Komplexmolekül und einem Acceptorpaar bzw. zwischen einem Donatorpaar und einem Acceptorpaar

Dieser Mechanismus könnte auch die gefundenen Halbleitereigenschaften solcher festen Komplexverbindungen erklären. In einem Komplexion DA^{+} ist das höchste belegte MO nur einfach belegt, in den benachbarten neutralen Komplexmolekülen ist das gleiche Niveau doppelt belegt. Eine Überführung eines Elektrons zwischen diesen Niveaus (Tunneleffekt) könnte in einem elektrischen Feld eine Leitfähigkeit bedingen. Bei Komplexen mit temperaturunabhängiger Spinkonzentration müßte die Temperaturabhängigkeit der elektrischen Leitfähigkeit auf den Wanderungsmechanismus der Elektronen zurückzuführen sein. Bei Komplexen mit temperaturabhängiger Spinkonzentration könnte die Aktivierungsenergie der elektrischen Leitfähigkeit gleich oder bei einer Überlagerung eines temperaturabhängigen Wanderungsmechanismus der Elektronen größer sein als die aus der Temperaturabhängigkeit der Spinkonzentration ermittelte Aktivierungsenergie. Weiterhin sollte diesem Modell entsprechend eine ausgeprägte Anisotropie der elektrischen Leitfähigkeit zu erwarten sein.

---

[1] Bei der Energiebilanz wird die beschriebene Resonanzstabilisierung der entstehenden Ionen und die überlagerte Wirkung Coulombscher Ionen und Dipol-Energie-Anteile weitgehend mit maßgebend sein.

Namenverzeichnis

Sachverzeichnis

Zusammenstellung der im Buch behandelten Acceptoren und Donatoren

Acceptoren

Aluminiumchlorid 2

p-Benzochinon 2, 17, 28, 29, 31, 69, 71, 72, 82, 106, 121, 132, 163, 164, 177, 178, 179, 180, 181, 184, 186, 244, 249

Bortrichlorid 2

Bortrifluorid 159, 160, 184

Bortrimethyl 154

Brom 2, 5, 16, 18, 27, 28, 35, 43, 44, 95, 97, 100, 101, 106, 128, 145, 146, 148, 155, 163, 165, 171, 172, 174, 188, 240, 241, 242, 243, 250, 251

Bromanil 31, 121, 164, 165, 242, 249, 254

Chlor 2, 5, 18, 36, 95, 96, 97, 100, 101, 106, 163, 165, 171, 245

Chloranil 4, 14, 17, 22, 24, 25, 27, 28, 29, 30, 31, 45, 46, 47, 48, 49, 50, 51, 52, 53, 62, 64, 65, 66, 67, 69, 70, 71, 72, 73, 74, 77, 79, 80, 81, 85, 86, 87, 108, 116, 120, 121, 130, 134, 138, 139, 142, 145, 147, 162, 163, 164, 165, 175, 183, 185, 242, 243, 244, 249, 250

o-Chloranil 244, 245, 251

Chloratom 183

Chlor-p-benzochinon 31, 82, 121, 164

1-Chlor-2,4-dinitrobenzol 235, 237, 238, 249

α-Chlornaphthalin 27

1-Chlor-2,4,6-Trinitrobenzol 166

Chlorwasserstoff 148, 158, 159

Cyananthron 246

2,5-Dichlor-p-benzochinon 73, 86, 87

2,6-Dichlor-p-benzochinon 31, 82, 121, 164

2,4-Dichlorbenzol 15

Dichlorphthalsäureanhydrid 93

2,6-Dimethyl-p-benzochinon 31, 127, 164

Dinitrobenzol 14, 28, 82, 191, 192, 249

o-Dinitrobenzol 110, 165

m-Dinitrobenzol 165

p-Dinitrobenzol 165

4,4′-Dinitrodiphenyl 72, 102, 176, 177

2,4-Dinitrophenol 249

Dipikryl 166

Distickstofftetroxyd 2, 154

Durochinon 31, 121, 164

Fluorwasserstoff 148, 184

Hydroxyl-Radikal 183

Jod 2, 5, 6, 7, 9, 14, 15, 16, 17, 18, 22, 23, 25, 27, 28, 29, 32, 33, 34, 35, 39, 41, 42, 43, 44, 50, 54, 55, 56, 57, 66, 67, 70, 76, 77, 78, 79, 81, 95, 98, 99, 101, 102, 103, 106, 108, 109, 110, 114, 115, 117, 124, 125, 127, 131, 132, 134, 135, 136, 138, 139, 140, 141, 142, 145, 146, 148, 151, 152, 153, 154, 155, 158, 159, 160, 162, 163, 165, 169, 170, 171, 173, 174, 183, 187, 205, 208, 234, 240, 241, 242, 243, 246, 248, 250, 251, 253,

Jodanil 31, 121, 164, 165, 242, 244, 249, 252

Jodatom 183

Jodchlorid 2, 35, 81, 95, 97, 98, 108, 127, 134, 136, 145, 146, 148, 163, 164, 165, 173, 174, 187, 239, 242

Jodcyan 2, 15, 36, 95, 97, 98, 99, 101, 103, 104

Maleinsäureanhydrid 2, 5, 77, 162, 183

Methyl-p-benzochinon 31, 121, 164

1-Methoxy-2,4,6-trinitrobenzol 166

Naphthalin 185

Nitrobenzol 5, 165

Nitrosylchlorid 2

Phenanthrenchinon 244

Pikrinsäure 2, 28, 58, 59, 99, 100, 103, 104, 105, 106, 123, 148, 149, 150, 155, 163, 164, 166, 193, 194, 195, 207, 235, 249

Pikrylchlorid 2, 72, 73, 102, 103, 238

Sauerstoff 43, 44, 61, 183, 184, 245

Sauerstoffatom 183

Schwefeldioxyd 2, 5, 6, 35, 36, 77, 102, 106, 110, 128, 134, 136, 145, 146, 148, 162, 163, 165, 183

Schwefelsäure 184

Silber (Ag⁺) 148, 154

Stickstoffdioxyd 2, 245

Tetrabrom-o-chinon 249, 250

Tetrabromphthalsäureanhydrid 2, 93

Tetrachlorphthalsäureanhydrid 2, 5, 20, 28, 29, 36, 37, 38, 59, 60, 69, 73, 77, 84, 85, 86, 87, 88, 89, 90, 91, 92, 93, 94, 117, 118, 119, 130, 162, 163, 164, 165, 183

Tetracyanäthylen 2, 4, 5, 6, 17, 22, 25, 26, 37, 48, 49, 50, 51, 52, 53, 60, 62, 64, 65, 66, 67, 69, 73, 74, 77, 106, 108,